Informationstechnik

M. Bossert/M. Breitbach
Digitale Netze

Informationstechnik

Herausgegeben von

Prof. Dr.-Ing. Dr.-Ing. E. h. Norbert Fliege, Mannheim
Prof. Dr.-Ing. Martin Bossert, Ulm

In der Informationstechnik wurden in den letzten Jahrzehnten klassische Bereiche wie analoge Nachrichtenübertragung, lineare Systeme und analoge Signalverarbeitung durch digitale Konzepte ersetzt bzw. ergänzt. Zu dieser Entwicklung haben insbesondere die Fortschritte in der Mikroelektronik und die damit steigende Leistungsfähigkeit integrierter Halbleiterschaltungen beigetragen. Digitale Kommunikationssysteme, digitale Signalverarbeitung und die Digitalisierung von Sprache und Bildern erobern eine Vielzahl von Anwendungsbereichen. Die heutige Informationstechnik ist durch hochkomplexe digitale Realisierungen gekennzeichnet, bei denen neben Informationstheorie Algorithmen und Protokolle im Mittelpunkt stehen. Ein Musterbeispiel hierfür ist der digitale Mobilfunk, bei dem die ganze Breite der Informationstechnik gefragt ist.

In der Buchreihe „Informationstechnik" soll der internationale Standard der Methoden und Prinzipien der modernen Informationstechnik festgehalten und einer breiten Schicht von Ingenieuren, Informatikern, Physikern und Mathematikern in Hochschule und Industrie zugänglich gemacht werden. Die Buchreihe soll grundlegende und aktuelle Themen der Informationstechnik behandeln und neue Ergebnisse auf diesem Gebiet reflektieren, um damit als Basis für zukünftige Entwicklungen zu dienen.

Digitale Netze

Funktionsgruppen digitaler Netze und Systembeispiele

Von Professor Dr.-Ing. Martin Bossert
und Dr.-Ing. Markus Breitbach
Universität Ulm

Mit 149 Bildern und 14 Tabellen

B. G. Teubner Stuttgart · Leipzig 1999

Die Deutsche Bibliothek – CIP-Einheitsaufnahme

Bossert, Martin:
Digitale Netze : Funktionsgruppen digitaler Netze und
Systembeispiele; mit 14 Tabellen / von Martin Bossert
und Markus Breitbach. – Stuttgart ; Leipzig : Teubner, 1999
  (Informationstechnik)
  ISBN-13: 978-3-322-84855-0   e-ISBN-13: 978-3-322-84854-3
  DOI: 10.1007/978-3-322-84854-3

© 1999 B. G. Teubner Stuttgart · Leipzig
Softcover reprint of the hardcover 1st edition 1999
Gesamtherstellung: Präzis-Druck GmbH, Karlsruhe

Vorwort

Das vorliegende Buch entstand aus dem Manuskript zu der Vorlesung DIGITALE
NETZE, die seit 1993 an der Universität Ulm gehalten wird. Die Vorlesung richtet sich an Studenten der Fachrichtungen Elektrotechnik und Informatik ab dem
sechsten Semester und ist hauptsächlich für den Schwerpunkt Informations- und
Kommunikationstechnik gedacht.

Das Ziel der Vorlesung und somit auch des Buches ist es, ein grundlegendes Verständnis der Konzepte und Mechanismen in digitalen Netzen zu vermitteln. Dazu
werden die unterschiedlichen Funktionen digitaler Netze erörtert und analysiert,
indem die jeweils benutzten mathematischen Werkzeuge eingeführt und verwendet
werden. Hierzu zählen Wahrscheinlichkeitsrechnung, stochastische Prozesse, Markovketten, Graphentheorie und lineare Vektorräume. Trotzdem müssen grundlegende Kenntnisse in Nachrichtentechnik bzw. digitaler Datenübertragung vorausgesetzt werden, da diese zu erläutern den Rahmen des Buches sprengen würde.
Hierzu wird auf die einschlägigen Lehrbücher verwiesen.

Prinzipiell existieren zwei Möglichkeiten, das Gebiet zu vermitteln. Die erste besteht darin, existierende Netze zu beschreiben und dabei die enthaltenen Verfahren
zu erörtern. Wir haben hier die zweite gewählt, bei der die Grundkonzepte, die in
digitalen Netzen zu finden sind, isoliert beschrieben und diskutiert werden. Damit
jedoch der Zusammenhang zu existierenden Netzen deutlich wird, sind im zweiten
Teil exemplarisch einige Aspekte von existierenden, standardisierten Netzen beschrieben. Die Auswahl der Beispiele ist nicht zwingend und hat sich seit Beginn
der Vorlesung mehrfach geändert. Die Auswahl für das Buch wurde getroffen, um
einen Querschnitt zu erhalten. Es wurden der etablierte X.25-Standard neben dem
sich noch im Fluß befindlichen ATM-Standard und das weit verbreitete Internet-
Protokoll TCP/IP ausgewählt.

Eine Vorlesung wird üblicherweise durch eine Übung ergänzt, in der Aufgaben zur
Vertiefung des Verständnisses gelöst werden. Ein Teil dieser Aufgaben und ihre
Lösungen wurden auch in das vorliegende Buch übernommen, und sie sollen hier
ebenfalls dem tieferen Verständnis dienen.

Ein Buch entsteht nur durch Mithilfe von vielen Personen. Unser Dank gilt allen,
die zur Entstehung dieses Buches einen Beitrag geleistet haben, zunächst den Stu-

denten, die sich durch konstruktive Kritik beteiligt haben. Besonderer Dank gilt den wissenschaftlichen Mitarbeitern, die mitgearbeitet haben, allen voran Adrian Donder. Desweiteren möchten wir uns bei Hans-Jörg Vögel, TU München, für die nützlichen Kommentare zum Manuskript bedanken. Wie gewohnt war die Zusammenarbeit mit Dr. Jens Schlembach vom Teubner Verlag höchst angenehm.

Ulm, November 1998

Martin Bossert   Markus Breitbach

Für Kommentare/Fehler: Martin.Bossert@e-technik.uni-ulm.de
Errata Liste zum Buch: http://it.e-technik.uni-ulm.de/~boss

Inhaltsverzeichnis

Einführung

Kommunikation ist ein uraltes menschliches Bedürfnis. Dabei kann man grundsätzlich drei verschiedene Situationen unterscheiden, wie Kommunikation zwischen Menschen abläuft. Erstens, zwei Menschen sprechen miteinander, zweitens, eine Menge Menschen hört einem Vortrag zu und drittens, eine Gruppe Menschen diskutiert. Diese drei alltäglichen Beispiele erscheinen auf den ersten Blick simpel. Sie stellen jedoch in vielen Aspekten eine Analogie zu den Problemen bei Kommunikationsnetzen dar. Wir werden den Begriff *Netz* und nicht *Netzwerk* verwenden, um den Unterschied zwischen einem Kommunikationsnetz und einem Schaltungsnetzwerk zu verdeutlichen.

Analysieren wir zunächst das Gespräch zweier Menschen, die die gleiche Sprache sprechen. Ein Wort wird im Gehirn gebildet, gelangt mit Hilfe elektrischer Nervensignale zum Sprechapparat und wird dort in eine Schallwelle umgesetzt. Diese gelangt über die Luft zum Empfänger, dem Ohr des Gesprächspartners, das die Schallwelle wieder in elektrische Signale zum Gehirn übersetzt. Das Gehirn muß die einzelnen Worte unterscheiden können, das bedeutet, den Wortanfang und das Ende detektieren. Außerdem steuert es den Wortfluß und kennt die Spielregeln, die ein Gespräch ermöglichen, beispielsweise, daß ein Partner nachfragt, wenn er etwas akustisch nicht verstanden hat, oder daß bei starkem Hintergrundgeräusch lauter geredet wird als bei leisem, daß nicht beide gleichzeitig reden und vieles mehr.

Stellt man sich nun die Aufgabe, Geräte zu bauen, die ein solches „Gespräch" ermöglichen, so ist dies nicht so trivial, wie es auf den ersten Blick erscheint. Wir werden Methoden zur Datenübertragung kennenlernen, die einige dieser beschriebenen Aufgaben leisten, wie etwa die Synchronisation der Daten, d. h. die Detektion von Wortanfang und -ende, oder das Erkennen von Fehlern und die notwendige Wiederholungsanforderung, was durch Methoden der zuverlässigen Datenübertragung gelöst wird. Die Erzeugung der Schallwellen kann als Dienst einer Übertragungseinrichtung aufgefaßt werden ebenso wie die Detektion der Schallwelle. Diesen Dienst übernimmt die sog. physikalische Schicht. Die Luft ist das Übertragungsmedium, und der Sprachapparat bzw. das Ohr können als Modem betrachtet werden. Wir werden die Erzeugung von elektrischen Signalen beschreiben, die dann über ein physikalisches Medium übertragen und von einem geeigneten Empfänger detektiert werden.

Die Spielregeln eines Gesprächs werden als Protokolle bezeichnet, sie steuern die Datenkommunikation. Dabei greifen sie auf den Dienst der Datenübertragung zurück. Ein Protokoll stellt somit ein Verfahren dar, das wechselseitig im Sender und im Empfänger bearbeitet und deshalb auch häufig als verteilter Algorithmus bezeichnet wird. Protokolle stellen damit eine wichtige Grundlage eines digitalen Netzes dar.

Betrachten wir den zweiten Fall, bei dem viele Teilnehmer einem Sprecher zuhören. Hierbei werden entsprechend dem Gespräch die Daten vom Gehirn des Sprechers durch seinen Sprachapparat in Schallwellen umgewandelt. Diese werden von den Zuhörern empfangen und dem Gehirn zugeführt. Dabei muß jeder Zuhörer für sich die Worte erkennen und interpretieren. Man beachte, daß hierbei gemäß obiger Definition keine Protokolle ablaufen können, da die Kommunikation nur in einer Richtung stattfindet. Ein entsprechendes Kommunikationsnetz ist jedem bekannt, nämlich das Radio bzw. der Hörfunk (*broadcast*). Die technische Realisierung eines Rundfunkempfängers benötigt im wesentlichen Synchronisation, Detektion des Signals und die Umsetzung in akustische Signale. Eine Schwierigkeit ist dabei u.a., daß der Empfänger nicht rückfragen kann, wenn er etwas akustisch nicht verstanden hat. Das bedeutet, daß der Sender keine Kontrolle darüber hat, welche Empfänger das Signal detektieren können bzw. ob es einige Empfänger gibt, die das Signal nur unvollständig oder gar nicht empfangen können.

Der dritte Fall, die Diskussion, erfordert im Vergleich zum Gespräch noch zusätzliche Regeln. Jeder kennt die Situation, daß bei undiszipliniert geführten Diskussionen keiner mehr die anderen versteht. Der Grund dafür ist, daß alle Teilnehmer dasselbe Medium benutzen und es Regeln für den Zugriff auf dieses Medium geben muß. Außerdem muß klar sein, an wen von den Diskussionsteilnehmern eine bestimmte Nachricht gerichtet ist, d. h. es ist eine Adressierung des Empfängers notwendig. Man beachte, daß bei Menschen das Auge als weitere unabhängige Möglichkeit der Informationsübertragung existiert. Auch optische Signale werden an das Gehirn gegeben und werden dort gemäß den entsprechenden Protokollen verarbeitet.

Betrachten wir wieder die Analogie dieses alltäglichen Beispiels zu Netzen, so sind zusätzlich zu den Verfahren bei der Kommunikation von zwei Teilnehmern weitere Protokolle notwendig. Die Vielfachzugriffsprotokolle realisieren den Diskussionsleiter, der das Wort erteilt. Selbstverständlich können die Diskussionsteilnehmer dies auch untereinander regeln, wofür auch bei Netzen entsprechende Protokolle existieren. Die Adressierung der Teilnehmer und die Gewährleistung, daß eine Nachricht auch an den gewünschten Teilnehmer gelangt, sind Gegenstand von Routing-Verfahren, die wir erörtern werden.

Damit haben wir einige wesentliche Probleme bei digitalen Netzen anhand von Beispielen der Kommunikation zwischen Menschen beschrieben. Die technische Lösung dieser Probleme ist Gegenstand des Buches. Es sollen Verfahren, Konzepte und Methoden angegeben und diskutiert werden, die in existierenden digitalen Netzen Verwendung finden. Dabei beschränken wir uns auf digitale Netze, bei denen die Daten, die ausgetauscht werden, digital (zeit- und wertdiskret) sind. Auch die Schrift kann als digital interpretiert werden, denn sie besteht aus endlich vielen Buchstaben (wertdiskret), die hintereinander gereiht werden (zeitdiskret). Dagegen bedeutet analog zeit- und wertkontinuierlich, wie etwa das elektrische Signal, das aus einem Mikrofon stammt, in das gesprochen wird. Sowohl Bilder als auch Sprache und Text werden heute fast ausschließlich digital dargestellt, so daß aus Sicht des Netzes kaum ein Unterschied zwischen der Bedeutung der Daten gemacht werden muß.

Die Beschreibung der Gliederung des Buches ist auf Abschnitt 1.5 verschoben, da dort schon viele Begriffsdefinitionen eingeführt sind und somit die Beschreibung erleichtern.

Teil I

Funktionsgruppen digitaler Netze

1 Grundbegriffe

Digitale Netze haben unseren Alltag erobert. Ob in Banken, Arztpraxen oder Schulen, ob durch das weltumspannende Internet oder durch das europaweite, mobile Telefonnetz (*Global System for Mobile Communication, GSM*), überall wenden wir digitale Datenübertragung an. Das weltweite, ortsfeste Telefonnetz hat fast vollständig eine Evolution von einem analogen zu einem digitalen Netz durchgemacht. Wir werden uns auschließlich mit digitalen Netzen beschäftigen. Solche Netze sind i.d.R. sehr komplexe Systeme, die eine Vielzahl von Konzepten, Mechanismen, Verfahren und Methoden beinhalten. Wir wollen einige der elementaren Konzepte und Mechanismen erläutern und diskutieren und versuchen dadurch, ein grundlegendes Verständnis der digitalen Netze zu vermitteln.

Dazu werden wir in diesem Kapitel zunächst den Begriff der Information erörtern. Danach werden Aspekte der Datenübertragung von einem Sender zu einem Empfänger erläutert, die sog. Punkt-zu-Punkt-Übertragung. Das entsprechende Modell wird diskutiert, und dadurch werden die notwendigen Funktionsgruppen eingeführt.

Kommunizieren nicht nur ein Sender und ein Empfänger, sondern mehrere jeweils wahlweise untereinander, so gelangt man von einer Datenübertragungsstrecke zu einem Netz. Wir werden ein einfaches Modell eines Kommunikationsnetzes einführen und die unerlässlichen Begriffsdefinitionen durchführen. Danach werden wir die möglichen Topologien eines Netzes besprechen, die einen starken Einfluß auf die verwendeten Verfahren besitzen. Auch die Übertragungsmedien schränken i.a. die verwendbaren Methoden stark ein. Es ist beispielsweise ein gravierender Unterschied, ob die Datenübertragung zwischen zwei Teilnehmern über ein Kupferkabel läuft oder per Funk durchgeführt wird.

Bei allen digitalen Netzen spielt die Standardisierung eine entscheidende Rolle, da dann unabhängige Hersteller Geräte produzieren können, die im selben Netz untereinander funktionieren. Es soll erläutert werden, wie die Standardisierungsmechanismen national, europa- und weltweit definiert und geregelt sind. Zum Schluß dieses Kapitels werden wir noch die Gliederung des Buches besprechen und erläutern.

1.1 Informationstheorie

Die Informationstheorie stellt die Grundlage für alle in diesem Buch beschriebenen
Funktionen dar. Es ist nicht möglich, hier die einzelnen Gebiete der Informationstheorie ausführlich zu behandeln, aber wir wollen in diesem Abschnitt trotzdem
die notwendigsten Aspekte erörtern.

Der Begründer der Informationstheorie, C. E. Shannon, hat im Jahre 1948 in seiner
legendären Veröffentlichung *„A mathematical theory of communication"* [Sha48] eine mathematische Definition von Information angegeben. Sie ist definiert als die
Änderung der Unsicherheit eines Ereignisses, die sich durch Beobachtung eines anderen Ereignisses ergibt. Als das Maß für den Informationsgehalt einer Datenquelle wurde die Einheit bit eingeführt. Diese Maßeinheit bit wird jedoch inzwischen
auch anders benutzt, nämlich als ein Symbol aus einem binären (zweiwertigen)
Alphabet, unabhängig vom Informationsgehalt der Daten. Aus Shannons Theorie ergeben sich einige weitreichende Konsequenzen für digitale Netze, und aus
Shannons Arbeit sind drei wissenschaftliche Gebiete hervorgegangen:

- Die Kanalcodierung: Die zuverlässige Übertragung von Daten durch Fehlervorwärtskorrekturverfahren bzw. Fehlererkennung.

- Die Quellencodierung: Die Repräsentation (Codierung) einer Informations-
  quelle durch möglichst wenig Daten (Datenkompression).

- Die Kryptologie: Die Verschlüsselung von Daten, um diese abhörsicher zu
  machen, sowie die Authentifizierung von Nachricht und/oder Sender.

Für das erste Gebiet, die Kanalcodierung, hat Shannon gezeigt, daß jede Datenübertragung eine obere Schranke für die Datenrate besitzt, die sog. Kanalkapazität. Diese hängt von dem vorliegenden Übertragungsweg ab, der als Kanal bezeichnet wird. Werden Bits über einen Kanal übertragen, so können diese in dem
Kanal verfälscht werden. Statt einer Null kommt dann eine Eins an, oder umgekehrt. Als Bitfehlerrate bezeichnet man die Anzahl der fehlerhaft empfangenen
Bits dividiert durch die Gesamtzahl aller empfangenen.

Das Shannonsche Kanalcodiertheorem besagt, daß man über jeden Kanal Daten
(Informationsbits) mit einer Coderate kleiner als die Kanalkapazität beliebig zuverlässig, d. h. mit beliebig wenig fehlerhaften Bits, übertragen kann. Dabei bedeutet Coderate die Anzahl der Informationsbits bezogen auf die Anzahl der Codebits.
Ein Code fügt nämlich zu den Informationsbits noch Redundanzbits hinzu; beides
zusammen stellt dann ein Codewort dar, das übertragen wird. Falls nun im Kanal
irgendwelche Bits verfälscht wurden, können diese gegebenenfalls durch die zusätzliche Redundanz korrigiert werden, und man erhält die korrekten Informationsbits
durch Weglassen der Redundanzbits. Diesen Fehlerkorrekturmechanismus mittels
Redundanz kann man sich so vorstellen, als ob man einen Schreibfehler korrigiert,
z. B.: Schreibfxhler. Dies funktioniert nur, da die Sprache naturgemäß Redundanz
enthält.

Leider konnte Shannon keine Methode angeben, wie man die Redundanzbits berechnet bzw. konstruiert, und es ist bisher keine praktikable Methode bekannt, bei der die Coderate die Kanalkapazität erreicht. Obendrein läßt sich für viele in der Praxis wichtige Kanäle, z. B. im Mobilfunk, die Kanalkapazität nicht exakt berechnen, sondern nur mehr oder weniger genau abschätzen. Trotzdem ist es bei vielen Kanälen unmöglich, ohne Kanalcodierung überhaupt Daten mit kleiner Bitfehlerrate zu übertragen, und das Gebiet der Kanalcodierung stellt Verfahren und Berechnungsmethoden dazu bereit. Dieses Gebiet ist jedoch so umfangreich, daß in diesem Buch nur einige elementare Zusammenhänge erläutert werden können. Für weitergehende Informationen zur Kanalcodierung wird auf [Bos98] verwiesen.

Das zweite Gebiet der Informationstheorie ist die Quellencodierung, die sich mit der Frage beschäftigt, mit wieviel bit pro Sekunde man den gesamten Datenstrom einer Datenquelle derart darstellen kann, daß die Datenquelle wieder rekonstruierbar ist. Dabei unterscheidet man rekonstruierbar in identisch und näherungsweise rekonstruierbar, d. h. nahezu identisch. Den Verlust bezeichnet man als *rate loss*.

Shannons Quellencodiertheorem gibt die Antwort, daß die Anzahl der Bits, die man zur Darstellung einer Nachricht benötigt, dem Informationsgehalt der Quelle entspricht, die diese Nachricht erzeugt hat. Konsequenz aus diesem Ergebnis sind die Sprachsignalcodierung und die Datenkompression. Während man in ISDN digitale Sprache mit 64 000 bit pro Sekunde überträgt, kann man heute mit geeigenten Sprachcodierverfahren nahezu gleiche Qualität mit weniger als 6 000 bit pro Sekunde erreichen. Bei der Sprachsignalcodierung sind kleinere Abweichungen zwischen dem ursprünglichen und dem empfangenen Signal nach Codierung und Decodierung zulässig, solange der Empfänger diese Abweichungen nicht wahrnehmen kann. Anders bei vielen Computerdaten: Hier muß der Empfänger das Original aus dem Code vollständig fehlerfrei rekonstruieren können. Diese Art der Codierung leisten die universellen Quellencodierverfahren (*universal source coding*), die in den letzten Jahren Einzug in die Rechnersoftware gehalten haben und dort zur Einsparung von Speicherplatz eingesetzt werden. Sie werden dazu benutzt, eine Datei, die z. B. aus 200 000 bit besteht, in eine Datei umzuwandeln, die aus z. B. 100 000 bit besteht. Selbstverständlich muß sich aus diesen komprimierten Daten das Original mit 200 000 bit wieder fehlerfrei rekonstruieren lassen.

Man kann sich auch vorstellen, universelle Quellencodierung zur Datenübertragung einzusetzen. Dabei werden die Daten vor der Übertragung komprimiert, übertragen und danach wieder dekomprimiert, d.h. rekonstruiert. Um genau den Faktor, den die Kompression erreicht, steigt dann die Übertragungsrate. Dies wird schon in einigen Modems eingesetzt.

Auch dieses Gebiet der Quellencodierung kann leider in diesem Buch nicht ausführlich besprochen werden. Für weitergehende Literatur zur Sprachcodierung sei auf [VHH98] verwiesen und allgemein zur Informationstheorie und Datenkompression auf [CT91].

Das dritte Gebiet ist die Kryptologie, und dabei geht es um die Sicherheit und Vertraulichkeit der Daten. Darunter kann man sich vorstellen, daß eine Nachricht vertraulich, d. h. verschlüsselt, übertragen werden soll und nur der legale Adressat in der Lage sein sollte, diese zu entschlüsseln und damit zu lesen. Desweiteren benötigt man einen Mechanismus, der erkennt, ob eine Nachricht unrechtmäßig verändert wurde. Auch eine Art elektronischer Ausweis ist notwendig, mit dem sich ein Teilnehmer authentifizieren kann. Dies ist besonders bei Telefonsystemen notwendig, da sonst Teilnehmer auf die Kosten anderer telefonieren könnten.

Bei dem zunehmenden Gebrauch von digitalen Netzen sind die kryptologischen Verfahren ein hochaktuelles Thema. Viele Verfahren werden bereits bei Netzen von Banken eingesetzt, da hier eine besondere Sicherheit der Daten erwartet wird. Auch dieses Gebiet kann im Rahmen dieses Buches nicht behandelt werden. Für weitergehende Informationen sei auf [Beu93] verwiesen.

1.2   Datenübertragung

Die Datenübertragung von einem Sender zu einem Empfänger ist in Bild 1.1 dargestellt.

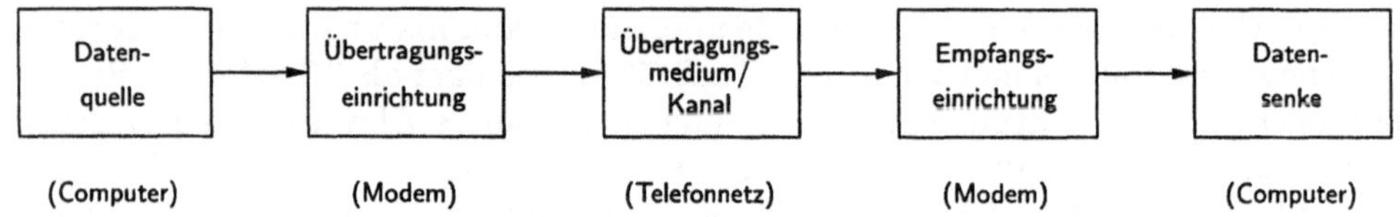

Bild 1.1: Datenübertragung.

Wir wollen hier einen sehr vereinfachten Fall betrachten, um einige Probleme der Datenübertragung aufzuzeigen. Eine Datenquelle liefert binäre Daten, die dann in der Übertragungseinrichtung in Signale umgesetzt werden. Diese Signale werden über den Kanal, d. h. ein bestimmtes Übertragungsmedium (siehe Abschnitt 1.5), zur Empfangseinrichtung übertragen. Dort werden sie detektiert und in Bits umgewandelt, die dann der Datensenke übergeben werden. Dieses Modell repräsentiert u. a. einen Computer, der z. B. eine binäre Datei mittels eines Modems an einen anderen Computer überträgt. Das Modem wandelt die Bits in Signale um, die über das Telefonnetz an ein zweites Modem übertragen werden. Man spricht von einer *Verbindung* zwischen Datenquelle und Senke.

Wir wollen annehmen, daß der Verbindungsaufbau über das Telefonnetz bereits stattgefunden hat und eine Leitung zur Verfügung steht. Zunächst müssen das Sender- und das Empfängermodem erreichen, daß erkannt wird, wann Daten beim Empfänger ankommen. Dies kann u. a. durch die Detektion der Signalenergie am Empfänger realisiert werden. Danach sollte der Empfänger Anfang und Ende eines Signals erkennen, das ein Bit repräsentiert; dies wird *Bitsynchronisation* genannt.

Selbstverständlich müssen beide Modems sich vorher über das Signalformat geeinigt haben. Desweiteren kann die Datenübertragung in Blöcken durchgeführt werden, und dann sollten Blockanfang und -ende detektiert werden. Dies wird als *Rahmensynchronisation* bezeichnet.

Nehmen wir an, zwischen den Modems gäbe es eine festverdrahtete Leitung. Dann kann die Verbindung entweder permanent bestehen oder bei Bedarf auf- und abgebaut werden. Man unterscheidet dabei drei Aufgaben des Modems, nämlich Verbindungsaufbau, Verbindungskontrolle und Verbindungsabbau. Diese Aufgaben stellen ein grundlegendes Konzept bei digitalen Netzen dar.

Zwischen den Teilnehmern werden also Verbindungen hergestellt, um Daten auszutauschen. Eine Verbindung besitzt die Eigenschaft *duplex*, wenn gleichzeitig beide Teilnehmer senden und empfangen können und *simplex*, wenn nur einer senden kann und der andere empfangen. Eine Simplex-Verbindung stellt z. B. der *Rundfunk* (*broadcast*) dar. Als *halb-duplex* wird eine Verbindung bezeichnet, die wahlweise simplex in eine oder die andere Richtung betrieben wird. Eine duplex Verbindung heißt symmetrisch, wenn in beide Richtungen dieselbe Datenmenge pro Zeiteinheit (gemessen in bit pro Sekunde, *bps*) übertragen wird. Andernfalls heißt sie asymmetrisch. Eine Verbindung wird u. a. charakterisiert durch ihre *Kapazität*, die angibt, welche *Datenrate* (ebenfalls in bps) man übertragen kann.

1.3   Kommunikationsnetze

In diesem Abschnitt wollen wir das Modell aus Bild 1.1 erweitern, um Mehrbenutzer-Kommunikation zu beschreiben. Dieses erweiterte Modell ist in Bild 1.2 dargestellt. Dabei benutzen mehrere Teilnehmer dasselbe Übertragungsmedium und sollen wahlweise untereinander Daten austauschen können.
Prinzipiell müssen bei jeder Kommunikation zwischen zwei Teilnehmern die gleichen Schritte durchgeführt werden, die wir im letzten Abschnitt beschrieben haben. Hinzu kommen jetzt Probleme des Vielfachzugriffs, d. h. es muß ein Verfahren geben, das den Zugriff auf das Medium regelt, da dieses nicht von allen gleichzeitig benutzt werden kann. Dazu werden Vielfachzugriffsprotokolle eingeführt, die nach festgelegten Regeln den Zugriff auf das Medium steuern und bei evtl. Kollisionen diese auflösen. Weiterhin muß gewährleistet werden, daß Daten für einen bestimmten Empfänger auch zu diesem gelangen. Dazu müssen die Teilnehmer adressierbar sein. Der Kanal kann ebenfalls ein Netz mit vielen Knoten sein, durch das ein Weg gefunden werden muß. Diese Berechnungen eines „guten" Weges vom Sender zum Empfänger durch ein Netz werden durch Routing-Verfahren durchgeführt.

Überträgt man die Daten mehrerer Verbindungen über eine Leitung, so spricht man von *Multiplexen* (*multiplexing*). Dabei steht die Qualität der Verbindung (*quality of service, QoS*) inzwischen immer mehr im Mittelpunkt. Darin werden die Bitfehlerrate, die Datenrate und die Verzögerungszeit zu einem Parameter vereinigt.

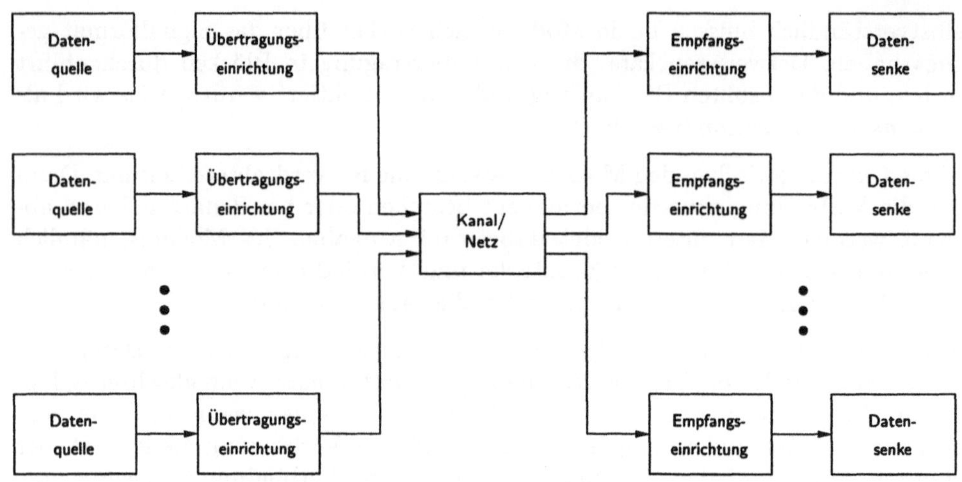

Bild 1.2: Mehrbenutzerkommunikation (Multiuser communication).

Zur Beschreibung der Verfahren in den folgenden Kapiteln werden wir den Begriff *Paket* oder *Datagramm* verwenden. Die binären Daten werden dabei zur Übertragung in Blöcke unterteilt und u. a. Absender und Adresse zugefügt. Der Inhalt eines Paketes wird als Nachricht (*message*) bezeichnet, und i. d. R. interessiert uns dabei nicht, was die Daten bedeuten, d. h. ob es sich um Sprache, Bilder usw. handelt. Ein Paket wandert dann durch ein Kommunikationsnetz, indem es gemeinsam mit anderen Paketen über Verbindungen zwischen Vermittlungseinrichtungen übertragen wird. Die Vermittlungseinrichtung hat dabei die Aufgabe, ein empfangenes Paket auf die richtige Ausgangsleitung zu senden, damit es zur designierten Adresse gelangt. Dieser Vorgang wird als *Switching* bezeichnet. Die Berechnung des Weges eines Pakets durch das Netz ist Aufgabe des *Routings* (oft auch Wegelenkung).

Man unterscheidet zwischen Leitungsvermittlungsnetzen und Paketvermittlungsnetzen. Während im ersten, verbindungsorientierten Fall eine Verbindung zwischen Sender und Empfänger geschaltet wird, über die die Daten übertragen werden, wird bei Paketvermittlung jeweils nur zwischen zwei Vermittlungseinrichtungen auf dem Weg von Sender zum Empfänger eine Verbindung aufgebaut. Die einzelnen Pakete bewegen sich autonom durch das Netz und können prinzipiell unterschiedliche Wege benutzen. Bei virtuellen Leitungen (*virtual circuits*) wird ein Weg berechnet, der von allen Paketen während einer Kommunikationssitzung (*session*) zwischen einem Sender und einem Empfänger benutzt wird. Dieser kann sich bei der folgenden Sitzung ändern.

Üblicherweise werden die Netze nach ihrem Einsatzgebiet bezeichnet, wie in Tabelle 1.1 dargestellt.

Tabelle 1.1: Einsatzgebiete von Netzen.

Entfernung	System	Typisches Netz
0,1 m	Leiterkarte	Hardware-Leitungen
1 m	System	Bus
10 m	Raum	LAN (Local Area Network)
100 m – 1 km	Gebäude, Gebäudekomplex	LAN
10 km	Stadt	MAN (Metropolitan Area Network)
100 km	Land	WAN (Wide Area Network)
1000 km	Kontinent	WAN (Koppelung zwischen WANs)

1.3.1 Netztopologien

Ein Kommunikationsnetz besteht aus Vermittlungseinrichtungen, Endgeräten und aus Verbindungen zwischen diesen, die Glasfaserleitungen, Kupferleitungen, Koaxialkabel, Satellitenstrecken oder auch Funkstrecken sein können. Man abstrahiert ein Netz als einen Graphen, bestehend aus Knoten und Zweigen. Die Knoten stellen Vermittlungseinrichtungen bzw. die Endgeräte dar oder können auch selber Teil- oder Unternetze sein. Die Zweige entsprechen den Verbindungen und sind durch ihre Parameter festgelegt. Die charakeristische Anordnung von Knoten und die Verbindungen dazwischen wird als *Topologie* bezeichnet. Wir werden einige Varianten im folgenden erläutern.

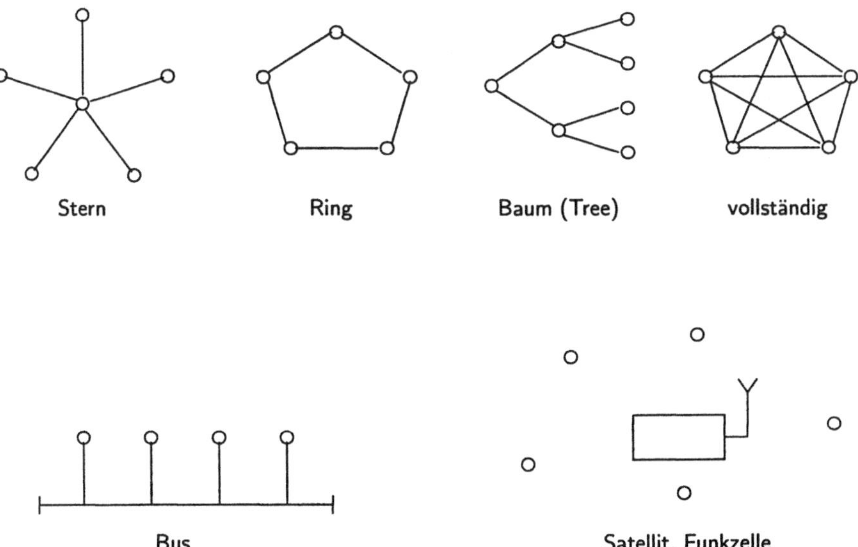

Bild 1.3: Netztopologien.

In Bild 1.3 sind typische Topologien gezeigt, nämlich ein Stern, ein Ring, ein Baum und ein vollständiger Graph. Diese Topologien gehören zu den Fällen, bei denen die Verbindung zwischen den Knoten jeweils als Punkt-zu-Punkt-Verbindung ausgelegt ist. Desweiteren sind in dem Bild auch zwei Topologien von Punkt-zu-Mehrpunkt-Verbindungen aufgezeigt: Ein Bus, bei dem alle Knoten an einer Leitung angeschlossen sind und eine Funkzelle, z. B. eines zellularen Mobilkommunikationssystems.

Offensichtlich bestimmt die Topologie eines Netzes gemeinsam mit der Verbindung maßgeblich die Art des Kommunikationssystems, das verwendet werden kann. Das Routing muß einen Weg von einem bestimmten Sendeknoten zu einem Empfängerknoten berechnen. Wir wollen im folgenden stichwortartig einige Eigenschaften der in Bild 1.3 dargestellten Topologien auflisten.

- Stern:
  Zentrale Vermittlung (Rechner mit Peripherie); hohe Leitungskosten bei großen Entfernungen.

- Ring:
  Dezentrale Vermittlung; zwei mögliche Wege; geringe Leitungskosten.

- Baum:
  Genau eine Verbindung zwischen zwei beliebigen Knoten. Der Ausfall eines Knotens kann den Ausfall von vielen anderen Knoten zur Folge haben.

- Bus, Funkzelle:
  Ähnlich wie bei einem Ring, jedoch benutzen alle Teilnehmer dasselbe Medium, d. h. ein Sender kann von allen anderen Teilnehmern gehört werden (Busse werden oft in Mehrprozessorsystemen verwendet).

- Vollständiger Graph:
  Hohe Leitungskosten, jedoch ein direkter Weg zwischen zwei beliebigen Knoten, d. h. „geringer" Vermittlungsaufwand.

Existierende digitale Netze verwenden eine Mischung aus den vorgestellten Topologien, die je nach Datenaufkommen, örtlicher Gegebenheit, Kommunikationsverhalten der Teilnehmer, etc. zusammengestellt wird.

1.3.2   Übertragungsmedien

Die Daten werden in Form von elektromagnetischen Wellen über ein Medium übertragen. Dabei ist ein wesentliches Unterscheidungsmerkmal, ob die Welle im Medium geführt wird (*guided*) oder nicht (*unguided*). Zum ersten Fall gehören Kupfer- und optische Kabel, und der zweite Fall wird als drahtlose (*wireless*) Übertragung bezeichnet. Ein weiteres Merkmal ist die Bandbreite, die ein Signal benötigt und der Frequenzbereich, in dem die Übertragung stattfindet. In der Regel ist die Datenrate, mit der übertragen werden kann, um so höher, je größer die Bandbreite des Signals ist. Die überbrückbare Entfernung hängt sowohl von der Dämpfung des Signals im Medium ab als auch von der Interferenzsituation, d. h. wie stark das Signal von den Signalen der Nachbarnutzer gestört wird.

Leitungsgebundene Übertragung: Hier unterscheidet man i.d.R. drei Typen von Leitungen, die Zweidrahtleitung in Form eines zweiadrigen Kupferkabels, das Koaxialkabel als abgeschirmte Leitung und die Glasfaser. Tabelle 1.2 gibt einen groben Überblick, welche Frequenzbereiche und welche Bandbreite zur Datenübertragung bei den unterschiedlichen Leitungen verwendet werden.

Tabelle 1.2: Frequenznutzung bei leitungsgebundener Übertragung.

Frequenzbereich	Bandbreite	
0–10 MHz	bis 3 MHz	Zweidrahtleitung (*twisted pair*)
0–1 GHz	bis 400 MHz	Koaxialkabel
100 THz- ?	ca. 2 GHz	Glasfaser

Die typischen möglichen Datenraten sind einige Mbps bei der Zweidrahtleitung, einige hundert Mbps beim Koaxialkabel und einige Gbps bei der Glasfaserleitung. Während die überbrückbare Entfernung ohne Verstärkung bei der Glasfaser bis zu 100 km betragen kann, liegt sie bei den anderen beiden Leitungen in der Größenordnung von bis zu 10 km.

Drahtlose Übertragung: Bei drahtloser Übertragung gibt es sehr unterschiedliche Varianten, angefangen von der Infrarot-Fernbedienung über Mobilfunk bis hin zu Fernerkundungssatelliten. Zunächst ist der Frequenzbereich von Bedeutung. Als Grundregel gilt bei terrestrischer Übertragung: Je höher der Frequenzbereich, desto geringer die Reichweite. Außerdem muß die Nutzung der Frequenzbänder weltweit festgelegt werden, da sonst die Interferenzen eine ungestörte Datenübertragung unmöglich machen können (siehe hierzu Abschnitt 1.4). Man kann sich diese Interferenz-Störungen vorstellen als ob man mit dem Autoradio gleichzeitig zwei unterschiedliche Sendestationen im gleichen Frequenzband empfängt. Auch hier gilt, je größer die Bandbreite des Signals ist, desto höher ist die Datenrate. Jedoch ist die Bandbreite wegen der weltweiten Regelung begrenzt. Wie wertvoll die Ressource „Frequenz" ist, kann man an der Tatsache ermessen, daß im Jahre 1990 in den USA das Recht zur Nutzung bestimmter Frequenzbänder für Mobilfunkanwendungen öffentlich im Internet versteigert wurde. Dabei haben die Betreiberfirmen insgesamt ca. 7 Milliarden Dollar für 500 MHz Bandbreite im 2 GHz Bereich bezahlt. Tabelle 1.3 stellt grob die Frequenzbereiche und ihre Nutzung dar. Ein exakter Frequenznutzungsplan wird vom BAPT (Bundesamt für Post und Telekommunikation) periodisch herausgegeben.
Die Konsequenz der begrenzten Verfügbarkeit von Frequenzen ist, daß man diese möglichst effizient nutzen muß. Dabei werden sehr aufwendige Übertragungsver-

Tabelle 1.3: Frequenznutzung bei Funkübertragung.

Frequenzbereich	Bezeichnung	Mögliche Anwendungen
30 – 300 kHz	LF (low frequency)	Navigation
300 – 3 000 kHz	MF (medium frequency)	AM-Radio
3 – 30 MHz	HF (high frequency)	Kurzwellen-Radio, CB-Funk
30 – 300 MHz	VHF (very high frequency)	VHF-Fernsehen, FM-Radio
300 – 3 000 MHz	UHF (ultra high frequency)	UHF-Fernsehen
3 – 30 GHz	SHF (super high frequency)	Satellitenübertragung

fahren eingesetzt, und durch die sog. zellulare Struktur werden die selben Frequenzen möglichst koordiniert an verschiedenen Orten wiederverwendet. Dies kann unterstützt werden durch eine spezielle Antennentechnik, indem Antennen mit Richtcharakteristik verwendet werden, wie etwa bei den sog. Richtfunkstrecken. Desweiteren gilt, je besser die Antenne desto größer die Reichweite.

1.3.3 Übersicht grundlegender Begriffe

Im folgenden sollen stichwortartig einige wesentliche Begriffe definiert werden. Die Reihenfolge ist alphabetisch um das Auffinden zu erleichtern.

Algorithmus: Schrittweise, detaillierte Darstellung einer Berechnungsvorschrift.

Authentifizierung: Nachweis der Identität.

Bandbreite: Größe des Frequenzbereichs, den ein Signal belegt.

bit: Einheit der Information.

Bit: Binäres Symbol (0/1).

Bitsynchronisation: Mechanismen, um Gleichlauf der Bittakte in Sender und Empfänger herzustellen.

bps, kbps, Mbps, Gbps: Einheiten der Datenrate, bit pro Sekunde, kilobit pro Sekunde[1], Megabit pro Sekunde, Gigabit pro Sekunde.

Broadcast: Übertragung von einem Sender zu mehreren Empfängern.

Bus: Von mehreren Sendern und Empfängern gemeinsam benutzte Datenleitung.

Coderate: Verhältnis aus Anzahl der Informationssymbole zur Anzahl der Codesymbole.

Datagramm: Eine Menge von Informationssymbolen.

---

[1]Es ist inzwischen auch üblich, ein großes K zu verwenden. Dann ist 1 Kbps = 2^{10} bps = 1024 bps. Diese Größe wurde eingeführt, um der Wichtigkeit der Zweierpotenzen Rechnung zu tragen.

Datenrate: Rate der übertragenen (Informations-) Zeichen pro Sekunde.

drahtlos: Datenübertragung per Funk, d. h. ohne Leiter.

duplex: Gleichzeitige Datenübertragung in beide Richtungen zwischen zwei Teilnehmern.

Frequenzband: Größe und Position des Frequenzbereichs, den ein Signal belegt.

Funk: Datenübertragung mit Hilfe elektromagnetischer Wellen über Antennen.

Glasfaser: Medium für optische Datenübertragung.

halb-duplex: Datenübertragung zwischen zwei Teilnehmern, wobei die Daten wahlweise jeweils nur in eine Richtung übertragen werden können.

Kanalcodiertheorem: Fundamentaler Satz der Informationstheorie, gemäß dem prinzipiell eine nahezu fehlerfreie Datenübertragung über einen Kanal möglich ist.

Kanalcodierung: Hinzufügen von Redundanz zu der zu übertragenden Information zum Zwecke der Fehlerkorrektur und -erkennung. Damit wird die *Zuverlässigkeit* der Übertragung erhöht.

Kanalkapazität: Informationstheoretisches Maß, das der maximal möglichen Übertragungsrate über einen Kanal entspricht.

Kapazität: Die maximal mögliche Datenrate einer Übertragungsstrecke.

Koaxialkabel: Leiter mit konzentrischer Abschirmung.

Kryptologie: Wissenschaft der sicheren Datenübertragung.

LAN: Local Area Network, Datenkommunikationsnetz von mehreren Teilnehmern, die bis zu 1 km voneinander entfernt sein können.

leitungsgebunden: Führung der elektromagnetischen Welle in einem Medium.

Leitungsvermittlung: Schalten einer physikalischen Verbindung zwischen Sender und Empfänger.

MAN: Metropolitan Area Network.

message: Ein Datenblock mit bestimmter Bedeutung.

Mobilfunk: Funkübertragung mit beweglichen Teilnehmern, d. h. Sender(n) und/oder Empfänger(n).

Modem: Gerät zur zuverlässigen Übertragung von digitalen Daten über physikalische Kanäle.

Multiplexer: Einrichtung, um mehrere Datenströme gemeinsam auf einer Verbindung zu übertragen.

Nachricht: Ein Datenblock mit bestimmter Bedeutung.

Netz: Eine Menge von Kommunikationsteilnehmern, die untereinander erreichbar sind.

Paketvermittlung: Die unabhängige Übertragung von einzelnen Paketen zwischen einem Sender und einem Empfänger auf möglicherweise unterschiedlichen Wegen.

Protokoll: Durchführung einer Berechnungsvorschrift an unterschiedlichen Orten (auch: *Verteilter Algorithmus*).

Punkt-zu-Mehrpunkt: Übertragung von einem Sender zu mehreren Empfängern.

Punkt-zu-Punkt: Übertragung von einem Sender zu einem Empfänger.

Quelle: Eine Funktion, die Daten bzw. Information erzeugt.

Quellencodiertheorem: Fundamentaler Satz der Informationstheorie, der die Mindestdatenrate zur digitalen Codierung einer Quelle angibt.

Quellencodierung: Die digitale Repräsentation von Information mit möglichst kleiner Datenrate.

QoS: *Quality of Service*, Dienstqualität (beinhaltet Fehlerrate, Verzögerungszeiten, Verfügbarkeit, etc.).

Rahmensynchronisation: Detektion von Beginn und Ende eines Übertragungsrahmens.

Redundanz: Zusätzlich an die Information „angehängte" Daten.

Richtfunk: Funkübertragung bei Sichtverbindung.

Routing: Die Verfahren zur Berechnung eines Weges (von Wegen) zwischen einem Teilnehmer eines Netzes zu einem anderen.

Rundfunk: Übertragung von einem Sender zu mehreren Empfängern.

Senke: Empfänger von Information bzw. Daten.

Signal-Dämpfung: Abschwächung des Signals.

simplex: Datenübertragung in eine Richtung zwischen einem Sender und einem Empfänger.

Sprachcodierung: Quellencodierung eines Sprachsignals mittels digitaler Werte.

Switching: Vermittlung, Schalten von Leitungen zwischen beliebigen Teilnehmern eines Kommunikationsnetzes.

Topologie: Abstrakte Struktur eines Kommunikationsnetzes.

Übertragungsmedium: Das physikalische Medium, in dem die Übertragung der elektromagnetischen Welle stattfindet.

Verbindung: Zwei Teilnehmer sind mittels eines Mediums verbunden.

Vermittlung: Schalten von Verbindungen zwischen beliebigen Teilnehmern eines Kommunikationsnetzes.

Vermittlungseinrichtung: Einrichtung, die wahlweise Verbindungen zwischen ihren Ein- und Ausgängen schalten kann.

Verschüsselung: Modifikation einer Nachricht im Sinne einer *sicheren* Datenübertragung.

virtuelle Leitung: Eine Menge von Verbindungen, über die Datenpakete übertragen werden.

WAN: Wide Area Network, Hauptvermittlungstellen eines Kommunikationsnetzes zur Überbrückung von großen Entfernungen.

Wegelenkung: Die Verfahren zur Berechnung eines Weges (von Wegen) zwischen einem Teilnehmer eines Netzes zu einem anderen.

zellular: Überdeckung eines Gebietes durch Funkzellen.

Zweidrahtleitung: Meist verdrilltes Leiterpaar.

1.4 Standardisierung

Es ist offensichtlich, daß die Bedeutung von bestimmten Nachrichten bitgenau bekannt sein muß, und eine Datenkommunikation kann nur funktionieren, wenn sich alle Beteiligten exakt an eine Festlegung halten. Diese Festlegung heißt Standard und wird durch die *International Standardisation Organisation (ISO)* folgendermaßen definiert:

ISO-Definition:
Ein Standard ist ein der Öffentlichkeit zugängliches technisches Dokument, das auf fundierten Ergebnissen aus Wissenschaft, Technik und Erfahrungen basiert. Ein Standard entsteht durch Zusammenarbeit und Billigung aller Parteien, deren Interessen durch den Standard berührt werden.

Es gibt nationale, regionale und internationale Standards.

Die vier Grundsätze eines Standards sind:

- Transparency: Veröffentlichung von Interim-Standards während des Standardisierungsprozesses und Veröffentlichung des endgültigen Standards.

- Public enquiry: Öffentlichkeit hat Einspruchsmöglichkeit.

- Transposition: Übernahme internationaler Normen in nationale.

- Standstill: Einstellung nationaler Normierungsarbeiten, sobald auf demselben Gebiet internationale Normierungsarbeiten aufgenommen werden.

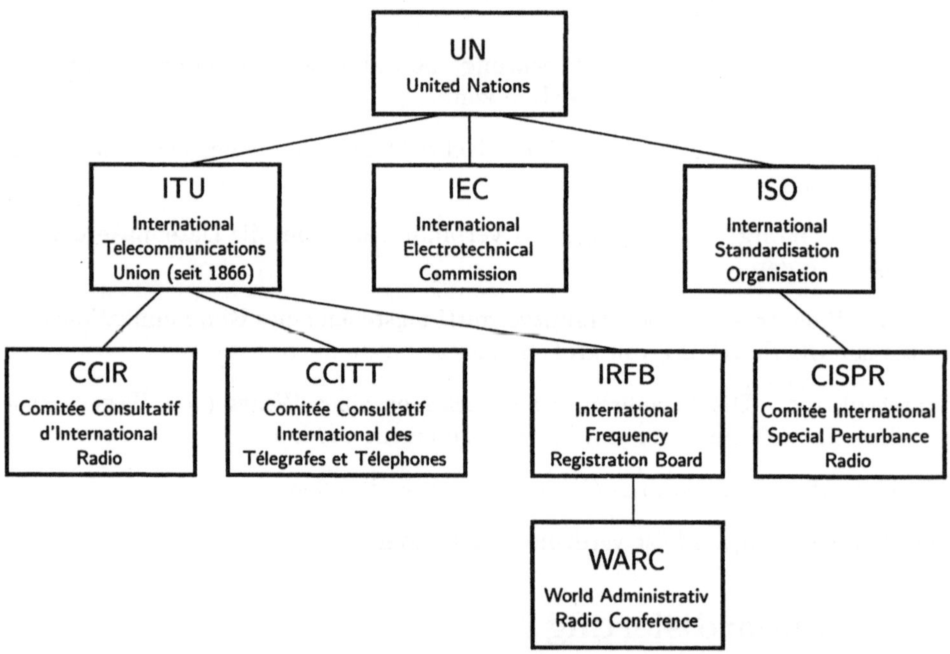

Bild 1.4: Weltweite Standardisierung.

Ein Standard gewährleistet auch, daß unterschiedliche Hersteller Geräte produzieren können und diese in einem gemeinsamen Netz eingesetzt werden können. Selbstverständlich beinhaltet ein Standard auch eine Abnahmeprüfung, die ein Gerät bestehen muß, um standardkonform zu sein. Üblicherweise wird ein Standard funktional festgelegt, um den Herstellern noch Möglichkeiten für unterschiedliche Realisierungen offen zu lassen, die dann zu unterschiedlichen Qualitäten der Produkte führen.

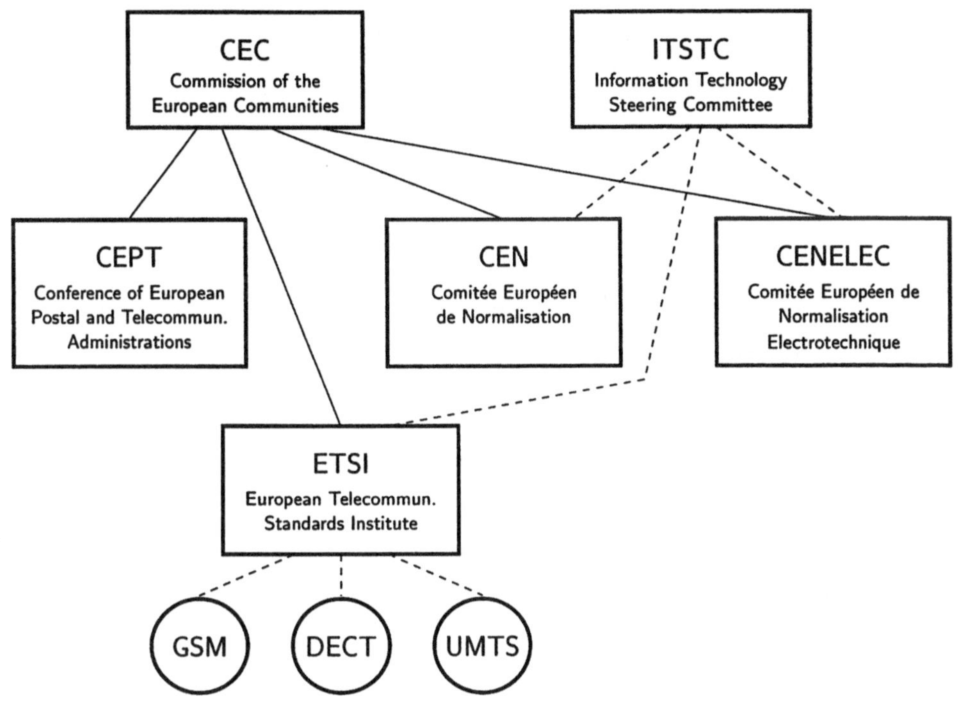

Bild 1.5: Standardisierung in Europa.

Die weltweite Standardisierung ist den Vereinten Nationen (UN) entsprechend
Bild 1.4 unterstellt, und die Aufgaben der einzelnen Institutionen sind im folgenden
stichwortartig aufgelistet:

ITU: Koordinierung aller Mitgliedstaten auf dem Gebiet der Telekommunikation.

IEC: Normung elektrotechnischer Produkte.

ISO: Normung im Computerbereich (Informationssysteme).

CISPR: Funkinterferenzen.

CCIR: Beratung der ITU im Bereich Funkkommunikation.

CCITT: Beratung der ITU im Bereich Kommunikationsnetze.

IFRB: Frequenzzuweisung (9 kHz – 275 GHz).

WARC: Konferenz zur Abstimmung der Frequenzvergabe (alle 4 Jahre).

Eine entsprechende Organisation existiert ebenfalls in der europäischen Gemeinschaft (EU) wie in Bild 1.5 gezeigt. Auch hier sind die Aufgaben der einzelnen Institutionen im folgenden stichwortartig aufgelistet:

CEC: Koordinierung eines einheitlichen Marktes in Europa.

ITSTC: Koordinierung.

CEPT: Plattform für Telekommunikationsanbieter.

ETSI: Technische Spezifikation aller Telekommunikationsstandards.

CEN: Normung im Computerbereich (Informationssysteme).

CENELEC: Normung elektrotechnischer Produkte.

Bei der Erstellung eines Standards arbeiten Industrie, Behörden und Universitäten in speziellen Gremien zusammen und diskutieren mögliche Lösungen. Z. B. benötigte der GSM-Standard mehrere Jahre bis zu seiner endgültigen Fassung, die aus über 7 000 Seiten Text besteht. Aber gerade dieser bedeutende europäische Standard, der inzwischen zu einem Weltstandard wurde, zeigt durch seinen Erfolg die Mächtigkeit einer Absprache.

1.5   Zur Gliederung des Buches

Teil I: Funktionsgruppen digitaler Netze

Üblicherweise werden komplexe Systeme hierarchisch betrachtet, d. h. in Untersysteme aufgeteilt, die jeweils überschaubare Aufgaben haben. Dies wird in Kapitel 2 in Form des OSI-(*Open Systems Interconnection*)-Modells erörtert. Das OSI-Modell ist ein ISO-Standard und dient zur Beschreibung der prinzipiellen Vorgehensweise, die Aufgaben auf die unterschiedlichen Hierarchieebenen aufzuteilen. Verwirklichte Netze benutzen zwar diesen Standard als Grundlage, modifizieren ihn jedoch an einigen Stellen.

Kapitel 3 beschreibt die Datenübertragung von Punkt zu Punkt. Dabei werden im wesentlichen die Verfahren zur digitalen Datenübertragung kurz skizziert, die aus den Gebieten der Nachrichtentechnik und der Kanalcodierung stammen. Deshalb müssen hierbei zumindest Grundkenntnisse der Nachrichtentechnik vorausgesetzt werden. Es wird jedoch versucht, die Probleme und deren Lösungen aus der Sicht des Netzes zu beschreiben, bei der die Datenübertragung die einfach klingende Aufgabe hat, Bits von einem Punkt zum anderen zu übertragen. Die Verfahren und Methoden, die dazu u. U. notwendig sind, sind jedoch sehr komplex und können deshalb in diesem Kapitel nicht umfassend definiert und erläutert werden. Für weitergehende Studien wird deshalb auf die zwei Lehrbücher [Kam96] und [Bos98] verwiesen. Weitere Themen in diesem Kapitel sind die Rahmensynchronisation und das Multiplexen, d. h. die Möglichkeit viele einzelne Datenströme von verschiedenen Teilnehmern über dasselbe Medium zu übertragen. Verbunden damit wird ebenfalls die Vermittlung (*switching*) von Daten erörtert, die dazu dient, die Daten von einem beliebigen Teilnehmer am Eingang der Leitung zu einem beliebigen Teilnehmer am Ausgang der Leitung zu übertragen.

In Kapitel 4 werden dann die grundlegenden Verfahren zum Vielfachzugriff erläutert. Dabei gibt es grundsätzlich Verfahren, bei denen Kollisionen auftreten können und solche, bei denen keine auftreten. Eine Kollision bedeutet, daß zwei Teilnehmer gleichzeitig auf ein Übertragungsmedium zugreifen. Bei Verfahren ohne Kollisionen muß dies durch ein Protokoll verhindert werden. Wir werden die Protokolle in ihrer elementaren Form diskutieren und auf Modifikationen hinweisen. Dabei werden wir die Theorie der Markovketten verwenden.

Die Verfahren und Protokolle zur zuverlässigen Datenübertragung werden in Kapitel 5 behandelt. Hierzu wird zunächst eine Einführung in die Kanalcodierung gegeben, um das notwendige elementare Verständnis von Fehlerkorrektur- bzw. Fehlererkennungsverfahren zu erhalten. Danach werden die ARQ-(*Automatic Repeat Request*)-Protokolle erläutert und analysiert. Zunächst die Protokolle, die ausschließlich Fehlererkennung verwenden und danach die sogenannten hybriden Verfahren, die Fehlererkennung und -korrektur gleichzeitig durchführen.

Das Problem der Berechnung des „kürzesten" Weges zwischen zwei Knoten eines Netzes, das Routing, wird in Kapitel 6 besprochen. Dabei wird die Mathematik zur Graphentheorie aus Anhang B benötigt. Der Begriff „kurz" wird genauer definiert und in Form einer Metrik abstrahiert. Damit können dann Algorithmen angegeben werden, die beweisbar den kürzesten Weg berechnen. Man unterscheidet die Routingverfahren bei Paketvermittlung von denen bei Leitungsvermittlung. Ein weiteres Thema in diesem Kapitel ist die Flußkontrolle, deren Aufgabe es ist, dafür zu sorgen, daß ein Empfänger nicht mehr Daten bekommt als er verarbeiten bzw. speichern kann. Oft wird Flußkontrolle auch mit Stau-Kontrolle (*congestion control*) gleichgesetzt, deren Aufgabe es ist, Staus auf bestimmten Teilen des Netzes zu vermeiden. Eine Analogie hierzu sind die Umleitungsmeldungen für die Autobahnen, um Staus zu verhindern bzw. abzubauen.

Ein grundlegendes Konzept von digitalen Netzen ist die sog. Warteraumtheorie (oder auch Warteschlangentheorie, *queueing theory*), der Kapitel 7 gewidmet ist. Bei der Warteraumtheorie handelt es sich um ein universelles mathematisches Werkzeug, das zu Analysen an verschiedensten Stellen eines Netzes eingesetzt werden kann. Die Problemstellungen, die damit lösbar sind, lassen sich anschaulich am Beispiel der Kassen im Supermarkt beschreiben. Vor den Kassen stehen jeweils eine unterschiedlich lange Schlange von Menschen. Die Warteraumtheorie beantwortet u. a. die folgenden Fragen: Wie lange wartet ein Kunde im Mittel? Oder, wie lang sind die Schlangen im Mittel?

Einige mathematische Grundlagen werden im Anhang beschrieben, um den Fluß an anderern Stellen nicht zu stark zu unterbrechen. Die mathematischen Grundlagen zur Wahrscheinlichkeitsrechnung und zu stochastischen Prozessen sind in

Anhang A aufgelistet. Anhang B beinhaltet die Grundlagen zur Graphentheorie und die Lösungen zu den Übungsaufgaben der Kapitel 3–6 sind in Anhang C zu finden.

Teil II: Anwendung der Funktionen

Der zweite Teil des Buches dient zur Veranschaulichung, wie die Konzepte und Verfahren, die im ersten Teil beschrieben wurden, in existierenden Netzen Verwendung finden. Er ist nicht gedacht als eine vollständige Beschreibung dieser Netze, deren Standards oft mehrere tausend Seiten füllen. Wir haben mit X.25 einen etablierten Paketvermittlungs-Standard ausgewählt und beschreiben einige Realisierungsaspekte unterschiedlicher Funktionen. Zusätzlich wird mit TCP/IP eine sehr weit verbreitete Protokollfamilie diskutiert. Zum Schluß erörtern wir noch diverse Aspekte von ATM, einem zukünftigen Standard, der schon teilweise spezifiziert ist und an einigen Stellen neuere Gesichtpunkte beinhaltet. Für Informationen zum GSM-System sei auf [EV97] verwiesen, und eine Beschreibung u. a. von TETRA und DECT findet man in [Wal98a] und [Wal98b].

2 Hierarchische Strukturierung von Netzfunktionen

Kommunikationsnetze sind extrem komplexe Gebilde, die jedoch aus der Sicht eines Nutzers und technischen Laien „primitiv" erscheinen, da selbst das Telefonieren von einem Kontinent zu einem anderen heutzutage keine Mühe bereitet. Hinter der einfachen Benutzeroberfläche eines Telefonapparates verbergen sich jedoch bereits wesentliche Grundfunktionen eines jeden Kommunikationsnetzes wie Signalisierung, Zugriff auf gemeinsam genutzte Fernleitungen oder Wegesuche. Diese werden teilweise ausgeführt ohne daß der Benutzer dies bemerkt, sind jedoch keineswegs trivial. Nicht umsonst mußte früher jedes Gespräch von Hand vermittelt werden. Verfahren in der Art der Handvermittlung sind natürlich weder den heutigen Anforderungen der Benutzer noch der Netzbetreiber gewachsen und wurden inzwischen längst durch automatische Verfahren ersetzt. Daneben tragen die wachsende Zahl neuer Dienste und deren Integration in gemeinsame Netze zur wachsenden Komplexität solcher Netze bei. Ein weiterer Grund für die Einführung von automatischen, elektronischen Verfahren ist die Tatsache, daß Kommunikationsnetze räumlich entfernte Kommunikationspartner bzw. -geräte miteinander verbinden sollen und sich die Geräte umso schwieriger überwachen und beeinflussen lassen, je weiter sie voneinander entfernt sind.

Die Unübersichtlichkeit eines Systems führt häufig zu Fehlern im Entwurf und erschwert dessen Wartung während des Betriebs. Um dies zu vermeiden, ist die übliche Vorgehensweise von Ingenieuren, solche Systeme in kleinere, überschaubare Subsysteme zu unterteilen. Bei Kommunikationsnetzen hat sich eine Strukturierung in Form von Schichten durchgesetzt, die schließlich zum OSI- (Open Systems Interconnection) Modell der ISO geführt hat. Mit diesem Modell wurden folgende Ziele verfolgt:

- Das Gesamtsystem wird in so viele Schichten gegliedert, daß jede Schicht nur wenige, klar definierte Aufgaben wahrnimmt.

- Die in einer Schicht enthaltenen Funktionen müssen symmetrisch sein, d. h.

zu jeder Funktion eines Senders ist die entsprechende Empfängerfunktion ebenfalls Bestandteil derselben Schicht.

- Um den Informationsfluß über die Schnittstellen zwischen den Schichten zu minimieren, sollen die Anzahl der Schnittstellen gering und die Schnittstellen selbst so einfach wie möglich gestaltet sein.

Um das OSI-Modell zu verstehen, muß man zum einen die in den verschiedenen Schichten enthaltenen Funktionen kennen und zum anderen wissen, wie die Schichten miteinander kommunizieren. Es existieren zwei mögliche Arten der Kommunikation im OSI-Modell, die häufig als

- Dienstprimitive[1], (*service primitives*), und

- Protokolle

bezeichnet werden. Während die benachbarten Schichten einer Seite über Primitive (siehe Abschnitt 2.2) kommunizieren, nennt man die Kommunikation der entsprechenden Schichten in Sender und Empfänger Protokolle.

2.1 Aufgaben der OSI-Schichten

Das OSI-Modell besteht aus sieben Schichten. Diese werden von unten her beginnend durchnumeriert. Einen ersten Eindruck von den Aufgaben der einzelnen Schichten und ihrer Zusammenarbeit vermittelt das in Bild 2.1 dargestellte Beispiel.

Man stelle sich vor, ein deutscher Ingenieur soll das Patent eines amerikanischen Erfinders verstehen und in ein neues, innovatives Produkt umsetzen. Er bittet deshalb den Erfinder um eine Beschreibung und Erläuterung des Patents. Daß der Erfinder sein Wissen über das Patent zur Verfügung stellt und der Ingenieur dieses Wissen nutzen kann, stellt den eigentlichen Zweck der Kommunikation dar und entspricht insofern der Anwendungsschicht (*application layer*) des OSI-Modells. Allerdings sind für diese Kommunikation einige Zwischenschritte nötig.

Zunächst muß sich der Erfinder eine geeignete Beschreibung überlegen, um seine Idee in verständlicher Form darzustellen. Im OSI-Modell gehört dies zur Darstellungsschicht (*presentation layer*). Danach diktiert er diese Beschreibung seiner Sekretärin, die ein entsprechendes Schreiben aufsetzt; dies entspricht der Sitzungsschicht (*session layer*).
Das Schreiben wird in einen Briefumschlag gesteckt, adressiert und zur Post gebracht. Damit beginnt der Transport von einem Ort zum anderen; die Transportschicht (*transport layer*) soll diesen Transport überwachen. Würde der Brief

---

[1] Die Übersetzung gemäß DIN ist „Dienstelemente"; diese Bezeichnung wird im folgenden nicht weiter verwendet.

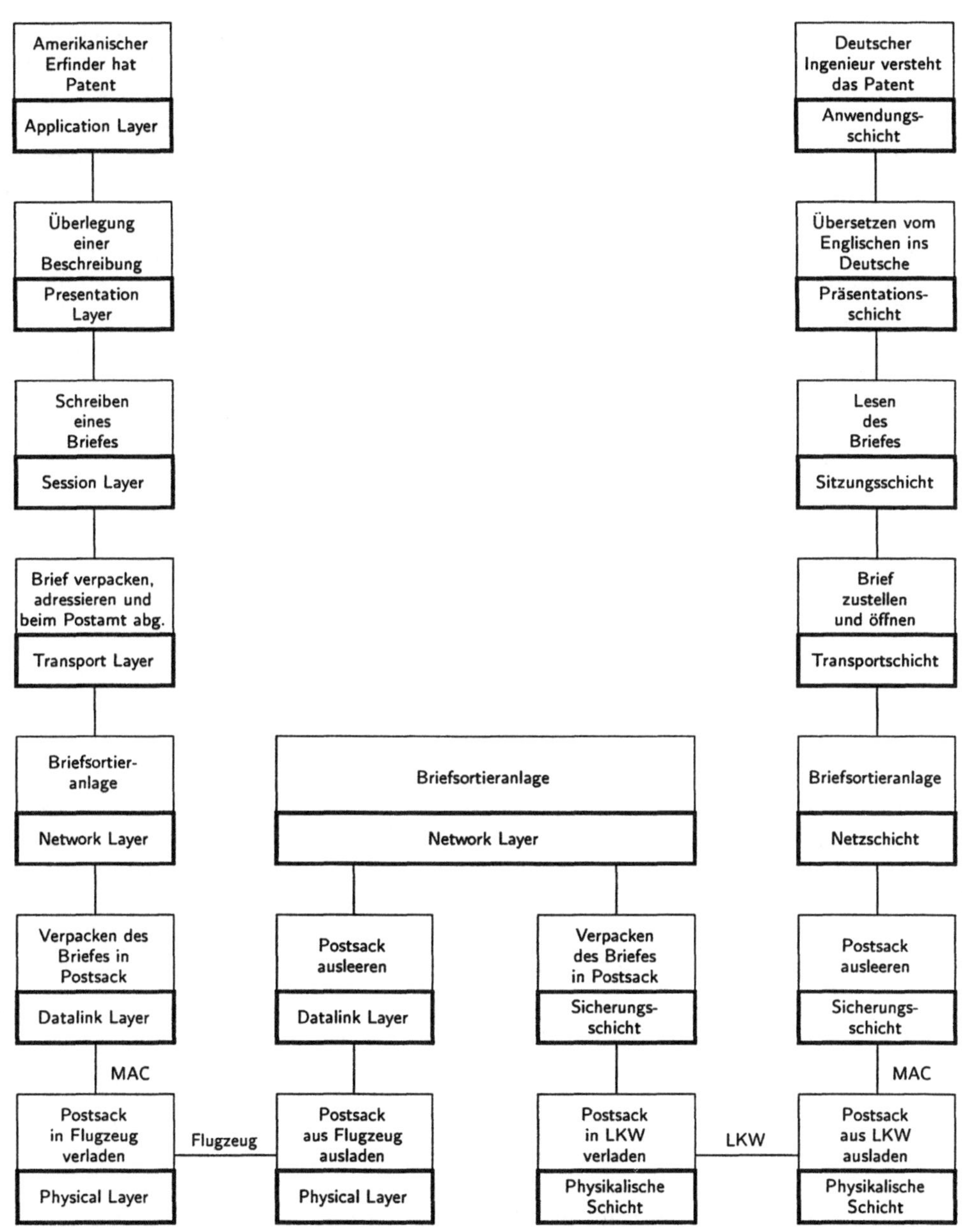

Bild 2.1: Beispiel für die Aufgabentrennung im OSI-Modell.

unterwegs verloren gehen, müßte die Sekretärin ihn später nochmals ausdrucken und erneut abschicken.

Die Briefbeförderung erfolgt dann zwischen den Postämtern über ein Netz von LKW-Verbindungen, Fluglinien und Schiffsrouten. In den Sortieranlagen der Postämter wird die Adresse auf dem Brief gelesen und danach entschieden, auf welchem Weg dieser Brief befördert werden muß. Im OSI-Modell gehört diese Wegesuche zur Netzschicht (*network layer*). Die Netzschicht wird häufig auch als Netzwerkschicht bezeichnet.

Wenn entschieden worden ist, wie der Brief weiterbefördert wird, wird er zusammen mit anderen in einen Postsack verpackt, damit er nicht verloren geht. In Kommunikationsnetzen soll die Sicherungsschicht (*data link layer*) für eine fehlerfreie Übertragung sorgen. Auf der physikalischen Schicht (*physical layer*) wird der Postsack dann ins Flugzeug geladen und von Amerika nach Deutschland geflogen. Im Postamt am Flughafen wird der Postsack aus dem Flugzeug ausgeladen und geöffnet, und man schaut sich anhand der Adressen an, wohin die Briefe gehen sollen. Anschließend werden diese erneut in Postsäcke sortiert. Der Brief des Erfinders wird nun vielleicht auf einen Lastwagen geladen und zum Postamt des Ingenieurs gebracht. Dort wird der Postsack wieder geöffnet, und nach erneutem Sortieren bringt der Briefträger den Brief zum Sekretariat des deutschen Ingenieurs. Dessen Sekretärin öffnet den Briefumschlag. Der eigentliche Transport ist damit beendet. Nun kann der Ingenieur den Brief lesen. Lesen ist aber nicht dasselbe wie Verstehen: Um den geschriebenen Text zu verstehen, muß der Ingenieur zuerst das Schreiben aus dem Amerikanischen ins Deutsche übersetzen. Er überträgt gewissermaßen den Text aus einer Darstellung in eine andere. Erst danach hat die Beschreibung des Erfinders ihr Ziel erreicht: Der Ingenieur kann damit beginnen, über das Patent nachzudenken und es zu verstehen.

Wie in dem Beispiel angedeutet, sind die unteren vier Schichten des OSI-Modells für den Datentransport von einem Endgerät zu einem anderen zuständig und werden zusammen als „transportorientierte Schichten" bezeichnet. Sie stehen in diesem Buch im Vordergrund des Interesses. Die drei oberen Schichten umfassen den Anwendungsprozeß selbst und die Vorbereitung der Daten für deren Bearbeitung durch den Anwendungsprozeß; sie heißen daher „anwendungsorientierte Schichten".

2.1.1　Physikalische Schicht (Physical Layer)

Die Physikalische Schicht in einem Kommunikationsnetz hat die Aufgabe, Information in geeigneter Weise darzustellen, so daß sie anschließend über eine Punkt-zu-Punkt-Verbindung unter Verwendung von üblichen Übertragungsmedien wie Koaxialkabel, Glasfaser oder Funkstrecke übertragen werden kann. Bekanntlich ist Information kein Gegenstand im physikalischen Sinn und muß daher zu ihrer Übertragung auf Signale, meist elektrische oder optische, abgebildet werden. Beispielsweise kann man die Information auf einem Blatt Papier niederschreiben und dieses als Brief verschicken. Zu den Aufgaben der Physikalischen Schicht gehört natürlich auch der umgekehrte Vorgang auf der Empfängerseite: Dort muß aus dem empfangenen Signal wieder die eigentliche Information rekonstruiert werden. Auf diese Weise stellt die Physikalische Schicht der darüberliegenden Schicht einen sogenannten logischen Kanal zur Verfügung.

Die Abbildungen von Information auf Signale und zurück nennt man *Modulation* bzw. *Demodulation.* Je nach Übertragungsmedium gestalten sie sich unterschiedlich aufwendig. Der einfachste Fall ist die Verbindung zweier unmittelbar benachbarter Computer. Dann braucht man im Prinzip nur ein elektrisches Kabel und bildet das 0-Bit in den Spannungspegel 0 V, das 1-Bit in den Pegel +5 V ab.

Da Information normalerweise Bit für Bit nacheinander übertragen wird, muß die Physikalische Schicht auf der Empfängerseite das Signal im richtigen Taktzyklus abtasten. Der Takt kann ihr über eine separate Leitung von der Sendeseite zur Verfügung gestellt werden. Meist aber wird auf eine solche Leitung verzichtet, und der Empfänger muß den Takt aus dem empfangenen Signal wiedergewinnen. Dieser Vorgang wird *Taktsynchronisation* genannt; verschiedene Verfahren dafür werden in Kapitel 3.1 angesprochen.

Oft ist die Signalverarbeitung noch aufwendiger. Übertragungskanäle können die Signale verzerren und auf andere Weise stören. *Entzerrung* und die Beseitigung derartiger Störungen (soweit möglich) gehören dann ebenfalls zu den Aufgaben der Physikalischen Schicht. Bei stark gestörten Kanälen wie im Mobilfunk werden eine *Kanalcodierung* und *-decodierung* eingesetzt, um die Übertragungsfehler zu reduzieren.

Um Übertragungsmedien mit großer Kapazität für mehrere unabhängige Verbindungen nutzen zu können, kann man sie in Frequenzbänder, Zeitschlitze und durch Verwendung spezieller Codes unterteilen. Dieser sog. *Multiplex*-Betrieb wird in den Kapiteln 3.2 und 3.3 näher beschrieben. Der Empfänger muß sich dabei auf die richtige Frequenz und den richtigen Zeitrahmen synchronisieren.

2.1.2 Sicherungsschicht (Data Link Control Layer)

Die Data-Link-Control- (DLC-) Schicht wird häufig in eine obere und eine untere Teilschicht aufgeteilt. Die obere sog. Logical-Link-Control- (LLC-) Schicht stellt die zuverlässige Datenübertragung sicher und ist in allen Netzen erforderlich. Die untere sog. Medium-Access-Control- (MAC-) oder Vielfachzugriffsschicht dagegen kann entfallen, wenn das Übertragungsmedium einer Station exklusiv zur Verfügung steht anstatt von mehreren Stationen gemeinsam genutzt zu werden. Eine gemeinsame Nutzung des Mediums wird z. B. in Lokalen Netzen und im Mobilfunk praktiziert.

2.1.2a Vielfachzugriffsschicht (Medium Access Control Layer)

In vielen Lokalen Netzen und zum Teil auch im Mobilfunk werden Übertragungskanäle von vielen Teilnehmern gemeinsam genutzt. Die Physikalische Schicht eines Teilnehmers darf in einem solchen System nicht nach Belieben auf den Kanal zugreifen; dies würde zu einem Durcheinander und zur Behinderung der anderen

Teilnehmer führen. Vielmehr müssen gewisse Spielregeln bzw. *Vielfachzugriffsprotokolle* eingehalten werden. Deshalb ist es Aufgabe der MAC-Teilschicht, den protokollgemäßen Zugriff der Physikalischen Schicht auf das Übertragungsmedium zu überwachen und auf diese Weise der Physikalischen Schicht bei Bedarf Zugang zum Kanal zu verschaffen. Wie derartige Vielfachzugriffsprotokolle funktionieren, ist Gegenstand von Kapitel 4.

2.1.2b Logical-Link-Control-Schicht

Die Physikalische Schicht nimmt von der Sicherungsschicht Datenbits entgegen und überträgt diese. Damit steht der Sicherungsschicht ein logischer Kanal zur Verfügung. Dieser verdeckt den physikalischen Kanal und dessen Eigenschaften; die Sicherungsschicht erfährt nicht, um welches Übertragungsmedium es sich handelt oder gar wie Bits auf Signale abgebildet werden.

Nicht verdeckt werden kann jedoch die Tatsache, daß auf physikalischen Kanälen Übertragungsfehler auftreten und dadurch manche Bits fehlerhaft bei der Sicherungsschicht des Empfängers ankommen. Es ist daher die Aufgabe der LLC-Schicht, der über ihr angeordneten Netzschicht eine zuverlässige, d. h. weitgehend fehlerfreie Datenübertragung zur Verfügung zu stellen.

Die prinzipielle Vorgehensweise der LLC-Schicht besteht darin, den ihr von der Netzschicht übergebenen *Datenstrom in Rahmen zu verpacken*, indem sie an den Anfang der Daten einen Header und an deren Ende einen Trailer anfügt. Der Trailer enthält eine Prüfsumme, mit der sich Übertragungsfehler im Rahmen erkennen lassen. Der Empfänger bestätigt dem Sender den fehlerfreien Empfang des Rahmens. Im Fall eines Fehlers dagegen fordert er den Sender auf, die Übertragung des betroffenen Rahmens zu wiederholen. Derartige Verfahren werden als *Automatic-Repeat-Request- (ARQ-) Protokolle* bezeichnet.

Wenn, was meistens der Fall ist, eine Nachricht aus mehreren Rahmen besteht, kann sich durch die Wiederholung fehlerhafter Rahmen die Reihenfolge ändern, in der die Rahmen beim Empfänger eintreffen. In die Header der Rahmen wird daher vom Absender die laufende Nummer des jeweiligen Rahmens eingetragen, um die Rahmen später wieder in der richtigen Reihenfolge ordnen zu können. Der Empfänger benötigt seinerseits natürlich einen genügend großen Speicher, um fehlerfreie Rahmen solange zu speichern, bis alle fehlerhaften Rahmen wiederholt worden sind und die Nachricht zusammengesetzt werden kann.

Neben dem u. U. hohen Speicherbedarf können auch die durch die Wiederholungen bedingten Verzögerungen sehr störend sein. Dies gilt insbesondere für Echtzeitdienste wie Sprach- oder Videokommunikation. Für solche Fälle gibt es LLC-Protokolle, in denen auf die Rahmenwiederholung verzichtet wird. Die Fehlerbehandlung erfolgt dann durch höhere Schichten. Eine andere Möglichkeit, die in der Sprachkommunikation oft benutzt wird, besteht darin, Fehler zu erkennen und für den Empfänger unhörbar zu verdecken (*error concealment*).

Die Kommunikation in der LLC-Schicht ist asynchron, da der zeitliche Abstand zwischen den Anfängen aufeinanderfolgender Rahmen nicht konstant ist. Ein

Grund dafür besteht darin, daß die Länge der Rahmen variieren kann, ein anderer, daß u. U. zwischen den Rahmen Pausen auftreten können, in denen keine Daten zur Übertragung anstehen. Damit ergibt sich hier für die LLC-Schicht die Synchronisationsaufgabe, in dem von der Physikalischen Schicht angelieferten Bitstrom Rahmenanfang und -ende zu erkennen. Häufig wird die Datenübertragung, bei der der zeitliche Abstand zwischen empfangenen Datenblöcken nicht konstant ist, auch als *nicht transparente* Datenübertragung bezeichnet. Im Gegensatz hierzu steht die *transparente* Übertragung, etwa bei Sprache.

2.1.3   Netzschicht (Network Layer)

In Lokalen Netzen sind die Kosten für die physikalischen Leitungen vergleichsweise gering, und über Bus- oder Ring-Topologien kann jeder Teilnehmer jeden anderen Teilnehmer auf direktem[2] Weg erreichen. Die für derartige Direktverbindungen benötigten Funktionen sind in den beiden bisher vorgestellten untersten Schichten des OSI-Modells enthalten. Eine Wegesuche ist in einem solchen vollvermaschten Netz überflüssig.

Eine andere Situation findet man vor, wenn lokale Netze an verschiedenen Orten über große Entfernungen miteinander verbunden werden sollen. Dann führt der Weg von einem Teilnehmer zum gewünschten anderen Teilnehmer u. U. über mehrere Zwischenknoten. Die Netzschicht stellt die Dienste zur Verfügung, die für derartige Verbindungen erforderlich sind.

Eine der wesentlichsten Aufgaben der Netzschicht ist die Wegesuche (*Routing*). Dazu werden Routingtabellen geführt, in denen die verfügbaren Netzverbindungen und deren momentane Auslastung enthalten sind. Diese Informationen werden ständig zwischen den Netzschichten aller Netzknoten ausgetauscht. Anhand der Routingtabellen kann mit den in Kapitel 6 beschriebenen Algorithmen entschieden werden, zu welchem Netzknoten ein Paket weitergegeben werden muß, um zum gewünschten Empfänger zu gelangen. Stehen im Netz mehrere Wege zur Auswahl, kann der Routingalgorithmus versuchen, die Übertragungszeit der Pakete zu minimieren oder die Leitungen des Netzes gleichmäßig auszulasten.

Die zweite Grundaufgabe der Netzschicht besteht darin, die vom Routingalgorithmus getroffene Wegewahl umzusetzen und Pakete an den nächsten Netzknoten auf diesem Weg weiterzugeben. Man unterscheidet dabei zwischen *Vermittlung* (*switching*) von *Datagrammen* und der Vermittlung bei *virtuellen Kanälen*. Virtuelle Kanäle benutzt man bei verbindungsorientierten Diensten. Beim Aufbau der Verbindung wird das erste Paket durch das Netz geroutet, und alle nachfolgenden Pakete nehmen später denselben Weg. Dadurch ist sichergestellt, daß sie in der richtigen Reihenfolge beim Teilnehmer ankommen. Als Datagramme bezeichnet man Pakete eines verbindungslosen Dienstes. Sie werden individuell durch das Netz geroutet, was dazu führen kann, daß aufeinanderfolgende Datagramme desselben Absenders auf unterschiedlichen Wegen zum Empfänger gelangen und sich

---

[2]Direkt ist hierbei im Sinne von keinen möglichen Verzweigungen zu verstehen.

dabei überholen.

Eine dritte Hauptaufgabe ist die *Flußkontrolle* (*congestion control* oder *flow control*). Damit ist gemeint, daß Situationen verhindert werden, in denen die Teilnehmer mehr Pakete zur Übertragung bereitstellen als vom Netz oder vom Empfänger bewältigt werden können. Die Flußkontrolle ist eine Aufgabe, die in jeder der vier unteren Schichten vorkommt und wird daher in Abschnitt 2.1.8 genauer beschrieben.

Bei virtuellen Kanälen kann der Benutzer mit dem Netz bzw. der Netzschicht die mögliche Datenrate vereinbaren. Das Routing erlaubt dabei, die gesamte zur Verfügung stehende Übertragungskapazität des Netzes effizient zu nutzen, während die Flußkontrolle eine Überlastung des Netzes verhindert. So tragen Routing und Flußkontrolle gemeinsam dazu bei, daß dem Benutzer eines virtuellen Kanals dieser Dienst in der ausgehandelten *Dienstqualität* (*QoS, quality of service*) zur Verfügung gestellt wird.

Bisher wurde davon ausgegangen, daß jeder Teilnehmer seinen Ort beibehält, d. h. der Weg zu ihm sich nicht ändert. Diese Annahme gilt nicht bei Mobilfunksystemen, bei denen der Weg zu einem Endteilnehmer nicht fest ist, sondern sich meistens ständig ändert. Damit muß die Wegesuche erweitert werden. Z.B. im GSM-System fallen deshalb in der Schicht 3 noch Aufgaben zum Mobilitätsmanagement (MM, *mobility management*) und zum Funkmanagement (RR, *radio resource management*) an. Dabei besitzt ein Teilnehmer zunächst eine feste Adresse in Form einer sog. HLR-Datei (*home location register*). In dieser Datei wird der jeweilige Aufenthaltsort eines Endteilnehmers aktualisiert. Die Aktualisierung wird durch eine VLR-Datei (*visiting location register*) durchgeführt, in deren Einzugsgebiet sich der Teilnehmer derzeit befindet. Ein Teilnehmer ist dabei verpflichtet, sich bei der jeweiligen zuständigen VLR-Datei anzumelden.

Offensichtlich muß im Gegensatz zu einem sog. Festnetz in einem Mobilfunknetz weitaus mehr Aufwand für die Wegesuche betrieben werden, von dem ein Nutzer jedoch nichts bemerkt, außer dem Komfort, daß er überall erreichbar ist.

Das Funkmanagement verwaltet u.a. die unterschiedlichen Frequenzbänder, die potentiell benutzt werden können. Bildlich gesprochen handelt es sich dabei um eine Menge möglicher Kabel zu den Endteilnehmern.

2.1.4 Transportschicht (Transport Layer)

Ähnlich wie die DLC-Schicht eine zuverlässige Bitübertragung über eine physikalische Leitung sicherstellt, soll die Transportschicht der über ihr angeordneten Sitzungsschicht einen zuverlässigen logischen Kanal von einem Endteilnehmer zu einem anderen bereitstellen. Für die Sitzungsschicht wird dadurch der Weg, den ihre Nachrichten durch das Netz nehmen, verdeckt. Es besteht sogar die Möglichkeit, daß die Transportschicht zwischendurch den oder die virtuellen Kanäle der Netzschicht nach Bedarf auf- und abbaut.

Die Transportschicht muß also die Netzschicht beim Auf- und Abbau der virtuellen Kanäle kontrollieren und steuern. Dadurch hat sie die Möglichkeit, wenn von einem Endgerät aus mehrere Sitzungen zu demselben Endgerät auf der Gegenseite stattfinden, den Datenverkehr aller Sitzungen auf einen einzigen virtuellen Kanal zu konzentrieren (*upward multiplexing*), um dadurch den Overhead, d. h. den Verlust an nutzbarer Datenrate, auf der Netzschicht zu reduzieren. Umgekehrt kann sie aber auch, um eine höhere Übertragungsgeschwindigkeit zu erzielen, den Datenverkehr von einer einzigen Sitzung auf mehrere virtuelle Kanäle verteilen, die eventuell über verschiedene Wege im Netz zum Empfänger führen (*downward multiplexing*).

Daneben stehen ihr wie der DLC-Schicht ebenfalls ARQ-Verfahren zur Verfügung, um fehlende oder falsche Pakete erneut vom Sender anzufordern. *ARQ-Verfahren* sind auch nützlich, um die Datenübertragung über einen neuen virtuellen Kanal wiederaufzunehmen, wenn vorher der bestehende Kanal durch einen Netzfehler unterbrochen worden ist.

2.1.5 Sitzungsschicht (Session Layer)

Die Sitzungsschicht soll die Kommunikation zwischen den beiden Endgeräten überwachen und steuern; sie wird daher auch Kommunikationssteuerungsschicht genannt. Sie betrachtet die gesamte Kommunikation vom Beginn bis zum Ende einer Sitzung als eine Einheit. Anfang und Ende werden als Hauptsynchronisationspunkte gekennzeichnet. Dazwischen können weitere Nebensynchronisationspunkte eingefügt werden. Wird die Kommunikation auf der Ebene der Transportschicht unterbrochen, können die Kommunikationspartner die Sitzung an den Synchronisationspunkten wiederaufnehmen.

Außerdem kann der Zugriff von Benutzern auf bestimmte Betriebsmittel oder Dienste überwacht und eingeschränkt werden. Eine Einschränkung kann beispielsweise darin bestehen, daß einem externen Benutzer der Zugriff auf firmeninterne, vertrauliche Dateien verweigert wird. Eine andere Möglichkeit wäre, daß von mehreren Benutzer immer nur einer schreibend auf eine Datei zugreifen darf. Hierzu werden sog. Tokens benutzt: Für den Schreibzugriff auf die Datei gibt es ein einziges Token, das von Benutzer zu Benutzer weitergegeben werden kann, und nur derjenige Benutzer, der gerade das Token besitzt, darf die Datei beschreiben. In ähnlicher Weise läßt sich die Kommunikation bei Halbduplexbetrieb koordinieren.

2.1.6 Darstellungsschicht (Presentation Layer)

Im Gegensatz zu den bisher betrachteten Schichten befaßt sich die Darstellungsschicht nicht mit einzelnen Bits, sondern mit Syntax und Semantik der übertragenen Nachrichten.

Dazu gehört ganz allgemein die *Konvertierung von Datenstrukturen*. Dies kann die Umsetzung von Zeichen aus dem ASCII- in den EBCDIC-Code sein, aber auch die Umwandlung von Zahlen aus der Darstellung eines Computers in die eines anderen Computers.

Die *Quellencodierung* oder *Datenkompression* wandelt eine für den Menschen verständliche oder lesbare Darstellung der Daten in eine kürzere Darstellung um und hilft so, die verfügbare Übertragungskapazität des Netzes effizient zu nutzen.

Kryptographische Funktionen wie Verschlüsselung, Authentifizierung und Signieren von Dokumenten werden in Zukunft besonders für vertrauliche Anwendungen wie Electronic Banking an Bedeutung gewinnen.

Im Rahmen dieses Buches kann jedoch weder auf das Gebiet der Quellencodierung, noch auf das der Kryptologie eingegangen werden. Entsprechende Literatur hierzu ist u.a. [Beu93] und [VHH98].

2.1.7 Anwendungsschicht (Application Layer)

In der Anwendungsschicht als der obersten Schicht im OSI-Modell sind die Dienste angeordnet, die letztlich dem Anwender angeboten werden.

Im Vordergrund stehen aus der Sicht des OSI-Modells dabei Protokolle für Dienste, die in Computernetzen benötigt werden. Dazu gehören *Funktionen für Dateiübertragung, -zugang und -verwaltung* (*File Transfer, Access, and Management, FTAM*), d. h. Operationen wie Dateien öffnen, lesen, schließen etc. Bei diesen Diensten ist zu berücksichtigen, daß verschiedene Computersysteme ihre Dateien unterschiedlich verwalten; sie unterscheiden sich in den Konventionen für die Namensgebung, den Zugriffsrechten und vielem mehr.

Ein anderer Dienst wird als *Virtuelles Terminal* (*VT*) bezeichnet. Damit ist gemeint, daß ein Benutzer sich über das Netz auf einem entfernten Computer einloggen und an diesem so arbeiten kann, als säße er unmittelbar an diesem Computer.

In ihrem Standard X.400 hat die CCITT den Austausch elektronischer Nachrichten genormt. Dies entspricht der elektronischen Post, kurz *E-Mail*, im Internet.

Besser bekannt als die Dienste der Anwendungsschicht im OSI-Modell sind die Dienste, die im Internet dem Benutzer angeboten werden. Eine vollständige Aufzählung ist an dieser Stelle nicht möglich. Wichtige Dienste sind neben der E-Mail das *File Transfer Protocol (FTP)* und *telnet*, die von ihren Aufgaben her FTAM und VT entsprechen. Große Bedeutung hat weiterhin das *Hypertext Transfer Protocol (HTTP)*, auf dem das „World Wide Web", kurz WWW, beruht.

Ebenfalls nicht im Sinne des OSI-Modells, aber trotzdem zur Anwendungsschicht gehörende Dienste, sind die klassischen *Telekommunikationsdienste* wie Telefon und Telefax und auch geplante oder in der Entwicklung befindliche Dienste wie die *Bildübertragung für Videokonferenzen* oder *Video-on-Demand;* nicht vergessen werden dürfen an dieser Stelle außerdem *Verteildienste* wie die digitale Rundfunk- oder Fernsehübertragung.

2.1.8 Aufgaben aller Schichten

In den obigen Abschnitten wurden stets die Aufgaben, Funktionen und Dienste angesprochen, die für bestimmte OSI-Schichten charakteristisch sind. Daneben gibt es viele Aufgaben, die in mehreren oder gar allen Schichten wahrgenommen werden.

Verbindungsaufbau, -überwachung, -abbau: Aufbau, Abbau und Überwachung von Verbindungen sind auf allen Schichten erforderlich, die verbindungsorientierte Dienste anbieten.

Wenn beispielsweise auf der Physikalischen Schicht mittels Modem über eine Telefonleitung mit der Gegenstelle kommuniziert wird, muß zuerst diese Telefonverbindung hergestellt werden. Anschließend müssen sich die Modems auf beiden Seiten auf ein Modulationsalphabet, die Übertragungsgeschwindigkeit und ähnliche Parameter einigen. In ähnlicher Weise müssen auf der DLC-Schicht Parameter wie die maximal zulässige Rahmenlänge oder die Fensterlänge für das ARQ-Protokoll ausgehandelt werden. Ähnliche Absprachen über die Wahl diverser Protokollparameter finden auch auf anderen Schichten statt.
Sobald eine Verbindung hergestellt ist, muß ständig überwacht werden, ob die Verbindung noch besteht und ob die anfangs ausgehandelten Parameter noch zweckmäßig sind. Insbesondere wenn Funkstrecken zur Datenübertragung genutzt werden, kann eine Verbindung abbrechen (z. B. im Tunnel), oder es ist eine häufige Anpassung der Parameter für die Fehlerkorrekturverfahren erforderlich, da sich die Übertragungseigenschaften von Funkstrecken relativ schnell ändern können. Die Flußkontrolle wird daher in Kapitel 6 angesprochen.

Adressierung: In einem Netz können Leitungen von vielen Benutzern gemeinsam genutzt werden. Um unterscheiden zu können, welche Datenpakete von wem kommen und für wen sie bestimmt sind, erhalten sie eine Kennzeichnung in Form eines Headers, der dem Paket vorangestellt wird. Im OSI-Modell ist vorgesehen, daß von der Physikalischen Schicht abgesehen jede Schicht auf diese Weise ihre Pakete adressiert. Auf die Datenstrukturen, die sich dabei ergeben, wird in Abschnitt 2.3 näher eingegangen.

Segmentierung, Fragmentierung: Lange Nachrichten wie z. B. Dateien lassen sich in der Regel nicht in einem Stück über ein Netz übertragen. Eine Aufgabe, die in mehreren Schichten (Sicherungs-, Netz-, Transportschicht) auftritt, ist daher, solche Nachrichten in kleinere Nachrichtenblöcke zu unterteilen. Dazu unterscheidet man zwei Verfahren: Segmentierung und Fragmentierung. Beiden Verfahren ist gemeinsam, daß sie große Datenpakete in kleinere zerbrechen und jedes Bruchstück mit einem Header versehen, der die Zieladresse und die laufende Nummer des Bruchstücks enthält. Zusätzlich bekommt jedes Segment noch eine eigene Prüfsumme. Dadurch kann der Empfänger eines fehlerhaften Segments sofort dessen Wiederholung anfordern. Fehler in einem Fragment dagegen kann der

Empfänger nicht erkennen. Er muß zunächst warten, bis er alle Fragmente eines Datenpaketes erhalten hat und das Datenpaket zusammensetzen kann. Erst danach kann er die im Paket (als ganzem) enthaltene Prüfsumme auswerten und ggf. die Wiederholung des gesamten Paketes anfordern. Abschließend sei noch darauf hingewiesen, daß die Begriffe Segmentierung und Fragmentierung in der Literatur nicht einheitlich benutzt und teilweise gar nicht unterschieden werden.

Flußkontrolle: Im Telefonnetz wird das Sprachsignal exakt 8000 mal in der Sekunde abgetastet und mit 8 Bit pro Abtastwert quantisiert. Damit ist die Datenrate bekannt, und alle Geräte, vom Telefon des Sprechers über die Vermittlungseinrichtungen bis hin zum Telefon des Hörenden, können diese Datenrate verarbeiten. In Computernetzen ist die Situation anders: Computer können Daten schneller bereitstellen als ein Netz diese Daten übertragen oder ein Drucker sie verarbeiten kann.

Ein Netz kann durch das zu schnelle Anliefern von Paketen derart verstopft werden, daß weniger Pakete übertragen werden können: Mit zunehmendem Datenverkehr im Netz steigen die Übertragungszeiten überproportional an. Bei einer Überlastung treffen dann Quittungen für erfolgreich übertragene Pakete nicht mehr rechtzeitig beim Absender ein, so daß dieser einen Übertragungsfehler vermutet und das Paket erneut sendet. Auf diese Weise wird die Belastung des Netzes weiter erhöht und das Netz kann instabil werden.

Bevor solche Überlastsituationen eintreten können, muß rechtzeitig der Fluß von Paketen ins Netz gedrosselt werden. Hierfür ist die Flußkontrolle zuständig. Sie ist Bestandteil der unteren vier Schichten und kann u. U. effizient in Verbindung mit einem ARQ-Protokoll zur Fehlerkorrektur realisiert werden. Sie wird daher in Kapitel 6 angesprochen.

2.2   Kommunikation im OSI-Modell

Manche der Schichten lassen sich als Software realisieren, während andere in Hardware gebaut werden müssen. Die Terminologie des OSI-Modells aber soll für alle Schichten einheitlich sein. Daher werden Benutzer, Endgeräte, Modems oder Prozesse gleichermaßen als *„Einheiten"* (*entities*) bezeichnet.

In Programmen kommunizieren Unterprogramme miteinander, indem sie sich gegenseitig aufrufen und Parameter austauschen. Im OSI-Modell erfolgt die Kommunikation zwischen Entities verschiedener Schichten in ähnlicher Weise. Eine Entity der Schicht N bietet den Entities der darüberliegenden Schicht N+1 Dienste an bzw. liefert bei diesen das Ergebnis der erbrachten Dienstleistungen ab. Umgekehrt kommuniziert sie mit Entities der darunterliegenden Schicht N-1, indem sie auf deren Dienstangebot zugreift bzw. die erbrachten Dienstleistungen entgegennimmt. Ausnahmen sind natürlich die unterste und die oberste Schicht: Entities von Schicht 1 greifen direkt auf das Übertragungsmedium zu, und die Dienste von Schicht 7 werden dem Benutzer, beispielsweise einem Telefonkunden, angeboten.

Diese Regelung beschränkt die Kommunikation auf benachbarte Schichten N und N-1. Sollen Informationen zwischen nicht benachbarten Schichten ausgetauscht werden, müssen diese von Schicht zu Schicht durchgereicht werden.

Eine weitere Einschränkung der Kommunikation zwischen Entities besteht darin, daß sie ausschließlich in Form der vier *Dienstprimitive* „Request", „Indication", „Confirm" und „Response" stattfindet. Das Zusammenwirken dieser Primitive läßt sich am besten am Beispiel eines Einschreibebriefes mit Rückschein verstehen: Die Post bietet die Beförderung eines Einschreibens mit Rückschein als Dienst an. Der Absender fordert diesen Dienst an (Request), indem er den Brief am Postschalter aufgibt. Der Brief wird dann befördert. Der Postbote zeigt dem Empfänger das Vorhandensein des Briefes an (Indication), indem er an dessen Tür klingelt. Er läßt sich den Erhalt des Briefes vom Empfänger auf dem Rückschein (Response) quittieren und schickt diesen zurück. Ein Mitarbeiter des Postamtes, wo der Brief aufgegeben wurde, stellt schließlich dem Absender den Rückschein zu und bestätigt ihm damit (Confirm), daß der Brief zuverlässig befördert worden ist.

Formal sind die Primitive folgendermaßen definiert:

Request: Auf der Senderseite fordert eine N-Entity von der darunterliegenden (N-1)-Entity einen Dienst an.

Indication: Empfängerseitig teilt eine (N-1)-Entity der ihr überlagerten N-Entity mit, daß ein Dienst erbracht worden ist.

Response: Als Reaktion auf eine vorherige Indication übergibt die empfängerseitige N-Entity eine Antwort an die (N-1)-Entity, damit diese Antwort zur Senderseite zurück übertragen wird.

Confirm: Die (N-1)-Entity auf der Senderseite bestätigt der N-Entity, daß der von ihr angeforderte Dienst erbracht worden ist.

Häufig wird eine Nachricht von A nach B dadurch quittiert, daß der Confirm an eine Nachricht von B nach A angehängt bzw. in diese integriert wird. Man spricht dann von *„Piggybacking"*.

Ähnlich wie in der Software Unterprogrammen Parameter mitgegeben werden, besitzen auch die meisten Dienstprimitive Parameter. Dies können bei den Primitiven für eine Datenübertragung, d. h. `data.request` bzw. `data.indication`, die zu übertragenden Daten sein und bei einer Verbindungsanforderung (`connect.request`) die gewünschten Verbindungscharakteristika wie Datenrate etc. Zusätzlich sind oft Steuerinformationen für die unteren Schichten in den Parametern enthalten.

Im obigen Beispiel mit dem Einschreibebrief hat der Absender keinerlei direkten Kontakt zum Empfänger. Genauso gestatten auch die Dienstprimitive nur die direkte Kommunikation zwischen benachbarten Entities auf einer Seite; eine direkte Kommunikation zwischen Sende- und Empfangsseite ist ausschließlich den Entities der Physikalischen Schicht vorbehalten. Trotzdem erhält der Empfänger

die im Einschreibebrief enthaltene Nachricht; indirekt findet also sehr wohl eine
Kommunikation zwischen Absender und Empfänger statt. Die beiden Entities in
einer gleichen Schicht, die auf diese Weise indirekt miteinander kommunizieren,
heißen *„Partnerinstanzen"* oder *peer-entities*. Man spricht daher auch von *Peer-to-
Peer-Kommunikation*. Bild 2.2 verdeutlicht die Kommunikationsbeziehungen einer
N-Entity. Die einzelnen Schichten bieten meist mehrere Dienste an, z. B. sind für

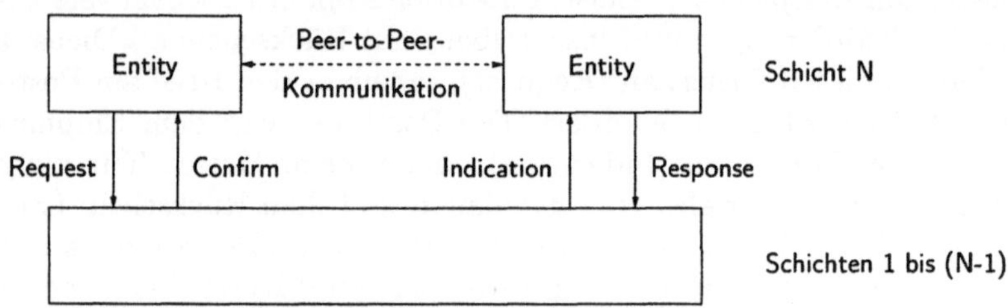

Bild 2.2: Dienstprimitive und Kommunikation von Peer-Entity zu Peer-Entity.

eine verbindungsorientierte Datenübertragung die drei Dienste Verbindungsaufbau (Connect), Datenübertragung (Data) und Verbindungsabbau (Disconnect)
erforderlich.

2.3   Datenstrukturen

Im Zusammenhang mit den Dienstprimitiven wurde oben bereits gesagt, daß Daten und Steuerinformationen gewissermaßen als Parameter zwischen Entities benachbarter Schichten ausgetauscht werden. Im OSI-Modell werden die Daten als
Service Data Unit (SDU) bezeichnet. Bei Segmentierung und Fragmentierung werden diese SDUs, soweit erforderlich, in kleinere Bruchstücke zerlegt, und jedes
Bruchstück wird mit einem Header, der eine Adresse und andere Steuerinformationen enthalten kann, sowie auf Schicht 2 mit einem Trailer versehen. Header und
Trailer heißen *Protocol Control Information (PCI),* das gesamte Paket bzw. der
Rahmen aus SDU und PCI wird *Protocol Data Unit (PDU)* genannt. Häufig wird
der Anfangsbuchstabe der Schicht, zu der SDUs bzw. PDUs gehören, diesen Abkürzungen vorangestellt, also T-PDU, S-PDU und A-PDU für Transport-, Session-
bzw. Application-PDU. Diese OSI-Terminologie hat sich allerdings im normalen
Sprachgebrauch nicht durchgesetzt. Insbesondere im Zusammenhang mit den übrigen Schichten ist es üblich, von Paketen oder Rahmen statt von PDUs und SDUs
zu sprechen. Es ist anzumerken, daß eine PDU der Schicht N einer SDU der Schicht
N-1 entspricht (vergleiche Bild 2.3).

Wenn Daten auf diese Weise von der Anwendungsschicht bis zur Physikalischen
Schicht durchgereicht werden, verpackt jede Schicht das ihr übergebene Paket er-
neut, siehe Bild 2.4 (ähnlich wie die aus Rußland bekannten Matroschkas). Auf der
Empfängerseite wird die von der Physikalischen Schicht übertragene PDU Schicht

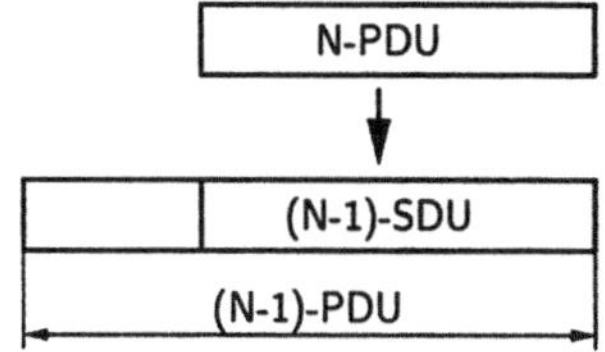

Bild 2.3: Zusammenhang zwischen PDU und SDU.

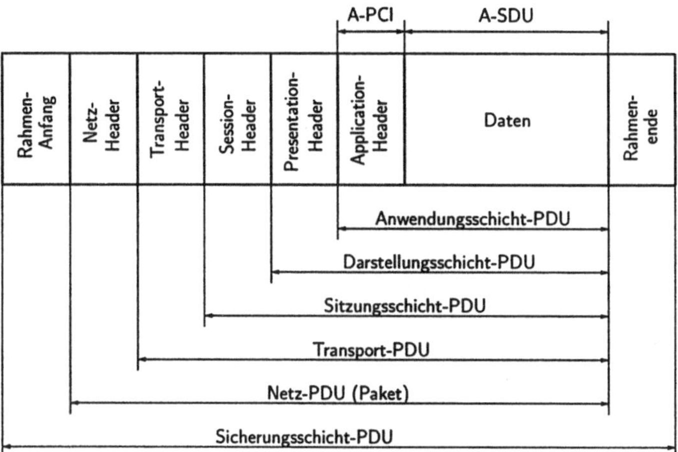

Bild 2.4: Verschachtelung der PDUs.

für Schicht ausgepackt, d. h. jede Schicht entfernt ihren Header und ggf. Trailer.
Mußte auf der Senderseite eine SDU segmentiert oder fragmentiert werden, um
sie transportieren zu können, wird sie nun wieder zusammengesetzt, bevor sie an
die nächsthöhere Schicht weitergegeben wird. Die SDUs, also der eigentliche Da-
teninhalt der PDUs, werden weder beim Verpacken noch beim Auspacken gelesen,
in irgendeiner Form ausgewertet, oder mit Ausnahme einer Segmentierung bzw.
Fragmentierung modifiziert.

2.4 Vermittlungseinrichtungen

Bisher wurde immer der vollständige Stapel aller sieben OSI-Schichten betrachtet,
wie er in Endgeräten realisiert ist. Dies ist in Vermittlungseinrichtungen anders.
Dort sind normalerweise die oberen vier Schichten nicht erforderlich. Je nachdem,
wieviele der unteren Schichten enthalten sind, unterscheidet man Repeater, Bridge
und Router.

Der **Repeater** dient ausschließlich zur Signalverstärkung. Wenn eine physikalische
Verbindung so lang ist, daß die Signaldämpfung von einem Ende zum anderen zu

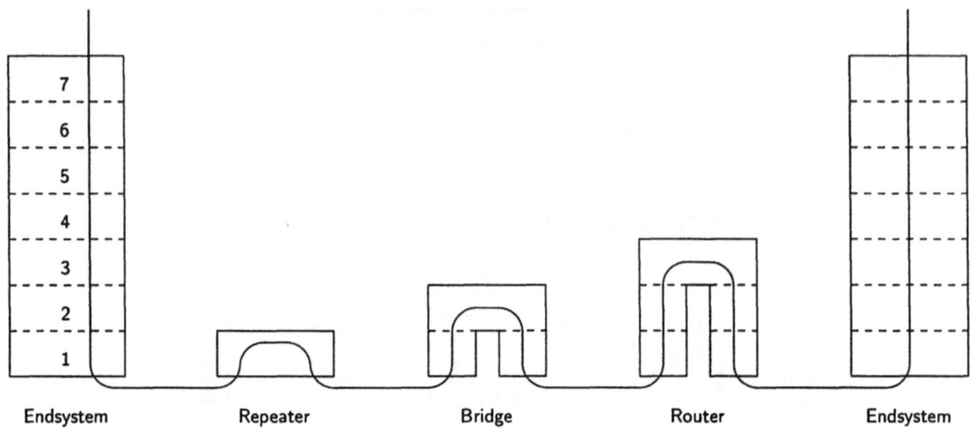

Bild 2.5: Netzknoten mit unterschiedlichen Funktionalitäten.

groß wird, kann man diese Verbindung in zwei Abschnitte unterteilen und diese über einen Repeater verbinden. Dieser kopiert die Signale aus dem einen Abschnitt in den anderen und umgekehrt. Im Mobilfunk werden Repeater verwendet, um in hügeligem Gelände Gebiete zu versorgen, die andernfalls im Funkschatten liegen würden und dadurch nicht erreichbar wären, bzw. um einen Tunnel auszuleuchten.

Eine **Bridge** erlaubt u.a. die Verbindung zweier (lokaler) Netze auf der LLC-Schicht. Sie nehmen den Bitstrom von der Physikalischen Schicht auf einer Seite entgegen und können ihn solange zwischenspeichern, bis die physikalische Leitung auf der anderen Seite sendebereit ist. In der einfachsten Variante, dem sog. „promiscuous mode", werden sämtliche Pakete von der einen auf die andere Seite kopiert und umgekehrt. „Intelligentere" Bridges werten die Adressen von Datenpaketen aus und kopieren Pakete nur dann, wenn sich der Empfänger auf der anderen Seite befindet. Es gibt im wesentlichen zwei Arten dieser intelligenten Bridges: „Self-Learning-Bridges" beobachten ständig den Datenverkehr auf beiden Seiten und merken sich, welche Endgeräte sich wo befinden. Bei „Source-Routing-Bridges" muß der Absender eines Datenpaketes zunächst einen Weg zum Empfänger bestimmen. Diesen schreibt er dann explizit in den Paketheader. Jede Source-Routing-Bridge befördert das Paket dann wie im Header beschrieben weiter.

Router sind Netzknoten, die lokale Netze auf der Netz-Schicht verbinden. Dadurch können die DLC-Schichten auf beiden Seiten des Routers mit unterschiedlichen Parametern betrieben werden oder zu unterschiedlichen Protokollen gehören. Dieser Fall tritt beispielsweise auf, wenn ein Router ein lokales Netz an ein Weitverkehrsnetz anbindet.

Neben Repeater, Bridge und Router gibt es noch **Gateways**. Diese Netzknoten werden als Übergang in andere Netze benutzt, die nicht nach dem OSI-Schichtenmodell aufgebaut sind. Welche Schichten in ihnen enthalten sind, hängt dabei von den Netzen ab, die sie miteinander verbinden sollen.

Zum Abschluß dieser Gegenüberstellung muß angemerkt werden, daß die Bezeichungen Repeater, Bridge, Router in ihrer obigen Form nur für Netze gemäß dem OSI-Modell zutreffen und daher nicht einheitlich benutzt werden. Viele Netze, insbesondere das Internet, haben einen etwas anderen Schichtenaufbau als das OSI-Modell. Dementsprechend können Bridges und Router in anderen Netzen auch andere Funktionalitäten haben. Vor allem „intelligente" Bridges übernehmen zum Teil Routing-Aufgaben und unterscheiden sich damit nur sehr wenig von Routern, so daß manchmal auch von „Broutern" gesprochen wird.

2.5 Diskussion

Das OSI-Referenzmodell ist zwar durch die ISO international standardisiert, wird in dieser Form aber nur in wenigen Kommunikationsnetzen eingesetzt. Dies kann mehrere Gründe haben:

Ein Grund mag sein, daß einige Firmen bereits eigene Netze entwickelt hatten, bevor das OSI-Modell entworfen wurde. Zu nennen sind hier beispielsweise das ARPANET, aus dem das heutige Internet entstanden ist, das SNA von IBM, das DECNet der Digital Equipment Corporation oder das USENET der Bell Laboratories. Das OSI-Modell orientierte sich an deren Schichtenaufbau und versuchte, daraus ein einheitliches Modell zu schaffen. Daß die Hersteller ihre Netze nachträglich dem OSI-Modell anpassen würden, war aber nicht zu erwarten.
Hand in Hand damit geht die Tatsache, daß die dem OSI-Modell folgenden Protokolle jeweils nur die Peer-to-Peer-Kommunikation innerhalb einer Schicht spezifizieren; für die Dienstprimitive, über die zwischen den Schichten kommuniziert wird, gibt es meist nur Herstellerstandards. Damit ist zwar die Kommunikation zwischen vollständigen Endgeräten oder Vermittlungseinrichtungen unterschiedlicher Hersteller sichergestellt, der Einbau eines Netzadapters von einer Firma in das Endgerät einer anderen Firma kann aber zu Schwierigkeiten führen.
Beim Mobilfunk hat sich gezeigt, daß die Protokolle sich nicht immer strikt gemäß dem OSI-Modell realisieren lassen. Treten bei der Sprachübertragung von einem Sprecher zum anderen und zurück Signalverzögerungen von mehr als 200 Millisekunden auf, wird dies als störend empfunden. Diese maximal zulässige Verzögerungsdauer wird jedoch leicht überschritten, wenn alle Informationen von Schicht zu Schicht getreu dem OSI-Modell weitergereicht werden müssen. In verschiedenen Systemen wie ATM (s. Kapitel 10 im Teil II) wurde daher die Schichtenstruktur um eine dahinterliegende „Management-Backplane" erweitert. Diese verbindet alle Schichten miteinander, so daß darüber jede Schicht mit jeder anderen Schicht bei Bedarf direkt kommunizieren kann.

Festzuhalten bleibt, daß das OSI-Modell als internationaler Standard einen Rahmen für die Strukturierung von Kommunikationsnetzen vorgibt, andererseits in real existierenden Netzen die Zuordnung von Funktionen und Protokollen zu Schichten nicht immer gemäß dem OSI-Modell erfolgt. In den folgenden Kapiteln werden daher nur noch Funktionen, Prinzipien und Protokolle betrachtet. Beispiele, wie in einigen Netzen die Zusammenarbeit zwischen den Protokollen verschiedener Schichten abläuft, werden in Teil II vorgestellt.

Literaturempfehlungen:
Das Buch von Elsing [Els91] beschreibt ausschließlich das OSI-Modell und geht dabei vor allem auf die Aufgaben der einzelnen Schichten ein. Dagegen liegen die Schwerpunkte der Bücher von Henshall [Hen92] und Barz [Bar91] mehr auf Kommunikationsweise und Datenstrukturen im OSI-Modell und weniger auf den Aufgaben der einzelnen Schichten. Bei beiden stehen im übrigen die anwendungsorientierten Schichten im Vordergrund des Interesses. Bei Barz ist außerdem ein Vergleich des OSI-Modells mit den Strukturen anderer Netze wie der des ARPA-NET enthalten. Tanenbaum [Tan96] trennt zwischen grundlegenden Konzepten der Strukturierung und Diensten einerseits, und den Aufgaben der Schichten in OSI- und TCP/IP-Modell andererseits. Man findet dort eine kritische Analyse dieser beiden Modelle.

3 Verfahren zur Datenübertragung von Punkt zu Punkt

In diesem Kapitel steht die digitale Datenübertragung von einem Sender zu einem Empfänger im Vordergrund. Dabei wird angenommen, daß der Sender binäre Symbole, d. h. Bits, zum Empfänger übermitteln will, und daß sich zwischen beiden ein Kanal befindet. Es wird sich zeigen, daß je nach Kanal andere Methoden und Verfahren benutzt werden müssen, um die Bits zu übermitteln.

Zur Veranschaulichung wollen wir das in Bild 3.1 dargestellte Modell verwenden.

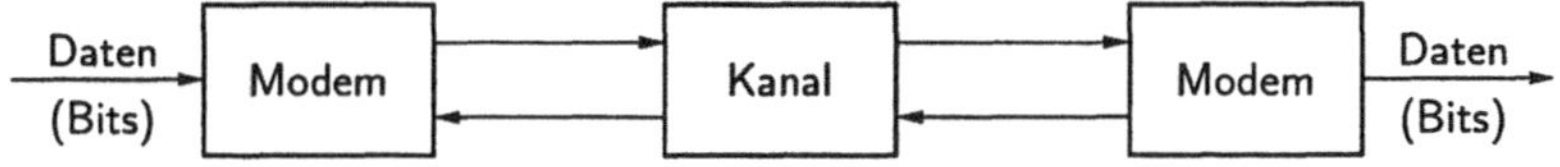

Bild 3.1: Prinzip der Modemübertragung über einen Kanal.

Die Bits werden dabei von einem Modem zum anderen Modem über einen Kanal übertragen, wobei angenommen wird, daß die Modems zur Erfüllung ihrer Aufgabe untereinander zusätzlich Daten austauschen können. Von außen betrachtet ist es uninteressant, wie das Modem die Daten überträgt, jedoch muß das Modem an den Kanal angepaßt werden, um eine effiziente Datenübertragung zu ermöglichen. Unter Effizienz ist hier u.a. der Aufwand an Energie und Zeit gemeint. Dieses Modell gilt sowohl für ein Telefonmodem, wie es inzwischen häufig in PCs eingebaut ist, als auch für optische Datenübertragung oder Datenübertragung per Funk.
Das Modem besitzt zwei Schnittstellen. Die eine dient dazu, die zu übertragenden Bits zu empfangen und die andere, um die Bits über den Kanal zu übertragen. Selbstverständlich können statt Bits auch Symbole aus einem mehrwertigen Alphabet vorliegen, und statt eines Datenstroms können mehrere parallele vorhanden sein. Beides wollen wir zunächst für den ersten Teil dieses Kapitels ausschließen.

Die Probleme der zweiten Schnittstelle des Modems zum Kanal hin sind:

- Wie bildet man die Bits auf Signale ab?

- Wie erreicht man eine Synchronisation im Empfänger, um Bitanfang und -ende zu erkennen?

- Wie groß ist die Zuverlässigkeit eines übertragenen Bits?

Die Verfahren, die in einem Modem Verwendung finden, werden hauptsächlich durch den vorliegenden Kanal bestimmt. Die Methoden zur Datenübertragung sind sehr vielfältig und werden in den Gebieten Nachrichtentechnik und Codierungstheorie beschrieben. Für beide Gebiete existieren Lehrbücher, die ausführlich die verwendeten Verfahren und Methoden beschreiben, siehe etwa [Kam96] und [Bos98]. Im folgenden kann verständlicherweise nicht die gesamte Theorie der digitalen Datenübertragung angegeben werden, jedoch soll versucht werden, ein Grundverständnis der Hauptprobleme und deren Lösungen zu erreichen, wozu jedoch elementare Kenntnisse der Nachrichtentechnik vorausgesetzt werden müssen. Außerdem werden wir uns auf die in der Praxis bedeutsamsten Varianten beschränken. Für Detailfragen sollten die entsprechenden Lehrbücher konsultiert werden.

Vor dem beschriebenen Hintergrund ist dieses Kapitel anhand der vorliegenden Kanäle folgendermaßen gegliedert: Im ersten Abschnitt werden zunächst die Verfahren erörtert, die bei relativ „gutartigen" Kanälen verwendet werden, die sich zeitlich nicht bzw. sehr langsam ändern. Dazu gehören metallische Leiter, Koaxialkabel, Satellitenverbindungen, Glasfaserverbindungen, etc. Danach betrachten wir im Unterabschnitt 3.1.2 Kanäle, die zeitveränderlich sind und auch sogenannte Mobilfunkkanäle, die sowohl zeitveränderlich sind als auch Symbolinterferenz durch Mehrwegeausbreitung aufweisen. In diesem Fall muß der Kanal vermessen und das Empfangssignal entzerrt werden.

Im zweiten und dritten Abschnitt werden die gängigen Methoden zur Mehrfachnutzung einer Verbindung, das sogenannte synchrone und asynchrone Multiplexing eingeführt. Abschließend wird dann noch der Begriff Verbindung zusammenfassend erläutert.

3.1   Signalverarbeitung in der physikalischen Schicht

Die Umsetzung von Datenbits in Signale und umgekehrt erfolgt in der physikalischen Schicht des OSI-Modells. Die Bits bzw. Symbole werden praktisch ausschließlich durch elektrische, elektromagnetische oder optische Signale repräsentiert und übertragen. Bild 3.2 stellt schematisch den Aufbau eines Übertragungssystems dar, wie er in der Nachrichtentechnik bzw. digitalen Signalverarbeitung üblich ist. Man beachte, daß damit das Modem von Bild 3.1 detailliert und das Übertragungssystem in das OSI-Modell eingebettet wird. In dem gezeigten Übertragungssystem fungiert die Schicht 2 auf der linken Seite als Datenquelle. Der physikalische Kanal steht im Mittelpunkt des Übertragungssystems. Mit seinen

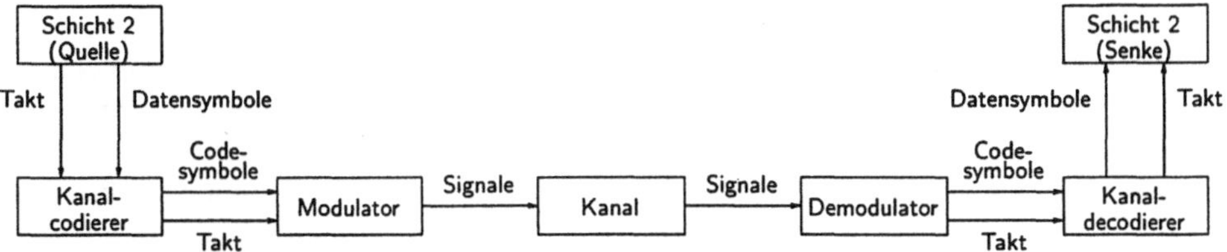

Bild 3.2: Schematischer Aufbau eines digitalen Übertragungssystems.

gegebenen Randbedingungen und der Art der auftretenden Störungen beeinflußt er sowohl die Gestaltung von Modulator und Demodulator als auch die des Kanalcodierers bzw. -decodierers.

Der Modulator hat die Aufgabe, für jedes Symbol ein geeignetes Signal zu generieren und gegebenenfalls die Synchronisation der Symbole zu unterstützen, indem er etwa zusätzliche Hilfssignale einfügt. Ein Signal ist eine Funktion der Zeit und kann reelle oder komplexe Werte annehmen. Tabelle 3.1 klassifiziert die möglichen Signale in wert- und zeitkontinierliche bzw. diskrete Signale. Sowohl analoge wie digitale Signale werden verwendet. Das vom Modulator generierte Signal, das über den Kanal übertragen wird, ist üblicherweise ein reelles analoges Signal. Ein digitales Signal kann in einem Rechner verarbeitet werden und etwa aus den Abtastwerten eines analogen Signals bestehen.

Tabelle 3.1: Klassifikation von Signalen.

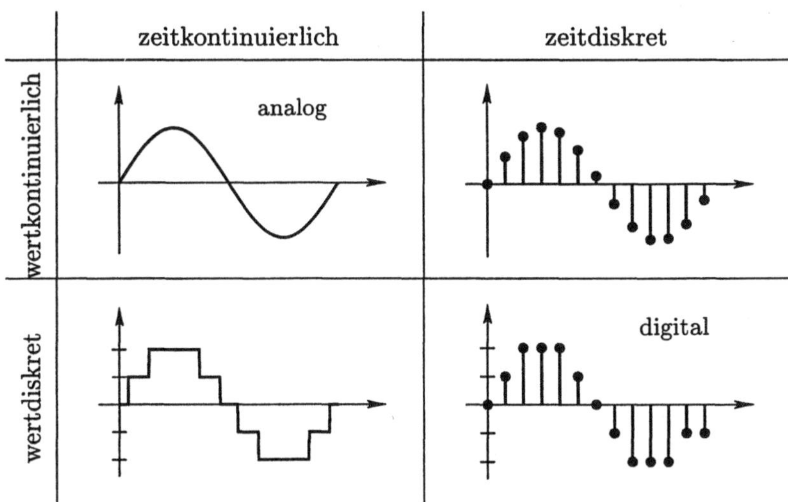

Die zeitkontinuierlichen Signale $s_i(t)$ werden in feste Zeitabstände der Dauer T unterteilt. Diese Zeit T heißt Schrittdauer; ihr Kehrwert $v_S = \frac{1}{T}$, die *Schritt-*

geschwindigkeit, ist die Anzahl der Symbole, die in jeder Sekunde gesendet werden. Sie wird nach dem französichen Ingenieur Émile Baudot in Baud angegeben, 1 Bd = 1 Schritt/s = 1 Symbol/s. Davon zu unterscheiden ist die *Übertragungsgeschwindigkeit* $v_{\ddot{u}}$, die i. d. R. in bit pro Sekunde angegeben wird. Erfolgt die Datenübertragung mit zwei möglichen Sendesignalen, spricht man von binären Symbolen bzw. von einem binären Signalalphabet. Werden beide Signale mit gleicher statistischer Häufigkeit ausgewählt, trägt jedes gesendete Signal einen Informationsgehalt von 1 Bit; in diesem Fall ist die Übertragungsgeschwindigkeit in Bit pro Sekunde genauso hoch wie die Schrittgeschwindigkeit in Baud. Neben den binären gibt es auch nicht-binäre oder mehrwertige Alphabete. Sie enthalten M unterschiedliche Signale, wobei M meist eine Zweierpotenz ist. Gleiche Auftrittshäufigkeit bei der Auswahl vorausgesetzt, trägt jedes Signal dann einen Informationsgehalt von $m = \mathrm{ld}\,M$ bit[1]. Mit jedem Schritt einer M-wertigen Übertragung werden dann m bit übertragen; folglich beträgt die Übertragungsgeschwindigkeit in bit pro Sekunde das m-fache der Schrittgeschwindigkeit in Baud: $\frac{v_{\ddot{u}}}{\text{bit/s}} = m \cdot \frac{vs}{\text{Bd}}$.

Der Demodulator hat die Aufgabe, aus dem empfangenen Signal $r(t)$ das gesendete Signal zu detektieren, d. h. zu schätzen, und ein entschiedenes Symbol an den Decodierer weiterzuleiten. Grundsätzlich kann dies durch Vergleich des empfangenen Signals $r(t)$ mit allen möglichen Sendesignalen $s_i(t), i = 1, \ldots M$ erfolgen. Es wird auf dasjenige Signal entschieden, das dem empfangenen am ähnlichsten ist, bzw. dessen Wahrscheinlichkeit am größten ist. Das bedeutet:

$$P\left(s_i(t) \text{ wurde gesendet} \,|\, r(t) \text{ wurde empfangen}\right)$$

muß über i maximiert werden. Ein solcher Empfänger wird Maximum-a-posteriori-Probability-Empfänger (MAP) genannt.

Sind die Signale $s_i(t)$ gleichwahrscheinlich und wendet man die Regel von Bayes an, ergibt sich die sog. Maximum-Likelihood-Bedingung (ML)

$$P\left(r(t) \text{ wurde empfangen} \,|\, s_i(t) \text{ wurde gesendet}\right)$$

deren Maximierung bei gleichwahrscheinlichen Signalen $s_i(t)$ gleichbedeutend mit der MAP-Bedingung ist. Man nennt dies einen ML-Empfänger.

Zum Vergleich des empfangenen mit möglichen gesendeten Symbolen muß die Synchronisation der Symbole aufrecht erhalten bzw. gewährleistet werden. Diese kann aus den Signalen der Symbole selbst oder aber durch zusätzlich gesendete (redundante) Hilfssignale abgeleitet werden. Da die Signale im Kanal gestört werden, ist es möglich, daß ein empfangenes Signal falsch detektiert wird, d. h. daß im binären Fall eine 1 detektiert wird, obwohl eine 0 gesendet wurde, und damit liegt ein sogenannter Übertragungsfehler vor. Optional kann der Demodulator zusätzlich ein Maß für die Zuverlässigkeit seiner Entscheidung auf ein Symbol berechnen und dieses Maß ebenfalls an den Decodierer geben.

---

[1] ld bezeichnet den binären Logarithmus, $\mathrm{ld}\,x = \log_2 x$.

Um die Daten gegen Übertragungsfehler zu schützen, wird gegebenenfalls eine Kanalcodierung verwendet. Im Kanalcodierer werden dabei zu je k Informationssymbolen weitere r Redundanzsymbole hinzugefügt, so daß man insgesamt $n = k + r$ Codesymbole erhält, die dann übertragen werden müssen. Man beachte, daß $n \geq k$ Symbole über den Kanal übertragen werden müssen, um k Symbole durch Schicht 2 zu übertragen. Mit Hilfe dieser redundanten Symbole können im Decodierer Übertragungsfehler korrigiert werden. Entsprechend Abschnitt 1.1 zur Informationstheorie kann damit die Zuverlässigkeit der Übertragung verbessert werden. Obwohl Kanalcodierung häufig Bestandteil der physikalischen Schicht ist, werden wir ihre funktionale Beschreibung nicht hier, sondern in Kapitel 5 zur zuverlässigen Datenübertragung durchführen.

Man beachte, daß bei Verwendung von Kanalcodierung Redundanzsymbole hinzugefügt werden, die zwar über den Kanal gesendet werden, aus Sicht der Schicht 2 als Datenquelle bzw. -senke aber keine Information übertragen. Um die effektive *Datenrate* v_D auf dem logischen Kanal zwischen Quelle und Senke zu berechnen, muß man die Übertragungsgeschwindigkeit um den Anteil der Redundanzsymbole an allen Codesymbolen reduzieren, und man erhält $\frac{v_D}{\text{bit/s}} = \frac{k}{n} \frac{v_{\ddot{u}}}{\text{bit/s}} = \frac{k}{n} \operatorname{ld} M \frac{v_S}{\text{Bd}}$.

3.1.1 Zeitinvariante, gedächtnislose Kanäle

Wir wollen in diesem Abschnitt als Modell für einen „gutartigen" Kanal den AWGN Kanal (*additive white Gaussian noise*) voraussetzen und die Signalverarbeitung dafür beschreiben. Dieser typische Kanal ist zeitinvariant und gedächtnislos und er repräsentiert u.a. Störungen durch Bauelemente-Rauschen. Der Vorteil ist dabei, daß die Störung statistisch betrachtet konstant ist. Vorstellen kann man sich einen AWGN-Kanal dadurch, daß jedes übertragene Symbol unabhängig von den anderen Symbolen mit der Wahrscheinlichkeit p im Demodulator falsch und mit $1 - p$ korrekt detektiert wird.

Transformiert man ein Signal mittels Fouriertransformation in den Frequenzbereich, so erhält man dessen Frequenzspektrum (siehe z. B. [BF99] und [Kam96]). Anschaulich erhält man dadurch alle Frequenzanteile, die in dem Signal vorhanden sind. Die Breite des nichtverschwindenden Anteils des Frequenzspektrums nennt man *Bandbreite*. Das weiße Rauschen eines AWGN-Kanals besitzt die Bandbreite unendlich.

Modulationsverfahren für Basisbandsignale

Das Frequenzspektrum eines Basisbandsignals entsprechend Bild 3.3 ist ungleich Null von der Frequenz Null bis zu einer bestimmten Grenzfrequenz[2]. Signale auf Telefonleitungen sind typische Basisbandsignale; sie werden häufig auch Tiefpaßsignale genannt.

---

[2]Formal ergeben sich auch negative Frequenzen und ein Signal besitzt ein Frequenzspektrum symmetrisch zur Achse $f = 0$ (siehe [BF99])

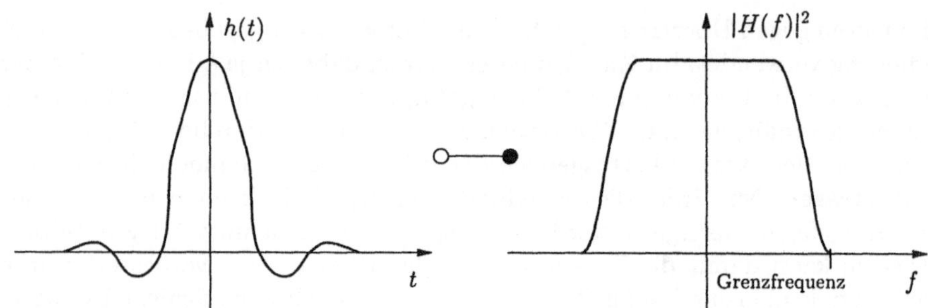

Bild 3.3: Signal $h(t)$ und Spektrum $|H(f)|^2$ im Basisband.

Der Begriff Bandbreite wird mehrdeutig verwendet. So wird Bandbreite oft als Bit pro Sekunde, d. h. als der Kehrwert der Bitdauer (Symboldauer), benutzt. Dies ist nicht unkritisch, da die Bandbreite auch von den verwendeten Signalen abhängt. Beispielsweise besitzen sprungförmige Signalformen die Bandbreite unendlich, unabhängig von der Schrittgeschwindigkeit. Eine Faustregel wird jedoch von der fehlerhaften Verwendung des Begriffes Bandbreite sehr gut beschrieben: Je höher die Datenrate, desto größer der Bandbreitenbedarf des notwendigen Signals.

Die nutzbare (erlaubte) Bandbreite für die Signale kann unbegrenzt oder begrenzt sein. Im ersten Fall verwendet man als Signale die sogenannten Leitungscodes, um die Daten zu übertragen, und bei begrenzter Bandbreite andere Modulationsarten.

Leitungscodes: Jedem Bit wird vom Modulator ein entsprechendes Signal zugeordnet, wobei es sich eingebürgert hat, diese Zuordnung bei diesen speziellen Fällen als Leitungscode zu bezeichnen. Es handelt sich dabei um rechteckförmige Signalverläufe, wie in Bild 3.4 dargestellt. Man unterscheidet zwischen uni- und bipolarer Modulation, die sich in der digitalen Schaltungstechnik besonders leicht mittels Spannungspegeln realisieren lassen. Selbstverständlich besitzen die realisierten Signale keine ideale Rechteckform mit unendlich steilen Flanken. Die Detektion bzw. Demodulation des Signals kann prinzipiell durch Integration über die Zeitdauer eines Symboltaktes oder Teilen davon erfolgen. Dazu muß Beginn und Ende eines Symbols (also der Symboltakt) durch die *Synchronisation* ermittelt werden. Man spricht daher von *Taktsynchronisation*.
Ein sehr gebräuchlicher Leitungscode ist der Manchester-Code, dessen Signalverläufe in Bild 3.4 (c) dargestellt sind. Ein Vorteil ist, daß immer in der Bitmitte ein Vorzeichenwechsel stattfindet. Diese Tatsache kann sehr gut zur Synchronisierung ausgenutzt werden, da eine Detektion dieser Flanke schaltungstechnisch relativ einfach ist. Sie läßt sich mit Hilfe eines einfachen Differenzierers detektieren. Ein weiterer Vorteil ist, daß dieser Code ein gleichstromfreies Signal liefert, da das Integral über jedes Bit gleich Null ist. Man bezeichnet dies als DC-freies Signal (*direct current free signal*), und ein solches ist kein reines Tiefpaßsignal, da es gleichanteilsfrei ist, weil es keine Signalanteile bei der Frequenz 0 besitzt. Man

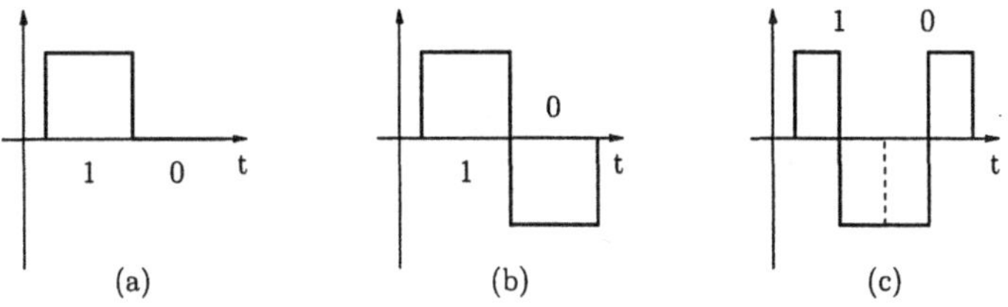

Bild 3.4: Unipolare (a) und bipolare (b) Modulation; Manchester-Code (c).

benutzt derartige Signale u. a. auf Leitungen, die durch Übertrager (Transformatoren) angekoppelt werden, um Potentialausgleichsströme zu vermeiden. Allerdings besteht der Manchester-Code quasi aus zwei Signalen im Vergleich zur Bipolar-Modulation. Dies bedeutet, daß man doppelt so schnell die rechteckförmigen Pulse generieren und detektieren muß. Er wird vor allem auf Leitungen eingesetzt, bei denen eine ausreichende Bandbreite zur Verfügung steht, wie es beispielsweise beim Ethernet der Fall ist.

Ein sehr einfacher Code ist der sog. NRZ-Code (*non-return to zero*) und die differentielle Version, der NRZI-Code, die beide in Bild 3.5 dargestellt sind.

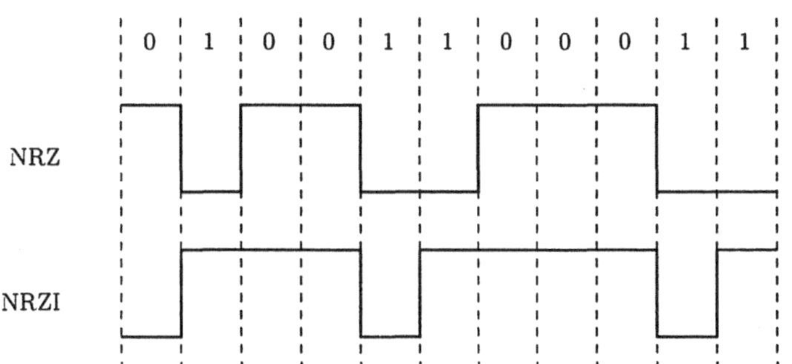

Bild 3.5: NRZ- und NRZI-Code.

Der NRZ-Code benutzt für Null einen bestimmten Spannungspegel und für Eins einen anderen. Die Synchronisation wird hier auf die Detektion der potentiellen Flanke am Bitanfang bzw. Bitende ausgelegt. Beim NRZI-Code steckt die Information in der Änderung des Spannungspegels, d. h. wird eine Null übertragen, so bleibt der Pegel konstant und bei der Übertragung einer Eins wird der Spannungspegel umgeschaltet. Beide Codes sind jedoch nicht DC-frei. Außerdem ist die Synchronisation abhängig von den auftretenden Flanken, die sowohl beim NRZ-Code als auch beim NRZI-Code von der gesendeten Datenfolge abhängig sind.

Der AMI-Code (*alternate mark inversion*) und Varianten davon sind ebenfalls weit verbreitet. In Bild 3.6 ist der AMI-Code dargestellt, bei dem die Einsen abwechselnd durch ein positives oder negatives Rechtecksignal moduliert werden und die Null durch das Nullsignal.

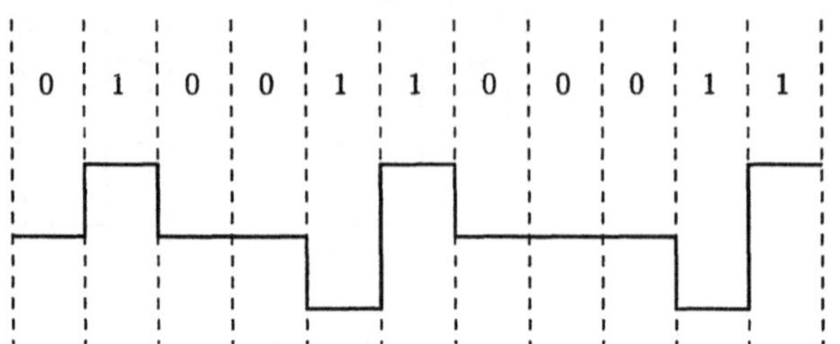

Bild 3.6: AMI-Code.

Dieser Code ist DC-frei, da das Integral über zwei Einsen Null ergibt, und die Synchronisation erfolgt entsprechend auf die Flanken beim Bitwechsel. Auch hier ist die Synchronisation abhängig von den gesendeten Daten. Vertauscht man die Rollen von Null und Eins, so wird der entsprechende Code „Pseudoternärer Code" genannt.

Die bisher beschriebenen Synchronisationsmechanismen bestehen darin, die Modulationssignale so zu wählen, daß man aus ihnen den Empfangstakt ableiten kann. Die Synchronisation von Sende- und Empfangstakt kann jedoch auch auf andere Arten durchgeführt werden, wenn eine Absprache zwischen Sender und Empfänger besteht, auf welche Weise der Sender Orientierungshilfen bereitstellt, mit denen der Empfänger die Synchronität seines Taktsignals herstellen kann. Eine einfache und daher naheliegende Variante besteht darin, einen separaten Kanal (separate Leitung) zu benutzen, über den der Sender das Taktsignal dem Empfänger unmittelbar zur Verfügung stellt. Die Notwendigkeit eines zusätzlichen Kanals ist natürlich ein gravierender Nachteil, weshalb diese Variante normalerweise nur bei elektrischen Leitungen über kurze Distanzen eingesetzt wird, beispielsweise bei der RS-232-C-Schnittstelle zwischen einem Computer und einem Modem (siehe Kapitel 8).

Beide Varianten, die separate Taktleitung wie auch die Synchronisation auf Flanken, stellen für jedes gesendete Symbol einen Taktimpuls zur Verfügung. Der Preis dafür ist eine Verringerung der Datenrate: Die Taktleitung kann nicht zur Datenübertragung genutzt werden, und bei gegebener Bandbreite des Kanals hat der Manchester-Code einen höheren Bandbreitebedarf und dadurch eine niedrigere Schrittgeschwindigkeit. Wesentlich sparsamer kann man mit der Übertragungskapazität umgehen, wenn der Empfänger einen eigenen, ausreichend präzisen Taktgenerator besitzt und der Sender nur sporadisch Orientierungspunkte in die Signalfolge einfügen muß, anhand derer der Empfänger eventuelle Gangabweichungen seines Taktgenerators korrigieren kann. Als Orientierungspunkte werden sog. Markersequenzen verwendet, die Signal- bzw. Symbolfolgen darstellen, die im übrigen Datenstrom nicht oder zumindest nur selten auftreten und sich leicht erkennen lassen. Bewährt haben sich dafür Barker-Codes und Pseudo-Noise- (PN-) Sequenzen [Lük92]. Auf die Synchronisierung mit Markersequenzen werden wir im nächsten Abschnitt ausführlicher eingehen.

An dieser Stelle ist es sinnvoll, auf eine weitere Art der Synchronisation einzuge-
hen, die *Rahmensynchronisation*. Die Aufgabe der Rahmensynchronisation besteht
darin, den Beginn und das Ende einer zusammengehörigen Datenfolge zu erkennen. Mit der Position innerhalb eines Rahmens wird die Bedeutung der Symbole
festgelegt.

Eine Mischform der Takt- und Rahmensynchronisation ist die sogenannte Start-
Stop-Synchronisation, die bei der RS-232-C-Schnittstelle verwendet wird. Man
kann dieses Prinzip bei Bahnhofsuhren gut beobachten: Die Uhr besitzt einen ei-
genen Taktgenerator, dessen Taktdauer geringfügig kürzer als eine Sekunde ist.
Der Sekundenzeiger läuft exakt bei Sekunde 0 los und erreicht dadurch die 59.
Sekunde etwas zu früh. Dann wartet er auf einen Impuls von einer zentral ge-
steuerten Uhr, der den Beginn der nächsten Minute anzeigt, und läuft erneut los.
Nach demselben Prinzip arbeiten auch Funkuhren, die vom Langwellenfunksender
DCF77 gesteuert werden.

In Kommunikationsnetzen werden meist Gruppen aus acht Binärsymbolen mittels
der Start-Stop-Synchronisation (siehe Bild 3.7) übertragen. Die Übertragung erfolgt uni- oder bipolar. Das Startsignal besteht aus einem Wechsel vom Zustand 1
in den Zustand 0 und zeigt damit den Beginn des ersten Datenbits und gleichzeitig den Beginn des Rahmens an. Danach folgen 8 Datenbits und daraufhin wird
für eine Dauer von 1,5 bis 2 Taktimpulsen der 1-Zustand angenommen, bevor ein
Wechsel in den Zustand 0 den Beginn der nächsten Gruppe von Datenbits anzeigt.

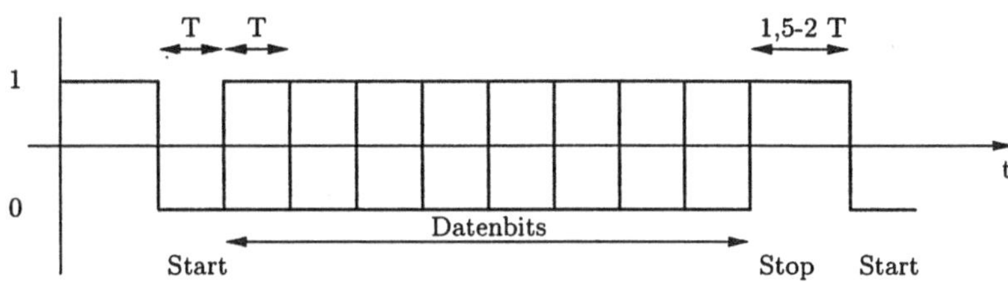

Bild 3.7: Start-Stop-Synchronisation.

Üblicherweise unterscheidet man zwischen synchroner und asynchroner Datenübertragung. Dabei bedeutet synchron, daß die Bits permanent jeweils eines in
der Symboldauer T ankommen. Asynchron bedeutet entsprechend, daß jeweils ein
Block von Bits synchron angeliefert wird, zwischen den Blöcken jedoch eine beliebig lange Pause sein kann. Die Start-Stop-Synchronisation aus Bild 3.7 ist ein
typisches Beispiel für asynchrone Datenübertragung.

Bandbegrenzte Kanäle: Ein wesentlicher Nachteil der rechteckförmigen Signale ist ihr hoher Bandbreitebedarf; auf bandbegrenzten Kanälen lassen sich da-

mit nur moderate Datenraten erzielen. Deshalb benutzt man dort Signale mit nichtrechteckigem Verlauf. Weit verbreitet sind der *Raised-Cosine-Impuls* sowie der *Gauß-Impuls* (siehe [Kam96]).

Modulationsverfahren für Bandpaßsignale

Ein Basisbandsignal wird zum Bandpaßsignal, wenn man es entsprechend Bild 3.8 um die sogenannte Trägerfrequenz f_c verschiebt. Üblicherweise ist die Trägerfrequenz f_c sehr viel größer als die Bandbreite des ursprünglichen Basisbandsignals, so daß das entstehende Bandpaßsignal keinerlei Anteile mehr bei der Frequenz 0 enthält. UKW-Rundfunk- oder auch Mobilfunksignale sind typische Bandpaßsignale.

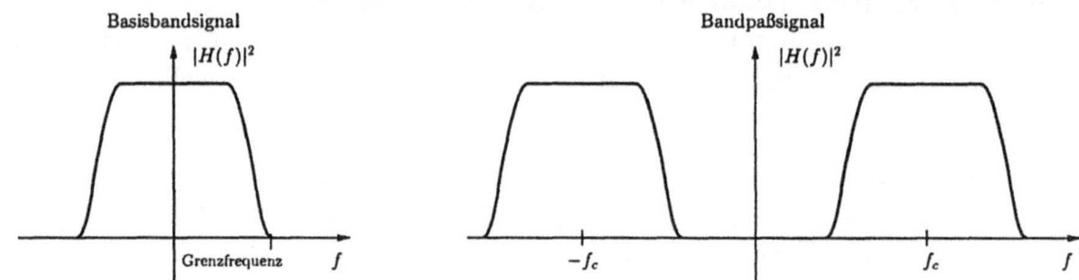

Bild 3.8: Spektrum eines Basisband- und eines Bandpaßsignales.

Hier kommt zu den Problemen der Takt- und Rahmensynchronisation noch das Problem der *Trägersynchronisation* hinzu. Dabei muß die Frequenz des sogenannten Trägers (*carrier*) f_c möglichst genau geschätzt werden. In der Regel besitzen jedoch Symboldauer und Frequenzoszillator ein und dieselbe Zeitreferenz, d. h. sind aneinander gekoppelt. Anders ausgedrückt, ist die Symboldauer synchron ist auch die Frequenz synchron. Eine Methode zur Trägersynchronisation ist die Phase-Locked-Loop (PLL) [Kam96], die eine Abweichung der Trägerfrequenz detektiert.

Desweiteren unterscheidet man bei Bandpaßsignalen zwischen kohärenter und nicht-kohärenter Demodulation. Wird die Kenntnis der Phase des Trägers bei Bandpaßsignalen verwendet, so spricht man von kohärenter Demodulation, sonst von nicht-kohärenter Demodulation [Kam96].

Man verwendet bei beschränkter Bandbreite des Kanals prinzipiell die folgenden Modulationsarten, bei denen die Daten in unterschiedlichen Parametern des Signals beinhaltet sind:

- Amplitudemodulation (Amplitudenumtastung, *amplitude shift keying*, ASK)

- Phasenmodulation (Winkelmodulationsverfahren, Phasenumtastung, *phase shift keying*, PSK)

- Frequenzmodulation (Frequenzumtastung, *frequency shift keying*, FSK)

- Quadraturamplitudenmodulation, (*quadrature amplitude modulation*, QAM)

Ein Signal $s(t)$ besitzt die Form

$$s(t) = A(t) \cdot \cos(2\pi f_c(t)t + \varphi(t)) \ .$$

Dabei können sowohl die Amplitude $A(t)$, als auch die Frequenz $f_c(t)$ und die Phase $\varphi(t)$ oder Kombinationen davon verwendet werden, um die Daten zu modulieren. Bei ASK ist die informationstragende Komponente die Amplitude, bei PSK die Phase und bei FSK die Frequenz. Dagegen ist QAM eine Kombination aus Phasen- und Amplitudenmodulation. Um eine einfache Darstellung der Modulationsverfahren zu erreichen, betrachtet man häufig auch die möglichen Sendesignale als Punkte in einem Koordinatensystem, die sich als Projektion der Signale auf einen entsprechend gewählten Satz von Basisfunktionen ergeben. Bei FSK sind dies die Signale unterschiedlicher Frequenz, bei ASK, PSK und QAM wählt man Real- und Imaginärteil des Basisbandsignals. Diese Darstellung wird als Signalraumdarstellung bezeichnet.

Als Beispiel soll zunächst die in Bild 3.9(a) dargestellte QPSK, oder Vierphasenmodulation (*4-phase shift keying, 4-PSK*) erläutert werden. Die 4-PSK oder QPSK ist ein $4 = 2^2$-wertiges Modulationsverfahren. Jedes der vier Signale repräsentiert zwei Bits, kurz „Dibit" genannt. Als Signale verwendet man eine Schwingung einer Cosinusfunktion, die für die Dibits 00, 01, 11 und 10 jeweils um 0°, 90°, 180° bzw. 270° phasenverschoben werden. Bild 3.9(b) zeigt die Zuordnung der Dibits zu den Phasenwinkeln für eine QPSK, d. h. die Signalraumdarstellung. Bild 3.9(c) stellt die mögliche Zuordnung von je drei Bits zu einem Phasenwinkel einer 8-PSK dar.

Ein Beispiel zur binären Frequenzmodulation ist in Bild 3.10 dargestellt. Die Null wird durch eine bestimmte Frequenz repräsentiert und die Eins durch die andere. Bild 3.11 zeigt die Signalraumdarstellung von 16-QAM.

Optische Signale: Für die optische Datenübertragung verwendet man ein sehr einfaches Verfahren, das sogenannte On-Off-Keying. Dabei wird das Licht je nach Bit ein- und ausgeschaltet. Üblicherweise werden hier ausschließlich Binärdaten übertragen. Bei Licht handelt es sich ebenfalls um ein Bandpaßsignal.

Detektion, Demodulation

Es existieren eine Vielzahl von Empfängerkonzepten für die unterschiedlichen Modulationsarten, siehe z. B. [Kam96].
Dazu muß der Empfänger selbstverständlich den Anfang und das Ende des Symbols kennen, was durch die Synchronisation gewährleistet werden muß. Üblicherweise wird gefordert, daß die Genauigkeit der Anfangszeit ± 5 % der Symboldauer T betragen muß.

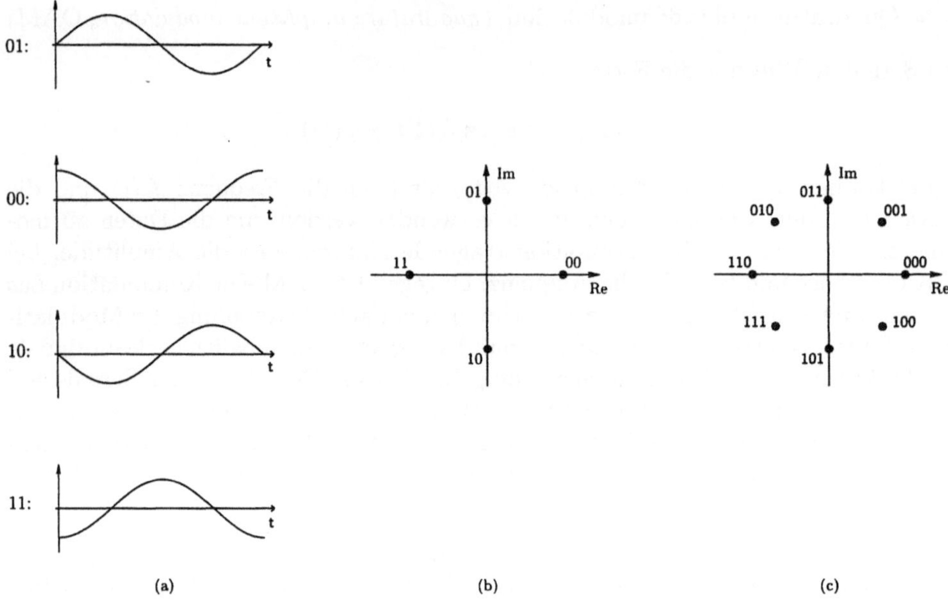

(a)   (b)   (c)

Bild 3.9: (a) Signalalphabet der 4-PSK, Zuordnung der Phasenwinkel zu den Datenbits für 4-PSK (b) und 8-PSK (c).

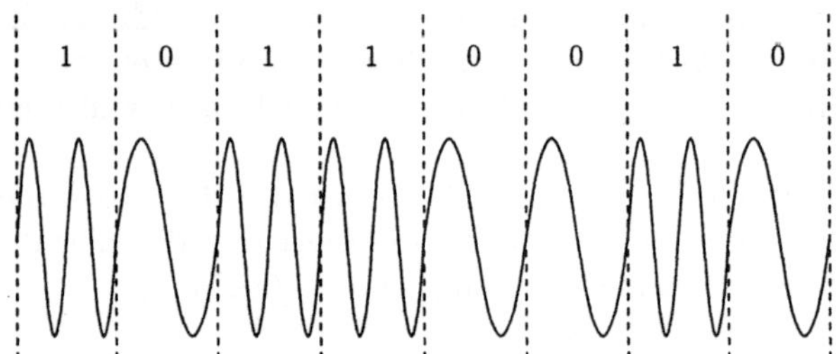

Bild 3.10: Beispiel zur binären Frequenzmodulation.

Realisiert werden Detektoren häufig als sogenannte Korrelationsempfänger oder Matched-Filter-Empfänger [Kam96]. Dabei wird das Empfangssignal mit den konjugiert komplexen, zeitinversen möglichen Signalen gefaltet bzw. mittels geeigneter Filter, jeweils einen pro möglichem Signal, gefiltert.

Zur Synchronisation wollen wir im folgenden zwei Fälle unterscheiden, nämlich daß Sender und Empfänger beliebig asynchron sind und zum anderen, daß eine gewisse Synchronität vorliegt, die aufrecht erhalten werden muß. Ersteres wird auch als Akquisition bezeichnet und letzteres als Tracking. Im ersten Fall gibt es die Möglichkeit, durch Versuch und Irrtum die Synchronität zu finden, oder durch Markersequenzen an definierten Stellen, die eine Anfangssychronisierung

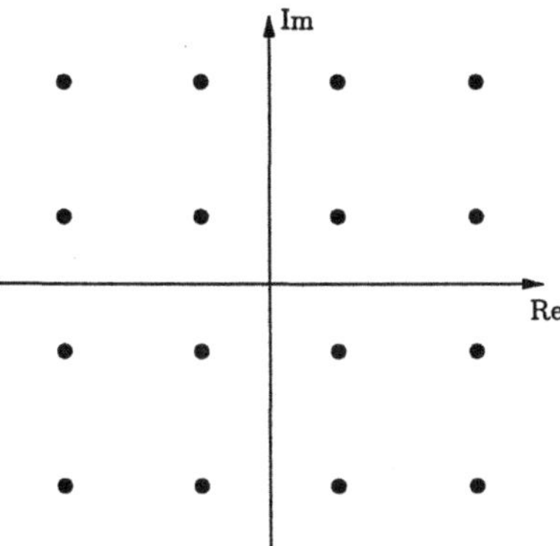

Bild 3.11: Signalraumdarstellung von 16-QAM.

leisten. Nehmen wir an, daß eine Anfangssynchronisierung (Akquisition) bereits erfolgt ist, und daß es darum geht, diese aufrecht zu erhalten. Ein interessanter Ansatz dafür ist das Konzept des sog. Early-Late-Gates. Man verwendet dabei drei Detektoren, von denen der erste etwas zu früh den Symbolanfang annimmt, der zweite versucht, ihn exakt zu treffen, und der dritte etwas zu spät. Nun vergleicht man die Detektionswerte miteinander und kann dadurch erkennen, ob das Symbol durch den zu frühen oder zu späten Detektor besser geschätzt werden kann als durch den vermeintlich exakten.

Zusammenstellung der bisherigen Synchronisationsverfahren

Die bisher vorgestellten Übertragungsverfahren erfordern i. a. unterschiedliche Synchronisationsmechanismen. Die Rahmensynchronisation wird in Abschnitt 3.3 noch explizit erörtert, da diese in vielen Fällen vom Problem der Symbolsynchronisation separierbar ist. Für die Art und Weise, wie der Sender die Orientierungspunkte zur Verfügung stellt, gibt es im wesentlichen drei Alternativen:

1. Das Modulationsalphabet wird so gewählt, daß aus den übertragenen Signalen nicht nur die Daten, sondern auch ein Taktsignal gewonnen werden kann. Dieses Verfahren wird z. B. in Form der Leitungscodes zur Bitsynchronisation oder wie in Bild 3.20 gezeigt zur Rahmensynchronisation eingesetzt.

2. Parallel zu den Daten wird auf einem zweiten, zusätzlichen Kanal ein Synchronisationssignal übertragen. Beispiele dafür sind die Taktleitung zwischen einem Computer und einem Modem oder der Pilotträger zur Frequenzsynchronisation bei Frequenzmultiplexsystemen.

3. Der Sender fügt zu bestimmten Zeitpunkten immer wieder Markierungen in die übertragenen Daten oder Signale ein, anhand derer sich der Empfänger stets wieder neu orientieren kann. Dies ist der Fall, wenn beispielsweise Rahmenanfang und -ende durch Flags markiert werden. Hierzu gehören auch

Verfahren, bei denen der Empfänger einen eigenen Taktgenerator besitzt, dessen Gangabweichungen er mit Hilfe der Markierungen vom Sender korrigiert. Gleiches trifft auch auf die Start-Stop-Synchronisation zu.

Diese Art der Marker- oder Trainingssequenzen werden wir auch im nächsten Abschnitt verwenden, um Kanäle zu vermessen.

Die zweite Alternative hat den Vorteil, daß sie im Empfänger mit besonders geringem Aufwand implementiert werden kann. Der Implementierungsaufwand bei der ersten Variante hängt sehr stark vom Modulationsalphabet ab: Die Taktrückgewinnung aus einem Manchester-Code ist relativ einfach, bei PSK-modulierten Signale hingegen ist dies deutlich schwieriger. Dazu kommt, daß bei der PSK-Modulation die Genauigkeitsanforderungen höher sind. Die dritte Möglichkeit hat den Vorzug, daß nur ein geringer Teil der Übertragungskapazität des Kanals für die Synchronisation verloren geht.

3.1.2   Zeitvariante Mehrwegekanäle, Mobilfunkkanäle

In diesem Abschnitt wollen wir ergänzende Signalverarbeitung für zeitvariante Kanäle beschreiben. Da der zeitinvariante Kanal als Spezialfall des zeitvarianten Kanals betrachtet werden kann, sind die nachfolgend beschriebenen Methoden auch dort einsetzbar.

Bei einem Kanal mit Mehrwegeausbreitung gelangt das Signal auf verschiedenen Wegen vom Sender zum Empfänger. Da die Wege i.d.R. unterschiedlich lang sind, ist die jeweilige Laufzeit des Signals unterschiedlich und kann sich je nach Systemparametern um einige bis einige 100 Symboldauern T unterscheiden. Dies hat als Konsequenz, daß Intersymbolinterferenz auftritt. Dies bedeutet, daß ein Symbol zu mehreren aufeinanderfolgenden Zeitpunkten am Empfänger ankommt bzw., zu einem Zeitpunkt mehrere aufeinanderfolgende Symbole. Die grundsätzliche Idee ist hier, daß ein zeitvarianter Mehrwegekanal für einen entsprechend kurzen Zeitraum als zeitinvariant betrachtet wird und damit als ein lineares zeitinvariantes System (siehe [BF99]) beschrieben werden kann. Das bedeutet, daß sich der Kanal im nächsten Zeitraum geändert hat, d. h. daß es sich um ein anderes lineares zeitinvariantes System handelt. Ein lineares zeitinvariantes System ist vollständig durch seine Impulsantwort bestimmt. Kennt man die Impulsantwort, so kennt man die Berechnungsvorschrift, mit der die Intersymbolinterferenzen entstanden sind, und kann diese rückgängig machen. Um die Impulsantwort zu einem bestimmten Zeitpunkt zu messen, wird eine sogenannte Trainingssequenz über den Kanal übertragen. Wenn man die Antwort des Systems auf die bekannte Trainingssequenz nach dem Kanal beobachtet, kann man Rückschlüsse auf das System ziehen, da man beobachten kann, wie die Sequenz durch das System verändert wurde.

Um dieses Prinzip zu beschreiben stellen wir uns zunächst einen Telefonkanal vor, der ein Echo gleicher Stärke mit der Verzögerung von zwei Symboldauern

(Mehrwegeausbreitung) aufweist, der aber für eine genügend lange Zeit als konstant betrachtet werden kann. Zur Messung dieses Kanals wollen wir eine der 8 Trainingssequenzen des GSM Mobilfunksystems verwenden. Die Trainingssequenz Nummer 0 lautet:

$$(1, 0, 1, 1, 1, 0, 0, 0, 0, 1, 0, 0, 0, 1, 0, 0)$$

Die periodische Autokorrelation dieser Sequenz erhält man, indem man die Sequenz mit allen ihren 16 zyklisch verschobenen Varianten vergleicht und die Anzahl der Bitübereinstimmungen minus der Nichtübereinstimmungen zählt. Die um drei Stellen nach rechts zyklisch verschobene Sequenz lautet:

$$(1, 0, 0, 1, 0, 1, 1, 1, 0, 0, 0, 0, 1, 0, 0, 0)$$

Sie hat an den Stellen {1,2,4,9,11,12,15,16} Übereinstimmungen und an den Stellen {3,5,6,7,8,10,13,14} keine Übereinstimmungen, d. h. die Autokorrelation an der Stelle 3 hat den Wert $8 - 8 = 0$. Den Wert der Autokorrelation für die zyklische Verschiebung 0 nennt man den Hauptwert, und die Autokorrelationen für die anderen 15 möglichen Verschiebungen heißen Nebenwerte. Im oberen Teil von Bild 3.12 sind alle 16 möglichen Werte der Autokorrelation dargestellt. Man erkennt, daß jeweils die fünf Nebenwerte rechts und links des Hauptwertes Null sind.

Diese Besonderheit, daß jeweils 5 Nebenwerte der periodischen Autokorrelationsfunktion identisch Null sind, wird zur Vermessung des Kanals ausgenutzt. Dazu wird eine Sequenz übertragen, die vorne und hinten um 5 Stellen periodisch verlängert wird, d. h.:

$$(0, 0, 1, 0, 0, 1, 0, 1, 1, 1, 0, 0, 0, 0, 1, 0, 0, 0, 1, 0, 0, 1, 0, 1, 1, 1) \ .$$

Schiebt man die Originalsequenz der Länge 16 von vorne an dieser periodisch verlängerten Sequenz vorbei und berechnet die Korrelationswerte, so ergeben sich die Werte {0,0,0,0,0,16,0,0,0,0,0}.
Wird nun eine periodisch fortgesetzte Trainingssequenz über den oben erwähnten Zweipfad-Kanal übertragen und im Empfänger die Korrelationsfunktion berechnet, so tritt neben dem Korrelationsmaximum bei Verschiebung 0 (entsprechend dem direkten Kanalpfad) außerdem ein Wert bei Verschiebung 2 auf. Dies ist im unteren Teil von Bild 3.12 dargestellt. Dieser zweite Wert entspricht dem zweiten Pfad des Kanals. Sowohl die Verzögerung als auch der Betrag der Kanalpfade können somit bestimmt werden.

Diese Methode mit Sequenzen kann sowohl zur Rahmen- als auch zur Taktsynchronisation verwendet werden. Die Rahmensynchronisation basiert auf dem ersten Hauptwert und die Taktsynchronisation auf den einzelnen Symbolen der Sequenz. Selbstverständlich sind die Korrelationseigenschaften der verwendeten Sequenzen maßgeblich; für die Auswahl geeigneter Sequenzen sowie deren Eigenschaften wird auf [Lük92] verwiesen.

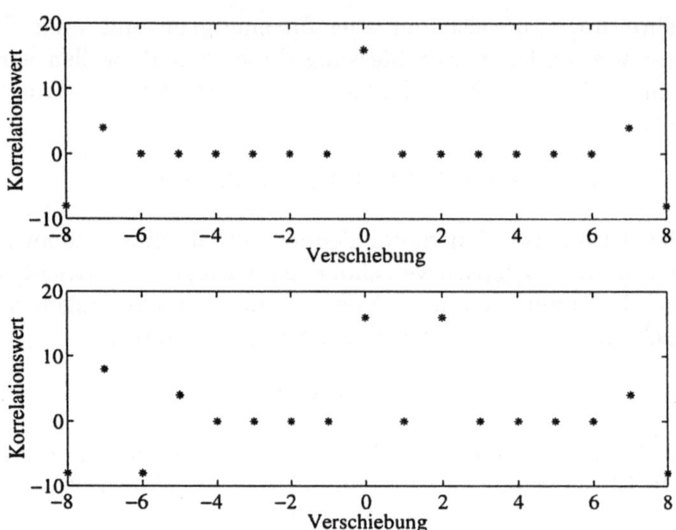

Bild 3.12: Beispiel zur Kanalschätzung: Ergebnis der Korrelation bei idealem Kanal (oben) und Zweipfad-Kanal (unten).

Modulationsverfahren: Als Signale in einem zeitvarianten Mehrwegekanal werden neben den bereits beschriebenen die folgenden Modulationsarten verwendet [Kam96], die ihrerseits selbstverständlich auch für zeitinvariante Kanäle benutzt werden können:

- Continous Phase Modulation (CPM)

- Orthogonal Frequency Division Multiplexing (OFDM)

- Spread Spectrum.

Die CPM-Verfahren sind sehr bandbreiteneffizient. Dies wird dadurch erreicht, daß das gesendete Signal nicht nur von dem aktuellen Datensymbol abhängig ist, sondern auch von den vorherigen, d. h. CPM-Verfahren besitzen Gedächtnis.
Bei OFDM-Verfahren wird die gesamte zur Verfügung stehende Bandbreite in sogenannte Subkanäle unterteilt, die orthogonal zueinander sind. In jedem dieser schmalbandigen Subkanäle findet nun eine Übertragung mit sehr großer Symboldauer statt, die i.d.R. viel größer als die maximale Verzögerung auf dem Kanal ist. OFDM ist deshalb weitaus weniger anfällig gegenüber Mehrwegeausbreitung als serielle Übertragungsverfahren.
Bei der Spread-Spectrum-Modulation wird ein Bit mit einer Sequenz gespreizt, d. h. um ein Bit zu übertragen wird eine gewisse Zahl sog. Chips übertragen, was eine Erhöhung der Bandbreite um denselben Faktor zur Folge hat. Der Vorteil ist hier die Bandbreitenerhöhung bei frequenzselektiven Kanälen, denn ein Teil des gesamten vergrößerten Frequenzbandes kann gestört sein, während ein anderer

ungestört ist. Ist dagegen die Bandbreite zu klein, kann diese gänzlich gestört sein, so daß keine Übertragung möglich ist. Man spricht von Frequenzdiversität.

Matched-Filter, Entzerrung: Der Kanal, als lineares zeitinvariantes System betrachtet, faltet das Eingangssignal mit seiner aktuellen Impulsantwort. Um diese Faltung rückgängig zu machen, werden ein Matched-Filter und Entzerrung verwendet. Anschaulich interpretiert sammelt das Matched-Filter die Symbolenergie von allen Stellen auf, an denen das Symbol durch Mehrwegeausbreitung vorkommt. Dadurch entsteht symbolabhängig ein Fehler, der durch den Entzerrer weitgehend korrigiert werden kann. Die optimale ML-Entzerrung ist u. U. sehr komplex, weswegen auch verschiedene suboptimale Varianten eingesetzt werden, wie Transversal-, Decision-Feedback-Entzerrer, etc. [Kam96].

Bei OFDM ist die Entzerrung einfacher, da, wie bereits beschrieben, die Symboldauer wesentlich größer ist als die maximale Verzögerung auf dem Kanal. Der Einfluß des Kanals zeigt sich deshalb nicht in der Überlagerung aufeinanderfolgender OFDM-Symbole, sondern innerhalb eines Symbols in der unterschiedlichen Beeinflussung der einzelnen Subkanäle durch Dämpfung und Phasendrehungen. Die Entzerrung, also das Rückgängigmachen des Kanaleinflusses, kann bei OFDM-Systemen im Frequenzbereich durch subkanalweise Multiplikation mit geeigneten Koeffizienten durchgeführt werden und ist deshalb erheblich einfacher als in seriellen Systemen.

Kanalcodierung: Viele zeitvariante Mehrwegekanäle weisen für die meisten Anwendungen eine zu schlechte Bitfehlerrate (*bit error rate, BER*) auf. Deshalb ist Kanalcodierung (siehe Abschnitt 5.1) unabdingbar, um Datenübertragung durchführen zu können. Dadurch wird der physikalische Kanal in einen anderen transformiert, der eine vertretbare BER aufweist. Je nach Kanal und Anwendung müssen mehr oder weniger aufwendige Verfahren eingesetzt werden [Bos98].

Synchronisation: Wir wollen exemplarisch die Synchronisation im GSM-System beschreiben, die einen außergewöhnlich ungünstigen Fall darstellt. Im Mobilfunk erfolgt die Synchronisierung i.d.R. in zwei Stufen. Zunächst kann der Oszillator einer Mobilstation, die eingeschaltet wird, eine große Abweichung aufweisen. Von dem Netz, d. h. von allen Basisstationen, wird periodisch ca. alle 50 ms ein Signal ausgestrahlt, das selbst bei Fehlsynchronisierung detektiert werden kann und das gleichzeitig eine grobe Korrektur des Oszillators erlaubt. Eine definierte Zeit später strahlt jede Basisstation dann ein Signal aus, das eine Trainingssequenz (siehe oben) beinhaltet, die genügend lang ist, um eine feinere Synchronisation zu erreichen. Neben der Kanalvermessung kann eine Sequenz auch zur Taktsynchronisation benutzt werden, denn durch digitale Signalverarbeitung kann man ausrechnen, ob das empfangene Signal mit einer leicht anderen Oszillatorfrequenz betrachtet besser mit der Trainingssequenz übereinstimmen würde. Wenn diese feine Oszillator-Korrektur durchgeführt wurde, wird die Frequenz bzw. der Symboltakt durch die Trainingssequenz (siehe oben), die zur permanenten Kanalvermessung verwendet wird, geregelt. Auch hier wird das Konzept verwendet, daß ein Takt für Frequenz und Symboldauer existiert, d. h. beide sind fest aneinander gekoppelt.

Das digitale amerikanische Mobilfunksystem IS95 verwendet zur Kanalvermessung und zur Synchronisation einen permanenten Pilot-Träger. Dies bedeutet, daß kontinuierlich, parallel zu den Daten ein bekanntes Signal ausgestrahlt wird.

Es gäbe noch zahllose weitere Verfahren und Möglichkeiten zur digitalen Datenübertragung, die man beschreiben könnte, was jedoch den Rahmen dieses Buches sprengen würde, denn die physikalische Schicht ist nur ein kleiner Teil eines digitalen Netzes, ohne den aber keine Kommunikation möglich wäre. Zumindest kann man festhalten, daß die physikalische Schicht u. U. sehr aufwendig sein kann.

3.2   Mehrfachnutzung von Kanälen (Synchrones Multiplex)

Um Telefonsignale digital zu übermitteln, werden sie 8 000 mal pro Sekunde abgetastet und jeder Abtastwert durch eine Zahl mit einer Genauigkeit von 8 Bit dargestellt. Dies ergibt eine Bitrate von 64 000 bps. Bei Ferngesprächen werden diese Daten über Richtfunkstrecken oder Glasfasern mit einer Datenrate von z. B. rund 600 Mbps transportiert. Dieser Vergleich zeigt, daß die Kapazität einer Richtfunkstrecke oder Glasfaser mit einem einzigen Telefongespräch bei weitem nicht ausgelastet ist, sondern für fast 10 000 Gespräche zur gleichen Zeit ausreicht.
Um in solchen Fällen die große Kapazität auf viele parallele Verbindungen aufteilen zu können, wurden *Multiplexverfahren* (lat. *multiplex* – vielfach) entwickelt. Man unterscheidet beim synchronen Multiplex zwischen Zeit-, Frequenz-, Code- und Raummultiplex. Daneben gibt es das asynchrone Multiplex, das in Abschnitt 3.3 vorgestellt wird. Dort wird auch der Unterschied zwischen synchronem und asynchronem Multiplex deutlich werden.

3.2.1   Multiplexverfahren in Übertragungssystemen

Das Prinzip des **Zeitmultiplex** (*time division multiplex, TDM*) zeigt Bild 3.13. Die Zeitachse wird in Rahmen (*frames*) konstanter Länge unterteilt, die wiederum in Zeitschlitze (*slots*) von ebenfalls konstanter Länge eingeteilt sind. Innerhalb eines jeden Rahmens werden die Zeitschlitze in aufsteigender Reihenfolge numeriert. Alle Zeitschlitze mit derselben Nummer gehören zu einer Verbindung. Dem Sender einer Verbindung steht damit in jedem Rahmen während seines Zeitschlitzes die gesamte Übertragungskapazität exklusiv zur Verfügung. Benutzen die Sender von verschiedenen Verbindungen kein gemeinsames Taktsignal, sondern eigene, nicht exakt synchronisierte und daher i.d.R. leicht gegeneinander verschobene Taktsignale, sind aufeinanderfolgende Zeitschlitze durch Schutzintervalle voneinander getrennt, um Überlappungen zu verhindern.

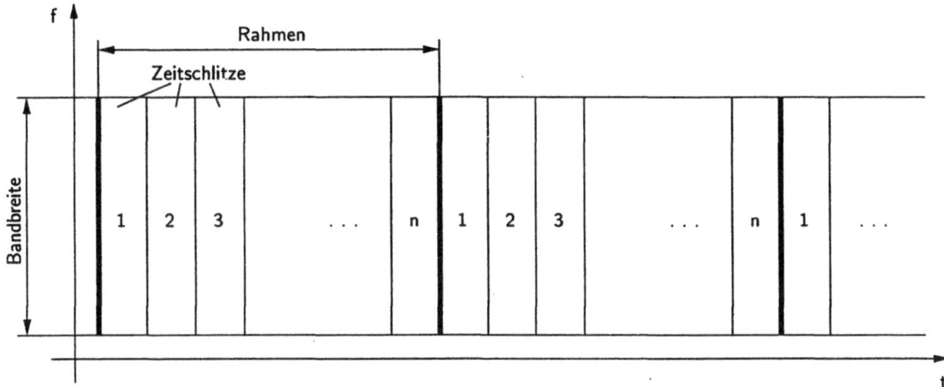

Bild 3.13: Zeitmultiplex (TDM).

Beim in Bild 3.14 dargestellten **Frequenzmultiplex** (*frequency division multiplex, FDM*) werden die Verbindungen nicht in zeitlicher Richtung voneinander getrennt, sondern erhalten jeweils ein schmales Frequenzband für sich alleine. Wenn die Sender verschiedener Verbindungen ihre Trägerfrequenzen selbst erzeugen, lassen sich dabei kleine Ungenauigkeiten und infolge dessen Verschiebungen der Frequenzbänder zueinander nicht vermeiden. Außerdem sind steilflankige Filter zur exakten Bandbegrenzung sehr aufwendig. Daher separiert man die Bänder von verschiedenen Verbindungen ähnlich wie beim TDM durch Schutzbänder.

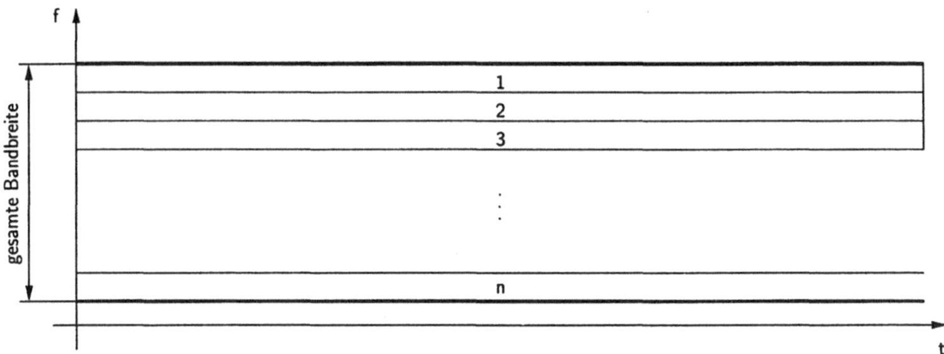

Bild 3.14: Frequenzmultiplex (FDM).

Beim **Codemultiplex** (*code division multiplex, CDM*) belegen alle Verbindungen gleichzeitig den gesamten Frequenzbereich. Sie werden also anders als beim TDM oder FDM weder im Zeit- noch im Frequenzbereich voneinander getrennt, sondern dadurch, daß jeder Verbindung eine eigene Codesequenz zugewiesen wird. Das Prinzip soll am Beispiel des synchronen CDM mit Walsh-Hadamard-Sequenzen der Länge 8 erklärt werden (siehe Tabelle 3.2).

Tabelle 3.2: Walsh-Hadamard-Sequenzen der Länge 8.

Nr. i	Sequenz $\mathbf{s}_i$							
1	+1	+1	+1	+1	+1	+1	+1	+1
2	+1	−1	+1	−1	+1	−1	+1	−1
3	+1	+1	−1	−1	+1	+1	−1	−1
4	+1	−1	−1	+1	+1	−1	−1	+1
5	+1	+1	+1	+1	−1	−1	−1	−1
6	+1	−1	+1	−1	−1	+1	−1	+1
7	+1	+1	−1	−1	−1	−1	+1	+1
8	+1	−1	−1	+1	−1	+1	+1	−1

Wie man nachrechnen kann, ist das Skalarprodukt $\langle \mathbf{s}_i, \mathbf{s}_j \rangle$ zweier beliebiger, disjunkter Sequenzen $\mathbf{s}_i$ und $\mathbf{s}_j$ Null, und das Skalarprodukt $\langle \mathbf{s}_i, \mathbf{s}_i \rangle$ einer Sequenz mit sich selbst 8. Sequenzen mit dieser Eigenschaft heißen „orthogonal".
Wenn der Sender eine logische „0" zum Empfänger 4 übertragen möchte, multipliziert er die Sequenz $\mathbf{s}_4 = (+1, -1, -1, +1, +1, -1, -1, +1)$ mit +1. Die Elemente, sog. „Chips", der sich ergebenden Sequenz $\mathbf{t} = +1 \cdot \mathbf{s}_4$ werden von ihm anschließend „bipolar" moduliert und nacheinander über den Kanal gesendet.
Rauschen und Störungen auf dem Kanal sollen hier außer acht gelassen werden, so daß alle Empfänger die Sequenz $\mathbf{r} = \mathbf{t} = (+1, -1, -1, +1, +1, -1, -1, +1)$ erhalten. Jeder Empfänger i bildet das Skalarprodukt von $\mathbf{r}$ mit der ihm zugeteilten Sequenz $\mathbf{s}_i$. Wie oben bereits festgestellt, finden der vierte Empfänger $\langle \mathbf{s}_4, \mathbf{r} \rangle = 8$ und alle anderen $\langle \mathbf{s}_i, \mathbf{r} \rangle = 0$, $i = 1 \ldots 3, 5 \ldots 8$. Zur Übertragung einer logischen „1" hätte der Sender Sequenz $\mathbf{s}_4$ mit -1 multipliziert und das Ergebnis genau wie oben bipolar moduliert gesendet. Bei der Berechnung der Skalarprodukte hätten alle Empfänger außer dem vierten wiederum 0 erhalten, der vierte diesmal allerdings $\langle \mathbf{s}_4, \mathbf{r} \rangle = -8$. Zur Demodulation muß der Empfänger den Wert $+8$ des Skalarproduktes mit einer logischen „0", den Wert -8 mit einer logischen „1" identifizieren.

Nun soll der Fall betrachtet werden, daß der Sender eine „0" zu Empfänger 4 und eine „1" zu Empfänger 5 senden will. Er verhält sich im Prinzip genau wie oben und addiert beide Sequenzen: $\mathbf{t} = (+1)\mathbf{s}_4 + (-1)\mathbf{s}_5 = (0, -2, -2, 0, 2, 0, 0, 2)$. Die Sendesequenz $\mathbf{t}$ wird wieder bipolar moduliert, allerdings sollen Chips mit den Werten ± 2 die doppelte Signalamplitude wie Chips mit Werten ± 1 haben, und Chips mit Wert 0 werden auf die Signalamplitude 0 abgebildet.
Die Empfänger berechnen ebenfalls wie oben ihre Skalarprodukte für die empfangene Sequenz $\mathbf{r} = \mathbf{t} = (0, -2, -2, 0, 2, 0, 0, 2)$. Empfänger 4 erhält dabei eine $+8$, Empfänger 5 eine -8; alle übrigen berechnen $\langle \mathbf{s}_i, \mathbf{r} \rangle = 0$, $i = 1 \ldots 3, 6 \ldots 8$. Daran

erkennen die beiden Empfänger 4 und 5, daß der Sender ihnen eine logische „0"
bzw. „1" gesandt hat.

Durch die Abbildung von Bits auf Codesequenzen im Sender konnten beide Übertragungen parallel zueinander erfolgen, ohne sich gegenseitig zu stören. Dies funktioniert auch, wenn der Sender zu beliebig vielen der acht Empfänger gleichzeitig
überträgt.

Die Walsh-Hadamard-Sequenzen haben den Nachteil, daß sie synchron zueinander
aufaddiert werden müssen. Wenn man sie zyklisch gegeneinander verschiebt, verlieren sie die, für das obige Verfahren essentielle, Eigenschaft der Orthogonalität.
Man setzt diese Sequenzen daher nur ein, wenn wie im Beispiel ein einziger Sender mehrere Empfänger bedienen muß und dabei die erforderliche Synchronität
gewährleisten kann.

Dem asynchronen CDM liegt dasselbe Prinzip zugrunde, allerdings werden andere Sequenzen benutzt. Infrage kommen dann Pseudo-Noise-Sequenzen, M- und
Kasami-Sequenzen sowie die sog. Gold-Codes [Lük92]. Die in diesen Familien enthaltenen Sequenzen können untereinander in guter Näherung als orthogonal angesehen werden, unabhängig von einer Verschiebung zueinander.

Zum Abschluß der Betrachtungen von TDM, FDM und CDM ist in Bild 3.15
nochmals schematisch dargestellt, wie diese drei Verfahren den Kanal unterteilen.

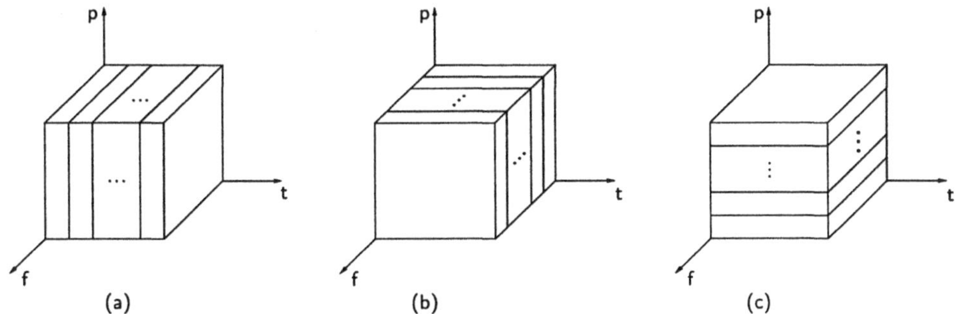

Bild 3.15: TDM (a), FDM (b) und CDM (c).

Raummultiplex (*space division multiplex, SDM*) bedeutet, physikalische Kanäle
räumlich voneinander zu trennen. Das kann dadurch geschehen, daß entsprechend
viele elektrische Leitungen, natürlich gegeneinander isoliert, verlegt werden. Dies
wird u. a. in Koppelfeldern zur Vermittlung (s. u.) praktiziert. Eine andere Variante von SDM ist die Sektorisierung von Antennen im Mobilfunk: Man ersetzt bei den
Basisstationen rundum strahlende Antennen durch mehrere Antennen mit Strah-
lungswinkeln von zumeist 120° oder 60°. Jeder Sektor stellt dann einen eigenen
physikalischen Kanal dar, man hat auf diese Weise die Kapazität also verdrei- bzw.
versechsfacht. Die konsequente Fortführung dieser Idee besteht in der Verwendung
elektronisch schwenkbarer Richtantennen, sog. Phased Arrays. Damit lassen sich

gleichzeitig und in demselben Frequenzbereich gerichtete Verbindungen zu mehreren Mobilstationen aufbauen, wodurch sich die Übertragungskapazität um die Anzahl dieser Verbindungen gegenüber einer rundum strahlenden Antenne vervielfacht. Der Einsatz von Phased Arrays im Mobilfunk befindet sich allerdings derzeit noch im Forschungsstadium.

TDM, FDM und CDM haben gemeinsam, daß die Daten mehrerer, gleichzeitig bestehender Verbindungen gebündelt übertragen werden. Bisher stand dabei der Aspekt im Vordergrund, die hohe Kapazität eines Übertragungsmediums effizient zu nutzen. Dieselben Verfahren finden auch Anwendung in Vermittlungsstellen (*switches*), wenn es darum geht, die auf den Eingangsleitungen eintreffenden Daten auf die passenden Ausgangsleitungen zu verteilen.

3.2.2 Multiplexverfahren in Vermittlungsstellen

Wie Multiplexverfahren beim Switching eingesetzt werden können läßt sich am einfachsten an dem in Bild 3.16 dargestellten **TDM-Switch** nachvollziehen. Die Signale der vier Eingangsleitungen werden von einem Multiplexer zyklisch nacheinander in verschiedene Zeitschlitze eines Rahmens einsortiert. Der erste Zeitschlitz im Rahmen enthält dann die Daten der ersten Eingangsleitung, der zweite die Daten der zweiten Leitung usw. Der Time-Slot-Interchanger liest die Zeitschlitze eines Rahmens wieder aus, zuerst den Zeitschlitz, der für die erste Ausgangsleitung bestimmt ist, dann den für die zweite Leitung etc. Dadurch wird die Reihenfolge der Zeitschlitze im Rahmen vertauscht. Ein Demultiplexer verteilt die Zeitschlitze dann wieder in zyklischer Reihenfolge auf die Ausgangsleitungen.

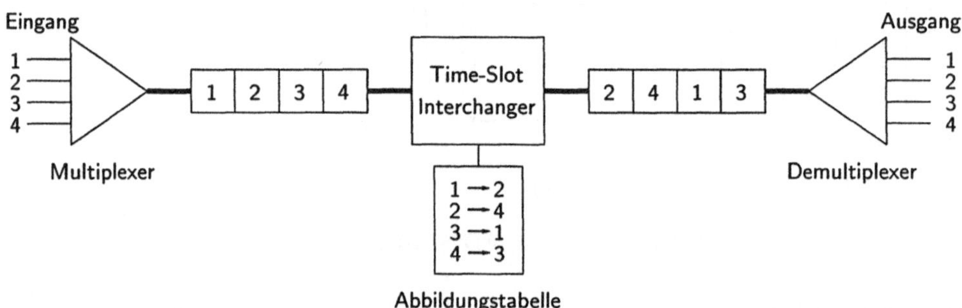

Bild 3.16: TDM-Switch.

In derselben Weise läßt sich auch ein Switch auf Basis des CDM realisieren. Dazu muß auf der Eingangsseite lediglich die Multiplexeroperation durch die Multiplikation mit verschiedenen Codesequenzen ersetzt werden. Ausgangsseitig wird, wie oben beschrieben, für jede Ausgangsleitung das Skalarprodukt der Summensequenz mit der Codesequenz der ihr zugeordneten Eingangsleitung berechnet und ausgewertet. Ebenfalls kann man sich entsprechend einen FDM-Switch vorstellen, bei dem die Vertauschung durch entsprechende Filter durchgeführt werden kann.

Zum Abschluß dieser Überlegungen zu Multiplex und Switching soll noch der älteste Switch aufgeführt werden, das **Koppelfeld**. Es hat, wie man in Bild 3.17 erkennt, eine Matrixstruktur. Jeder Kreuzungspunkt zwischen einer Ein- und einer Ausgangsleitung enthält einen analogen Schalter, über den beide Leitungen miteinander verbunden werden können. Anders als TDM- und CDM-Switch eignet es sich auch für zeitkontinuierliche, nicht abgetastete Signale. Da zwischen jeder Eingangs- und jeder Ausgangsleitung ein eigener, physikalischer Signalweg besteht, basiert das Koppelfeld auf dem Raummultiplex.

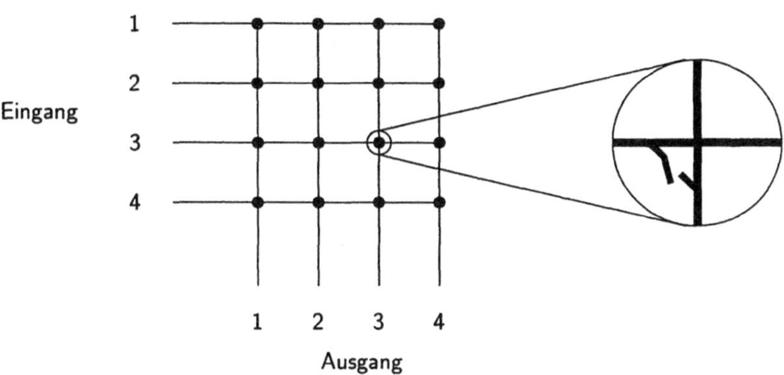

Bild 3.17: Koppelfeld.

Bei TDM, FDM und CDM wird der Kanal in einem festgelegten Raster unterteilt. Daran müssen sich Sender und Empfänger gleichermaßen anpassen: Im TDM müssen sich beide auf die Zeitschlitze synchronisieren, im FDM auf die Trägerfrequenzen. Im CDM müssen Sender und Empfänger dieselben Codesequenzen verwenden, was zwar üblicherweise nicht als Synchronisation bezeichnet wird, dem aber letztlich doch entspricht. Man bezeichnet deshalb TDM, FDM und CDM als „synchrones Multiplex". Die andere Variante, das „asynchrone Multiplex", wird im nächsten Abschnitt betrachtet.

3.3 Datenübertragung mittels Paketen oder Rahmen (Asynchrones Multiplex)

3.3.1 Vergleich von synchronen und asynchronen Multiplexverfahren

Die im vorangegangenen Abschnitt beschriebenen synchronen Multiplexverfahren TDM, FDM und CDM dienen dazu, die Übertragungskapazität eines Kanals (gleichmäßig) auf mehrere Verbindungen zu verteilen. Dazu wird ein Raster aus Zeitschlitzen, Frequenzbändern oder Codesequenzen festgelegt, in das der (oder die) Sender die Daten der einzelnen Verbindungen einordnen müssen. Da die Daten aller Verbindungen gemeinsam übertragen werden, steht ein Empfänger vor der Aufgabe, aus diesem empfangenen Datenstrom die Daten einer Verbindung zu extrahieren. Dies ist nicht weiter schwierig, wenn er das Raster des Senders kennt, denn die Position der Daten im Raster bestimmt, zu welcher Verbindung diese Daten gehören.

Damit ähnelt das synchrone Multiplex den statischen Variablen in Computerprogrammen, bei denen Adresse und Position im Speicher synonym sind. Synchrones Multiplex besitzt auch ähnliche Nachteile wie diese statischen Variablen: Die Übertragungskapazität einer Verbindung ist durch das Multiplexraster fest vorgegeben und kann, wenn sie momentan nicht benötigt wird, genausowenig für andere Verbindungen genutzt werden wie der Speicherplatz einer statischen Variablen durch andere Variablen belegt werden darf. In Computerprogrammen gibt es als Alternative dazu die dynamischen Variablen. Sie bestehen aus einem Zeiger (engl. *pointer*) an einer festgelegten Speicherstelle, der den Ort angibt, an dem sich die eigentlichen Daten im Speicher befinden. Der für die Daten benötigte Speicherplatz kann während der Laufzeit des Programms allokiert werden, so daß der gesamte nicht benötigte Speicherplatz für andere dynamische Variablen zur Verfügung steht. Damit sind dynamische Variablen sehr viel flexibler und oft auch effizienter als statische Variablen. Ihr Nachteil ist eine aufwendigere Verwaltung durch die Allokation und dadurch, daß Zugriffe auf die Daten immer nur indirekt über den Zeiger erfolgen. Das Analogon zu diesen dynamischen Variablen ist in der Übertragungstechnik das *Asynchrone Multiplex*.

Ziel des asynchronen Multiplex ist die gemeinsame Nutzung eines Kanals mit hoher Übertragungskapazität durch viele verschiedene Verbindungen. Dazu muß der Kanal wie beim synchronen Multiplex unterteilt werden. Dies erfolgt normalerweise in der Zeitachse; eine dynamisch wechselnde Unterteilung des gesamten Frequenzbandes in mehrere Subbänder läßt die Fouriertransformation im mathematisch strengen Sinn nicht zu. Es ist auch in einem weniger strengen, vielmehr ingenieurmäßig-pragmatischen Sinn beim asynchronen Multiplex genauso unüblich wie eine Unterteilung mittels Codesequenzen. Allerdings existiert beim asynchronen Zeitmultiplex anders als beim synchronen TDM kein festes Zeitraster, anhand dessen sich die übertragenen Daten einer Verbindung zuordnen lassen würden. Statt dessen werden die Daten in „Rahmen" oder „Pakete" verpackt. Genau wie ein gewöhnliches Postpaket besteht ein Datenpaket aus dem eigentlichen Inhalt und dem Header, gewissermaßen einem Adreßaufkleber. Dieser Header enthält Empfänger- und Absenderadresse und ggf. weitere für den Transport des Paketes erforderliche Angaben. Auf der Sicherungsschicht wird ein solches Paket noch von Markierungen, sog. Flags, eingerahmt, die es gegen andere Pakete abgrenzen. Man spricht deshalb insbesondere auf der Sicherungsschicht meist von Rahmen statt von Paketen; allerdings ist der Sprachgebrauch diesbezüglich sehr uneinheitlich.

Ein Vergleich zwischen den synchronen Multiplexverfahren TDM, FDM und CDM einerseits und dem asynchronen Multiplex in Form der Paketübertragung andererseits zeigt, daß beide Verfahren Vor- und Nachteile aufweisen.

Das synchrone Multiplex hat den Vorteil des geringeren Overheads: Es benötigt weder Header noch Flags und braucht nur die eigentlichen Nutzdaten zu übertragen.

Das asynchrone Multiplex wiegt den Nachteil des größeren Overheads mit zwei Vorzügen auf. Der eine ist die Möglichkeit, die Datenrate einer Verbindung sehr leicht stufenlos variieren zu können. Der Sender kann die Datenrate sowohl dadurch beeinflussen, in welchen zeitlichen Abständen er die Pakete abschickt, als auch durch deren Länge. Beim synchronen Multiplex hingegen ist die Datenrate bereits durch das Multiplexraster festgelegt, und die Kommunikationspartner müssen sich beim Verbindungsaufbau daran anpassen. Der zweite Vorteil besteht darin, daß bei zeitvarianten Datenraten die verfügbare Übertragungskapazität des Kanals durch das asynchrone Multiplex besser ausgenutzt werden kann als beim synchronen Multiplex. Beim synchronen Multiplex muß von vornherein für jede Verbindung eine gewisse Übertragungskapazität entsprechend der erwarteten maximalen Datenrate exklusiv reserviert werden. Wenn eine Verbindung den ihr zustehenden Kapazitätsanteil nicht vollständig nutzt, darf der Rest wegen der Reservierung trotzdem nicht von einer anderen Verbindung genutzt werden. Bei der Paketübertragung dagegen findet keine derartige Reservierung statt, und jeder Sender, der Daten zu übertragen hat, kann auf die bis dahin ungenutzte Übertragungskapazität zugreifen. Die daraus resultierende bessere Ausnutzung der gesamten Kapazität des Kanals wird als „Bündelgewinn" bezeichnet. Wie sich mehrere Sender einigen, wenn sie gleichzeitig auf den Kanal zugreifen wollen, ist ein sehr komplexes Problem, mit dem sich Kapitel 4 ausführlich befassen wird.

Wegen seiner größeren Flexibilität wird auf den oberen Schichten des OSI-Modells hauptsächlich das asynchrone Multiplex mit Paketübertragung angewendet. Synchrone Multiplexverfahren dagegen eignen sich besonders gut dazu, die Kapazität sehr leistungsfähiger physikalischer Kanäle, wie beispielsweise Richtfunkstrecken oder Glasfasern, in handlichere logische Kanäle mit geringerer Kapazität zu unterteilen. Insofern werden synchrone Multiplexverfahren wie TDM, FDM oder CDM hauptsächlich in der physikalischen Schicht eingesetzt.

3.3.2 Rahmenbildung in der Sicherungsschicht

Es wurde bereits angesprochen, daß auf der Sicherungsschicht häufig Header und Daten von Flags eingerahmt werden. Dies ist immer dann der Fall, wenn die physikalische Schicht einen logischen Kanal zur Verfügung stellt, über den die Sicherungsschicht einen kontinuierlichen Bitstrom übertragen kann. Die Flags haben dabei die Aufgabe, den Rahmeninhalt abzugrenzen gegen andere Rahmen oder Zeitabschnitte, in denen keine Daten übertragen werden. Anders ausgedrückt: Anfang und Ende eines Rahmens müssen für die empfangende Sicherungsschicht-Entity erkennbar markiert werden. Es handelt sich hierbei im Grunde genommen um eine Synchronisationsaufgabe: Auf der Sendeseite werden Markierungen eingefügt, anhand derer der Empfänger sich im Datenstrom orientieren kann.

Der Rahmenanfang wird grundsätzlich durch eine Markierung gekennzeichnet, die in den Datenstrom eingefügt wird. Für die Erkennung des Rahmenendes gibt es drei verschiedene Möglichkeiten:

i) Die Rahmenlänge ist konstant; mit dem Rahmenanfang ist dadurch zugleich das Rahmenende festgelegt. Dies wird beispielsweise beim ATM praktiziert. Die Rahmen bestehen dort aus 53 Byte und werden Zellen genannt.

ii) Die Rahmenlänge ist variabel und wird in einem separaten Feld im Header explizit angegeben. Mit der Rahmenanfangsmarkierung und der Längenangabe läßt sich die Position des Rahmenendes dann berechnen.

iii) Die Rahmenlänge ist variabel, und das Rahmenende wird genau wie der Rahmenanfang durch Einfügen einer Markierung gekennzeichnet.

Bezüglich der Markierungen für den Rahmenanfang und bei Variante iii) auch für das Rahmenende unterscheidet man zwischen bit- und zeichenbasierter Rahmensynchronisation.

Bei der bitbasierten Rahmensynchronisation wird die Bitfolge 011...10, d. h. j aufeinanderfolgende Einsen mit einer Null davor und dahinter, als Markierung unmittelbar vor und nach den eigentlichen Daten übertragen. Mit dieser Bitfolge kann der Empfänger leicht Anfang und Ende eines Rahmens erkennen. Allerdings muß vermieden werden, daß diese Bitfolge im Datenteil vorkommt, denn sonst würde der Empfänger bereits im Datenteil das Rahmenende vermuten. Abhilfe schafft das sog. *Bit-Stuffing:* Nach jeweils $j - 1$ aufeinanderfolgenden Einsen im Datenteil wird vom Absender eine zusätzliche Null eingefügt (*to stuff* - stopfen). Der Empfänger muß seinerseits jede Null, die hinter $j - 1$ Einsen steht, entfernen. Auf diese Weise ist sichergestellt, daß im Datenteil niemals j Einsen hintereinander übertragen werden. Dann können j aufeinanderfolgende Einsen nur in den Markierungen für Rahmenanfang und -ende auftreten, und damit sind diese Markierungen eindeutig. Für das folgende Beispiel sei $j = 4$:

Daten:	0101111001110110
Bit-Stuffing:	0101110110011100110
Anfügen der Markierungen:	0111100101110110011100110011110

Man beachte in diesem Beispiel die zweite eingefügte Null: Ihre Notwendigkeit ist nicht unmittelbar einsichtig, denn die drei Einsen in der ungestopften Datenfolge, hinter denen diese Null eingefügt wird, können nicht mit einer Rahmenmarkierung verwechselt werden, weil hinter ihnen auch ohne Bit-Stuffing eine Null folgt. Wenn diese Null jedoch nicht eingefügt würde, wäre der Empfänger aber nicht imstande, zu erkennen, ob die bereits vorhandene Null zur ungestopften Datenfolge gehört oder durch das Bit-Stuffing eingefügt wurde. Nach der oben beschriebenen Regel wird er diese Null entfernen, da sie hinter $j - 1 = 3$ Einsen steht, und somit die ursprüngliche Datenfolge verändern. Das Einfügen einer Null an dieser Stelle ist also

notwendig, um dem Empfänger eine fehlerfreie Rekonstruktion der ungestopften
Datenfolge zu ermöglichen.

Die Grundlage der symbolbasierten Rahmensynchronisation bildet zumeist die
Übertragung von 7-Bit-Zeichen mittels der in Abschnitt 3.1 beschriebenen Start-
Stop-Synchronisation.

Man betrachte zunächst den Fall, daß ein natürlich-sprachlicher Text übertragen
werden soll. Solche Texte bestehen aus Buchstaben, Ziffern und Sonderzeichen
wie Punkt und Komma. Jedem dieser Zeichen ist im „American Standard Code
for Information Interchange", kurz ASCII-Code, eine Kombination aus 7 Bit zugeordnet. Daneben enthält der ASCII-Code noch 32 Steuerzeichen, die in Texten
nicht vorkommen. Dazu gehören u. a. „Start of Text" (STX), „End of Text" (ETX)
und „Synchronous Idle" (SYN). Jeder Rahmen beginnt mit einem STX gefolgt vom
Header und endet mit ETX, an das sich die Prüfsumme eines zyklischen Codes
zur Fehlererkennung (*cyclic redundancy check, CRC*) und mindestens zwei SYN-
Zeichen anschließen. Genau wie der Header hat diese Prüfsumme eine konstante
Länge. Lücken zwischen aufeinanderfolgenden Rahmen werden mit SYN-Zeichen
aufgefüllt. Bild 3.18 zeigt ein Beispiel.

SYN	SYN	STX	Header	Message	ETX	CRC	SYN	SYN

Bild 3.18: Rahmenaufbau für die Textübertragung mit STX und ETX.

Etwas komplizierter ist der Fall, wenn statt eines natürlich-sprachlichen Textes
eine Binärfolge übertragen werden soll, denn in dieser Binärfolge können die Bit-
kombinationen für die Zeichen STX und ETX auftreten, und als Folge davon
wären die Rahmengrenzen nicht mehr eindeutig zu erkennen. Dasselbe kann auch
bei der Textübertragung im Header und im CRC passieren, führt dort jedoch
nicht zu Problemen, weil sie unmittelbar einem STX bzw. ETX folgen. Bei der Bi-
närübertragung behebt man dieses Problem, indem man STX am Rahmenanfang
und ETX am Rahmenende jeweils durch ein vorhergehendes „Data Link Escape"-
(DLE-) Zeichen markiert. Ein Rahmen beginnt dann mit DLE STX und endet
mit DLE ETX. Wenn in der binären Datenfolge selbst ein DLE auftaucht, wird
dieses durch zwei DLEs ersetzt. Wegen des Einfügens von DLE-Zeichen spricht
man hierbei von *Character-Stuffing*. In Bild 3.19 ist der Aufbau eines Rahmens
für diesen *transparenten Übertragungsmodus* dargestellt.

SYN	SYN	DLE	STX	Header	Message	DLE	ETX	CRC	SYN	SYN

Bild 3.19: Rahmenaufbau im transparenten Übertragungsmodus.

Eine dritte Möglichkeit neben der bit- und der zeichenbasierten Rahmensynchronisation ist die Verwendung spezieller Modulationssignale für Rahmenanfang und -ende auf der physikalischen Schicht. Z. B. können für die Übertragung des Rahmeninhaltes der Manchester-Code und für Rahmenanfangs- und -endekennung eine gewöhnliche Bipolar-Übertragung benutzt werden, siehe dazu Bild 3.20.

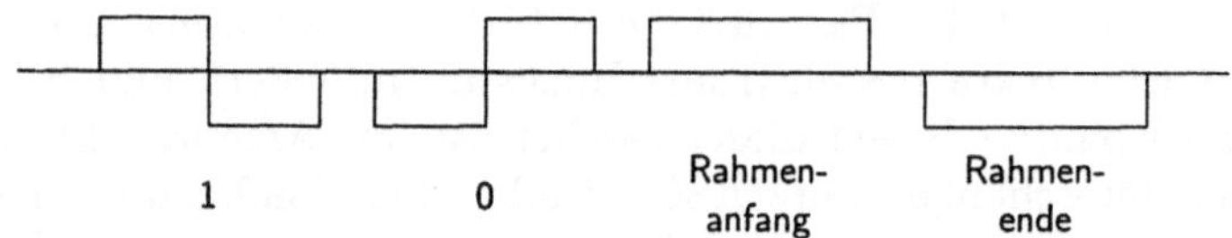

Bild 3.20: Kennzeichnung von Rahmenanfang und -ende durch Verwendung eines erweiterten Modulationsalphabetes.

3.3.3 Überlegungen zur Wahl der Paketlänge

Beim asynchronen Multiplex stellt sich die Frage, welche Länge Pakete oder Rahmen haben sollen. Es gibt sowohl Gründe, die für große Paketlängen sprechen, als auch solche, deretwegen kleine Pakete vorzuziehen sind. Einige dieser Gründe sollen in diesem Abschnitt diskutiert werden.

Oben wurde bereits der durch Header und Flags verursachte Overhead als Nachteil der Paketübertragung bezeichnet. Betrachtet man den gesamten Overhead für die Übertragung einer Nachricht, so ist dieser offensichtlich umso geringer, auf je weniger Pakete diese Nachricht verteilt wird. Unter dem Aspekt des Overheads sind daher lange Pakete von Vorteil.

Um diesen Effekt quantitativ zu beschreiben, soll die Übertragung von Paketen mit maximal K_{max} Nutzbit betrachtet werden. Der Overhead in Form von Header und ggf. Flags betrage V bit pro Paket. Ist die Paketlänge variabel, enthalten alle Pakete K_{max} Nutzbit mit Ausnahme des letzten Paketes, das ggf. kürzer sein kann. Es werden daher $n = \left\lceil \dfrac{M}{K_{max}} \right\rceil$ Pakete[3] für eine Nachricht der Länge M Bit benötigt. Dabei werden insgesamt $L_{var} = M + nV$ Bits übertragen. Bei einer konstanten Paketlänge muß das letzte Paket bei Bedarf bis zur vollen Länge aufgefüllt werden, so daß zusammen $L_{const} = n(K_{max} + V)$ Bit zu übertragen sind. Der Gesamtoverhead beträgt in beiden Fällen nV.

Wenn die Nachricht sehr viel länger als ein einzelnes Paket ist, d. h. wenn $M \gg K_{max}$, werden viele Pakete benötigt, und der Einfluß des Aufrundens von $\left\lceil \dfrac{M}{K_{max}} \right\rceil$ kann vernachlässigt werden. Dann gehen L_{var} und L_{const} über in $L = \dfrac{M}{K_{max}}(K_{max} + V)$, und als Verhältnis des gesamten Overheads zur Gesamtzahl aller übertragenen Bits ergibt sich

$$\frac{\frac{M}{K_{max}}V}{L} = \frac{V}{K_{max} + V}.$$

---

[3]$y = \lceil x \rceil$ bezeichnet das Aufrunden von x auf die kleinste ganze Zahl y, für die $y \geq x$ gilt.

Man erkennt, daß bei gegebenem V dieses Verhältnis mit wachsender Paketlänge K_{max} kleiner wird. Dies bestätigt die obige qualitative Aussage, daß große Pakete hinsichtlich des verursachten Overheads effizienter sind als kleine.

Ein anderer Aspekt bei der Festlegung der Paketgröße ist der sog. Pipelining-Effekt. Er besagt, daß die Zeit, die zur Übertragung einer Nachricht über mehrere Zwischenknoten benötigt wird, für kleine Pakete kürzer ist als für große. Bild 3.21 zeigt den zeitlichen Ablauf einer Nachrichtenübertragung über einen Zwischenknoten zum Empfänger. Der Zwischenknoten kann ein Paket erst dann weitersenden, wenn er es vollständig empfangen hat. Links bildet die gesamte Nachricht ein einziges Paket; sie muß den Zwischenknoten vollständig erreicht haben, bevor sie über den zweiten Verbindungsabschnitt weitergeleitet wird. Rechts ist die Nachricht in zwei Pakete der halben Länge unterteilt, und man erkennt, wie der Zwischenknoten das erste Paket bereits weitersendet, während er das zweite empfängt. Dadurch ist rechts die gesamte Nachricht um die Übertragungsdauer eines Paketes früher am Ziel als links.

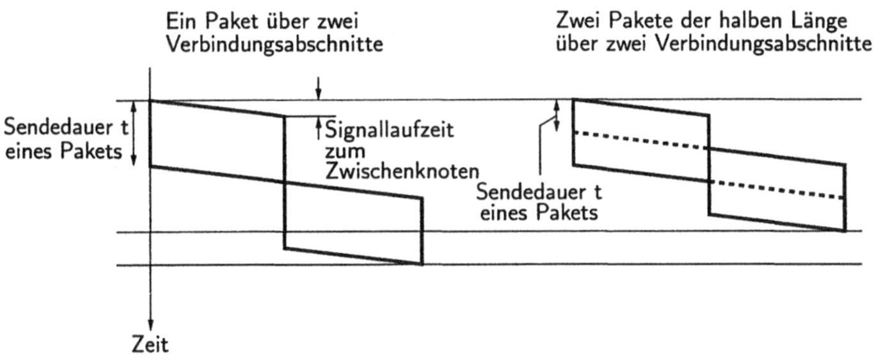

Bild 3.21: Pipelining-Effekt.

Die beiden Aspekte des Overheads und des Pipelining-Effektes machen bereits deutlich, daß sich nicht alle Anforderungen an die Paketgröße zugleich erfüllen lassen: Während zur Vermeidung von Overhead lange Pakete zu bevorzugen sind, lassen sich Nachrichten mit kurzen Paketen schneller übertragen.

In Bild 3.21 wurde der Einfluß des zusätzlichen Overheads für das zweite Paket vernachlässigt. Genaugenommen benötigt aber jedes Paket einen eigenen Header, und mit zunehmender Anzahl an Paketen steigen der Overhead und dadurch auch die Übertragungszeit wieder an. Wenn man sowohl den Overhead als auch den Pipelining-Effekt gemeinsam berücksichtigt, kann man eine optimale Paketlänge berechnen, bei der die Übertragungszeit für die gesamte Nachricht minimal wird. Für diese Berechnung wird im folgenden angenommen, daß die Verbindung über j Abschnitte mit derselben Datenrate C führt. Dann dauert die Übertragung eines Paketes mit K_{max} Nutzbit über einen Verbindungsabschnitt die Zeit $t = \frac{K_{max}+V}{C}$.

Die gesamte Übertragungszeit T ergibt sich als die Summe aus der Zeit für die Übertragung des ersten Paketes über $j-1$ Abschnitte und der Übertragungszeit für die gesamte Nachricht über den letzten Verbindungsabschnitt. Man erhält bei Paketen variabler Länge mit dem oben berechneten L_{var}

$$T = \frac{1}{C} \cdot \left((K_{max} + V)(j-1) + M + V \left\lceil \frac{M}{K_{max}} \right\rceil \right).$$

Wenn wie oben angenommen $M \gg K_{max}$ gilt, kann das Aufrunden von $\left\lceil \frac{M}{K_{max}} \right\rceil$ wiederum entfallen. Dann läßt sich T nach K_{max} ableiten, und man findet das Minimum von T bei

$$K_{max} = \sqrt{\frac{MV}{j-1}}.$$

Daneben gibt es weitere Aspekte, die bei der Wahl der Paketlänge ebenfalls zu berücksichtigen sind. Für die digitale Übertragung von Telefongesprächen dürfen Pakete maximal 500 Bits enthalten, da ansonsten bereits beim Abtasten unzumutbar lange Verzögerungszeiten auftreten. Ein weiteres Argument für kurze Paketlängen ist die Tatsache, daß sich kurze Pakete in Vermittlungsstellen leichter zwischenspeichern lassen.

Die Festlegung der Paketlänge wird also von vielerlei Faktoren beeinflußt. Wie schwierig diese Festlegung sein kann, wird vor allem im Paketfunk deutlich. Funkfrequenzen sind eine knappe Ressource und müssen daher so effizient wie möglich genutzt werden; die Vermeidung von unnötigem Overhead ist oberstes Gebot. Andererseits sind Funkkanäle vergleichsweise stark gestört, und je länger ein Paket ist, desto größer ist die Wahrscheinlichkeit, daß es unterwegs durch Störungen für den Empfänger unbrauchbar wird. In diesem Fall muß es wiederholt werden, was wiederum kostbare Übertragungskapazität verbraucht. In dieser Situation ist eine optimale Wahl der Paketlänge gleichermaßen wichtig wie schwierig.

3.4 Verbindungsarten

In den beiden vorangegangenen Abschnitten zum synchronen und asynchronen Multiplex wurde bereits mehrfach der Begriff „Verbindung" benutzt, ohne ihn jedoch näher zu definieren. Das soll hier nachgeholt werden. Danach werden in diesem Abschnitt noch Synchronisationsaufgaben auf Verbindungsebene angesprochen.

Im Zusammenhang mit den Multiplexverfahren werden häufig die Gegensatzpaare „paketvermittelt – leitungsvermittelt" und „verbindungsorientiert – verbindungslos" gebraucht. Bild 3.22 zeigt, wie sich diese Vermittlungs- und Verbindungsarten miteinander kombinieren lassen.

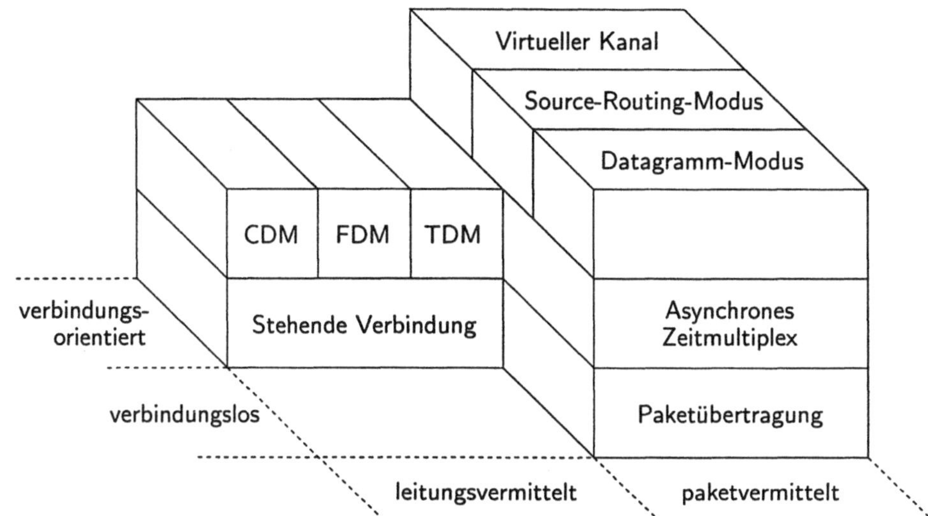

Bild 3.22: Vermittlungs- und Verbindungsprinzipien.

Beim TDM als synchronem Multiplexverfahren benötigt man immer eine vorherige Absprache zwischen Sender und Empfänger, welcher Zeitschlitz innerhalb eines TDM-Rahmens von ihnen für die Datenübertragung genutzt wird. Führt die Übertragung über Vermittlungsknoten, müssen diese ebenfalls in die Absprachen einbezogen werden. Für FDM und CDM sind ähnliche Absprachen über Frequenzbänder bzw. Codesequenzen anstelle der Zeitschlitze erforderlich. Sind die Absprachen getroffen, kann die Datenübertragung gerade so erfolgen, als ob zwischen Sender und Empfänger eine eigene, direkte Leitung existieren würde. Man spricht daher in diesem Fall von *„Leitungsvermittlung"* (*circuit switching*). Dadurch ist auch sichergestellt, daß alle während einer Sitzung zwischen Sender und Empfänger ausgetauschten Daten denselben Weg durch das Netz nehmen. Dies wird als *„verbindungsorientiert"* (*connection oriented*) bezeichnet.

Der Gegensatz zu einer Leitungsvermittlung ist die *„Paketvermittlung"* (*packet switching*) auf Basis des asynchronen Multiplex. Vermittlungsknoten eines paketvermittelnden Netzes nehmen die Pakete auf ihren Eingangsleitungen entgegen und reihen sie in eine Warteschlange ein. Sobald eine Ausgangsleitung frei ist, wird das nächste, für diese Leitung bestimmte Paket aus der Warteschlange entnommen und weiter übertragen.

Während ein leitungsvermitteltes Netz zwangsläufig auch verbindungsorientiert ist, gibt es bei einem paketvermittelten Netz mehrere Möglichkeiten für die Verbindungsart:

Im *Datagramm-Modus* tragen die Pakete als „Aufschrift" im Header die Adresse des Empfängers. Dann kann jeder Vermittlungsknoten bei jedem Paket neu entscheiden, an welchen Knoten er dieses Paket weiterbefördert. Dadurch können auf-

einanderfolgende Pakete eines Senders zu demselben Empfänger unterschiedliche
Wege durch das Netz nehmen; der Datagramm-Modus ist folglich *„verbindungslos"*.
Das genaue Gegenteil des Datagramm-Modus sind *virtuelle Kanäle*. Bevor Pakete
über einen virtuellen Kanal befördert werden können, muß dieser erst aufgebaut
werden. Dazu wird ein erstes Paket mit der Adresse des Empfängers vom Sender
von Vermittlungsknoten zu Vermittlungsknoten bis zum Empfänger geschickt. Jeder passierte Vermittlungsknoten trägt in seine Routing-Tabelle ein, an welchen
Knoten er das erste Paket weitergegeben hat. Er wird später alle Pakete dieser
Verbindung an diesen Knoten weitergeben. Die nachfolgenden Pakete erhalten als
Aufschrift dazu nicht mehr die Empfängeradresse, sondern eine Kennzeichnung für
die Verbindung. Insbesondere bei sehr großen Netzen kann diese Kennzeichnung
kürzer und damit effizienter sein als die Empfängeradresse. Der virtuelle Kanal
stellt sicher, daß alle Pakete denselben Weg durch das Netz nehmen. Dies garantiert, daß alle Pakete in unveränderter Reihenfolge beim Empfänger eintreffen, da
sie sich unterwegs nicht überholen dürfen. Die Übertragung erfolgt also verbindungsorientiert. Nachteil der virtuellen Kanäle ist die Notwendigkeit, daß auch
für kurze Nachrichten in Form einzelner Pakete eine Verbindung auf- und wieder
abgebaut werden muß.
Zwischen verbindungsloser und verbindungsorientierter Datenübertragung steht
das *Source-Routing*. Dabei trägt der Absender den gesamten Weg durch das Netz
in den Header ein. Ist die Wegbeschreibung für alle Pakete einer Sitzung gleich,
hat man quasi eine verbindungsorientierte Paketübertragung. Wenn sich während
der Sitzung die Netzbelastung ändert und andere Wege zum Empfänger günstiger
werden, kann der Absender problemlos andere Wege vorschreiben; dies entspricht
letztlich einer verbindungslosen Übertragung. Der wesentliche Nachteil dieses Verfahrens besteht darin, daß der Paketheader mit der Wegbeschreibung in großen
Netzen sehr umfangreich werden kann.

Die verbindungsorientierte Datenübertragung mit Leitungsvermittlung oder virtuellen Kanälen erfordert den Auf- und Abbau von Verbindungen. Der Verbindungsaufbau besteht aber nicht nur, wie oben bereits erläutert, aus der Absprache über
die Belegung von Zeitschlitzen, Frequenzbändern oder Codesequenzen oder einigen
Einträgen in den Routing-Tabellen der Vermittlungsknoten, sondern auch aus dem
Erkennen, ob eine funktionstüchtige Verbindung zustandegekommen ist. Dies ist
im Grunde genommen dieselbe Synchronisationsaufgabe wie das Erkennen eines
Rahmenanfangs (siehe Abschnitt 3.3). Der Abbau einer Verbindung ist einfacher:
Eine Verbindung kann als beendet betrachtet werden, wenn über einen gewissen
Zeitraum keinerlei Daten mehr von der Gegenseite empfangen wurden. Man kann
dabei allerdings nicht feststellen, ob die Gegenseite tatsächlich keine Daten mehr
zu übertragen hat oder ob die Verbindung z. B. durch Störungen oder Überlastung im Netz vorübergehend unterbrochen worden ist. Normalerweise versucht
man daher einen „graceful close" der Verbindung zu erreichen, d. h. beide Kommunikationspartner benachrichtigen sich gegenseitig, wenn sie ihre Übertragung
beenden und die Verbindung abbauen wollen. Die Überwachung von Verbindun-

gen dient dazu, Verbindungsunterbrechungen zu erkennen und ggf. eine neue Verbindung aufzubauen. Dabei will man verständlicherweise vermeiden, wieder ganz von vorne beginnen zu müssen. Auf der Sitzungsschicht werden dazu neben den Hauptsynchronisationspunkten an Anfang und Ende einer Sitzung zusätzliche Nebensynchronisationspunkte eingefügt. Wird eine Verbindung unterbrochen, kann die Sitzung nach dem Aufbau einer neuen Verbindung an einem dieser Synchronisationspunkte wiederaufgenommen und fortgesetzt werden.

Auf der Sicherungs- und der Transportschicht werden ARQ-Protokolle benutzt, die eine Datenübertragung mittels Rahmen oder Paketen wie in Abschnitt 3.3 voraussetzen. Dementsprechend werden auch die dort beschriebenen Synchronisationsmechanismen verwendet. Verbindungsauf- und -abbau sind dabei eng verknüpft mit dem ARQ-Protokoll.

3.5 Übungsaufgaben

Aufgabe 3.1:
Erklären Sie, warum bei einer Paketübertragung im Halbduplex-Dialogverkehr mit Synchronbetrieb bei jedem Wechsel der Übertragungsrichtung Bit- und Zeichensynchronismus neu hergestellt werden müssen.

Aufgabe 3.2:
In einem Paketvermittlungsnetz werden Pakete in jedem Knoten, den sie zwischen Quell- und Zielknoten passieren, zwischengespeichert, bevor sie zum nächsten Knoten übertragen werden.

a) Eine Nachricht bestehe aus n Paketen der Länge k bit. Die Übertragungsrate der Leitungen ist v bit/s und es befinden sich z Teilstrecken zwischen Quell- und Zielknoten. Wie groß ist die minimale Übertragungszeit t für die Gesamtnachricht unter Vernachlässigung der Leitungslaufzeit?

Für die Übertragung von Knoten 1 zu Knoten 3 gibt es zwei Möglichkeiten (s. Bild) mit unterschiedlichen Übertragungsraten v_1 und $v_2 = v_1/2$.

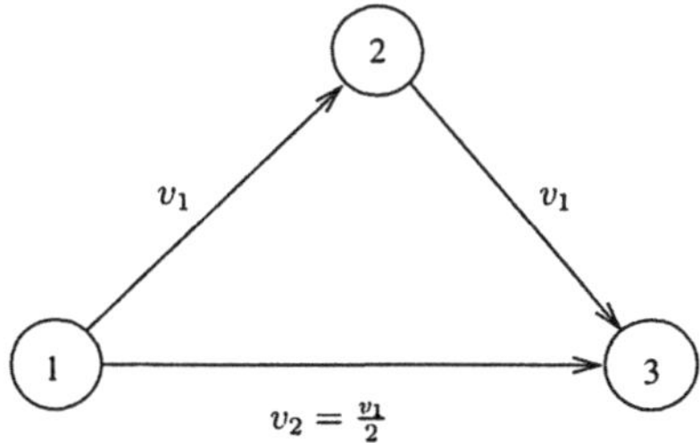

b) Vergleichen Sie für die gegebene Konfiguration die minimale Übertragungszeit t_1 über den Zwischenknoten 2 mit der minimalen Übertragungszeit t_2 für die direkte Verbindung von Knoten 1 und Knoten 3.

Aufgabe 3.3:
Bei der HDLC-Prozedur wird auf der Sendeseite zwischen zwei Flags jeweils nach fünf aufeinanderfolgenden „1"-Bits eine „0" eingefügt.

a) Wozu dient dies?

b) In welchen Feldern des HDLC-Rahmens (Flags, Adress-, Kontroll-, Informationsfeld, Frame Checking Sequence) wird dieses Bitstuffing angewendet?

c) Führen Sie das Bitstuffing durch für die Informationsbitfolge

011011111001111110101111111111101111010

Aufgabe 3.4:
Gegeben sei eine Datenverbindung mit blockweisem Datentransfer zwischen zwei Rechnern. Fehlerhafte Blöcke, die mit einer Wahrscheinlichkeit $P = 0{,}1$ auftreten, werden bis zu 4 mal hintereinander wiederholt. Bei der 5. fehlerhaften Übertragung wird die Verbindung abgebaut und erneut wieder aufgebaut. Stellen Sie diesen Vorgang mit einer diskreten Markovkette dar, wobei der Zustand i der Kette der Anzahl i der fehlerhaften Übertragungsversuche entspricht.

a) Ergänzen Sie die folgende Markov-Kette:

b) Berechnen Sie die stationäre Wahrscheinlichkeit für einen erneuten Verbindungsaufbau.

Hinweis: $\sum_{i=0}^{m} x^i = \frac{1-x^{m+1}}{1-x}$, $|x| < 1$

4 Vielfachzugriffsprotokolle

Man stelle sich ein Kommunikationsnetz vor, das ausschließlich aus Standverbindungen besteht. Zwischen jedem Paar von potentiellen Gesprächspartnern müßte dann eine eigene Verbindung bestehen, bzw. eine Leitung existieren.

Diese Vorstellung ist für große Netze wie das Telefonnetz zweifellos unrealistisch: Millionen von Teilnehmern vollständig untereinander zu vernetzen ist technisch unmöglich und aus der Sicht der Telefonkunden auch völlig überfüssig. In der Realität werden nur Verbindungen zu einer sehr kleinen Teilmenge aller Teilnehmer benötigt, und diese Verbindungen werden immer nur für kurze Zeiträume aufrechterhalten.

In realen Kommunikationsnetzen gibt es daher nur sehr wenige Standverbindungen, und der größte Teil aller Verbindungen wird bei Bedarf hergestellt. Dies bedeutet, wenn ein Kommunikationsteilnehmer telefonieren oder Daten übertragen möchte, muß er dies zuerst dem Netz mitteilen. Das Netz stellt ihm dann die benötigte Übertragungskapazität zur Verfügung, indem es eine Verbindung aufbaut. Ist die Kommunikation zwischen beiden Teilnehmern beendet, wird die Verbindung wieder abgebaut, d. h. die Übertragungskapazität wird wieder freigegeben und kann von anderen Teilnehmern genutzt werden.

Das Freigeben von Übertragungskapazität impliziert, daß die Übertragungskapazität von mehreren Kommunikationsteilnehmern, je nach Bedarf, genutzt werden kann. Bei dieser abwechselnden Nutzung konkurrieren die Teilnehmer um das Übertragungsmedium: Besonders bei hohem Verkehrsangebot wird die Situation auftreten, daß zwei oder mehr Teilnehmer zur gleichen Zeit das gleiche Übertragungsmedium benutzen wollen. Dann muß in irgendeiner Form entschieden werden, in welcher Reihenfolge diese Benutzer auf das Medium zugreifen dürfen. Bei derartigen Entscheidungsverfahren spricht man von *Vielfachzugriffsprotokollen* (*multiple access control* oder *medium access control*, MAC).

Verständlicherweise haben das Übertragungsmedium selbst bzw. die Netztopologie (vergleiche Kapitel 1), innerhalb derer ein Medium eingesetzt wird, einen großen Einfluß auf das Vielfachzugriffsverfahren. Es gibt daher eine große Zahl verschiedener Vielfachzugriffsprotokolle, die sich je nach gegebenen Rahmenbedingungen in ihrer Leistungsfähigkeit erheblich unterscheiden können.

Der erste Abschnitt dieses Kapitels wird zunächst die wichtigsten Vielfachzugriffsprotokolle in mehrere Gruppen einordnen und strukturieren. Anschließend werden dort einige Kriterien vorgestellt, die man bei der Auswahl eines Vielfachzugriffsprotokolls berücksichtigen sollte. Die übrigen Abschnitte werden dann genauer auf Funktionsweise und Leistungsfähigkeit dieser Protokolle eingehen.

4.1   Übersicht

Um einen ersten Überblick über die Vielfachzugriffsprotokolle zu geben, sind sie in Bild 4.1 in die drei Gruppen Wettbewerbs-, Zuteilungs- und Reservierungsverfahren unterteilt worden. Angesichts einer Vielzahl möglicher Varianten beschränkt sich die Darstellung auf die grundsätzlichen Protokolle. Auch sollte diese Aufteilung keineswegs als die einzig mögliche verstanden werden.

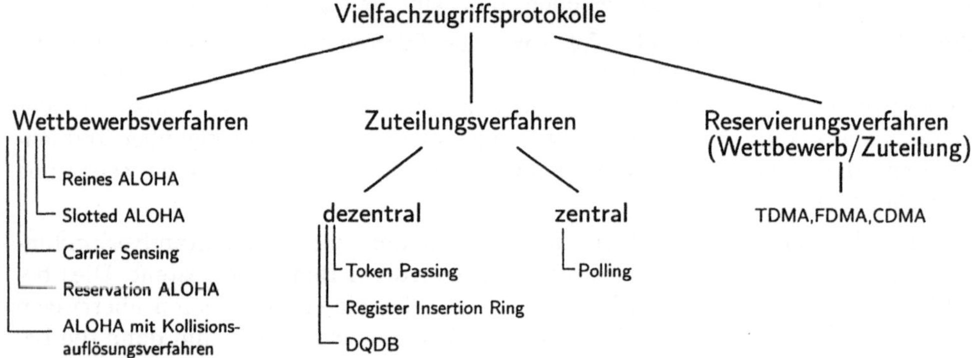

Bild 4.1: Übersicht über häufig verwendete Vielfachzugriffsverfahren.

Die *Wettbewerbsverfahren* (*random access schemes*) basieren auf dem Grundprinzip, daß jede sendebereite Station nach Belieben auf den Kanal zugreifen darf („free-for-all"[x]). Greift nur eine einzige Station zu, erfolgt die Übertragung fehlerfrei, und der Empfänger quittiert dies. Beim gleichzeitigen Zugriff mehrerer Stationen überlagern sich deren Sendesignale, so daß ein fehlerfreier Empfang nicht mehr möglich ist. Folglich bleiben die von den Sendern erwarteten Quittungen aus, und sie wiederholen ihren Übertragungsversuch nach zufällig bestimmten Wartezeiten. Diese Verfahren setzen meist eine Bustopologie oder eine Sterntopologie mit einem zentralen Empfänger voraus (vergleiche Kapitel 1).

Von den Wettbewerbsverfahren unterscheiden sich die *Zuteilungsverfahren* dadurch, daß bei ihnen die Kanalzugriffe nicht willkürlich, sondern streng koordiniert („perfectly scheduled") erfolgen. Eines der einfachsten Verfahren dieser Art ist das Polling: Die im Mittelpunkt eines sternförmigen Netzes befindliche Station, der „Master", fragt nacheinander die übrigen Stationen ab, ob diese Nachrichten zu übertragen haben und leitet die Nachrichten zum Empfänger weiter. Neben diesem zentralisierten Verfahren gibt es auch dezentrale Verfahren, die keinen vor den übrigen Stationen ausgezeichneten Master, sondern ausschließlich gleichrangige Stationen besitzen.

Die dritte Gruppe in Bild 4.1 sind die *Reservierungsverfahren*. Darunter werden hier Verfahren verstanden, bei denen eine zentrale, übergeordnete Station den Kanal verwaltet. Der Kanal ist durch ein synchrones Multiplexverfahren (s. Kapitel 3.2) in mehrere Subkanäle aufgeteilt. Auf Anfrage können einer sendebereiten Station von der Verwaltungsstation einer oder mehrere Subkanäle zugewiesen werden. Die Anfragen selbst erfolgen in einem festgelegten Subkanal nach einem Wettbewerbs- oder Zuteilungsverfahren. Reservierungsverfahren sind also Kombinationen eines Verfahrens aus einer der beiden anderen Gruppen mit einem synchronen Multiplexverfahren.

Angesichts dieser Vielzahl möglicher Vielfachzugriffsprotokolle stellt sich die Frage, welches Protokoll sich für eine gegebene Anwendung am besten eignet. Ein besonders wichtiges Auswahlkriterium ist dabei die Topologie des Übertragungsmediums. Das Polling setzt, wie oben erwähnt, eine Sterntopologie mit der Masterstation in der Sternmitte voraus, Wettbewerbsverfahren erfordern ebenfalls Stern- oder Busstrukturen. Glasfasern hingegen werden häufig paarweise als gegenläufige Ringe oder Busse (*dual ring / dual bus*) verlegt und dann mit dezentralen Zuteilungsverfahren verwaltet. Im Mobilfunk werden in der Regel Verfahren wie das Token Passing, die auf der Topologie eines logischen Rings beruhen, vermieden. Der Grund dafür ist, daß sich die Ringstruktur wegen der Mobilität der Teilnehmer und wegen der Möglichkeit, daß die Funkwellen an einzelnen Standorten abgeschattet werden, nur schwer aufrecht erhalten läßt. Daher werden für Mobilfunkanwendungen meist Wettbewerbsverfahren zur Reservierung bevorzugt. Weitere Auswahlkriterien sind das Verkehrsangebot und die Übertragungszeit. Erfahrungsgemäß schneiden Reservierungs- und Zuteilungsverfahren bei hohem Verkehrsangebot besser ab und erzielen niedrigere Übertragungszeiten. Bei niedrigem Verkehrsangebot hingegen sind Wettbewerbsverfahren im Vorteil, da dann selten Kollisionen auftreten, und da bei ihnen keine Wartezeiten auf Reservierung bzw. Zuteilung auftreten.

Ein dritter Aspekt sind Ausfallsicherheit und Robustheit gegenüber Übertragungsfehlern. Ein besonders ungünstiges Verfahren ist in dieser Hinsicht das Polling: Ein Ausfall des Masters legt das gesamte Netz lahm. Wettbewerbsverfahren hingegen sind unter diesem Aspekt ausgesprochen anspruchslos. Da alle Stationen voneinander unabhängig sind, hat der Ausfall einer Station keine Auswirkungen auf die Funktionsfähigkeit des Netzes als ganzem. Auch Übertragungsfehler bereiten keine Probleme. Eine fehlerhafte Nachricht wird vom Empfänger anhand einer Prüfsumme erkannt und einfach nicht quittiert; der Sender wird dann von sich aus eine Wiederholung veranlassen (vergleiche Kapitel 5).

4.2   Familie der ALOHA-Protokolle

Das ALOHA-Protokoll wurde gegen Ende der sechziger Jahre an der Universität von Hawaii entwickelt [Abr70, Rob75], um Paketdaten von Terminals an verschiedenen Universitätsstandorten über Funk zu einem Zentralcomputer zu übertragen. Dieses Protokoll bildet die Grundlage aller wettbewerbsbasierten Vielfachzugriffsverfahren. Es erfordert keinerlei aufwendige Koordination der Teilnehmer wie bei den danach vorgestellten Token-Passing-Verfahren mit Ring-Topologie und ist daher einfach zu implementieren. Daneben ist es durch das Prinzip, erfolglose Übertragungsversuche automatisch zu wiederholen, sehr robust gegenüber Übertragungsfehlern. Deswegen wird das ALOHA-Protokoll vor allem in Mobilfunksystemen wie GSM [EV97] oder dem TETRA-Standard (Trans-European Trunked Radio, digitaler Bündelfunk) [Wal98a, Wal98b] eingesetzt.

Die Kollisionsauflösungsverfahren in Abschnitt 4.3 sind in der Informationstheorie von grundlegender Bedeutung für die Datenübertragung über Kanäle mit Rückkanal und wurden daher ausführlich mit theoretischen Methoden untersucht. Da die Kollisionsauflösungsverfahren auf dem ALOHA-Protokoll aufsetzen, sollen in diesem Abschnitt Ansätze zur Analyse wettbewerbsbasierter Vielfachzugriffsverfahren vermittelt werden. Soweit nicht explizit anders angegeben, wird dabei stets von den in der Literatur üblichen Voraussetzungen ausgegangen. Dies sind (für die mathematischen Voraussetzungen sei auf Anhang A verwiesen):

1. Das Kommunikationsnetz besteht aus m Sendestationen und einem einzigen Empfänger. Die Sendestationen seien über einen von allen Sendern gemeinsam genutzten Kanal mit Sterntopologie verbunden, wobei sich der Empfänger im Sternmittelpunkt befindet. Zur Vereinfachung soll der Kanal in guter Näherung als fehlerfrei betrachtet werden können.

2. Die Datenpakete werden bei allen Sendestationen poissonverteilt mit Rate $\frac{\lambda}{m}$ erzeugt. Alle Pakete haben dieselbe Länge, und ein Übertragungsversuch dauert die Zeit X, d. h. X ist die Übertragungsdauer eines Pakets.

3. Ein Sender beginnt den ersten Übertragungsversuch für ein neu erzeugtes Paket sobald wie möglich, d. h. sofort bei reinem ALOHA und im nächsten Zeitschlitz bei Slotted ALOHA.

4. Übertragungsversuche sind entweder erfolgreich, wenn nur ein Sender auf den Kanal zugegriffen hat oder führen zu einer Kollision, wenn mehrere Zugriffe gleichzeitig erfolgt sind.

5. Ein Sender erfährt unmittelbar nach Ende eines Übertragungsversuchs, ob dieser erfolgreich war (*immediate feedback*). Beim Slotted-ALOHA-Protokoll geschieht dies dadurch, daß der Empfänger am Ende eines Zeitschlitzes allen Sendern mitteilt, ob in diesem Zeitschlitz kein Zugriff, eine erfolgreiche Übertragung oder eine Kollision stattgefunden hat. Ein Sender, dessen erster

Übertragungsversuch für ein Paket erfolglos war, heißt „backlogged" bis zur erfolgreichen Übertragung dieses Pakets.

6. Das gesamte System arbeitet verlustlos: Ein Sender versucht solange ein bei ihm erzeugtes Paket zu übertragen, bis diese Übertragung erfolgreich war.

7. (a) Stationen im Backlogged-Zustand erzeugen keine weiteren Pakete. Sie besitzen gewissermaßen keinen Pufferspeicher, in dem während des Backlogged-Zustands erzeugte Pakete warten könnten; im Englischen heißt diese Annahme daher auch „no-buffering-assumption". Als Folge dieser Annahme sinkt die Zahl der im Netz insgesamt erzeugten Pakete umso mehr ab, je mehr der m Stationen backlogged sind.

   (b) Die Anzahl m der Stationen wird zu unendlich angenommen. Aufgrund von Annahme 2 ist die Wahrscheinlichkeit, daß eine bestimmte Station in der Beobachtungszeit T ein Paket erzeugt, $\frac{\lambda T}{m}\,e^{-\frac{\lambda T}{m}}$ und geht damit für $m \to \infty$ proportional zu $\frac{1}{m}$ gegen Null. Dagegen kann der Fall, daß dieselbe Station zwei oder mehr Pakete erzeugt, vernachlässigt werden, denn die Wahrscheinlichkeit dafür ist

$$e^{-\frac{\lambda T}{m}}\left[\frac{1}{2}\left(\frac{\lambda T}{m}\right)^2 + \frac{1}{6}\left(\frac{\lambda T}{m}\right)^3 + \ldots\right]$$

und strebt schneller gegen Null, da proportional zu $\frac{1}{m^2}$. Dies bedeutet, daß quasi jedes Paket von einer anderen Station erzeugt wird. Dadurch hat die Anzahl von Stationen im Backlogged-Zustand keinen Einfluß auf die Paket-Erzeugung im gesamten Netz; die Paketerzeugungsrate ist konstant λ, unabhängig von der Anzahl der Backlogged-Stationen.

Wie meistens bei theoretischen Untersuchungen stellen auch diese Voraussetzungen eine Vereinfachung gegenüber der Wirklichkeit dar. Annahme 2 geht davon aus, daß alle Pakete statistisch unabhängig voneinander generiert werden. Dies ist offensichtlich nicht mehr der Fall, wenn eine längere Nachricht auf mehrere Pakete aufgeteilt wird. Die Annahme 5 einer sofortigen Quittung ist insofern unrealistisch, als daß die Überprüfung eines empfangenen Pakets auf Fehler und die Übertragung der Quittung ebenfalls Zeit benötigen. Da jedoch diese Verzögerungszeit systemabhängig ist, d. h. große Schwankungen besitzt, wird zur einfacheren Analyse die Zeit Null angenommen. Anders als in Annahme 6 werden Übertragungssysteme nie als völlig verlustlos konzipiert. Stattdessen werden normalerweise Pakete, die sich nicht innerhalb einer gegebenen Zeitspanne erfolgreich übertragen ließen, weggeworfen, und der betreffende Sender geht von einer Netzüberlastung oder sonstigen Netzproblemen aus. Ein gutes Übertragungssystem zeichnet sich dann dadurch aus, daß der Anteil derartiger Paketverluste gering ist. Voraussetzung 4 ist unrealistisch für Funknetze und wird daher im Abschnitt 4.2.5 derart abgeändert, daß auch bei mehreren gleichzeitigen Kanalzugriffen das Datenpaket mit dem leistungsstärksten Empfangssignal erfolgreich übertragen werden kann.

Von diesen Einschränkungen abgesehen trifft dieses Szenario weitgehend auf den Reservierungskanal in Mobilfunksystemen zu. Insbesondere kann man davon ausgehen, daß dafür die ersten drei Voraussetzungen in guter Näherung erfüllt sind. Ein anderes denkbares Szenario ist ein Netz mit Bustopologie, bei dem jede Station jede andere empfangen kann. Dann kann auf die Einschränkung in Annahme 1, daß es nur einen einzigen Empfänger gibt, verzichtet werden. Allerdings ist dann sicherzustellen, daß die Quittungen für erfolgreich empfangene Pakete über den Rückkanal störungsfrei übertragen werden können. Der Rückkanal darf also nicht ebenfalls ein Vielfachzugriffskanal sein.

4.2.1 Unslotted ALOHA

Zur Unterscheidung vom Slotted-ALOHA-Protokoll wird das ALOHA-Protokoll oft auch als Reines (*pure*) oder Unslotted ALOHA bezeichnet. Es ist das einfachste Wettbewerbsvielfachzugriffsverfahren und funktioniert folgendermaßen:

Sobald eine Sendestation ein Datenpaket erzeugt hat, greift sie auf den Kanal zu und überträgt dieses Paket. Hat während dieser Übertragung keine andere Station auf den Kanal zugegriffen, kann das Paket fehlerfrei empfangen werden, und der Empfänger bestätigt dies dem Absender unmittelbar nach Ende der Übertragung. Beginnen jedoch eine oder mehrere andere Stationen während der bereits laufenden Übertragung zu senden, sind alle in diese „Kollision" verwickelten Pakete beschädigt, werden nicht fehlerfrei empfangen und daher auch nicht quittiert. Am Ausbleiben der Quittung erkennt ein Sender, daß sein Paket kollidiert ist, und nach einer zufällig gewählten Zeit versucht er erneut zu übertragen. Dieser Kollisionsauflösungsvorgang aus zufälligem Warten und erneuter Übertragung wird solange wiederholt, bis eine Übertragung Erfolg hatte und der Sender eine Quittung erhält.

Nun soll dieses Vielfachzugriffsprotokoll mit Hilfe statistischer Methoden analysiert werden. Dazu wird die Rate der in allen Stationen gemeinsam generierten Datenpakete mit λ bezeichnet und mit der Paketübertragungsdauer X ist $\mu = \frac{1}{X}$ die maximale Rate, mit der Pakete übertragen werden könnten, wenn diese ohne Pausen und ohne Kollisionen aneinandergesetzt würden. Das Verhältnis $\varrho = \frac{\lambda}{\mu}$ dieser beiden Raten heißt Verkehrsangebot. Zusätzlich definiert man die Größen G als das Verhältnis der Kanalzugriffsrate g [Pakete/s] zu μ, d. h.

$$G = \frac{g}{\mu} = g \cdot X$$

und den Durchsatz S als das Verhältnis der Rate erfolgreicher Kanalzugriffe s [Pakete/s] zu μ,

$$S = \frac{s}{\mu} = s \cdot X \,.$$

Der folgenden Analyse liegt Annahme 7.(b) zugrunde, daß sich $m \to \infty$ viele Stationen im Netz befinden. Ferner wird vorausgesetzt, daß die Anzahl von Kanalzugriffen, sowohl infolge neu generierter Pakete als auch infolge von Wiederholungen, in einem gegebenen Beobachtungsintervall poissonverteilt ist. Bei der Analyse des ALOHA-Protokolls steht die Frage im Vordergrund, wie oft eine Sendestation im Durchschnitt bis zur erfolgreichen Übertragung eines Datenpaketes auf den Kanal zugreifen muß. Gesucht ist also das Verhältnis der erfolgreichen zu allen Kanalzugriffen. Dieses Verhältnis läßt sich auch als Wahrscheinlichkeit dafür interpretieren, daß ein Kanalzugriff erfolgreich ist, d. h.

$$\frac{S}{G} = P(\text{Erfolgreicher Zugriff}) . \tag{4.1}$$

Bild 4.2 zeigt die Situation einer erfolgreichen Übertragung sowie einer Kollision. Die Kollision ist dadurch gekennzeichnet, daß sich die Übertragungszeiten von

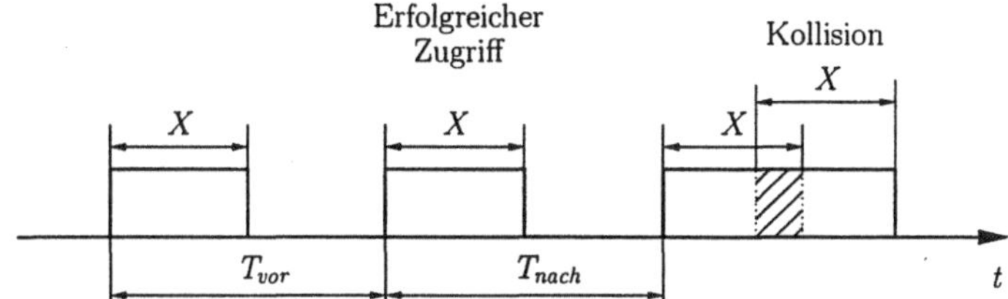

Bild 4.2: Erfolgreicher Zugriff und Kollision.

zwei Paketen überlappen. Damit dies bei einem erfolgreichen Kanalzugriff nicht passiert, müssen die Zeitabstände T_{vor} zum letzten vorhergehenden Kanalzugriff und T_{nach} zum nächsten Zugriff größer als die Übertragungsdauer X sein. Da die Anzahl der Kanalzugriffe poissonverteilt ist, unterliegen die Zeitabstände zwischen zwei aufeinanderfolgenden Zugriffen einer Exponentialverteilung (siehe Anhang A.2). Mit der Rate g der Kanalzugriffe läßt sich die Wahrscheinlichkeit dafür, daß der Zeitabstand T zwischen zwei aufeinanderfolgenden Zugriffen größer als X ist, berechnen:

$$P(T \geq X) = \int\limits_{X}^{\infty} g\,\mathrm{e}^{-g\tau}\,d\tau = \mathrm{e}^{-G}$$

Damit ist die Wahrscheinlichkeit eines erfolgreichen Zugriffs

$$P(\text{Erfolgreicher Zugriff}) = P(T_{vor} \geq X) \cdot P(T_{nach} \geq X) = \mathrm{e}^{-2G} ,$$

und mit Gleichung (4.1) folgt

$$S = G\,\mathrm{e}^{-2G} . \tag{4.2}$$

In Bild 4.3 ist S über G aufgetragen. Man erkennt, daß S, die auf μ bezogene Rate der erfolgreichen Kanalzugriffe, für $G = 0{,}5$ ihren maximalen Wert

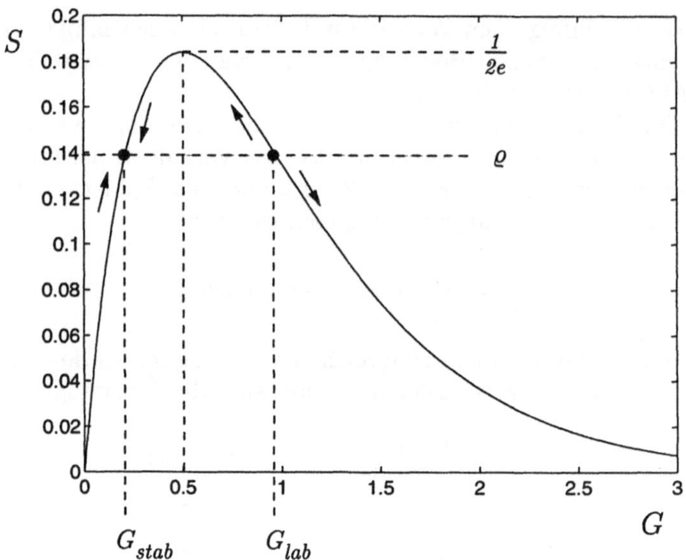

Bild 4.3: Durchsatz des ALOHA-Protokolls.

$S_{max} = \frac{1}{2\,e} = 0{,}184$ annimmt. Mit anderen Worten, die Rate erfolgreicher Kanalzugriffe ist auf $18{,}4\,\% \cdot \mu$ begrenzt. Darüberhinaus ist das Verkehrsangebot $\varrho = \frac{\lambda}{\mu}$ eingezeichnet. Wenn entsprechend Voraussetzung 6 das Übertragungssystem verlustlos sein soll, muß für jedes erzeugte Datenpaket genau ein Übertragungsversuch erfolgreich sein, d. h. die Paketerzeugungsrate λ muß im stationären Gleichgewicht mit der Rate s erfolgreicher Kanalzugriffe übereinstimmen, also muß $\varrho = S$ gelten. Zunächst erkennt man, daß dadurch das maximal zulässige Verkehrsangebot eines Übertragungssystems mit ALOHA-Protokoll auf $\varrho_{max} = S_{max} = 18{,}4\,\%$ beschränkt ist. Bei einem größeren Verkehrsangebot müssen entweder Verluste auftreten, oder es ist kein Betrieb in einem stationären Gleichgewicht zwischen neu generierten und übertragenen Paketen möglich.

Zum zweiten sieht man, daß es zu einem gegebenen $\varrho < S_{max}$ genau zwei Gleichgewichtspunkte gibt. Man kann sich überlegen, daß im linken Punkt ein stabiles, im rechten Punkt dagegen ein labiles Gleichgewicht vorliegt: Die Kanalzugriffe G setzen sich zusammen aus Zugriffen ϱ durch neu erzeugte Pakete sowie aus Wiederholungszugriffen. Angenommen, das System arbeitet im linken Gleichgewichtspunkt, und bei unverändertem ϱ sei durch eine erhöhte Zahl von Wiederholungsversuchen ein geringfügig größeres $G' \gtrsim G_{stab}$ aufgetreten. Darauf reagiert das Übertragungssystem mit einer größeren Zahl erfolgreicher Kanalzugriffe, $S' > S_{stab} = \varrho$. Es werden also mehr Pakete übertragen als in der gleichen Zeit neu erzeugt werden. Folglich nimmt die Anzahl der auf einen Wiederholungsversuch wartenden Backlogged-Knoten ab, und die durch die Wiederholer hervorgerufene Erhöhung von G verschwindet wieder. Ist dagegen G durch weniger Wiederholungsversuche geringfügig kleiner als im stabilen Gleichgewicht, d. h. $G'' \lesssim G_{stab}$, tritt genau der gegenteilige Effekt auf: S'' sinkt unter ϱ, und es werden mehr Pakete erzeugt als übertragen. Die Zahl der Backlogged-Knoten nimmt solange zu, bis sich durch deren Wiederholungszugriffe G'' wieder auf G_{stab} erhöht hat. Dieses Verhalten wird als *Drift* bezeichnet und ist in Bild 4.3 durch Pfeile angedeutet.

Die entsprechenden Überlegungen für den rechten Gleichgewichtspunkt ergeben, daß die Driftpfeile nicht in diesen Punkt zurück, sondern von ihm weg weisen. Auf eine geringfügige Erniedrigung von G unter G_{lab} reagiert das Übertragungssystem mit einer Tendenz hin zum stabilen Gleichgewichtspunkt links. Eine geringfügige Erhöhung von G dagegen führt zu einem Absinken der Erfolgswahrscheinlichkeit und damit zu einer sich immer weiter fortsetzenden Erhöhung von G. Das System hat dann seinen stationären Betriebszustand verlassen und wird ohne äußere Einflußnahme auch nicht wieder in diesen Zustand zurückkehren.

Ein maximal zulässiges Verkehrsangebot von $\lambda < 18,4\,\%$ für das ALOHA-Protokoll ist zweifellos unbefriedigend. Durch die Beschränkung der Kanalzugriffe auf festgelegte Zeitschlitze wird das ALOHA-Protokoll zum Slotted-ALOHA und erreicht, wie der nächste Abschnitt zeigen wird, einen doppelt so hohen Durchsatz.

4.2.2 Slotted ALOHA

Das Slotted-ALOHA-Protokoll hat seinen Namen daher, daß der *Empfänger* ein Raster aus Zeitschlitzen für die Kanalzugriffe vorgibt. Jeder dieser Zeitschlitze hat die Länge X, d. h. ein Datenpaket paßt genau in einen derartigen Zeitschlitz. Die Sendestationen sind verpflichtet, synchron zum vorgegebenen Zeitraster auf den Kanal zuzugreifen. Von dieser Synchronisation abgesehen verhalten sich die Sender genauso wie beim reinen ALOHA: Sobald ein Sender ein Paket übertragen möchte, greift er auf den nächsten Zeitschlitz zu. Ist dies der einzige Zugriff auf diesen Zeitschlitz, ist die Übertragung erfolgreich, und der Empfänger quittiert sie unmittelbar bei Übertragungsende. Mehrere Zugriffe auf denselben Zeitschlitz führen dagegen zu einer Kollision, und für jedes der kollidierten Pakete wird ein neuer Zeitschlitz zufällig bestimmt, in dem das betreffende Paket erneut gesendet wird.

Durch die Synchronisation auf das Raster der Zeitschlitze können sich kollidierende Pakete immer nur vollständig überlagern, niemals aber nur teilweise wie in Bild 4.2 rechts für das Unslotted-ALOHA-Protokoll gezeigt. Dies führt zu einer Verdoppelung des maximalen Durchsatzes.

Wie bei der Analyse des ALOHA-Protokolls wird auch hier vorausgesetzt, daß die Anzahl der neuen Pakete, die während der Dauer eines Zeitschlitzes erzeugt und im darauffolgenden Zeitschlitz übertragen werden, poissonverteilt ist. Die Anzahl der Zugriffe auf einen Zeitschlitz infolge von Wiederholungsversuchen sei ebenfalls poissonverteilt, so daß die Gesamtzahl der Zugriffe auf einen Zeitschlitz als Summe zweier poissonverteilter Zahlen (siehe dazu Anhang A.3) selbst wiederum poissonverteilt ist und zwar mit der Rate $g = G \cdot \mu$. Da $\mu = \frac{1}{X}$ die Rate ist, mit der

Zeitschlitze bereitgestellt werden, kann die Größe G als die mittlere Anzahl von Zugriffen auf einen Zeitschlitz interpretiert werden. Analog ist S die mittlere Anzahl erfolgreicher Zugriffe pro Zeitschlitz. Im übrigen sollen dieselben Annahmen wie im vorhergehenden Abschnitt für das ALOHA-Protokoll auch hier gelten.

Genau wie beim ALOHA-Protokoll interessiert man sich auch beim Slotted-ALOHA-Protokoll für die Rate $s = S \cdot \mu$ erfolgreich übertragener Pakete, beziehungsweise für die Wahrscheinlichkeit, daß ein Kanalzugriff erfolgreich ist. Ein Zeitschlitz wird genau dann erfolgreich zur Übertragung genutzt, wenn eine einzige Sendestation auf ihn zugreift. Da gemäß Voraussetzung die Zahl der Zugriffe auf einen Zeitschlitz der Dauer X poissonverteilt sein soll mit Rate $g = G\mu$, folgt unmittelbar

$$P(1 \text{ Zugriff}) = P_{Poisson}(1|X) = gX\,e^{-gX}\,,$$

Das Produkt dieser Wahrscheinlichkeit mit der Rate μ der Zeitschlitze, d. h. $P(1 \text{ Zugriff}) \cdot \mu$ kann man interpretieren als die Rate erfolgreich genutzter Zeitschlitze. Da jeder erfolgreich genutzte Zeitschlitz der Übertragung eines Pakets entspricht, ist die Rate erfolgreich genutzter Zeitschlitze gleich der Rate $s = S\mu$ übertragener Pakete. Folglich ist $S = P(1 \text{ Zugriff})$, und mit $\mu = 1/X$ erhält man

$$S = G\,e^{-G}\,. \tag{4.3}$$

Diese Gleichung hat eine ähnliche Form wie Glg. (4.2), allerdings wird das Maximum von S bei $G = 1$ erreicht und ist $S_{max} = \frac{1}{e} = 0{,}368$. Bild 4.4 zeigt S als Funktion von G. Wiederum ist das Verkehrsangebot ϱ als Konstante eingezeichnet.

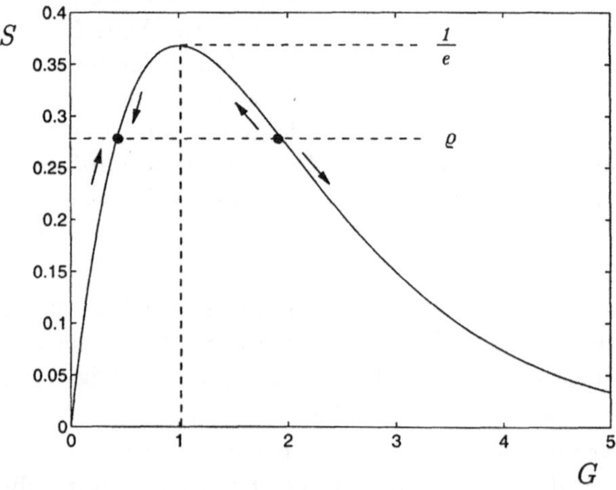

Bild 4.4: Durchsatz des Slotted-ALOHA-Protokolls.

Genau wie beim reinen ALOHA-Protokoll gibt es auch hier zwei Gleichgewichtspunkte. Für deren Stabilität gelten dieselben Überlegungen wie im vorhergehenden Abschnitt, weshalb diese hier nicht mehr weiter ausgeführt werden sollen.

4.2.3 Slotted ALOHA mit endlicher Zahl von Stationen

Bisher wurden das ALOHA- und das Slotted-ALOHA-Protokoll unter der Voraussetzung 7.(b) betrachtet, daß die Zahl der Sendestationen, aus denen das Kommunikationsnetz besteht, unendlich groß ist. Als Folge davon war die Rate λ, mit der neue Datenpakete generiert werden, unabhängig davon, wieviele Stationen momentan backlogged sind. Dementsprechend war das Verkehrsangebot ϱ in den Bildern 4.3 und 4.4 als von G unabhängige Konstante eingezeichnet worden. Daraus ergaben sich zwei Gleichgewichtspunkte und die Möglichkeit, daß das Netz bei einem Betriebszustand rechts der labilen Gleichgewichtspunkte den stationären Betrieb für immer verläßt.

Hier soll nun das Slotted-ALOHA-Protokoll analysiert werden, wenn es nur endlich viele, d. h. $m < \infty$, Stationen im Netz gibt. Da Backlogged-Stationen keine neuen Pakete erzeugen können, nehmen in diesem Fall die Rate λ bzw. das Verkehrsangebot ϱ mit zunehmender Zahl von Backlogged-Stationen ab. Es wird sich zeigen, daß dies auch Auswirkungen auf Gleichgewichtsverhalten und Stabilität hat.

Abgesehen davon, daß Annahme 7.(b) durch 7.(a) ersetzt wird, werden die gleichen Voraussetzungen zugrunde gelegt wie bisher. Auch die Regeln des Slotted-ALOHA-Protokolls sind für ein Netz mit endlich vielen Sendestationen die gleichen wie im vorangegangenen Abschnitt für unendlich viele Stationen. Allerdings kann man angesichts einer endlichen Zahl von Stationen im Netz nicht wie im vorigen Abschnitt fordern, die Anzahl von Zugriffen auf einen Zeitschlitz sei poissonverteilt.

Wegen der No-buffering-assumption, Voraussetzung 7.(a), darf eine im Nicht-Backlogged-Zustand befindliche Station pro Zeitschlitz höchstens ein Paket generieren. Dies geschehe mit der Wahrscheinlichkeit q_a. Da die Erzeugung eines neuen Pakets gleichbedeutend ist mit dem Zugriff auf den nächsten Zeitschlitz (Voraussetzung 3), läßt sich q_a auch als die Wahrscheinlichkeit verstehen, mit der eine Nicht-Backlogged-Station auf den Kanal zugreift. Sobald eine Station ein Paket erzeugt und zum erstenmal auf den Kanal zugegriffen hat, befindet sie sich bis zur erfolgreichen Übertragung des Pakets im Backlogged-Zustand. Analog zum Paketerzeugungsprozeß nimmt man an, daß eine solche Backlogged-Station bei jedem Zeitschlitz mit Wahrscheinlichkeit q_r entscheidet, ob sie diesen Zeitschlitz für einen Wiederholungsversuch nutzt. Auf diese Weise sind sowohl die Zahl von Zugriffen infolge neu erzeugter Pakete als auch infolge von Wiederholungsversuchen binomialverteilt. Nehmen wir an, daß k die Anzahl von Backlogged-Stationen sei. Dann ist die Wahrscheinlichkeit, daß i von k Backlogged-Stationen gleichzeitig auf einen Zeitschlitz zugreifen, gleich

$$Q_r(i|k) = \binom{k}{i} q_r^i (1 - q_r)^{k-i}\,; \tag{4.4}$$

für j Zugriffe von den $m - k$ übrigen Stationen ist die Wahrscheinlichkeit

$$Q_a(j|k) = \binom{m-k}{j} q_a^j (1 - q_a)^{m-k-j} \, . \tag{4.5}$$

In Anhang A.2 wird gezeigt, daß eine Binomialverteilung wie $Q_a(j|k)$ und $Q_r(i|k)$ für eine unendlich große Zahl m von Stationen in die von Abschnitt 4.2.2 bekannte Poissonverteilung übergeht.

Da die Kanalzugriffe nun nicht mehr poissonverteilt erfolgen und darüberhinaus von der Zahl der Backlogged-Stationen abhängen, basiert die Analyse des Slotted-ALOHA-Protokolls mit $m < \infty$ vielen Stationen auf einem anderen Ansatz als in den beiden vorigen Abschnitten, nämlich auf der Beschreibung durch eine zeitdiskrete Markovkette (siehe Anhang A.4). Die Nummer k eines Zustandes der in Bild 4.5 gezeigten Kette gibt die Anzahl der Stationen im Backlogged-Zustand beim Beginn eines Zeitschlitzes an. Ein Wechsel aus einem niedrigen in einen höheren

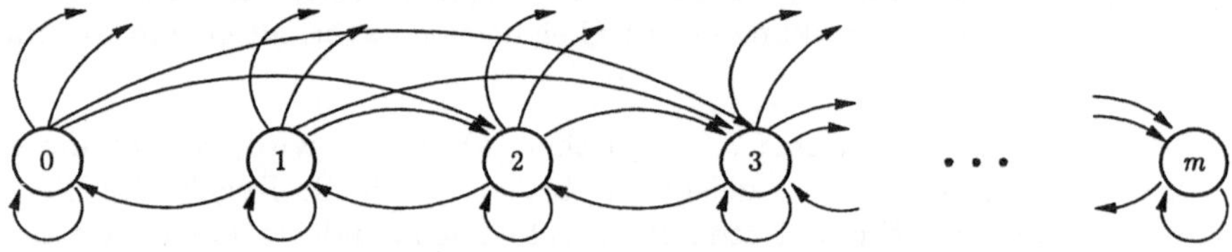

Bild 4.5: Markovkette für Slotted-ALOHA mit m Stationen.

Zustand der Markovkette ergibt sich stets als Folge einer Kollision; die Erhöhung der Zustandsnummer entspricht dabei der Zahl neuer Pakete. Da im Zustand 0 nur neu erzeugte Pakete kollidieren können und an einer Kollision mindestens zwei Pakete beteiligt sein müssen, ist ein Übergang von Zustand 0 nach Zustand 1 nicht möglich. Eine Erniedrigung des Zustandes ist auf eine erfolgreiche Übertragung eines Paketes durch eine Backlogged-Station ohne gleichzeitige Erstzugriffe zurückzuführen. Da immer nur ein Paket pro Zeitschlitz erfolgreich übertragen werden kann, erniedrigt sich der Zustand stets nur um 1.

Mit i und j wie in den Definitionsgleichungen (4.4) und (4.5) lassen sich die Zustandsübergänge auch gemäß Tabelle 4.1 beschreiben:
Daraus ergeben sich die Übergangswahrscheinlichkeiten in der Markovkette zu

$$P_{k,k+\Delta k} = \begin{cases} Q_a(0|k)Q_r(1|k) & \Delta k = -1 \\ Q_a(0|k)[1 - Q_r(1|k)] + Q_a(1|k)Q_r(0|k) & \Delta k = 0 \\ Q_a(1|k)[1 - Q_r(0|k)] & \Delta k = 1, k \geq 1 \\ Q_a(\Delta k|k) & 2 \leq \Delta k \leq m - k \\ 0 & \text{sonst} \end{cases} \tag{4.6}$$

Die mittlere Anzahl $G(k)$ von Zugriffen auf einen Zeitschlitz bei k Stationen im Backlogged-Zustand ergibt sich als Summe der Mittelwerte beider Binomialverteilungen (4.4) und (4.5):

$$G(k) = \mathrm{E}\{i + j|k\} = kq_r + (m - k)q_a \, . \tag{4.7}$$

Tabelle 4.1: Zustandsübergänge für Slotted-ALOHA mit m Stationen.

Zustands- übergang	Neue Pakete	Wieder- holungen	
$k \to k-1$	$j = 0$	$i = 1$	Erfolg
$k \to k$	$j = 0$	$i = 0$	leerer Zeitschlitz
	$j = 0$	$i \geq 2$	Kollision
	$j = 1$	$i = 0$	Erfolg
$k \to k+1$	$j = 1$	$i \geq 1$	Kollision ($k \geq 1$)
$k \to k + \Delta k,$ $\Delta k \geq 2$	$j = \Delta k$	beliebig	Kollision

Entsprechend Glg. (4.3) gibt die Zahl S die im Durchschnitt pro Zeitschlitz erfolgreich übertragenen Pakete an und zugleich die Wahrscheinlichkeit, daß ein Zeitschlitz erfolgreich genutzt wird. Gemäß obiger Tabelle gilt:

$$
\begin{aligned}
S(k) &= P_{Erfolg} = Q_a(0|k)Q_r(1|k) + Q_a(1|k)Q_r(0|k) \\
&= (1 - q_a)^{m-k}kq_r(1 - q_r)^{k-1} + (m - k)q_a(1 - q_a)^{m-k-1}(1 - q_r)^k .
\end{aligned}
$$

Wenn m und k genügend groß und q_a und q_r genügend klein sind, kann man die Subtraktion von 1 in zwei der vier Exponenten vernachlässigen. Desweiteren setzt man die Näherung $(1 - x)^y \approx e^{-xy}$ ein und erhält

$$
\begin{aligned}
S(k) &\approx [kq_r + (m - k)q_a] (1 - q_a)^{m-k}(1 - q_r)^k \\
&\approx [kq_r + (m - k)q_a] e^{-(m-k)q_a} e^{-kq_r} \\
&\approx G(k) \cdot e^{-G(k)} .
\end{aligned}
$$

Unter Berücksichtigung der Näherungen ergibt sich damit für Slotted-ALOHA bei endlicher Anzahl von Stationen dieselbe Durchsatzkurve wie bei einer unendlichen Zahl von Stationen. Unterschiede ergeben sich jedoch beim Verkehrsangebot. Da nur Stationen, die sich nicht im Backlogged-Zustand befinden, neue Pakete generieren können, beträgt die Paketerzeugungsrate $\lambda(k) = \frac{m-k}{m}\hat{\lambda}$, wobei $\hat{\lambda}$ die maximal mögliche Erzeugungsrate von allen Stationen zusammen bezeichnet. Die Paketerzeugungsrate $\lambda(k)$ bezogen auf die Rate μ, mit der die Zeitschlitze bereitgestellt werden, ist das Verkehrsangebot $\varrho(k) = \frac{\lambda(k)}{\mu} = \lambda(k) \cdot X$. Es entspricht der mittleren Zahl von Paketen, die pro Zeitschlitz erzeugt werden und damit dem Mittelwert $(m - k)q_a$ der Binomialverteilung des Ankunftsprozesses. Damit folgt

$$
\varrho(k) = (m - k)q_a .
$$

Trägt man wie in den Bildern 4.3 und 4.4 Verkehrsangebot $\varrho(k)$ und Durchsatz $S(k)$ in einem gemeinsamen Diagramm über der mittleren Zahl $G(k)$ von Zugriffen pro Zeitschlitz auf, ergeben sich die in Bild 4.6 dargestellten Möglichkeiten. In beiden Diagrammen wurde $q_r > q_a$ angenommen. Dies bedeutet, daß bei einer

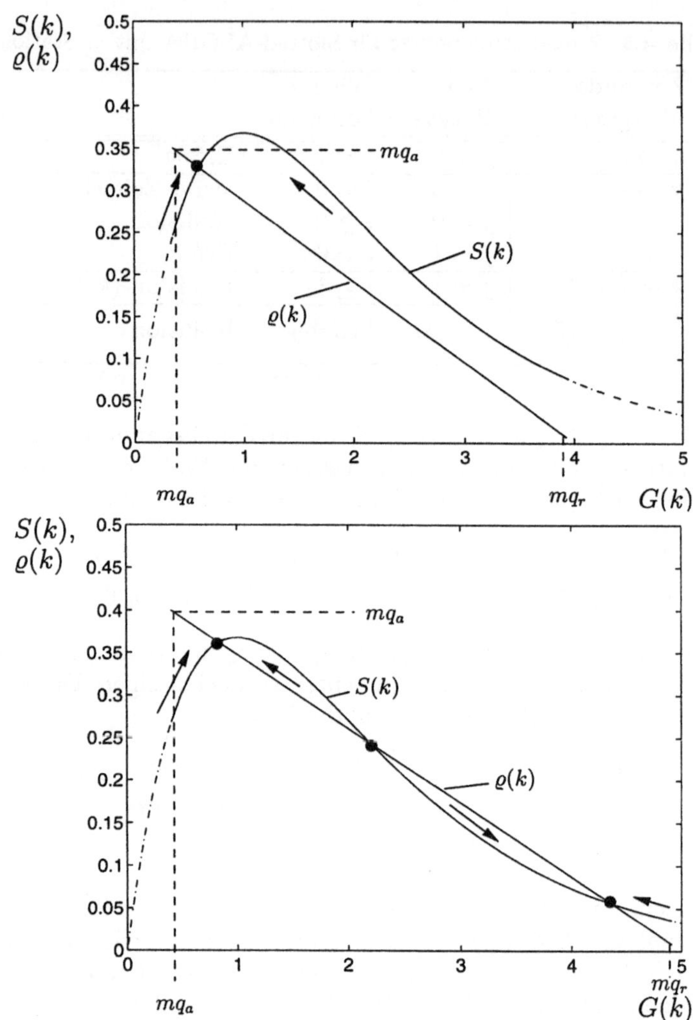

Bild 4.6: Durchsatzkurven für Slotted-ALOHA mit endlicher Stationszahl.

Station im Backlogged-Zustand, d. h. bei der Wiederholung vorher bereits kollidierter Pakete, die Kanalzugriffe häufiger bzw. schneller hintereinander erfolgen. Anders als bei ALOHA und Slotted-ALOHA mit unendlich vielen Stationen gibt es hier nur einen Gleichgewichtspunkt wie in Bild 4.6 oben oder drei Gleichgewichtspunkte wie unten. Der Gleichgewichtspunkt im oberen Bild ist, wie die Driftpfeile zeigen, stabil; von den drei Gleichgewichtspunkten im unteren Bild ist der mittlere labil, die beiden anderen stabil. Unter dem Gesichtspunkt des Durchsatzes ist dort natürlich der linke Gleichgewichtspunkt zu bevorzugen. In dem rechten Gleichgewichtspunkt befinden sich derart viele Stationen im Backlogged-Zustand, daß deren Übertragungsversuche sich häufig gegenseitig behindern und daß nur wenig neue Pakete erzeugt werden.

Im Gegensatz zu Abschnitt 4.2.1, wo der Begriff Drift nur qualitativ zur Untersuchung der Stabilität der Gleichgewichtspunkte benutzt wurde, läßt er sich hier anhand der Markovkette auch quantitativ definieren: Die Drift $D(k) = \mathrm{E}\{\Delta k\}$ ist der Erwartungswert für die Zustandsänderung Δk, wenn sich die Markovkette im Zustand k befindet. Mit den Übergangswahrscheinlichkeiten in Gleichung (4.6) läßt sich $D(k)$ berechnen:

$$D(k) = \mathrm{E}\left\{ \overbrace{\sum_{\Delta k=2}^{m-k} \Delta k\, Q_a(\Delta k|k)}^{\Delta k \geq 2} + \overbrace{Q_a(1|k)[1 - Q_r(0|k)]}^{\Delta k=1} - \overbrace{Q_a(0|k)Q_r(1|k)}^{\Delta k=-1} \right\}.$$

Durch Addieren und Subtrahieren des Terms $Q_a(1|k)Q_r(0|k)$ wird daraus

$$D(k) = \mathrm{E}\left\{ \underbrace{\sum_{\Delta k=2}^{m-k} \Delta k\, Q_a(\Delta k|k) + Q_a(1|k)[1 - Q_r(0|k)] + Q_a(1|k)Q_r(0|k)}_{\text{Neu erzeugte Pakete}} \right.$$

$$\left. \underbrace{-Q_a(1|k)Q_r(0|k) - Q_a(0|k)Q_r(1|k)}_{\text{Erfolgreich übertragene Pakete}} \right\}.$$

Die mittlere Anzahl während der Dauer eines Zeitschlitzes neu erzeugter Pakete ist das Verkehrsangebot $\varrho(k)$, und die mittlere Anzahl erfolgreicher Übertragungen ist der Durchsatz $S(k)$. Damit läßt sich $D(k)$ schreiben als

$$D(k) = \varrho(k) - S(k).$$

Ist die Drift positiv, wächst k und als Folge dessen auch $G(k)$, denn q_r ist größer als q_a und gemäß Gleichung (4.7) ist $G(k) = m\, q_a + k(q_r - q_a)$. Folglich weisen die Driftpfeile in Bild 4.6 immer dann nach rechts, wenn das Verkehrsangebot größer ist als der Durchsatz.

4.2.4 Stabilisierungsverfahren für Slotted-ALOHA

Bei der Diskussion der Durchsatzkurve des Slotted-ALOHA-Protokolls für ein Kommunikationsnetz mit endlich vielen Stationen in Bild 4.6 hat sich ergeben, daß zwei stabile Gleichgewichtspunkte existieren und daß aus Sicht der Kommunikationsteilnehmer der linke dieser beiden Punkte wegen des höheren Durchsatzes zu bevorzugen ist. Für das Slotted-ALOHA mit unendlich großer Zahl von Stationen, Bild 4.4, gibt es zwar nur einen stabilen Gleichgewichtspunkt, allerdings besteht rechts vom labilen Gleichgewichtspunkt die Gefahr, daß das Netz seinen stationären Betriebszustand verläßt und die Zahl der Backlogged-Stationen immer weiter wächst, während parallel dazu der Durchsatz auf Null fällt. Arbeiten von Rosenkrantz und Towsley [RT83], Falin [Fal90] sowie Drmota und Schmid [DS93] haben sogar nachgewiesen, daß der stationäre Betriebszustand beim Slotted-ALOHA mit unendlich vielen Stationen grundsätzlich nur temporär stabil ist und daß es nur eine Frage der Zeit ist, bis durch eine ungünstige Häufung neu erzeugter Pakete der stationäre Betriebszustand verlassen wird.

Um in einem Kommunikationsnetz mit dem Slotted-ALOHA-Protokoll einen möglichst hohen Durchsatz zu erzielen und das Verlassen des stationären Betriebs zu verhindern, hat man sogenannte Stabilisierungsverfahren entwickelt. Zwei dieser Verfahren, der Pseudo-Bayes-Algorithmus und das „Binary-Exponential-Backoff"Verfahren, sollen nun vorgestellt werden.

Pseudo-Bayes-Stabilisierung

Der Pseudo-Bayes-Algorithmus zur Stabilisierung des Vielfachzugriffs nach dem Slotted-ALOHA-Protokoll läßt sich als Regelkreis wie in Bild 4.7 verstehen. Die

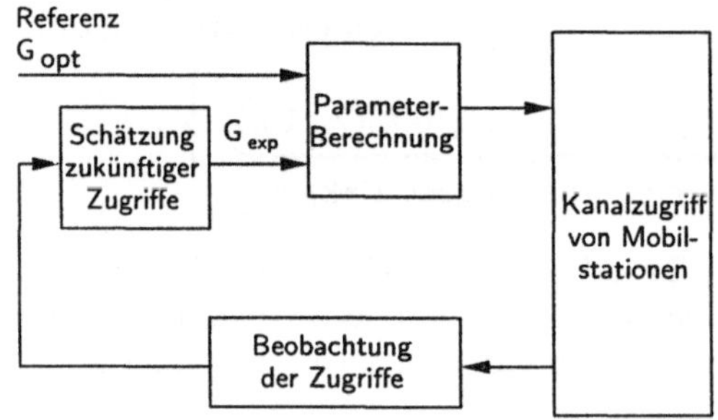

Bild 4.7: Pseudo-Bayes-Algorithmus als Regelkreis.

Idee des Pseudo-Bayes-Algorithmus besteht darin, die Zugriffswahrscheinlichkeit q_r nicht konstant zu halten, sondern dynamisch für jeden Zeitschlitz neu an die Zahl der Backlogged-Stationen anzupassen. Dazu beobachtet man den Verlauf der Zugriffe auf den Kanal, schätzt daraus die zu erwartenden Zahl von momentan zu übertragenden Paketen und wählt den Parameter q_r so, daß die Wahrscheinlichkeit, den nächsten Zeitschlitz zu einer erfolgreichen Übertragung zu nutzen, möglichst groß wird.

Der Stabilisierungsalgorithmus soll, der Effektivität halber, nicht nur über den Parameter q_r die auf einen Wiederholungsversuch wartenden Pakete, sondern auch die neu generierten Pakete beeinflussen. Dazu legt man eine zusätzliche Spielregel für die Sendestationen fest: Anders als bisher darf eine Station nicht unmittelbar nach Erzeugen eines Paketes auf den nächsten Zeitschlitz zugreifen, sondern entscheidet zufällig, wie nach einer Kollision, mit Wahrscheinlichkeit q_r, ob sie auf den Zeitschlitz zugreift. Diese Spielregel wird unten im Zusammenhang mit CSMA als „non-persistent" bezeichnet. Dadurch ist es überflüssig, zwischen neu erzeugten und zu wiederholenden Paketen zu unterscheiden, und k_i bezeichnet daher im folgenden die Anzahl von Stationen, die auf den i. Zeitschlitz zugreifen könnten. Der Erwartungswert für die Zahl der Zugriffe auf diesen Zeitschlitz beträgt dann

$$G(k_i) = k_i \, q_r(i) \, .$$

Die Wahrscheinlichkeit $P_{Erfolg} = S(k_i)$ einer erfolgreichen Nutzung eines Zeitschlitzes erreicht ihr Maximum für $G(k_i) = 1$. Daraus folgt für die Wahl des Parameters $q_r(i)$ im i-ten Zeitschlitz, daß

$$q_r(i) = \frac{1}{k_i}$$

sein sollte.

Nun gibt es für den Empfänger keine Möglichkeit festzustellen, wie groß k_i ist. Für die Festlegung von $q_r(i)$ ist er daher darauf angewiesen, k_i aus den Zugriffen auf frühere Zeitschlitze zu schätzen. Der Schätzwert $\hat{k}_i$ berechnet sich nach

$$\hat{k}_i = \begin{cases} \max\{\varrho, \varrho + \hat{k}_{i-1} - 1\} & \text{wenn Zeitschlitz } i-1 \text{ ungenutzt war oder} \\ & \text{erfolgreich genutzt wurde;} \\ \varrho + \hat{k}_{i-1} + \frac{1}{e-2} & \text{im Fall einer Kollision im Zeitschlitz } i-1. \end{cases}$$

Durch die Addition von ϱ, dem Verkehrsangebot bzw. der Zahl im Mittel während eines Zeitschlitzes neu erzeugter Pakete, zu den $\hat{k}_{i-1}$ bereits auf ihre Übertragung wartenden Paketen wird die Erzeugung neuer Pakete berücksichtigt. Wird in einem Zeitschlitz ein Paket erfolgreich übertragen, muß dafür die Zahl $\hat{k}_i$ der Pakete im nächsten Zeitschlitz um 1 verringert werden. Treten häufiger ungenutzte Zeitschlitze auf, hat man bisher vermutlich die Zahl von Wiederholungskandidaten zu hoch geschätzt und subtrahiert daher auch hier 1 von $\varrho + \hat{k}_{i-1}$. Umgekehrt ist bei häufiger auftretenden Kollisionen zu vermuten, daß die früheren Schätzungen zu niedrig waren, und man addiert deshalb bei Kollisionen $\frac{1}{e-2}$. Die Subtraktion von 1 bei ungenutzten Zeitschlitzen und die Addition von $\frac{1}{e-2}$ bei Kollisionen gleichen sich im Mittel aus: Unter der Annahme poissonverteilter Zugriffszahlen wie in Abschnitt 4.2.2 und für $G(k_i) = 1$ treten ungenutzte Zeitschlitze mit Wahrscheinlichkeit $\frac{1}{e}$, Kollisionen mit Wahrscheinlichkeit $1 - \frac{2}{e}$ auf. Addiert bzw. subtrahiert wird dann im Mittel

$$\left(1 - \frac{2}{e}\right) \cdot \frac{1}{e-2} - \frac{1}{e} \cdot 1 = 0 \, ,$$

d. h. über eine längere Zeit gesehen stimmen die Mittelwerte $\mathrm{E}\{k_i\}$ und $\mathrm{E}\{\hat{k}_i\}$ überein.

Aus dem Schätzwert $\hat{k}_i$ berechnet der Empfänger als Zugriffsparameter $q_r(i) = \frac{1}{\hat{k}_i}$ und verteilt ihn als Rundspruch an alle Sendestationen. Alternativ können die Sendestationen auch über die Quittungen des Empfängers die Ereignisse auf dem Kanal beobachten und selbst $\hat{k}_i$ und $q_r(i)$ bestimmen. Dies setzt allerdings voraus, daß sie den Kanal *ständig* beobachten und ist bei gestörten Kanälen wie dem Mobilfunkkanal auch fehleranfälliger. Deshalb wird etwa im GSM-System [EV97] q_r quantisiert, d. h. dieser Parameter kann nur grob eingestellt werden.

Wartezeit bei Slotted-ALOHA mit Pseudo-Bayes-Stabilisierung Mit einer Näherung läßt sich für ein Pseudo-Bayes-stabilisiertes Slotted-ALOHA-Netz die durchschnittliche Wartezeit eines Datenpakets bis zu seiner erfolgreichen Übertragung ermitteln. Die Näherung besteht in der Annahme, die Stabilisierung würde perfekt funktionieren. Dies impliziert zweierlei:

1. Die Schätzung, wieviele Pakete zur Übertragung bereitstehen, ist fehlerfrei, d. h. $\hat{k}_i = k_i$. In anderen Worten, der Netzzustand ist dem Empfänger exakt bekannt.

2. Für $k_i = 1$ gilt $q_r(i) = 1$, d. h. wenn nur eine einzige Station ein Paket senden möchte, greift sie sofort auf den nächsten Zeitschlitz zu. Dieser Zugriff ist zwangsläufig immer erfolgreich und damit ist in diesem Fall die Erfolgswahrscheinlichkeit $P_{Erfolg}(k_i = 1) = 1$.

   Für alle $k_i \geq 2$ werde $q_r(i)$ so gewählt, daß $G(k_i) = 1$ und damit die Erfolgswahrscheinlichkeit

$$P_{Erfolg}(k_i \geq 2) = S(k_i) = G(k_i)\,\mathrm{e}^{-G(k_i)} = \frac{1}{\mathrm{e}} \tag{4.8}$$

   maximal wird.

Die zweite Implikation bedeutet im Grunde genommen, daß der Empfänger bereits bei der Festlegung von $q_r(i)$ weiß, ob ein oder mehrere Zugriffe auf den i. Zeitschlitz erfolgen werden. Dieses Vorwissen kann ihm in der Realität natürlich nicht zur Verfügung stehen, so daß die im folgenden berechnete Wartezeit eine untere Schranke für die Wartezeiten in der Realität bildet.

Die Wartezeit W_l des l-ten Pakets setzt sich additiv aus drei Anteilen zusammen:

$$W_l = R_l + \sum_{j=1}^{n_l} t_j + Y_l\,. \tag{4.9}$$

Darin ist R_l die Zeit, die zwischen der Erzeugung des 1. Paketes und dem Beginn des nächsten Zeitschlitzes vergeht. Da die Erzeugungszeitpunkte der Pakete gleichmäßig über einen Zeitschlitz verteilt sind, ist der Erwartungswert $E\{R_l\} = \frac{1}{2}X$, wobei X wie oben die Dauer eines Zeitschlitzes ist.

Der Summenterm $\sum_{j=1}^{n_l} t_j$ berücksichtigt, daß zwischen der Erzeugung des l-ten Pakets und seiner Übertragung erst noch n_l andere Pakete übertragen werden können, wobei die t_j die Zeitabstände zwischen aufeinanderfolgenden Übertragungen dieser Pakete sind. Es liegt in der Natur des Slotted-ALOHA-Protokolls, daß die Pakete *nicht* in der Reihenfolge ihres Eintreffens übertragen werden. Man kann sich aber überlegen, daß wenn das l-te Paket zum Zeitpunkt seiner Erzeugung bereits n_l wartende Pakete vorfindet, im Mittel auch n_l Pakete vor dem l-ten Paket selbst übertragen werden. In dieser Situation warten neben dem 1. Paket noch andere, folglich ist $k_i \geq 2$, und nach Gleichung (4.8) wird im Mittel einer von e Zeitschlitzen erfolgreich für eine Übertragung genutzt. Damit ist der Erwartungswert $E\{t_j\} = eX$. Da das Kommunikationsnetz als Ganzes einen verteilten Warteraum mit Random-Bedienstrategie darstellt, läßt sich das erst in Kapitel 7.2 bewiesene „Little's Theorem" zur Berechnung des Erwartungswertes von n_l anwenden. Dieses besagt in seiner zweiten Form, Gleichung (7.2b), daß die mittlere Anzahl von Paketen, die während der mittleren Wartezeit eines Paketes im Durchschnitt neu erzeugt werden, d. h. es gilt hier $E\{n_l\} = \lambda E\{W_l\}$. Damit läßt sich der Erwartungswert für die Summe $\sum_{j=1}^{n_l} t_j$ auch schreiben als

$$E\left\{ \sum_{j=1}^{n_l} t_j \right\} = \lambda E\{W_l\} \cdot eX .$$

Der dritte Summand in Gleichung (4.9), Y_l, ist die Zeitdauer nach der Übertragung des letzten der n_l Pakete bis zur Übertragung des l-ten Pakets selbst. Ist das l-te Paket zu dieser Zeit das übertragungsbereite Paket im Netz, d. h. $k_i = 1$, wird $q_r(i) = 1$ gewählt und das Paket im nächsten Zeitschlitz übertragen. In diesem Fall ist $Y_l = 0$. Andernfalls ist $k_i \geq 2$, und bis zur erfolgreichen Übertragung des l-ten Pakets vergehen im Durchschnitt nochmals $e-1$ Zeitschlitze.

Zur Berechnung des Erwartungswertes $E\{Y_l\}$ betrachte man nochmals die Markovkette in Bild 4.5. Nun sei N eine genügend große Zahl von Zeitschlitzen. Während dieser Zeitschlitze werden λNX Pakete neu erzeugt, und da das Netz (gemäß Annahme 6 in der Einleitung zu Abschnitt 4.2) verlustlos ist, benötigt jedes dieser Pakete einen der Zeitschlitze für seine Übertragung. Mit Wahrscheinlichkeit p_1, also in $p_1 N$ dieser Zeitschlitze, befindet sich die Markovkette im Zustand $k_i = 1$, und jeder dieser Aufenthalte führt zur Übertragung von genau einem Paket. Die übrigen $N(\lambda X - p_1)$ Pakete werden in den Zuständen $k_i \geq 2$ übertragen, folglich gilt

$$E\{Y_l\} = 0 \cdot \frac{p_1 N}{\lambda NX} + (e-1)X \frac{N(\lambda X - p_1)}{\lambda NX} = (e-1)X \left(1 - \frac{p_1}{\lambda X} \right) .$$

Als nächstes muß die Aufenthaltswahrscheinlichkeit p_1 berechnet werden. Man erkennt, daß Zustand $k_i = 0$ der Markovkette nur erreicht werden kann, wenn sich die Kette vorher in den Zuständen 0 oder 1 befunden hat und wenn gleichzeitig keine Pakete neu erzeugt werden. Unter der Annahme der Poissonverteilung für die während eines Zeitschlitzes erzeugten Pakete gilt dann

$$p_0 = (p_0 + p_1)\, \mathrm{e}^{-\lambda X} \tag{4.10}$$

Da das Netz verlustlos ist, ist die Zahl λX der durchschnittlich während eines Zeitschlitzes erzeugten Pakete genauso groß wie die Zahl der durchschnittlich pro Zeitschlitz übertragenen Pakete. Letztere ist, wie bereits gesagt, 1 für den Zustand $k_i = 1$ und $\frac{1}{\mathrm{e}}$ für alle Zustände $k_i \geq 2$. In Zustand 0 sind keine Pakete zur Übertragung vorhanden, und damit gilt:

$$\lambda X = 1 \cdot p_1 + \frac{1}{\mathrm{e}} \cdot \sum_{k_i=2}^{\infty} p_{k_i} = p_1 + \frac{1}{\mathrm{e}}(1 - p_0 - p_1)\,. \tag{4.11}$$

Auflösen von Gleichung (4.10) nach p_0, Einsetzen in Gleichung (4.11) und anschließendes Auflösen nach p_1 ergibt

$$p_1 = \frac{(1 - \lambda X\, \mathrm{e})\,(\mathrm{e}^{\lambda X} - 1)}{1 - (\mathrm{e} - 1)\,(\mathrm{e}^{\lambda X} - 1)}\,.$$

Nun läßt sich die zu erwartende Wartezeit $W = \mathrm{E}\{W_l\}$ nach Gleichung (4.9) berechnen:

$$
\begin{aligned}
W &= \mathrm{E}\{R_l\} + \mathrm{E}\left\{\sum_{j=1}^{n_l} t_j\right\} + \mathrm{E}\{Y_l\} \\
&= \frac{1}{2}X + \lambda W\, \mathrm{e}\, X + (\mathrm{e}-1)X - \frac{(\mathrm{e}-1)X}{\lambda X}\,\frac{(1 - \lambda X\, \mathrm{e})\,(\mathrm{e}^{\lambda X} - 1)}{1 - (\mathrm{e}-1)\,(\mathrm{e}^{\lambda X} - 1)}\,,
\end{aligned}
$$

und mit dem Verkehrsangebot $\varrho = \lambda X$ als Zahl erzeugter Pakete pro Zeitschlitz wird daraus

$$W = \left[\frac{\mathrm{e} - \frac{1}{2}}{1 - \varrho\, \mathrm{e}} - \frac{(\mathrm{e}-1)(\mathrm{e}^{\varrho} - 1)}{\varrho[1 - (\mathrm{e}-1)(\mathrm{e}^{\varrho} - 1)]}\right] \cdot X\,.$$

Durch Anwenden der l'Hospitalschen Regel findet man, daß für $\varrho \to 0$ die Wartezeit W gegen die halbe Zeitschlitzdauer $\frac{X}{2}$ strebt. Neu erzeugte Pakete treffen quasi nie auf andere wartende Pakete und werden unmittelbar im nächsten Zeitschlitz übertragen. Ebenfalls zu erkennen ist am ersten Summanden in der Klammer, daß die Wartezeit ins Unendliche anwächst, wenn sich das Verkehrsangebot ϱ dem maximal erreichbaren Durchsatz $S_{max} = \frac{1}{\mathrm{e}}$ nähert. Dieser Sachverhalt ist in Bild 4.8 dargestellt.

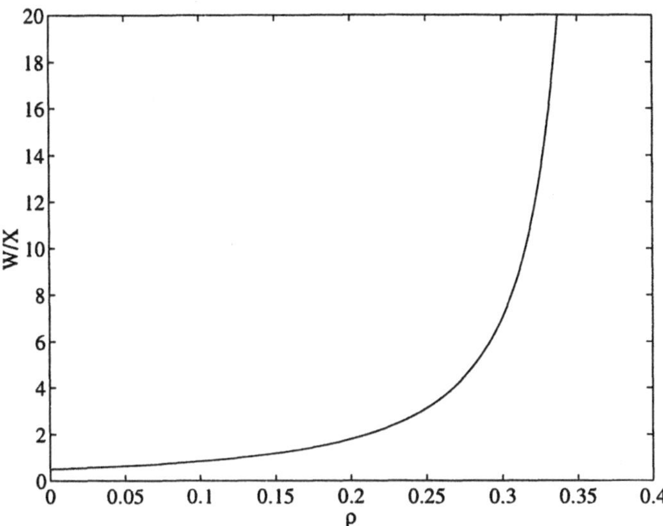

Bild 4.8: Normierte Wartezeit W/X in Abhängigkeit des Verkehrsangebots ϱ für Slotted-ALOHA mit Pseudo-Bayes-Stabilisierung.

Binary-Exponential-Backoff

Der Pseudo-Bayes-Algorithmus besitzt den Nachteil, daß entweder der Empfänger den Zugriffsparameter $q_r(i)$ für jeden Zeitschlitz neu festlegen und allgemein bekannt machen muß oder jede Sendestation den Vielfachzugriffskanal ständig beobachten und $q_r(i)$ selbst bestimmen muß. Deshalb wird in der Praxis das Verfahren des „Binary-Exponential-Backoff" als weniger aufwendige Alternative bevorzugt.

Bei diesem Verfahren zählt jeder Sender seine bisherigen, vergeblichen Versuche, ein Datenpaket zu übertragen. Nach j vergeblichen Versuchen wird mit Wahrscheinlichkeit $q_r = 2^{-j}$ entschieden, ob der jeweils nächste Zeitschlitz für einen erneuten Übertragungsversuch genutzt wird. Ähnlich wie beim Pseudo-Bayes-Algorithmus führen auch hierbei Kollisionen zu der Vermutung, daß sich bereits viele Stationen im Backlogged-Zustand befinden. Dementsprechend wird die Zugriffswahrscheinlichkeit q_r reduziert, um in den Bereich um $G = 1$ mit hohem Durchsatz S zu gelangen. Natürlich erreicht das Binary-Exponential-Backoff-Verfahren nicht dieselbe Stabilisierungswirkung wie der wesentlich aufwendigere Pseudo-Bayes-Algorithmus. Für die Praxis reicht dieses Verfahren aber oft aus.

4.2.5 Der Capture-Effekt

Bisher wurde immer davon ausgegangen, daß der gleichzeitige Kanalzugriff von zwei oder mehr Sendestationen zu einer Kollision führt und daß alle daran beteiligten Stationen später nochmals eine Übertragung versuchen müssen. Der Kanal-

zugriff einer einzelnen Station dagegen führt immer zum Erfolg. Beides gilt bei
einem Mobilfunkkanal nicht mehr.

Auf leitungsgebundenen Kanälen ist die Signaldämpfung zwischen Sender und
Empfänger gering; bei der Überlagerung mehrerer Signale sind die gegenseitigen
Störungen so groß, daß sich keines dieser Signale fehlerfrei demodulieren läßt.
Umgekehrt wird ein einzelnes Signal so gut wie störungsfrei empfangen.

Im Mobilfunk hingegen weist die Signaldämpfung extrem große Schwankungen auf.
Dies hat zur Konsequenz, daß die Signale unterschiedlicher Teilnehmer sich in der
Stärke um Faktoren von einigen Tausend unterscheiden. Dies hat im wesentlichen
drei mögliche Ursachen [Kam96]:

1. Die empfangene Signalleistung verringert sich proportional zu $r^{-\nu}$ mit wachsender Entfernung r, wobei der Exponent ν je nach Ausbreitungsbedingun-
   gen zwischen 2 und 5 liegt.

2. Die Geländekontur zwischen Sender und Empfänger beeinflußt die Signalleistung am Ort des Empfängers. Beispielsweise können Berge oder hohe
   Gebäude das Funksignal abschatten oder stark dämpfen. Es kann aber auch
   der Fall auftreten, daß über Reflexionen des Funksignals an Bergen oder
   Gebäuden ein Funkempfang möglich ist, obwohl keine direkte Sichtverbindung zwischen Sender und Empfänger besteht. Wenn sich Sender und Empfänger in einem derartigen Funkfeld bewegen, treten langsam-zeitvariante
   Änderungen der Signaldämpfung auf. Man spricht deshalb von *Abschattung*
   (*shadowing*) oder langsam-zeitvariantem Schwund (*long-term fading*).

3. Durch Reflexionen des Funksignals an Gegenständen in der näheren Um-
   gebung eines Empfängers gelangt das Funksignal auf mehreren Wegen vom
   Sender zum Empfänger. Dies kann zu destruktiver Interferenz, d. h. zu einer
   starken Dämpfung oder gar Auslöschung des empfangenen Signals führen.
   Dieser Effekt heißt *Mehrwegeausbreitung* (*multipath propagation*), *Rayleigh-
   Fading* oder schnell-zeitvarianter Schwund (*short-term fading*).

Ein für unsere Überlegungen wesentlicher Effekt ist, daß die Signaldämpfung so
groß sein kann, daß ein empfangenes Paket nach der Demodulation fehlerhaft ist,
obwohl nur eine einzige Station auf den betreffenden Zeitschlitz zugegriffen hat.
Dies kann der Empfänger an einer im Paket enthaltenen Prüfsumme erkennen,
und er wird ein solches Paket nicht als erfolgreich übertragen quittieren. Damit
befindet sich die Sendestation im Backlogged-Zustand, obwohl nur sie allein und
nicht wie bei einer Kollision mehrere Stationen auf einen Zeitschlitz zugegriffen
haben.

Ein weiterer Effekt ist, daß in einer derartigen Mobilfunkumgebung der gleichzeitige Zugriff mehrerer Stationen nicht immer dazu führen muß, daß anschließend alle diese Stationen backlogged sind. Greifen beispielsweise zwei Stationen
gleichzeitig auf den Vielfachzugriffskanal zu, werden ihre Funksignale meist unterschiedlich stark gedämpft. Ist der Unterschied der empfangenen Sendeleistungen

genügend groß, kann der Fall eintreten, daß der Empfänger das leistungsstärkere Signal korrekt demodulieren kann, wobei das leistungsschwächere Signal als zusätzliche Störung ähnlich wie Rauschen wirkt. Er wird das auf diese Weise fehlerfrei empfangene, leistungsstärkere Paket quittieren, so daß anschließend von beiden Stationen nur eine backlogged ist.

Der Effekt, daß das leistungsstärkste von mehreren, sich überlagernden Signalen korrekt demoduliert werden kann, wird *Capture-Effekt* genannt. Anders als bei einer Kollision wird beim Auftreten des Capture-Effektes ein Zeitschlitz erfolgreich genutzt, was zu einem höheren Durchsatz S_{max} führt.

Unter mehreren Modellen für den Capture-Effekt, die Linnartz [Lin93] miteinander vergleicht, stellt er das Modell des sog. Capture-Verhältnisses als für den Mobilfunkkanal besonders geeignet heraus. Das Capture-Verhältnis γ ist folgendermaßen definiert: Es seien $P_1 \ldots, P_n$ die Leistungen, mit denen die Signale von n Stationen, die gleichzeitig auf den Kanal zugegriffen haben, empfangen werden. Dabei sei P_1 die Leistung des leistungsstärksten Signals, d. h. $P_1 > P_2 > \ldots > P_n$, und P_N sei die Rauschleistung. Dann ist das Capture-Verhältnis

$$\gamma = \frac{P_1}{\sum\limits_{i=2}^{n} P_i + P_N}.$$

Dem Modell zufolge tritt der Capture-Effekt immer dann auf, wenn das Capture-Verhältnis einen festgelegten Schwellwert γ_s überschreitet; anderenfalls führt der gleichzeitige Kanalzugriff mehrerer Stationen wie bisher zu einer Kollision.

Die Auswirkungen des Capture-Effektes auf den Durchsatz zeigt das Diagramm in Bild 4.9. Für die Simulation dieses Diagramms wurde angenommen, daß die Sendestationen gleichmäßig in einem Ring mit Innenradius 60 m und Außenradius 5 km rund um den Empänger verteilt sind. Als Exponent für die entfernungsbedingte Dämpfung wurde $\nu = 4$ angesetzt, und es wurde unterstellt, daß alle Stationen mit der gleichen Leistung senden. Shadowing, Rayleigh-Fading und zusätzliches Rauschen wurden zur Vereinfachung hier vernachlässigt. Man erkennt, daß in Abhängigkeit von γ_s der maximale Durchsatz steigt und daß sich das Maximum nach rechts hin zu größerem G verschiebt.

Der Capture-Effekt kann gegebenenfalls für eine Prioritätenregelung des Zugriffs benutzt werden, wobei die Teilnehmer mit hoher Priorität eine größere Sendeleistung benutzen dürfen.

Anmerkung: Das Systemverhalten ist grundsätzlich stark von den Systemparametern und dem Kanalmodell abhängig. Die obigen Kurven können daher nicht ohne weiteres auf andere Situationen übertragen werden. Statt dessen müssen entsprechende Simulationen für den jeweils gegebenen Einzelfall neu durchgeführt werden.

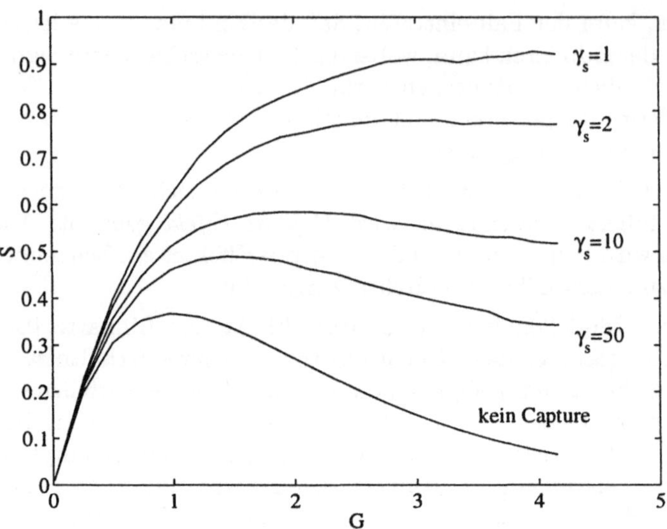

Bild 4.9: Durchsatzkurven für Slotted-ALOHA mit Capture-Effekt für verschiedene Schwellwerte γ_s.

4.3   Strategien zur Kollisionsauflösung

Bei der Beschreibung der ALOHA-Protokollfamilie in Abschnitt 4.2 (mit Ausnahme des reinen ALOHA) wurde ein in Zeitschlitze unterteilter Kanal für die Datenübertragung vorausgesetzt sowie ein Rückkanal, über den der Empfänger allen Sendestationen mitteilt, ob sich im jeweils letzten Zeitschlitz des Hinkanals eine erfolgreiche Übertragung oder eine Kollision ereignet hat oder ob überhaupt kein Kanalzugriff stattgefunden hat. Mit dem Slotted-ALOHA-Protokoll mit Pseudo-Bayes-Stabilisierung kann in dieser Situation ein Durchsatz bis zu $S_{max} = \frac{1}{e} = 0{,}368$ erreicht werden.

Eine Frage in der Informationstheorie war jedoch: Wie groß ist der maximal mögliche Durchsatz, d. h. die Kanalkapazität, dieses Vielfachzugriffskanals? Ein exakter Wert dafür ist bislang noch nicht bekannt. Fest steht jedoch, daß der maximale Durchsatz kleiner als 0,587 [MT81] ist, d. h. es kann kein reines Wettbewerbszugriffsverfahren existieren, das bei diesem Vielfachzugriffskanal einen höheren Durchsatz erreicht.

Angesichts eines maximalen Durchsatzes des Slotted-ALOHA-Protokolls von 0,368 und einer oberen Schranke von 0,587 für die Kanalkapazität stellt sich die Frage, ob es bessere Verfahren als Slotted-ALOHA gibt. Die Antwort darauf ist ja. Der in Abschnitt 4.3.1 beschriebene Baumalgorithmus beispielsweise erreicht einen Durchsatz von bis zu 0,46, der FCFS-Algorithmus in Abschnitt 4.3.2 bis zu 0,4871. Durch weitere Modifikationen des FCFS-Algorithmus [MH85, TM80] konnte gezeigt werden, daß ein Durchsatz von 0,4878 realisierbar ist. Derartige, minimale Verbesserungen von $7 \cdot 10^{-4}$ haben natürlich nur theoretische Bedeutung bei der Suche nach der Kanalkapazität des Vielfachzugriffskanals. Daß Baum- und FCFS-Algorithmus als solche trotzdem praxisrelevant sind, zeigt die Veröffentlichung [SB97], wo der Baumalgorithmus auf seine Eignung für das TETRA-PDO-System hin untersucht wird (und für dieses spezielle System allerdings schlecht abschneidet).

Die Grundidee von Kollisionsauflösungsverfahren wie dem Baum- oder dem FCFS-Algorithmus besteht darin, die ersten Zugriffe neu erzeugter Pakete von den Wiederholungszugriffen kollidierter Pakete zu trennen. Anders als bisher beim Slotted-ALOHA müssen nach einer Kollision auf dem Vielfachzugriffskanal neu erzeugte Pakete mit ihrem ersten Übertragungsversuch solange warten, bis alle an der Kollision beteiligten Pakete übertragen worden sind, d. h. bis die Kollision aufgelöst worden ist. Eine Kollisionsauflösungsperiode beginnt mit dem Zeitschlitz, in dem eine Kollision zwischen neu erzeugten Paketen aufgetreten ist, und endet, sobald alle Pakete übertragen worden sind, die in die Kollision am Anfang der Periode verwickelt waren. Das folgende Beispiel von Gallager [BG92, Gal85] zeigt, daß dadurch während der Kollisionsauflösung ein höherer Durchsatz als beim Slotted-ALOHA-Protokoll, also mehr als $\frac{1}{e} = 0{,}368$, erreicht werden kann:

Angenommen, es seien zwei Pakete miteinander kollidiert, und für die Wiederholung ihrer Übertragungsversuche greifen sie mit Wahrscheinlichkeit $q_r = \frac{1}{2}$ auf den jeweils nächsten Zeitschlitz zu. Im günstigsten Fall reichen dann zwei Zeitschlitze für die erfolgreiche Übertragung der beiden Pakete aus: Mit Wahrscheinlichkeit $P(2) = \frac{1}{2}$ greift dann eines der Pakete auf den ersten Zeitschlitz zu, und das zweite kann im nächsten Zeitschlitz ungestört (d. h. dann mit $q_r = 1$) übertragen werden. Drei Zeitschlitze sind erforderlich, wenn im ersten Zeitschlitz kein Übertragungsversuch oder eine Kollision und in den beiden übrigen Zeitschlitzen erfolgreiche Kanalzugriffe stattfinden. Die Wahrscheinlichkeit für Kollision oder keinen Zugriff in einem Zeitschlitz ist $\frac{1}{2}$, so daß die Wahrscheinlichkeit, drei Zeitschlitze zu benötigen, $P(3) = \frac{1}{2} \cdot \frac{1}{2} \cdot 1 = \left(\frac{1}{2}\right)^2$ ist. Analog ergeben sich die Wahrscheinlichkeiten für vier Zeitschlitze zu $P(4) = \left(\frac{1}{2}\right)^3$ und allgemein für i Zeitschlitze zu $P(i) = \left(\frac{1}{2}\right)^{i-1}$.

Im Mittel werden $\bar{i} = \sum\limits_{i=2}^{\infty} i\, P(i) = 2 \sum\limits_{i=0}^{\infty} i \left(\frac{1}{2}\right)^i - 1$ Zeitschlitze zur Auflösung dieser Kollision benötigt, und mit der Reihenentwicklung $\sum\limits_{i=0}^{\infty} i\, x^i = \frac{x}{(1-x)^2}$ erhält man den Erwartungswert $\bar{i} = 3$. Für die Übertragung von zwei kollidierten Paketen werden also durchschnittlich 3 Zeitschlitze benötigt; folglich beträgt der mittlere Durchsatz während einer solchen Kollisionsauflösung $\frac{2}{3}$ und ist damit deutlich größer als der maximale Durchsatz von Slotted-ALOHA.

Anmerkung: Man könnte auch den Zeitschlitz vor der Kollisionsauflösungsphase, in dem beide Pakete zum ersten Mal kollidiert sind, mitberücksichtigen. Der Durchsatz ist in diesem Fall $2/(1 + 3) = 0.5$.

Man erkennt an diesem Beispiel, daß sich durch die Trennung zwischen den ersten

Übertragungsversuchen neuer Pakete und Wiederholungszugriffen zur Kollisionsauflösung offensichtlich der Durchsatz auf dem Vielfachzugriffskanal steigern läßt.
Wie diese Idee in praktisch anwendbare Protokolle umgesetzt werden kann, zeigen
die beiden folgenden Abschnitte.

4.3.1 Baum-Algorithmus

Der Baum-Algorithmus wurde unabhängig von Capetanakis [Cap79] und Tsybakov
und Mikhailov [TM78] entwickelt. Mit ihm wurde zum erstenmal nachgewiesen,
daß der Durchsatz des Slotted-ALOHA-Protokolls übertroffen werden kann.

Die Spielregeln für den Baum-Algorithmus sind einfach und lassen sich daher auch
leicht implementieren. Sie lauten:

1. Zur Übertragung von Paketen, die während einer Kollisionsauflösungsperiode erzeugt werden, darf erst nach dem Ende der Periode auf den Kanal
   zugegriffen werden.

2. Wenn sich eine Kollision ereignet, werfen alle an dieser Kollision beteiligten
   Sendestationen eine binäre Münze mit gleichwahrscheinlichen Ereignissen „0"
   und „1".
   Stationen, die eine „0" geworfen haben, versuchen im nächsten Zeitschlitz
   eine erneute Übertragung.
   Stationen, die eine „1" geworfen haben, setzen einen Zähler auf 1. Alle ande-
   ren an der Kollisionsauflösungsperiode beteiligten Stationen erhöhen ihren
   Zähler ebenfalls um 1.

3. Nach einem kollisionsfreien Zeitschlitz erniedrigen alle noch an der Kollisionsauflösungsperiode beteiligten Stationen ihren Zähler um 1. Diejenigen
   Stationen, deren Zähler den Wert 0 erreicht hat, versuchen im nächsten Zeitschlitz zu übertragen.

Durch Anwendung von Regel 2 wird von der Menge der Stationen, die in eine Kollision verwickelt waren, eine Teilmenge abgespalten, um die Anzahl der
zugriffsberechtigten Stationen zu verringern. Gegebenenfalls wiederholt sich die
Anwendung dieser Regel solange, bis nur noch eine Station zugriffsberechtigt ist.
Deren nächster Zugriff ist dann automatisch erfolgreich. Der Zähler dient dazu,
die abgespaltenen Teilmengen zu ordnen und sorgt dafür, daß von den an der
anfänglichen Kollision beteiligten Paketen bis zum Ende der Kollisionsauflösungsperiode keines vergessen wird. Eine gewisse Schwierigkeit bei der Implementierung
der obigen Regeln besteht darin, daß alle Sendestationen ständig die Quittungen
des Empfängers, d. h. „kein Zugriff", „erfolgreiche Übertragung" oder „Kollision",
auswerten müssen, um Anfang und Ende der Kollisionsauflösungsperioden feststellen zu können. Abhilfe ist leicht dadurch möglich, daß der Empfänger in seinen
Quittungen mitteilt, ob sich das Netz gerade in einer Kollisionsauflösungsperiode

befindet oder nicht. Dann ist es ausreichend, daß eine Station die Empfängerquittungen erst dann zu beobachten beginnt, wenn sie ein neues Paket zu übertragen hat, denn während einer Kollisionsauflösungsperiode muß dieses Paket auf deren Ende warten, und außerhalb einer Kollisionsauflösungsperiode sind ohnehin alle Stationen gleichermaßen zugriffsberechtigt.

Die Funktionsweise des Algorithmus verdeutlicht nochmals das Beispiel in Bild 4.10. Die Menge der für Zeitschlitz i zugriffsberechtigten Stationen wird mit $M_0(i)$

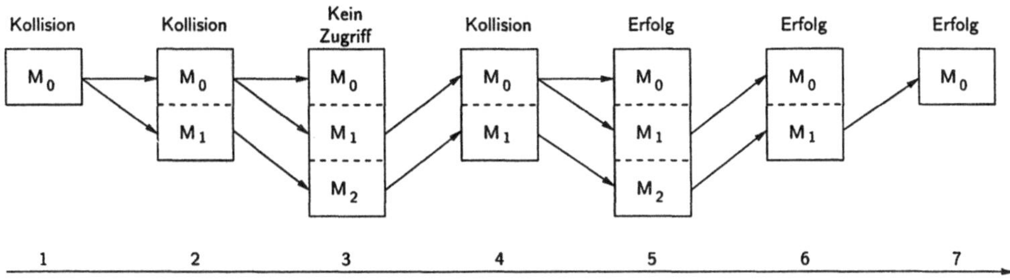

Bild 4.10: Beispiel für die Funktionsweise des Baumalgorithmus.

bezeichnet; ansonsten umfaßt die Menge $M_j(i)$ alle Stationen, deren Zähler im Zeitschlitz i den Wert j aufweist.

Angenommen, im ersten Zeitschlitz seien die Zugriffe von drei Stationen A,B,C kollidiert. Alle drei werfen Regel 2 zufolge eine Münze. Station B wirft eine „1", setzt ihren Zähler auf 1 und gehört damit zur Menge $M_1(2)$. Die Stationen A und C werfen beide eine „0" und bilden zusammen Menge $M_0(2)$. Deshalb greifen beide auf Zeitschlitz 2 zu, und es ergibt sich erneut eine Kollision. Station B muß ihren Zähler erhöhen; folglich gilt $M_2(3) = M_1(2) = \{B\}$. A und C werfen wieder eine Münze und erhalten beide das Ergebnis „1". Sie müssen ihren Zähler auf 1 setzen und ordnen sich damit der Menge $M_1(3) = \{A,C\}$ zu. $M_0(3)$ bleibt diesmal leer, und in Zeitschlitz 3 kann kein Kanalzugriff erfolgen. Nun gilt Regel 3, nach der alle Stationen ihren Zähler erniedrigen, d. h. $M_0(4) = M_1(3) = \{A,C\}$ und $M_1(4) = M_2(3) = \{B\}$. Damit greifen A und C wieder gleichzeitig auf Zeitschlitz 4 zu und müssen danach nochmals eine Münze werfen. Diesmal wirft C eine „0" und A eine „1", so daß $M_0(5) = \{C\}$, $M_1(5) = \{A\}$ und $M_2(5) = M_1(4) = \{B\}$. Nun greift C allein und daher erfolgreich auf Zeitschlitz 5 zu. Die beiden anderen Stationen erniedrigen ihre Zähler nach Regel 3 und rutschen im Stapel dadurch um eine Position nach oben. In Zeitschlitz 6 ist dann A erfolgreich und B in Zeitschlitz 7, so daß die Kollisionsauflösungsperiode danach beendet ist. Wegen des Abspaltens von Teilmengen gemäß Regel 2 heißt dieser Algorithmus in der englischsprachigen Literatur auch „Splitting-Algorithmus". Wie er zu dem Namen „Baum-Algorithmus" kommt, zeigt Bild 4.11 anhand des obigen Beispiels. Man erkennt, daß immer die oberste bzw. bei zwei obersten die linke oberste Menge im Baum für den nächsten Zeitschlitz zugriffsberechtigt ist.

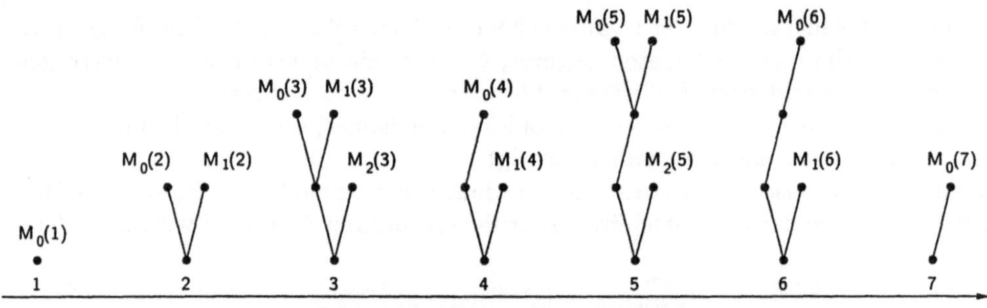

Zeitschlitze der Kollisionsauflösungsperiode

Bild 4.11: Darstellung der Abspaltung von Teilmengen als Baum.

In dieser Form erreicht der Baum-Algorithmus einen maximalen Durchsatz von 0,43. Auf den Beweis soll hier verzichtet werden, siehe dazu [BG92, Cap79]. Durch eine geringfügige Modifikation läßt sich der Algorithmus noch etwas verbessern und der Durchsatz auf 0,46 erhöhen. Diese Verbesserung besteht darin, nach einem Zeitschlitz, in dem kein Kanalzugriff erfolgt ist, sofort Menge M_1 aufzuspalten. In obigem Beispiel bedeutet dies, Zeitschlitz 4 zu überspringen. Da in Zeitschlitz 3 kein Kanalzugriff erfolgt, muß die Menge $M_0(3)$ leer sein, und alle an der Kollision in Zeitschlitz 2 beteiligten Stationen müssen in Menge $M_1(3)$ enthalten sein. Wegen $M_0(4) = M_1(3) = M_0(2)$ ist die Kollision in Zeitschlitz 4 vorherzusehen. Derartige vorhersehbare Kollisionen werden in dem verbesserten Baum-Algorithmus vermieden, wodurch sich die Kollisionsauflösungsperiode verkürzt und der Durchsatz steigt.

4.3.2 First-come-first-serve-Algorithmus

Neben dem Baum-Algorithmus ist der First-Come-First-Serve-(FCFS)-Algorithmus der zweite bedeutsame Kollisionsauflösungalgorithmus. Bei diesem Verfahren werden die Pakete in der Reihenfolge übertragen, in der sie auch erzeugt werden. Damit die sendebereiten Stationen untereinander vergleichen können, welche von ihnen ihr Paket zuerst erzeugt hat, müssen alle Sendestationen über Uhren verfügen, die im gesamten Netz auf eine einheitliche Systemzeit synchronisiert sind. Wenn eine Station ein Paket generiert, liest sie gleichzeitig ihre Uhr ab. Der FCFS-Algorithmus gibt dann Regeln vor, nach denen die Stationen kommunizieren, um festzulegen, in welcher Reihenfolge wartende Pakete übertragen werden.

Der FCFS-Algorithmus gibt zu jedem Zeitschlitz ein für alle Sendestationen verbindliches Zeitintervall vor. Anschließend dürfen alle Stationen, die in diesem Zeitintervall ein Paket zur Übertragung bereitgestellt haben, versuchen, es in dem betreffenden Zeitschlitz zu übertragen. Tritt dabei eine Kollision auf, wird das Zeitintervall in ein linkes und ein rechtes Teilintervall aufgespalten, und auf den nächsten Zeitschlitz dürfen ausschließlich Stationen mit Paketen im linken Teilintervall zugreifen. Bild 4.12 zeigt ein Beispiel für diesen Ablauf. Die einfach-

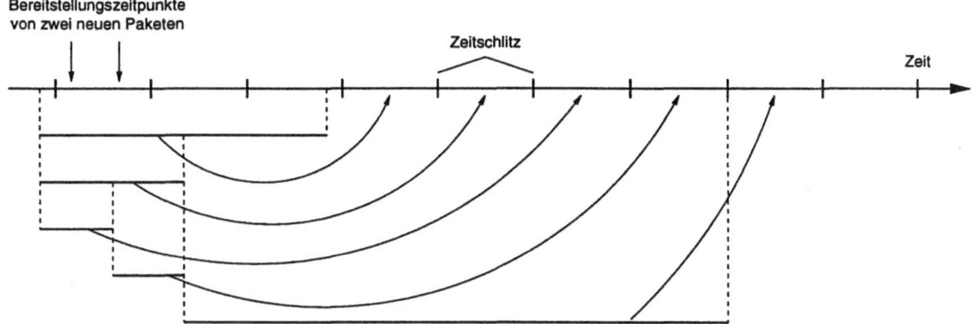

Bild 4.12: Beispiel für den Ablauf des FCFS-Algorithmus.

ste (und hinsichtlich ihrer Fehleranfälligkeit häufig robusteste) Realisierung des FCFS-Algorithmus bestünde darin, daß der Empfänger den Sendestationen die Grenzen des zugriffsberechtigten Zeitintervalls für jeden einzelnen Zeitschlitz in seinem Rückkanal mitteilt. Dies würde allerdings einen Rückkanal mit entsprechend hoher Datenrate erfordern. Um dies zu vermeiden, sind die Regeln des FCFS-Algorithmus so festgelegt, daß die Sendestationen nur ständig Quittungen des Empfängers, also „kein Zugriff", „erfolgreiche Übertragung" oder „Kollision", auswerten müssen, um die Intervallgrenzen zu bestimmen. Zur Beschreibung der Regeln werden folgende Größen benutzt:

i: Nummer des Zeitschlitzes;

$[T(i), T(i) + \Delta T(i)]$:   Intervall von Paketerzeugungszeitpunkten, das zum Zugriff auf Zeitschlitz i berechtigt;

$\sigma(i) \in \{L,R\}$:   Zustandsvariable, die angibt, ob in Zeitschlitz i ein linkes (L) oder rechtes (R) Teilintervall zugriffsbereit ist.

Damit lauten die Regeln folgendermaßen:

1. Ein Sender ist nur dann zum Zugriff auf Zeitschlitz i berechtigt, wenn der Erzeugungszeitpunkt des von ihm zu übertragenden Pakets im Intervall $[T(i), T(i) + \Delta T(i)]$ liegt.

2. Im Fall einer Kollision im Zeitschlitz $i - 1$:
   Das Intervall wird in zwei Hälften geteilt, und die Kollisionsauflösung wird mit dem linken Teilintervall fortgesetzt:

   $T(i) = T(i - 1)$ (linke Intervallgrenze bleibt unverändert)

   $\Delta T(i) = \Delta T(i - 1)/2$ (Intervalldauer wird halbiert)

$\sigma(i) = \text{L}$ (Betrachtung des linken Teilintervalls)

3. Falls $\sigma(i-1) = \text{L}$:
   In Zeitschlitz $i-1$ wurde ein linkes Teilintervall betrachtet.
   Bei einem erfolgreichen Zugriff in diesem Zeitintervall wird in Zeitschlitz i
   das entsprechende rechte Teilintervall betrachtet, d. h.

$T(i) = T(i-1) + \Delta T(i-1)$ (linke Intervallgrenze ist rechte Grenze des vorherigen Intervalls)

$\Delta T(i) = \Delta T(i-1)$ (Intervalldauer unverändert)

$\sigma(i) = \text{R}$ (Betrachtung des rechten Teilintervalls)

Erfolgte kein Zugriff in Zeitschlitz $i-1$, wird entsprechend das rechte Teilintervall sofort in zwei neue Teilintervalle aufgespalten, und es wird mit dem linken dieser Teilintervalle fortgefahren:

$T(i) = T(i-1) + \Delta T(i-1)$ (linke Intervallgrenze ist rechte Grenze des vorherigen Intervalls)

$\Delta T(i) = \Delta T(i-1)/2$ (Intervalldauer wird halbiert)

$\sigma(i) = \text{L}$ (Betrachtung des linken der neuen Teilintervalle)

Diese sofortige neue Aufteilung dient, genau wie die Verbesserung des Baum-Algorithmus, zur Vermeidung einer vorhersehbaren Kollision.

4. Falls $\sigma(i-1) = \text{R}$ und keine Kollision in Zeitschlitz $i-1$ aufgetreten ist:
   Es wird mit einem möglichst großen Intervall fortgefahren, das rechts an das zuletzt betrachtete Intervall anschließt:

$T(i) = T(i-1) + \Delta T(i-1)$ (linke Intervallgrenze ist rechte Grenze des vorherigen Intervalls)

$\Delta T(i) = \min\{\Delta T_{max}, t(i) - T(i)\}$

$\sigma(i) = \text{R}$

Die Intervalldauer $\Delta T(i)$ wird dabei so gewählt, daß sie eine festgelegte Maximaldauer ΔT_{max} nicht überschreitet und daß die rechte Intervallgrenze $T(i) + \Delta T(i)$ nicht in der Zukunft, also jenseits des Anfangszeitpunktes $t(i)$ von Zeitschlitz i, liegt.

Wenn man die Anzahl der Intervallhalbierungen seit Beginn einer Kollisionsauflösungsperiode in Verbindung mit $\sigma(i)$ als Zustand des Algorithmus während eines Zeitschlitzes i auffaßt, kann man die obigen Regeln wie in Bild 4.13 gezeigt, als Zustandsdiagramm grafisch darstellen. Dieses Zustandsdiagramm ist mathematisch gesehen eine Markovkette und erlaubt als solche eine Durchsatzanalyse des FCFS-Algorithmus. Auf die Analyse selbst soll an dieser Stelle verzichtet werden;

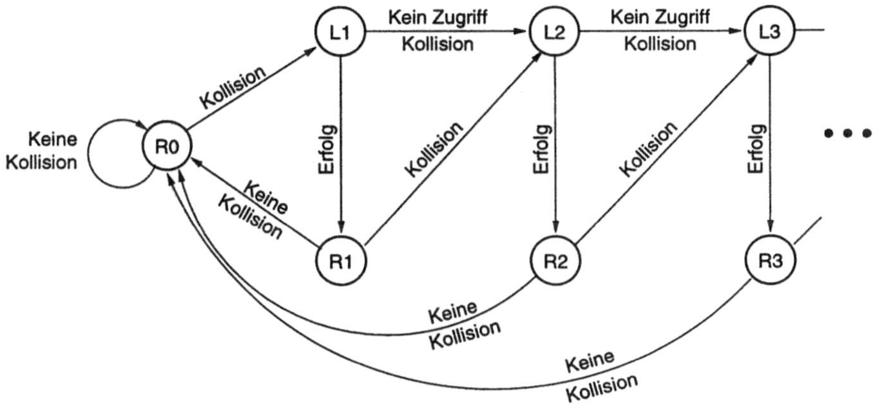

Bild 4.13: Zustandsdiagramm des FCFS-Algorithmus.

siehe dazu [BG92, Gal85]. Als Ergebnis findet man einen maximalen Durchsatz von 0,487; außerdem ist die mittlere Verzögerungszeit der Pakete beim FCFS-Algorithmus deutlich niedriger als beim stabilisierten Slotted-ALOHA.

4.4 Carrier-Sensing-Verfahren

Das ALOHA-Protokoll sowie die daraus abgeleiteten Vielfachzugriffsverfahren mit Kollisionsauflösungsstrategien beruhen auf der Annahme einer sternförmigen Netztopologie: Alle Sendestationen kommunizieren ausschließlich mit einem zentralen Empfänger, aber keinesfalls untereinander. Eine derartige Netztopologie paßt zum Beispiel auf Paketfunknetze mit räumlich verteilten Sendestationen, die sich durch topographische Gegebenheiten oder eine begrenzte Sendesignalleistung nicht alle gegenseitig hören können.
Die Problematik des Vielfachzugriffs tritt aber nicht nur in derartigen Paketfunknetzen auf, sondern auch in lokalen Rechnernetzen, wie sie u.a. häufig in Universitäten und Firmen zu finden sind. Solche lokalen Netze sind oft dezentral organisiert, d. h. es gibt nicht mehr den einen zentralen Empfänger, sondern Software, Datenbestände, Peripheriegeräte und dementsprechend auch die zu bearbeitenden Aufgaben sind auf viele Rechner verteilt. Häufig wird ein Bus verwendet, d. h. alle Rechner sind an eine gemeinsame Leitung angeschlossen (siehe Kapitel 1). Jeder Rechner kann damit direkt, ohne den Umweg über einen Netzknoten im Sternmittelpunkt, mit jedem anderen Rechner kommunizieren. Außerdem braucht man zur Realisierung alle Rechner nur über ein zweiadriges (Koaxial-) Kabel miteinander zu verbinden und kann jederzeit sehr einfach Rechner aus dem Netz herausnehmen oder neu hinzufügen. Grundsätzlich würde das ALOHA-Protokoll und seine Verwandten auch bei Netzen mit Bustopologie funktionieren. Allerdings läßt sich die Tatsache, daß sich alle Stationen gegenseitig hören können, durch das sogenannte

„Carrier Sensing" ausnutzen, um Kollisionen beim Kanalzugriff zu vermeiden und dadurch den erreichbaren Durchsatz zu erhöhen. Man spricht dann von *Carrier-Sense Multiple Access (CSMA)*.

Das Ziel des Carrier-Sensing besteht wie bei einer höflich geführten Diskussion darin, sich nicht gegenseitig ins Wort zu fallen. Eine Station darf daher nur dann auf den Übertragungskanal zugreifen und selbst senden, wenn sie sich zuvor vergewissert hat, daß der Kanal nicht bereits durch eine anderweitige Übertragung belegt ist. Dazu hört sie den Kanal ab, ob ein Trägersignal (*carrier*) zu erkennen ist. Wenn nicht, darf sie sofort danach zugreifen und ihr Paket übertragen.

Ist der Kanal dagegen belegt, gibt es drei unterschiedliche Varianten, wie die Station sich in diesem Fall zu verhalten hat:

1. Beim *persistenten CSMA* hört die Station den Kanal solange ständig ab, bis sie das Ende der laufenden Übertragung feststellt und greift danach sofort auf den Kanal zu.

2. Beim *non-persistenten CSMA* beginnt die Station nach dem ersten erfolglosen Abhören des Kanals mit der Kollisionsauflösungsstrategie: Sie bestimmt eine zufällige Zeitdauer, wartet diese ab und hört erneut den Kanal ab. Dieser Vorgang wird wiederholt, bis ein unbelegter Kanal angetroffen wird.

3. Das *p-persistente CSMA* ist eine Mischform der beiden ersten Varianten. Wie beim persistenten CSMA wird zunächst der Kanal solange abgehört, bis er frei ist. Anschließend wird eine Münze geworfen, und mit Wahrscheinlichkeit p erfolgt sofort ein Zugriff auf den Kanal. Andernfalls, d. h. mit Wahrscheinlichkeit $1 - p$, wird wie beim non-persistenten CSMA eine zufällige Zeit abgewartet, bevor sich der gesamte Vorgang wiederholt.

Man ist geneigt anzunehmen, daß durch das vorherige Abhören des Kanals keine Kollisionen mehr auftreten können. Leider trifft dies jedoch nicht zu. Wie Bild 4.14 zeigt, kann eine zweite Station noch einen unbelegten Kanal vorfinden und ihrerseits zu senden beginnen, solange das Sendesignal der ersten Station sie noch nicht erreicht hat. Es gibt also eine Zeitspanne vom Beginn des Sendens einer Station bis zur Ankunft ihres Sendesignals bei allen übrigen Stationen, während der Kollisionen auftreten können. In der englischsprachigen Literatur wird sie als „vulnerable period" (verletzliche Zeitspanne) bezeichnet. Die Dauer dieser Zeitspanne bezogen auf die mittlere Dauer einer Übertragung ist eine wesentliche Kenngröße für ein CSMA-System. Diese Kenngröße α läßt sich folgendermaßen berechnen: Es seien τ die maximale Signallaufzeit zwischen zwei Stationen, L die durchschnittliche Paketlänge (in bit) und C (in bit/s) die Übertragungsrate des Kanals. Damit ergibt sich die mittlere Übertragungsdauer X eines Pakets zu $X = \frac{L}{C}$. Dann ist die Kenngröße α definiert als:

$$\alpha = \frac{\tau}{X} = \frac{\tau \cdot C}{L}.$$

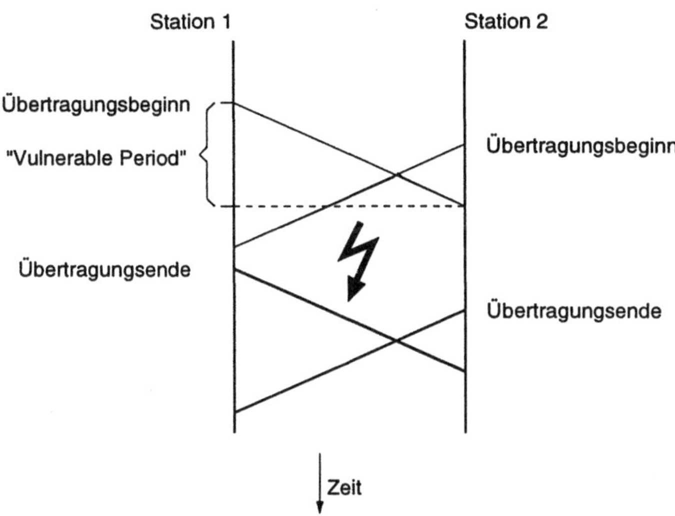

Bild 4.14: Entstehung einer Kollision beim CSMA.

In den folgenden drei Abschnitten werden das CSMA-Verfahren sowie die beiden Varianten CSMA/CD und CSMA/CA vorgestellt.

4.4.1 Durchsatz und Wartezeit von CSMA

Nachdem oben bereits die Funktionsweise des Carrier-Sensing erklärt worden ist, sollen nun Durchsatz und Wartezeit eines CSMA-Systems untersucht werden. Dabei werden ähnliche Voraussetzungen wie beim ALOHA-Protokoll mit unbegrenzter Anzahl von Stationen zugrunde gelegt:

1. Non-persistentes CSMA.

2. $m \to \infty$ viele Stationen.

3. Pakete mit konstanter Übertragungsdauer X.

4. Drei mögliche Zustände auf dem Übertragungskanal:
   Unbelegt, erfolgreiche Übertragung, Kollision (d. h. kein Capture-Effekt).

5. Die Kanalzugriffe erfolgen poissonverteilt mit Rate $g(k) = k \cdot g_r$ während der Zeit, in der das Carrier-Sensing einen unbelegten Kanal vorfindet. Dabei ist k die Anzahl aller Stationen, die in dieser Zeit ein Paket zur Übertragung bereithalten, also Stationen mit neu erzeugten Paketen und Stationen, die zum wiederholten Male eine Übertragung versuchen, zusammengenommen. g_r ist die Rate, mit der die Kanalzugriffe erfolgen, wenn nur eine einzige Station ein Paket zur Übertragung bereithält. Wie beim Unslotted ALOHA kann die Rate $g(k)$ auf die maximal mögliche Übertragungsrate $\mu = X^{-1}$ bezogen

werden; man erhält so die mittlere Anzahl von Kanalzugriffen $G(k) = g(k) \cdot X$ während der Dauer einer Übertragung.

6. Eine sendende Station erfährt unmittelbar am Ende ihrer Übertragung, ob diese erfolgreich war oder zu einer Kollision geführt hat.

7. Das Kommunikationsnetz arbeitet verlustfrei, d. h. alle erzeugten Pakete müssen übertragen werden.

In Bild 4.15 ist die Zeit vom Ende eines Kanalzugriffs bis zum Ende des nächsten Kanalzugriffs dargestellt. Nach einem Kanalzugriff vergeht eine zufällige Zeit T_i,

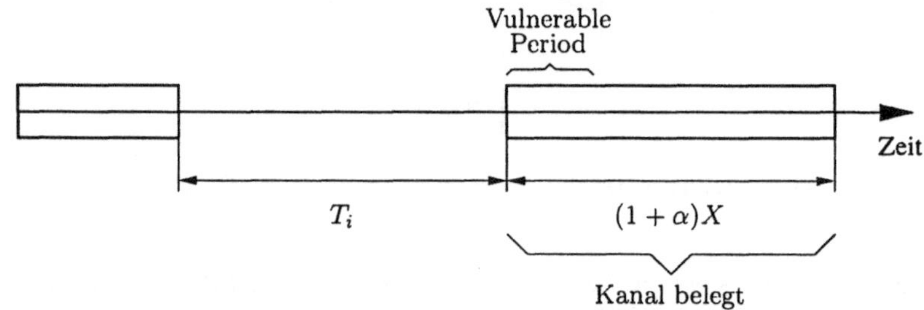

Bild 4.15: Zeitverlauf vom Ende eines Kanalzugriffs bis zum Ende des nächsten Zugriffs.

bis erneut auf den Kanal zugegriffen wird. Die Dauer des Zugriffs selbst ist X; hinzu kommt noch die Zeit $\tau = \alpha X$ für die Signalausbreitung, so daß der Kanal insgesamt für die Zeit $(1+\alpha)X$ belegt ist.

Genaugenommen ist die Dauer einer Kollision um bis zu αX länger als die einer erfolgreichen Übertragung, da der zweite Zugriff den Kanal für die Zeit $(1 + \alpha X)$ belegt. Der Einsatz des CSMA-Protokolls ist aber nur in lokalen Netzen sinnvoll, in denen α genügend klein ist. Dann kann man den geringfügigen Unterschied zwischen der Dauer einer erfolgreichen Übertragung und der einer Kollision vernachlässigen und erhält so eine einheitliche Kanalbelegungsdauer von $(1 + \alpha)X$.

Gemäß Annahme 5 sollen die Kanalzugriffe poissonverteilt erfolgen mit einer Rate $g(k) = k g_r$. Damit ist die Zeit T_i nach dem Ende eines Zugriffs bis zum Beginn des nächsten Zugriffs exponentialverteilt, und ihr Erwartungswert beträgt $T = 1/g(k) = 1/(X G(k))$.

Ob der Kanalzugriff erfolgreich ist oder zu einer Kollision führt, entscheidet sich während der Vulnerable-Period. Erfolgte der erste Zugriff von einer Station mit einem neu erzeugten Paket, ist die Wahrscheinlichkeit für mindestens einen weiteren Zugriff innerhalb der Vulnerable-Period und damit einer Kollision $1 - e^{-\alpha G(k)}$. Hat jedoch zuerst eine der k Backlogged-Stationen zugegriffen, bleiben anschließend nur $k - 1$ Stationen im Backlogged-Zustand übrig, die innerhalb der Vulnerable-Period zugreifen können, so daß dann die Wahrscheinlichkeit einer Kollision $1 - e^{-\alpha G(k-1)}$ beträgt. Geht man wie oben davon aus, daß α sehr klein ist und nimmt man zusätzlich an, daß k genügend groß ist, sind beide Kollisionswahrscheinlichkeiten näherungsweise gleich groß, und es gilt $P(\text{Kollision}) \approx 1 - e^{-\alpha G(k)}$. Die Wahrscheinlichkeit eines erfolgreichen Zugriffs ist damit $P(\text{Erfolg}) = 1 - P(\text{Kollision}) = e^{-\alpha G(k)}$.

Dann beträgt die Rate erfolgreicher Übertragungen

$$\frac{P(\text{Erfolg})}{T + (1 + \alpha)X} = \frac{e^{-\alpha G(k)}}{T + (1 + \alpha)X} \,, \tag{4.12}$$

und bezieht man diese Rate auf die wegen der begrenzten Übertragungsgeschwindigkeit des Kanals maximal mögliche Paketrate $\frac{1}{X}$, erhält man den Durchsatz

$$S(k) = \frac{e^{-\alpha G(k)}}{\frac{1}{G(k)} + 1 + \alpha} \,.$$

Die Durchsatzkurve $S(k)$ über $G(k)$ ist in Bild 4.16 dargestellt. Sie nimmt ihr

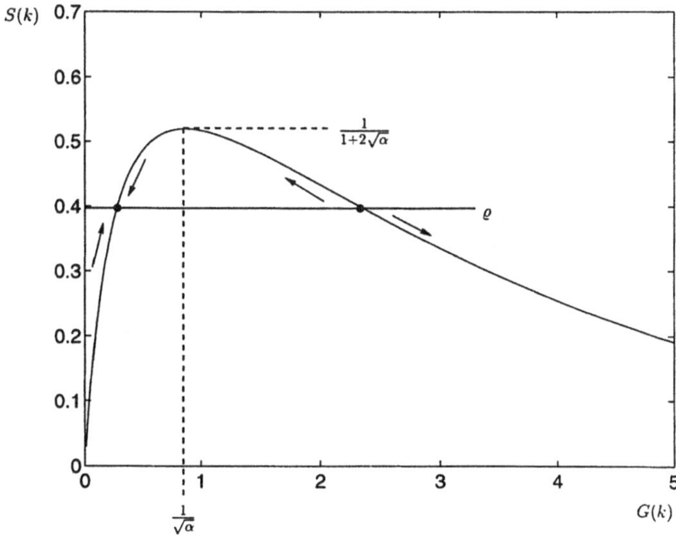

Bild 4.16: Durchsatzkurve des CSMA-Protokolls für $\alpha = 0{,}1$ und $X = 3$.

Maximum $S_{max} \approx \frac{1}{1+2\sqrt{\alpha}}$ an für $G(k) \approx \frac{1}{\sqrt{\alpha}}$. Ebenfalls in Bild 4.16 eingezeichnet sind das Verkehrsangebot $\varrho = \lambda X$ und die daraus resultierende Drift. Vergleicht man diese mit der des reinen ALOHA-Protokolls in Bild 4.3, wird deutlich, daß das CSMA-Verfahren im Prinzip dieselben Stabilitätsprobleme aufweist wie ALOHA. Bild 4.17 zeigt den Verlauf des Durchsatzes für verschiedene Werte von α. Man erkennt, daß für $\alpha \to 0$ der Durchsatz gegen 1 strebt.

Nach dem Durchsatz soll nun noch eine untere Abschätzung für die Wartezeit für ein Paket beim CSMA-Verfahren hergeleitet werden.

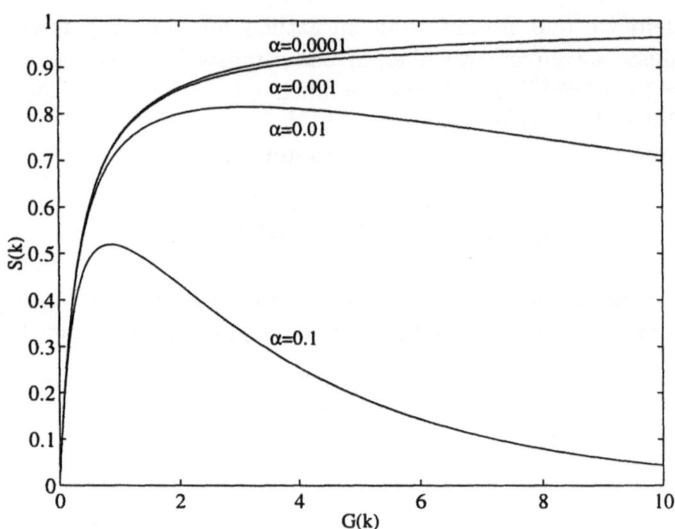

Bild 4.17: Durchsatzkurve des CSMA-Protokolls für $X = 3$ und verschiedene α.

Die Wartezeit W_l des l-ten Pakets setzt sich aus drei Anteilen zusammen:

$$W_l = R_l + \sum_{j=1}^{n_l} t_j + Y_l\,.$$

Die Restbedienzeit R_l ist die Zeit zwischen der Bereitstellung des l. Pakets und dem Ende einer laufenden Übertragung oder Kollision. Die Wahrscheinlichkeit, daß ein Paket während einer laufenden (erfolgreichen) Übertragung bereitgestellt wird, ist λX. Da bei kleinem α Kollisionen sehr viel seltener auftreten als erfolgreiche Übertragungen, soll der Einfluß der Kollisionen an dieser Stelle vernachlässigt werden. Da die Bereitstellungszeitpunkte statistisch gleichmäßig über die gesamte Dauer der laufenden Übertragung verteilt sind, ergibt sich als Erwartungswert für die Restbedienzeit

$$R = \mathrm{E}\{R_l\} = \lambda X \cdot \frac{X}{2}\,.$$

Der Summenterm $\sum\limits_{j=1}^{n_l} t_j$ entspricht der Wartezeit des l-ten Paketes, die durch die Übertragung anderer, ebenfalls wartender Pakete hervorgerufen wird. Wie in Abschnitt 4.2.4 läßt sich auch hier Little's Theorem (7.2b) anwenden. Es folgt, daß das l-te Paket bei seiner Bereitstellung im Mittel $n = \lambda \, \mathrm{E}\{W_l\}$ andere, bereits wartende Pakete vorfindet und daß durchschnittlich genauso viele übertragen werden, bevor mit der Übertragung des l-ten Paketes begonnen wird. Die durchschnittliche Zeit t zwischen zwei aufeinanderfolgenden, erfolgreichen Übertragungen ist am kürzesten, wenn der Durchsatz S maximal ist. Die Rate erfolgreicher Übertragungen ist dann $S_{max} \cdot \frac{1}{X} = \frac{1}{(1+2\sqrt{\alpha})X}$, und damit ist $t = \mathrm{E}\{t_j\} = (1 + 2\sqrt{\alpha})X$. Der dritte Summand Y_l ist die Zeit zwischen dem Übertragungsende des letzten von den anderen n_l Paketen und der Übertragung des l-ten Paketes selbst. Dies ist im Durchschnitt wiederum die Zeit t abzüglich der eigentlichen Übertragungszeit für das l-te Paket, also gilt $Y = \mathrm{E}\{Y_l\} = t - (1 + \alpha)X = (2\sqrt{\alpha} - \alpha)X$. Insgesamt ergibt sich daraus für die Wartezeit $W = \mathrm{E}\{W_l\}$:

$$W = \lambda \frac{X^2}{2} + \lambda W (1 + 2\sqrt{\alpha})X + (2\sqrt{\alpha} - \alpha)X \,,$$

bzw. durch Auflösen nach W und mit dem Verkehrsangebot $\varrho = \lambda X$ erhält man

$$W = \frac{\frac{\varrho}{2} + 2\sqrt{\alpha} - \alpha}{1 - (1 + 2\sqrt{\alpha})\varrho} X \,.$$

Bild 4.18 zeigt diese untere Schranke für die Wartezeit für verschiedene Werte von α.

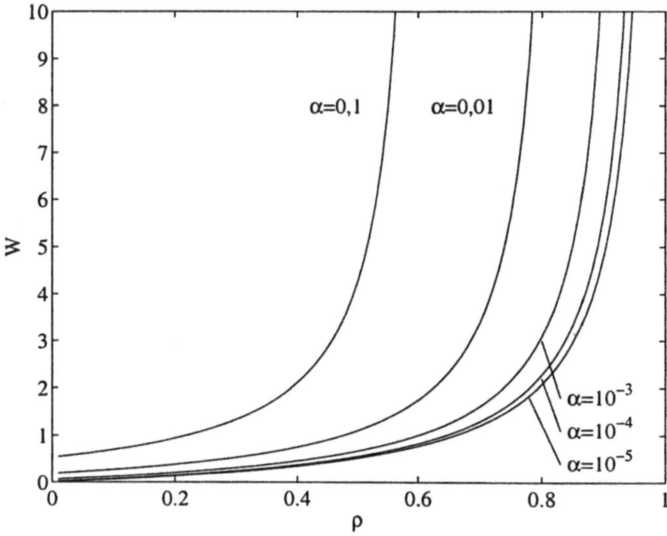

Bild 4.18: Wartezeit bei CSMA.

4.4.2 CSMA/CD

Beim CSMA-Verfahren entscheidet sich innerhalb der Vulnerable-Period, ob ein Übertragungsversuch erfolgreich verläuft oder in einer Kollision endet. Im Fall einer Kollision steht damit spätestens am Ende der Vulnerable-Period fest, daß die restliche Zeit der Übertragung nutzlos vergeudet wird.

Abhilfe wäre möglich, wenn die sendenden Stationen nicht erst nach Ende der Übertragung, sondern bereits beim Beginn einer Kollision während der Vulnerable-Period davon erfahren würden und sofort ihre nunmehr nutzlosen Übertragungsversuche abbrechen würden. Wie man an dem in Bild 4.19 dargestellten Zeitablauf erkennt, wird bei dieser *Kollisionserkennung* (*collision detection*) der Übertragungskanal spätestens nach der dreifachen Signallaufzeit wieder freigegeben und ist damit für neue Übertragungsversuche nutzbar. Realisieren läßt sich dieses Carrier-

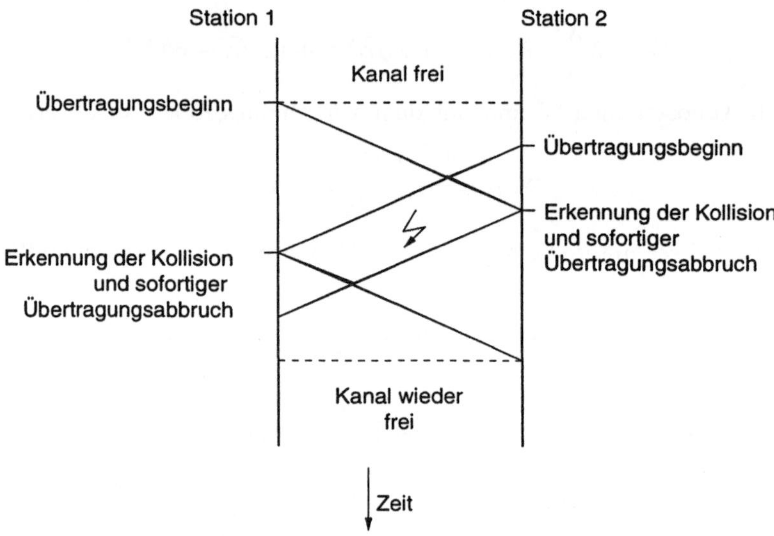

Bild 4.19: Zeitablauf bei CSMA/CD.

Sensing mit Kollisionserkennung (CSMA/CD) dadurch, daß eine sendende Station gleichzeitig den Kanal abhört. Wenn sich das dabei empfangene Signal von ihrem eigenen Sendesignal unterscheidet, ist offensichtlich noch mindestens eine weitere Station aktiv, und es liegt eine Kollision vor.

Dieses Verfahren wurde unter dem Namen „Ethernet" von der Firma Xerox für lokale Netze mit Koaxialkabeln und Übertragungsgeschwindigkeiten bis 10 Mbit/s vorgeschlagen. Später wurde es, mit kleinen Veränderungen, vom Institute of Electrics and Electronic Engineers als Standard IEEE 802.3 verabschiedet. Bei Funknetzen ist eine derartige Kollisionserkennung bisher nicht üblich. Dies liegt darin begründet, daß bei Funkübertragung die Leistung der Sendesignale um viele Zehnerpotenzen größer ist als die der Empfangssignale. Dadurch überdeckt das eigene Sendesignal ein fremdes Empfangssignal und macht die Kollisionserkennung unmöglich.

Die Effizienz der Kollisionserkennung hängt, wie man in Bild 4.19 sieht, ganz wesentlich von den Signallaufzeiten zwischen den an einer Kollision beteiligten Stationen und damit von deren Anordnung am Bus ab. Die Analyse des CSMA/CD-Protokolls für ein gegebenes Netz wird dadurch sehr aufwendig. Man erhält eine untere Abschätzung für den Durchsatz, wenn man den ungünstigsten Fall zugrunde legt, daß sich die an einer Kollision beteiligten Stationen stets in der maximal möglichen Entfernung zueinander befinden. Dann gilt nach [BG92]

$$S \geq \frac{e^{-\alpha G}}{\alpha + \frac{1}{G} + 2\alpha\left(1 - e^{-\alpha G}\right) + e^{-\alpha G}} \, .$$

Der Ausdruck auf der rechten Seite nimmt sein Maximum an für $\alpha G = \left(\sqrt{13} - 1\right)/6 = 0{,}43$, und damit folgt, daß ein Durchsatz

$$S > \frac{1}{1 + 6{,}2\,\alpha}$$

erreichbar ist. Man erkennt daraus, daß das Systemverhalten des CSMA/CD-Protokolls ähnlich wie beim CSMA ohne Kollisionserkennung umso besser ist, je kleiner α ist.

4.4.3 Kollisionsvermeidung: CSMA/CA

Beim CSMA/CD wurde erwähnt, daß in Funknetzen eine Kollisionserkennung kaum realisierbar ist. Stattdessen kann man versuchen, den durch Kollisionen hervorgerufenen „Schaden" in Form nutzlos vergeudeter Übertragungszeit gering zu halten, indem man Kollisionen soweit wie möglich von vornherein vermeidet. Diese Kombination von Carrier-Sensing und *Kollisionsvermeidung* (*collision avoidance*) wird mit CSMA/CA abgekürzt.

Die Wahrscheinlichkeit für das Auftreten einer Kollision ist am größten unmittelbar im Anschluß an einen Übertragungsversuch, denn alle Stationen, die während dieses Versuchs ein neues Paket bereitgestellt haben, beobachten den Kanal und wollen baldmöglichst ihr Paket übertragen. Dieses Problem tritt insbesondere beim persistenten CSMA auf. Für die Kollisionsvermeidungsstrategie legt man zunächst eine Zugriffsreihenfolge für alle Stationen im Netz fest. Die Zeit nach dem Ende einer Übertragung wird in kurze Zeitschlitze der Dauer δ unterteilt. δ ist dabei etwas größer als die maximal mögliche Signallaufzeit von einer Station zu einer anderen. Die Zeitschlitze werden dann in der festgelegten Zugriffsreihenfolge den Stationen zugewiesen; die erste Station in der Reihenfolge nach derjenigen, die gerade ihre Übertragung beendet hat, bekommt den ersten dieser Zeitschlitze, die zweite den zweiten Zeitschlitz usw. Jede Station darf nur auf den ihr zugewiesenen Zeitschlitz zugreifen. Das Zeitraster wird unterbrochen, sobald eine Station zugreift. Man kann dieses Verfahren auch so verstehen, daß eine Station, die während ihres Zeitschlitzes nicht zugreift, damit das Zugriffsrecht an die nächste Station weitergibt. Die unbenutzten Zeitschlitze sind gewissermaßen „implizite" Token, wohingegen die in Abschnitt 4.6 vorgestellten Verfahren mit expliziten Token, quasi Kurznachrichten zur Regelung des Vielfachzugriffs, arbeiten.

4.5 Polling

Alle in diesem Kapitel bisher vorgestellten Vielfachzugriffsverfahren basieren auf dem Prinzip des Wettbewerbs: Alle Stationen im Netz dürfen in gleicher Weise auf den Kanal zugreifen. Der gleichzeitige Zugriff von zwei oder mehr Stationen führt zu einer Kollision, die dadurch aufgelöst wird, daß die an ihr beteiligten Stationen sich untereinander teils mit stochastischen (ALOHA,CSMA), teils mit deterministischen Verfahren (Kollisionsauflösungsstrategien) über die Reihenfolge der Kanalzugriffe einigen. Alle Verfahren sind dezentral organisiert, insbesondere, wenn alle Stationen direkt über einen Bus untereinander kommunizieren.
Das Polling ist das genaue Gegenteil zu diesen Verfahren: Es ist zentralistisch organisiert und verhindert Kollisionen beim Kanalzugriff.

Das Polling wurde früher zum Anschluß von Terminals an einen Großrechner benutzt. Der Großrechner hat dabei als sog. „Master" die Oberaufsicht über das Netz. Er fragt reihum bei den Terminals nach und fordert die sendewilligen nacheinander zur Übertragung ihrer Daten auf. Dem Vorteil einer sehr einfachen Realisierung steht der Nachteil gegenüber, daß bei einer großen Zahl von Terminals viel Zeit mit dem Abfragen von Terminals, die keine Daten zu übertragen haben, vertan wird. Eine Verringerung des Zeitaufwandes erreicht man durch eine logarithmische Suche beim Binary-Countdown-Protokoll [Tan96].

Im ersten Schritt dieses Verfahrens fordert der Master alle die sendewilligen Stationen, deren höchstwertiges Adreßbit „1" ist, auf, sich zu melden, indem sie unmittelbar an diese Aufforderung für eine kurze Zeit auf den Übertragungskanal zugreifen. Wenn mindestens ein Zugriff erfolgt, scheiden alle Stationen mit einer „0" als höchstwertigem Adreßbit aus dem Verfahren aus. Unabhängig davon, ob Zugriffe erfolgt sind oder nicht, bleiben auf diese Weise nur sendewillige Stationen übrig, deren höchstwertiges Adreßbit sich nicht unterscheidet. Mit diesen Stationen wiederholt man denselben Vorgang, allerdings mit dem jeweils nächstniederwertigen Adreßbit solange, bis nur noch die Station mit der höchsten Adresse aller sendewilligen Stationen übrigbleibt. Diese darf dann anschließend ihre Daten übertragen. Da sich bei jedem Schritt der Adreßbereich für die übrigbleibenden Stationen halbiert, reichen bei m Stationen insgesamt

$$k = \lceil \log_2 m \rceil$$

Schritte aus. Um die Fairneß des Verfahrens zu gewährleisten, kann man beispielsweise fordern, daß die Adressen aller Stationen nach jeder Übertragung zyklisch getauscht werden.

4.6 Token-Passing-Verfahren

Neben dem CSMA/CD-Protokoll in Form des Ethernet werden in lokalen Netzen häufig Token-Passing-Verfahren eingesetzt. Als wichtigste Standards hierfür sind der Token-Bus nach IEEE 802.4 und der Token-Ring nach IEEE 802.5 sowie das Fiber-Distributed Data Interface (FDDI) zu nennen. Zwar liegen Token-Ring und FDDI auf der einen und Token-Bus auf der anderen Seite unterschiedliche physikalische Netztopologien zugrunde, aber logisch gesehen sind beim Token-Passing alle Stationen in einem Ring angeordnet. Im folgenden wird daher zunächst auf Funktionsweise und Eigenschaften des Token-Passing aus logischer Sicht eingegangen, und die Auswirkungen der verschiedenen Netztopologien werden erst danach behandelt.

Das Token-Passing gehört zu den wettbewerbsfreien Vielfachzugriffsverfahren, d. h. zu den Zuteilungsverfahren, da immer nur eine einzige Station sendeberechtigt ist. Nur diese darf auf den physikalischen Bus zugreifen oder auf dem Ring neue Rahmen in Umlauf bringen. Um anderen Stationen ebenfalls den Zugang zum Übertragungsmedium zu gewähren, muß die sendeberechtigte Station diese Sendeberechtigung (*token*) weitergeben, sobald sie keine Daten mehr zu übertragen hat. Dazu sendet sie einen Rahmen mit entsprechenden Steuerungsinformationen an die nächste Station im logischen Ring.

Beim Vergleich von Durchsatz und Wartezeit bei Token-Passing- und bei Carrier-Sensing-Verfahren ist das Token-Passing bei hohem Verkehrsangebot im Vorteil. Dann sind beim Carrier-Sensing die Häufigkeit von Kollisionen und dementsprechend auch der Anteil der dadurch nutzlos verbrauchten Übertragungskapazität des Kanals relativ groß. Demgegenüber ist der Verbrauch von Übertragungskapazität zur Regelung des Kanalzugriffs beim Token-Passing relativ gering. Dies liegt zum einen daran, daß die Rahmen zur Weitergabe des Tokens sehr kurz sind. Zum anderen werden insbesondere mit wachsendem Verkehrsangebot die Zeitabstände zwischen der Weitergabe des Tokens länger, so daß der Anteil des Tokens an der insgesamt „verbrauchten" Übertragungskapazität sogar sinkt.
Ein weiterer Vorteil des Token-Passings ist, daß die Übertragungszeiten nicht in demselben Maße zufälligen Schwankungen unterliegen wie beim Carrier-Sensing. Solche Schwankungen werden beim Carrier-Sensing durch die zufälligen Wartezeiten zur Kollisionsauflösung hervorgerufen. Beim Token-Passing dagegen treten nicht nur keine Kollisionen auf, sondern man kann sogar durch zusätzliche Regeln die Wartezeit einer Station bis zum Erhalt des Tokens begrenzen. Beim IEEE 802.5 Token-Ring beispielsweise hat man festgelegt, daß die sendeberechtigte Station ihr Token spätestens nach 10 ms weitergeben muß. Eine andere Möglichkeit wäre die Regel, daß eine sendeberechtigte Station stets nur einen Datenrahmen senden darf und anschließend das Token abgeben muß.
Dadurch, daß die maximale Übertragungszeit für einen Rahmen nach oben begrenzt ist, eignet sich das Token-Passing sehr viel besser für Echtzeitdienste als das Carrier-Sensing. Seine Eignung dafür läßt sich sogar noch weiter durch die Einführung von Prioritäten bei der Weitergabe des Tokens verbessern, während beim Carrier-Sensing keine Prioritäten realisiert werden können.
Gegenüber dem Carrier-Sensing ist das Token-Passing im Nachteil, wenn das Verkehrsangebot gering ist. Das Carrier-Sensing wird in diesem Fall fast immer einen

unbelegten Kanal vorfinden, so daß eine sofortige Übertragung möglich ist. Beim
Token-Passing dagegen muß eine Station mit einem sendebereiten Paket erst auf
das Token warten; im Mittel muß das Token dafür den halben logischen Ring
durchlaufen, was auch bei geringer Verkehrslast zu einer spürbaren Verzögerung
beim Kanalzugang führt.

Ein wichtiger Aspekt beim Token-Passing ist die Aufrechterhaltung des logischen
Ringes. Durch Ein- und Ausschalten von Stationen sowie durch Übertragungsfehler kann sich der Ring mit der Zeit ändern. Die beiden folgenden Abschnitte
werden deutlich machen, daß Token-Ring und Token-Bus sich genau unter diesem
Gesichtspunkt erheblich unterscheiden.

4.6.1   Token-Bus (IEEE 802.4)

Bei einem Netz mit Bus-Topologie hat das Ein- oder Ausschalten einer Station
praktisch keinerlei Auswirkungen auf die übrigen Stationen. Dies gilt auch für die
physikalische Struktur eines Token-Bus und macht ihn robust gegen Hardwareaus-
fälle. Probleme bereiten jedoch die Veränderungen an der logischen Ringstruktur,
die mit dem Hinzufügen oder Wegfallen von Stationen verbunden sind.
Am einfachsten zu handhaben ist der Fall, daß eine Station kontrolliert abgeschaltet wird: Unmittelbar vorher sendet die betroffene Station einen letzten Steuerrahmen an ihren Vorgänger, in dem sie ihm seinen neuen Nachfolger mitteilt.
Schwieriger ist der Fall, wenn eine Station unkontrolliert durch einen Fehler ausfällt. Um dies zu erkennen, kann man die physikalische Bus-Struktur ausnutzen:
Wenn eine Station ihr Token abgibt, hört sie zu, ob ihr Nachfolger eine Datenübertragung beginnt oder seinerseits das Token weitergibt. Passiert weder das
eine noch das andere, ist der Nachfolger offensichtlich ausgefallen. Dann sendet
die Station, die das Token abgeben möchte, einen Steuerrahmen an alle anderen
Stationen am Bus und fordert darin den Nachfolger ihres ehemaligen Nachfolgers
auf, sich bei ihr zu melden. Verläuft auch dies erfolglos, beispielsweise weil ein
Leitungsabschnitt ausgefallen ist, an den mehrere Stationen angeschlossen waren,
fordert die Station alle übrigen Stationen auf, den logischen Ring neu aufzubauen.
Bevor die Initialisierung des gesamten Ringes beschrieben werden kann, muß erklärt werden, wie einzelne Stationen in einen bestehenden Ring aufgenommen
werden. Jede der bereits im Ring befindlichen Stationen fordert von Zeit zu Zeit
die Stationen, die neu in den Ring aufgenommen werden möchten, auf, sich inner-
halb eines festgelegten Zeitintervalls im Anschluß an die Aufforderung zu melden.
Falls sich daraufhin nur eine Station meldet, wird sie Nachfolger der auffordernden
Station. Melden sich mehrere Stationen, wird durch Polling mit logarithmischer
Suche wie in Abschnitt 4.5 beschrieben die Station mit der höchsten Adresse unter
allen Bewerbern bestimmt und in den Ring aufgenommen.
Der Aufbau eines völlig neuen Ringes oder die Reinitialisierung eines bestehenden
Ringes erfolgen im Prinzip nach denselben Verfahren. Hat eine erste Station über
eine genügend lange Zeit keinerlei Zugriffe auf den Bus beobachtet, erzeugt sie

sich ein Token und gibt dies auf dem Bus allgemein bekannt. Anschließend fordert sie andere Stationen, die ebenfalls in diesen logischen Ring möchten, auf, sich zu melden. Diese werden dann nach obigem Verfahren sukzessive in den Ring aufgenommen.

Ein weiteres Problem beim Token-Bus ist die Überwachung des Tokens. Durch Übertragungsfehler kann ein Token zerstört oder aus einer anderen Nachricht ein Token erzeugt werden. Das Token kann auch dadurch verloren gehen, daß eine Station genau in dem Moment durch einen Fehler ausfällt, in dem sie das Token besitzt.

Das Verschwinden des Tokens wird dadurch bemerkt, daß über eine festgelegte Zeitdauer hinweg keinerlei Kanalzugriffe mehr erfolgen. Die Station, die dies zuerst feststellt, erzeugt sich dann wie bei der Initialisierung des Ringes selbst ein Token und bringt dieses in Umlauf. Wenn mehrere Stationen dies gleichzeitig tun, resultiert daraus eine Kollision, die nach demselben Verfahren wie für die Neuaufnahme von Stationen in den Ring aufgelöst wird.

Sind auf einem logischen Ring gleichzeitig mehrere Tokens im Umlauf, wird dies daran bemerkt werden, daß eine Station zwar „das" Token besitzt, gleichzeitig aber eine andere Station den Bus für eine Übertragung benutzt. Für diesen Fall ist festgelegt, daß jede Station, die das Vorhandensein eines weiteren Tokens bemerkt, ihr eigenes Token vernichtet.

Wie man sieht, setzt keine dieser Regeln zur Aufrechterhaltung des logischen Ringes und zur Überwachung des Tokens eine vor allen anderen besonders ausgezeichnete Station voraus. Mit der Entscheidung für ein derart dezentral organisiertes Netz und für die Bustopologie wollte man mit dem Token-Bus nach IEEE 802.4 ein besonders robustes und störunempfindliches Kommunikationssystem entwickeln. Beim Token-Ring-Standard IEEE 802.5 stand dagegen nicht so sehr die Robustheit, sondern ein einfaches Systemkonzept im Vordergrund, weshalb man sich hier für eine etwas zentralistischere Variante des Token-Passings entschieden hat.

4.6.2 Token-Ring (IEEE 802.5)

Bild 4.20 zeigt schematisch den Aufbau eines Token-Rings. Im Token-Ring sind jeweils zwei benachbarte Stationen über Punkt-zu-Punkt-Verbindungen miteinander verbunden. Alle diese Verbindungen werden unidirektional und in derselben Umlaufrichtung im Ring betrieben. Jede Station empfängt die Daten der bei ihr ankommenden Leitung und sendet sie über ihre abgehende Leitung weiter, bis die Daten wieder beim Absender eintreffen. Um zu verhindern, daß der Ausfall einer Station den gesamten Ring lahmlegt, sind in den Interfaces Umschalter enthalten, mit denen eine abgeschaltete oder defekte Station automatisch überbrückt wird. Normalerweise und insbesondere auch beim Standard IEEE 802.5 stimmen die Reihenfolge der Stationen im physikalischen und im logischen Ring überein. Damit spart man sich gegenüber dem Token-Bus die explizite Weitergabe des Tokens in Form eines Steuerungsrahmens mit Absender- und Empfängeradresse etc. Statt

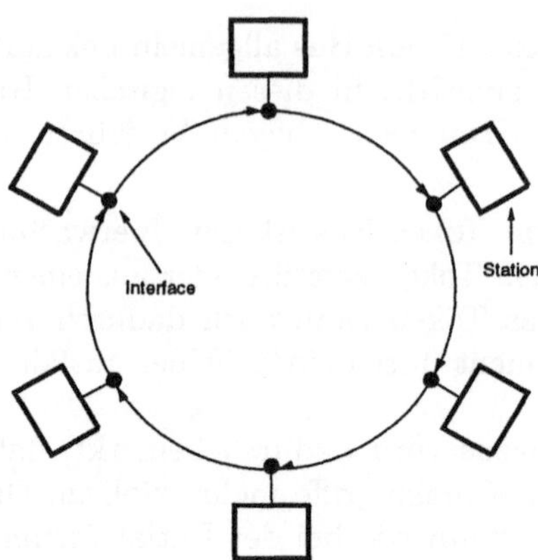

Bild 4.20: Schematischer Aufbau eines Token-Rings.

dessen hängt eine sendende Station, die ihre Sendeberechtigung weitergeben möchte, einfach als Token eine festgelegte Bitfolge an ihren letzten Datenrahmen an. Damit die Bitkombination eindeutig als Token identifiziert werden kann und nicht innerhalb der Daten auftreten kann, wendet man ein Bitstuffing, wie in Kapitel 3.3.2 beschrieben, an. Wenn die nächste Station im Ring das Token empfängt, braucht sie es nicht sofort wie die übrigen empfangenen Daten auf ihrer abgehenden Leitung weiterzusenden, sondern darf vorher ihre eigenen Sendedaten ersetzen.

Der Token-Ring hat, anders als der Token-Bus, keine Probleme mit dem Ein- und Ausschalten der Stationen: Die Reihenfolge der Stationen ist durch den physikalischen Ring festgelegt, wodurch die Adressierung des Tokens überflüssig wird, und durch die automatische Überbrückung abgeschalteter Stationen in den Interfaces gelangt das Token immer zur nächsten betriebsbereiten Station.

Statt dessen kann beim Token-Ring ein anderes Problem auftreten, das dem Token-Bus unbekannt ist: Da mit Ausnahme des Absenders alle Stationen empfangene Daten an die nächste Station weiterreichen, muß der Absender eines Rahmens dafür sorgen, daß er diesen Rahmen nach einem vollständigen Umlauf wieder aus dem Ring entfernt. Ist der Ring sehr groß, kann der Fall eintreten, daß eine Station einen kurzen Rahmen vollständig abgesandt hat, noch bevor der Rahmenanfang wieder bei ihr ankommt. Wenn die Station während dieser Zeit abstürzt, wird sie von ihrem Interface überbrückt, und der Rahmen läuft weiter im Ring herum. Neben diesem speziellen Problem großer Token-Ringe können auch die bereits vom Token-Bus bekannten Probleme des Tokenverlusts und der Entstehung mehrerer, gleichzeitig umlaufender Token auftreten. Als Lösung für diese Probleme hat man sich beim Standard IEEE 802.5, anders als bei IEEE 802.4, für eine zentrale Überwachung des Rings durch eine Monitor-Station entschieden. Wenn dieser Monitor über eine längere Zeit, in der das Token den Ring einmal umrundet haben müßte, kein Token mehr erhalten hat, ist es seine Aufgabe, ein neues zu generieren. Außerdem darf nur er in jedem bei ihm vorbeikommenden Rahmenheader das

Monitor-Bit setzen; empfängt er einen Rahmen mit bereits gesetztem Monitor-Bit, muß dieser offensichtlich auf seiner zweiten Runde durch den Ring unterwegs sein und wird daher entfernt. Grundsätzlich sind alle Stationen mit der Fähigkeit ausgestattet, Monitor zu werden. Wird die Monitor-Station abgeschaltet, einigen sich die übrigen Stationen untereinander so schnell wie möglich, welche von ihnen die Monitoraufgaben als nächstes übernehmen soll. Eine derartige, zentrale Monitor-Station mag die Konzeption des Netzes vereinfachen, da hierbei nicht in der Art und Weise Mißverständnisse aufkommen können wie bei einer dezentralen Verteilung dieser Aufgaben. Nachteile dessen sind jedoch, daß ein Ausfall der Monitor-Station bis zu ihrer Ersetzung durch eine andere Station den gesamten Ring betrifft, und daß Fehlfunktionen der Monitor-Station nicht von den übrigen Stationen bemerkt und korrigiert werden können.

4.7 DQDB und Register-Insertion-Ring

Neben dem Token-Passing gibt es noch weitere dezentral organisierte, wettbewerbsfreie Vielfachzugriffsverfahren, darunter den Register-Insertion-Ring und den „Distributed Queue Dual Bus" (DQDB). DQDB hängt eng mit dem ATM-Standard zusammen und wird daher in Verbindung mit diesem in Kapitel 10.5.1 vorgestellt.

Der Register-Insertion-Ring basiert auf derselben Netztopologie wie ein Token-Ring, siehe Bild 4.20. Genau wie beim Token-Ring gibt jede Station ankommende Daten, die nicht für sie bestimmt sind, an die nächste Station im Ring weiter. Will eine Station eigene Daten übertragen, wartet sie, bis das Ende des Rahmens, den sie gerade weitergibt, erreicht ist und trennt dann den Ring auf. Über ihre abgehende Leitung sendet sie ihre Daten an die nächste Station im Ring, während sie gleichzeitig auf ihrer ankommenden Leitung die Daten von ihrem Vorgänger im Ring entgegennimmt und speichert. Der Transitspeicher wird im Anschluß an ihre eigene Übertragung wieder geleert. Sobald die Gefahr besteht, daß der Speicher überläuft, müssen die eigenen übertragungsbereiten Datenrahmen einer Station warten.

Ein Register-Insertion-Ring kann einen höheren Durchsatz erzielen als ein Token-Ring und vermeidet den mit der Verwaltung des Tokens verbundenen Aufwand. Er ist jedoch nicht fair in dem Sinn, daß alle im Ring befindlichen Stationen die gleichen Übertragungschancen besitzen. Da jede Station ihren eigenen Datenverkehr bevorzugt behandelt, sind Stationen mit geringer Verkehrslast, die sich im Ring hinter einer Station mit hoher Last befinden, eindeutig im Nachteil. Ein klarer Vorteil des Register-Insertion-Ringes ist seine einfache Realisierung. Nicht übersehen werden darf allerdings dabei die Frage, was beim plötzlichen Ausfall einer Station infolge eines Fehlers mit dem Inhalt ihres Transitspeichers passiert. Eine Hardware-Lösung für dieses Problem ist vergleichsweise aufwendig; einfacher wäre es, den verlorengehenden Speicherinhalt durch ein ARQ-Protokoll (siehe Kapitel 5) erneut übertragen zu lassen. Vor- und Nachteile des Register-Insertion-Ringes lassen sich ohne Bezug zu einer konkreten Anwendung kaum gegeneinander aufrechnen; Tatsache ist jedoch, daß sich der Token-Ring weitaus größerer Beliebtheit erfreut als der Register-Insertion-Ring.

4.8   Übungsaufgaben

Aufgabe 4.1:
Man betrachte das Übertragungssystem mit Slotted Aloha gemäß Kapitel 4.2.3. Die Anzahl m von Knoten sei endlich, und ein Knoten darf keine neu eintreffenden Pakete annehmen, während er backlogged ist (sog. No-buffering-assumption).
Es seien n_k die Anzahl von Knoten, die zu Beginn des k. Slots backlogged sind, und $\overline{n}$ der Mittelwert von n_k über alle k. $\overline{n}$ hängt von der Kollisionsauflösungsstrategie ab; betrachten Sie es hier als gegeben.

   a) Bestimmen Sie die Anzahl $\overline{N}_a$ der akzeptierten Ankünfte pro Slot als Funktion von $\overline{n}$, m und q_a, wobei q_a die Ankunftsrate pro Knoten ist.

   b) Geben Sie die Wahrscheinlichkeit $\overline{P}_{succ}$, daß ein Slot erfolgreich zur Übertragung eines Paketes genutzt wird, in Abhängigkeit von $\overline{n}$, m und q_a an.
   Hinweis: In welchem Verhältnis stehen $\overline{N}_a$ und $\overline{P}_{succ}$ zueinander? Beachten Sie, daß beide Zeitmittelwerte sind.

   c) Wie groß ist im Mittel die Anzahl $\overline{N}_{sys}$ von Paketen im System unmittelbar nach Beginn eines neuen Slots, d. h. die Anzahl von backlogged Paketen plus die Neuankünfte im vorangegangenen Slot?

   d) Bestimmen Sie die mittlere Verzögerungszeit T vom Beginn des nächsten Slots nach dem Eintreffen eines Paketes bis zum Ende der erfolgreichen Übertragung am Ende eines Slots.
   Hinweis: Benutzen Sie Little's Theorem: $N = \lambda T$, wobei N die mittlere Anzahl von Paketen im System, λ die Eingaberate ins System und T die mittlere Bearbeitungszeit sind.

   e) Nehmen Sie an, die Strategie zur Kollisionsauflösung werde modifiziert, und $\overline{n}$ reduziere sich auf $\overline{n}' < \overline{n}$. Zeigen Sie, daß $\overline{N}_a$ und $\overline{P}_{succ}$ sich vergrößern, während $\overline{N}_{sys}$ und T sich verringern. Beachten Sie, daß die Verbesserung des Systems bezüglich einer dieser Parameter eine Verbesserung bezüglich aller Parameter bedeutet.

Aufgabe 4.2:
Welche Veränderungen sind an der Markovkette in Bild 4.5 vorzunehmen, wenn in einem Kommunikationsnetz mit Slotted–ALOHA–Protokoll der Capture–Effekt auftreten kann?

Aufgabe 4.3:
Betrachten Sie den Baum-Algorithmus gemäß Kapitel 4.3.1

a) Angenommen, es seien k Pakete an einer Kollision beteiligt: Wie groß ist die Wahrscheinlichkeit, daß i Pakete in Menge M_0 eingeordnet werden?

b) Sei A_k der Erwartungswert für die Anzahl von Slots, die bei einer Kollisionsauflösung benötigt werden, an der k Pakete beteiligt sind, wobei $A_0 = A_1 = 1$. Zeigen Sie, daß für $k \geq 2$ gilt:

$$A_k = 1 + \sum_{i=0}^{k} \binom{k}{i} 2^{-k} (A_i + A_{k-i})$$

c) Vereinfachen Sie die Gleichung aus b) auf die Form

$$A_k = c_{kk} + \sum_{i=0}^{k-1} c_{ik} A_i$$

und finden Sie die Koeffizienten c_{ik}. Berechnen Sie A_2 und A_3 numerisch.

Aufgabe 4.4:
Nehmen Sie an, daß zum Zeitpunkt k der FCFS-Algorithmus ein neues Intervall von $T(k)$ bis $T(k) + \alpha_0$ festlegt. Nehmen Sie weiter an, daß dieses Intervall vier Pakete enthält, die zu den Zeitpunkten $T(k) + 0{,}1\,\alpha_0$, $T(k) + 0{,}6\,\alpha_0$, $T(k) + 0{,}7\,\alpha_0$ und $T(k) + 0{,}8\,\alpha_0$ eintreffen.

a) Geben Sie die Intervalle für die nachfolgenden Zeitpunkte an, bis die Kollisionsauflösung beendet ist.

b) Geben Sie an, welche der Regeln gemäß Kapitel 4.3.2 bei der Festlegung dieser Intervalle angewendet werden.

c) Geben Sie den entsprechenden Weg durch die Markov-Kette an.

Aufgabe 4.5:
Stellen Sie die Funktionsweise von persistentem, non–persistentem und p–persistentem CSMA/CD als Flußdiagramm oder Struktogramm dar.

Aufgabe 4.6:
Gegeben sei ein Rechnernetz, bestehend aus $M = 100$ Rechnern, die über Koaxialkabel mit Bustopologie miteinander vernetzt sind.
Über das Kabel können $r_{\ddot{u}} = 20\,\text{Mbit/s}$ übertragen werden. Die Signalausbreitungsgeschwindigkeit sei $c = 2 \cdot 10^8\,\text{m/s}$.
Jeder Rechner erzeugt Datenpakete, deren Länge negativ-exponentiell verteilt ist und im Mittel 500 Byte beträgt. Der zeitliche Abstand zwischen der Erzeugung zweier aufeinanderfolgender Pakete sei ebenfalls negativ-exponentiell verteilt mit Mittelwert 40 ms.

a) Geben Sie die Gesamtankunftsrate λ_{ges} (von allen Rechnern gemeinsam) sowie die Bedienrate an.

b) Welche der Vielfachzugriffsprotokolle Aloha, Slotted Aloha, CSMA, CS-MA/CD können für das obige Netz verwendet werden?

Von nun an soll der Vielfachzugriff nach dem CSMA/CD-Protokoll erfolgen.

c) Wie groß darf die Leitungslänge zwischen zwei Rechnern maximal sein?

d) Wie groß ist die Verzögerungszeit T_V, wenn $\alpha = 0{,}12$ gilt?

Durch ein Frequenzmultiplexverfahren werden nun zwei getrennte Kanäle mit Übertragungsraten $r_{\ddot{u}} = 10\,\text{Mbit/s}$ eingerichtet. Die Leitungslängen bleiben unverändert. Wenn ein Rechner ein Paket erzeugt, wählt er zufällig mit gleicher Wahrscheinlichkeit einen der beiden Kanäle aus und führt innerhalb dieses Kanals das CSMA/CD-Protokoll aus.

e) Geben Sie für die beiden Kanäle Ankunfts- und Bedienrate sowie das Verkehrsangebot an. Wie groß ist α nach Einführung des Multiplex-Verfahrens, wenn vorher $\alpha = 0{,}12$ galt? Welche mittlere Verzögerungszeit T_V tritt nun auf?

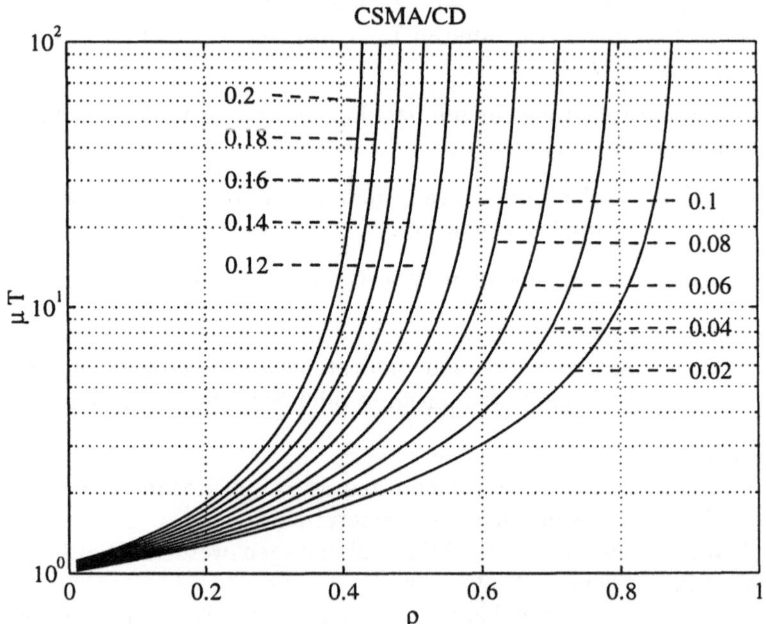

Bild 4.21: Zu Aufgabe 4.6.

5 Verfahren zur zuverlässigen Datenübertragung

Die Datenübertragung zwischen zwei Punkten ist in der Regel fehlerbehaftet, wobei die Häufigkeit der auftretenden Fehler (Bit-, Paket- und Rahmenfehler) von den Eigenschaften des zugrundeliegenden Übertragungskanals abhängig ist. Der Zweck bestimmt die Anforderung an die Zuverlässigkeit der Daten. Beispielsweise können bei der digitalen Sprachübertragung relativ viele Fehler toleriert werden, bei einer Zugsteuerung hingegen darf „überhaupt kein" Fehler auftreten.

Die in diesem Kapitel beschriebenen Verfahren findet man hauptsächlich in der LLC-Schicht, sie werden aber auch in anderen Schichten, wie beispielsweise in der Sitzungs- oder Transportschicht, eingesetzt.

Um eine gewisse Zuverlässigkeit der übertragenen Daten zu erzielen, gibt es zwei prinzipielle Ansätze:

1. **Fehlervorwärtskorrektur (forward error correction, FEC):**
   Den informationstragenden Daten wird Redundanz beigefügt, die die Korrektur bestimmter Fehlermuster ermöglicht. Die Menge der Redundanz bestimmt die Korrekturfähigkeit und kann mittels eines Protokolls an die Qualität des Kanals angepaßt werden, um die gewünschte Zuverlässigkeit der Daten zu erreichen.
   Treten zuviele Fehler auf, kann (je nach verwendetem Decodierverfahren) entweder überhaupt nicht decodiert werden oder es wird falsch decodiert.

2. **Fehlererkennung und Wiederholungsanforderung:**
   Auch hier wird den Informationsdaten Redundanz beigefügt, die jedoch nur zur Fehlererkennung benutzt wird. Im Falle eines erkannten Fehlers werden die Daten erneut angefordert. Dies wird als *Automatic Repeat Request* (ARQ)[1] bezeichnet.
   Dieses Verfahren akzeptiert ein ankommendes Paket irrtümlich, wenn der Fehler einer gültigen Redundanz-Daten-Kombination, d. h. einem gültigen Codewort, entspricht.

---

[1] Der Teil „RQ" der Abkürzung „ARQ" stammt von der Morse-Code-Bezeichnung für eine Wiederholungsanforderung

Das Prinzip von ARQ beruht darauf, daß ein Paket von einem Sender – im folgenden auch als DLC_A bezeichnet – zu einem Empfänger – bezeichnet mit DLC_B – übertragen wird. DLC_B überprüft, ob Information und Redundanz zueinander passen, d. h. ob ein gültiges Codewort vorliegt. In diesem Fall wird ein ACK (*acknowledge*) zu DLC_A übertragen und DLC_A darf mit der Übertragung des nächsten Datenpakets fortfahren. Wurde hingegen ein Übertragungsfehler festgestellt, d. h. es liegt kein gültiges Codewort vor, so wird ein NAK (*negative acknowledge*) zu DLC_A übertragen. DLC_A reagiert darauf mit einer Wiederholung des beanstandeten Pakets.

Da bei Verwendung von ACKs/NAKs die eindeutige Zuordnung zu einem Paket nicht immer gewährleistet werden kann, verwendet man stattdessen in der Praxis häufig die Nummer des nächsten erwarteten Pakets. Diese wird als RN (*request number*) bezeichnet, die Wiederholungsanforderung selbst als RQ (*request*).

Es ist intuitiv klar, daß bei sehr schlechtem Kanal (d. h. es treten viele Fehler auf) aufgrund häufiger Wiederholungsanforderungen mit ARQ kaum Daten übertragen werden können. Demgegenüber können mit FEC zumindest einige der aufgetretenen Fehler korrigiert werden. Auf der anderen Seite kann man mit ARQ bei gleicher Redundanz etwa doppelt so viele Fehler sicher erkennen, wie man mit FEC korrigieren kann. Um die Vorteile beider Verfahren zu nutzen, werden deshalb auch Kombinationen verwendet, die als *hybride* ARQ-Verfahren bezeichnet werden. Bei hybriden Verfahren vom Typ I wird ein FEC-Code benutzt, um häufig auftretende Fehlermuster zu korrigieren und weniger häufige Fehlermuster zu erkennen. Verfahren vom Typ II hingegen erlauben die Kombination von 2 Paketen, die der gleichen Information entsprechen. Ein fehlerhaft empfangenes Paket wird also nicht verworfen, sondern es wird eine weitere Version dieses Pakets beim Sender angefordert. Durch geeignete Kombination beider Pakete bzw. der darin enthaltenen Redundanz wird anschließend eine Decodierung versucht.

Um eine Analyse und Bewertung der ARQ-Verfahren vornehmen zu können, werden zunächst einige wichtige Prinzipien der fehlerkorrigierenden und -erkennenden Codierung eingeführt. Diese werden wir benutzen, um zunächst die reinen ARQ-Verfahren Stop-and-Wait, Go-back-N und Selective-Repeat einzuführen und zu analysieren, wobei wir jeweils sowohl den Fall eines fehlerfreien Rückkanals als auch den Fall eines fehlerhaften Rückkanals (d. h. ACKs können in RQs verfälscht werden und umgekehrt) betrachten werden. Die reinen ARQ-Verfahren bilden u.a. auch die Grundlage für die anschließend vorgestellten hybriden Verfahren. Abschließend wird das HDLC-Protokoll erörtert, das Grundlage für viele Protokolle, wie etwa LAPD bei ISDN [Tan96] darstellt. Weitere Informationen zu ARQ-Verfahren sind bspw. in [Wic95] und [LC83] zu finden.

5.1 Fehlerkorrigierende und fehlererkennende Codierung

Nachfolgend werden die wichtigsten Grundbegriffe und -prinzipien der fehlererkennenden und -korrigierenden Codierung eingeführt, soweit sie zum Verständnis und zur Analyse der ARQ-Protokolle benötigt werden. Für eine ausführliche und weitergehende Darstellung sei auf [Bos98] verwiesen.

Das Problem der Kanalcodierung kann durch das in Bild 5.1 gezeigte Modell beschrieben werden. Die Informationsfolge **i** des Senders wird durch einen Codierer in die Codefolge **c** umgewandelt. Durch eventuell auftretende Störungen im Kanal wird eine Folge **r** empfangen, aus der der Decodierer die mit größter Wahrscheinlichkeit gesendete Informationsfolge $\hat{\mathbf{i}}$ bestimmen muß. Dazu äquivalent ist, aus der empfangenen Folge **r** die Codefolge **c** bzw. die Fehlerfolge **f** zu bestimmen.

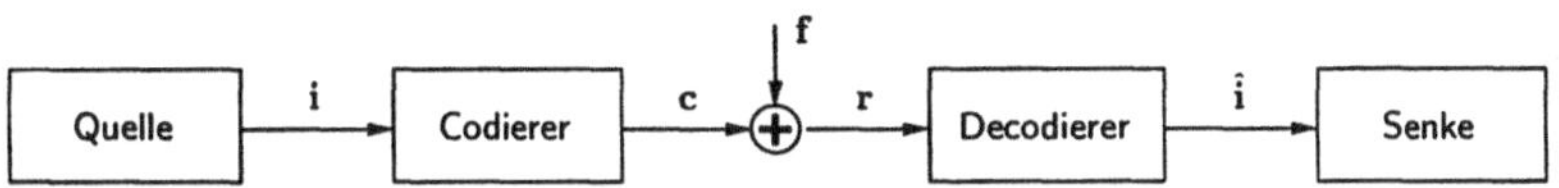

Bild 5.1: Digitales Übertragungssystem.

Der Kanal beschreibt verschiedenartige Gegebenheiten, z. B. Schreiben und Lesen auf bzw. von einem Speicher, Senden, Toleranzen von Herstellungsverfahren, Nebensprechen auf Leitungen, usw. Um diese Gegebenheiten zu abstrahieren, werden Kanalmodelle verwendet. Ist der Kanal gedächtnislos, d. h. die einzelnen empfangenen Codesymbole sind unabhängig voneinander, so kann er durch die Angabe der bedingten Wahrscheinlichkeit

$$P\left(r|c\right),$$

beschrieben werden, d. h. die Wahrscheinlichkeit, daß das Zeichen r empfangen wurde unter der Annahme, daß das Zeichen c gesendet wurde.

In Bild 5.2 ist das sehr einfache Modell des symmetrischen Binärkanals (*binary symmetric channel*, BSC) dargestellt.

Im folgenden wollen wir annehmen, daß die Folgen aus binären Zeichen 0 und 1 bestehen. Beim BSC wird eine gesendete 0 mit der Wahrscheinlichkeit p im Kanal verfälscht und als 1 empfangen, d. h. ein Fehler tritt auf, und mit der Wahrscheinlichkeit $1 - p$ korrekt übertragen; entsprechend symmetrisch für eine gesendete 1.

Wir können eine binäre Folge auch als Vektor mit binären Komponenten betrachten und bezeichnen im folgenden mit $\mathbb{F}_2^n$ die Menge aller möglichen binären Vektoren der Länge n.

Um zu gewährleisten, daß bei Rechenoperationen mit 0 und 1 als Ergebnis wiederum nur die Zeichen 0 und 1 entstehen, definieren wir das Rechnen modulo einer

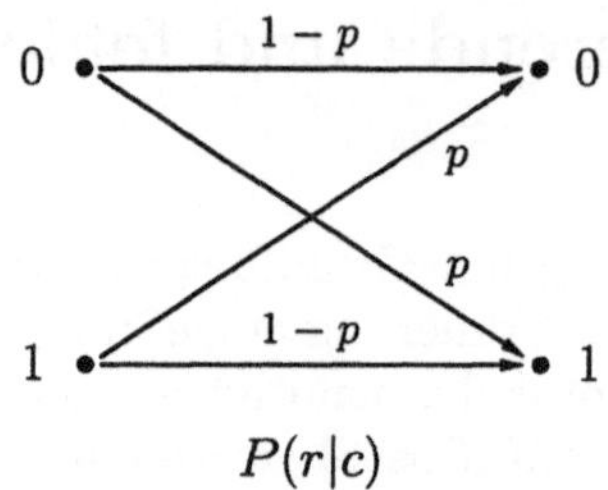

Bild 5.2: Symmetrischer Binärkanal (BSC).

Zahl. Hierbei werden Vielfache der Zahl 2 nicht berücksichtigt, und es gelten die folgenden Rechenregeln, die als EXOR-Verknüpfung realisiert werden können:

$$0 + 0 = 0 \quad \mathrm{mod}\ 2 \qquad 1 + 0 = 1 \quad \mathrm{mod}\ 2$$
$$0 + 1 = 1 \quad \mathrm{mod}\ 2 \qquad 1 + 1 = 0 \quad \mathrm{mod}\ 2$$

Insbesondere ist anzumerken, daß beim Rechnen modulo 2 Subtraktion und Addition identisch sind.

Definition 5.1 (Addition von binären Vektoren):
Die Addition $\mathbf{c} + \mathbf{a}$ *zweier binärer Vektoren* $\mathbf{c}, \mathbf{a} \in \mathbb{F}_2^n$ *ist definiert durch die Addition der j-ten Stellen* $c_j + a_j$, $j = 0, 1, \ldots, n-1$, *jeweils* mod 2.

Blockcode: Ein Blockcode $\mathcal{C}$ der Länge n ist eine Menge von Vektoren $\mathbf{c}$, die aus n Zeichen $c_0, c_1, \ldots, c_{n-1}$ bestehen. Jeder Blockcode kann durch unterschiedliche Codierer erzeugt werden. Ein möglicher Codierer für einen linearen Code (Definition 5.2) ordnet jeder Informationsfolge aus $k < n$ Zeichen $i_0, i_1, \ldots, i_{k-1}$ genau eine Codefolge zu, und k heißt Dimension des Codes. Die Anzahl der Redundanzzeichen ist $n - k$. Das Verhältnis k/n wird als *Coderate* bezeichnet. Werden ausschließlich binäre Zeichen verwendet, so spricht man von einem binären Blockcode, und die Symbole 0 und 1 werden auch das Alphabet des Codes genannt.

Beispiel 5.1 (Single-Parity-Check-Code, SPC-Code):
Die Codiervorschrift eines SPC-Codes (*single parity check code*) der Länge n lautet: Wähle die ersten $n-1$ Stellen $c_0, c_1, \ldots, c_{n-2}$ eines Codewortes $\mathbf{c} = (c_0, c_1, \ldots, c_{n-1})$ als die $n-1$ Informationszeichen $i_0, i_1, \ldots, i_{n-2}$ und die $(n-1)$-te Stelle c_{n-1}, so daß gilt: $\sum_{j=0}^{n-2} i_j + c_{n-1} = 0 \mod 2$. Für $n = 3$ ergeben sich die folgenden Codewörter:

i_0	i_1	c_2
0	0	0
0	1	1
1	0	1
1	1	0

Beispiel 5.2 (Wiederholungscode, RP-Code):
Ein binärer Wiederholungscode (*repetition code*) der Länge n besteht aus zwei Codewörtern, dem Nullwort $c_0 = c_1 = \ldots = c_{n-1} = 0$ und dem Alleinsenwort $c_0 = c_1 = \cdots = c_{n-1} = 1$.

Definition 5.2 (Linearer Code):
Ein Code C ist linear, wenn die lineare Verknüpfung (z. B. die Addition) von Codewörtern wieder ein Codewort ist.

Auch Parity-Check-Codes (Beispiel 5.1) und Wiederholungscodes (Beispiel 5.2) sind lineare Codes.

5.1.1 Gewicht, Distanz

Definition 5.3 (Hamming-Gewicht):
Das (Hamming-) Gewicht eines Vektors $\mathbf{c}$ ist die Anzahl der von 0 verschiedenen Elemente von $\mathbf{c}$:

$$\mathrm{wt}(\mathbf{c}) = \sum_{j=0}^{n-1} \mathrm{wt}(c_j) \quad mit \quad \mathrm{wt}(c_j) = \left\{ \begin{array}{ll} 0, & c_j = 0 \\ 1, & c_j \neq 0 \end{array} \right. .$$

Definition 5.4 (Hamming-Distanz):
Die (Hamming-) Distanz zweier Vektoren $\mathbf{a}$, $\mathbf{c}$ ist die Anzahl der unterschiedlichen Elemente von $\mathbf{a}$ und $\mathbf{c}$:

$$\mathrm{dist}(\mathbf{a},\mathbf{c}) = \sum_{j=0}^{n-1} \mathrm{wt}(a_j + c_j) \quad mit \quad \mathrm{wt}(a_j + c_j) = \left\{ \begin{array}{ll} 0, & c_j = a_j \\ 1, & c_j \neq a_j \end{array} \right. ,$$

$$\mathrm{dist}(\mathbf{a},\mathbf{c}) = \mathrm{wt}\,(\mathbf{a}+\mathbf{c}) .$$

Definition 5.5 (Gewichtsverteilung):
Die Gewichtsverteilung $W = (w_0, w_1, \ldots, w_n)$ eines Codes C der Länge n gibt an, wieviele Codewörter (w_j) mit Gewicht j existieren.

Für lineare Codes C gilt immer $w_0 = 1$, d. h. das Nullwort muß ein Codewort sein, wegen $\mathbf{c} + \mathbf{c} = \mathbf{0} \in C$. Außerdem ist die Gewichtsverteilung eines linearen Codes gleich der Distanzverteilung, d. h. die Hamming-Distanzen eines beliebigen Codewortes zu allen anderen Codeworten.

Beispiel 5.3 (Gewichtsverteilung):
Die Gewichtsverteilung des Parity-Check-Codes der Länge $n = 3$ aus Beispiel 5.1 ist:

$$W = (1, 0, 3, 0) .$$

Die Gewichtsverteilung eines Wiederholungscodes der Länge n aus Beispiel 5.2 ist:

$$w_0 = 1, \quad w_n = 1, \quad w_j = 0, \ \forall\, j = 1, \ldots, n-1 .$$

Mindestdistanz und Fehlerkorrigierbarkeit/-erkennbarkeit

Definition 5.6 (Mindestdistanz):
Die Mindestdistanz d eines Codes C ist die minimale Distanz zweier unterschied-licher Codewörter:

$$d = \min_{\substack{\mathbf{a},\mathbf{c}\in C \\ \mathbf{a}\neq\mathbf{c}}} \{\text{dist}(\mathbf{a},\mathbf{c})\}\,.$$

Für lineare Codes ist die Mindestdistanz gleich dem minimalen Gewicht:

$$d = \min_{\substack{\mathbf{a},\mathbf{c}\in C \\ \mathbf{a}\neq\mathbf{c}}} \{\text{wt}(\mathbf{a}+\mathbf{c})\} = \min_{\substack{\mathbf{c}\in C \\ \mathbf{c}\neq\mathbf{0}}} \{\text{wt}(\mathbf{c})\}\,.$$

Die Eigenschaft *Mindestdistanz gleich Minimalgewicht* ist sehr wichtig, da sie benutzt werden kann, um Codes mit bestimmtem Minimalgewicht zu konstruieren. Dies ist in der Regel sehr viel einfacher, als Codes mit bestimmter Mindestdistanz zu konstruieren. Außerdem kann man die Gewichtsverteilung linearer Codes stets in der Form

$$W = (w_0, 0, \ldots, 0, w_d, \ldots, w_n)$$

angeben, d. h. es existieren keine Codewörter (außer dem Null-Codewort) vom Gewicht kleiner als d.

Wieviele Fehler kann man mit einem Code C korrigieren?
Dazu betrachten wir zwei Codewörter, die die Mindestdistanz d besitzen. Ist ein Fehler in einem Codewort aufgetreten, so hat das empfangene Wort die Distanz 1 zum Codewort. Der n-dimensionale Raum ist natürlich nicht auf Papier darstellbar, wir wollen aber zur Veranschaulichung folgende Hilfsdarstellung wählen: Zwei benachbarte Punkte haben die Hamming-Distanz 1. Damit kann nun der Sachverhalt der Fehlerkorrigierbarkeit in Bild 5.3 dargestellt werden.

Im linken Teil des Bildes 5.3 ist die Hamming-Distanz d zwischen $\mathbf{a}$ und $\mathbf{c}$ gleich 3. Gemäß der Definition der Mindestdistanz gilt damit, daß die Hamming-Distanz zwischen beliebigen Codewörtern ≥ 3 ist. Legen wir nun *Kugeln* um die Codewörter, in denen alle Vektoren mit der Hamming-Distanz 1 enthalten sind, so erkennt man im linken Teil von Bild 5.3, daß sich die Kugeln nicht überlappen, wenn die Mindestdistanz $d = 3$ ist. Man kann damit jeden Vektor mit der Hamming-Distanz ≤ 1 eindeutig einem Codewort zuordnen.

Im rechten Teil von Bild 5.3 ist die Mindestdistanz $d = 4$. Der Vektor mit der Distanz 2 zu $\mathbf{a}$ und $\mathbf{c}$ kann nicht eindeutig $\mathbf{a}$ oder $\mathbf{c}$ zugeordnet werden. Wir können daher auch im Falle $d = 4$ nur alle Vektoren mit der Distanz ≤ 1 eindeutig einem Codewort zuordnen.

Wir wollen nun diese Überlegungen verallgemeinern. Ein empfangener Vektor $\mathbf{r} = \mathbf{c} + \mathbf{f}$ mit $\mathbf{c} \in C$ und $\mathbf{f}$ als Fehlervektor kann solange eindeutig dem Codewort $\mathbf{c}$

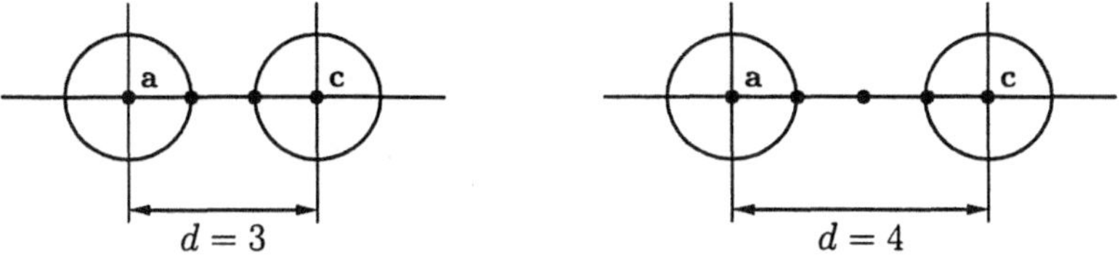

Bild 5.3: Hamming-Distanzen.

zugeordnet werden, solange für die Distanz zu einem beliebigen anderen Codewort $\mathbf{a} \in C$ gilt:

$$\begin{aligned} \mathrm{dist}(\mathbf{c}, \mathbf{c} + \mathbf{f}) \;&<\; \mathrm{dist}(\mathbf{a}, \mathbf{c} + \mathbf{f})\,, \\ \text{oder:}\quad \mathrm{wt}(\mathbf{f}) \;&<\; \mathrm{wt}(\mathbf{a} + \mathbf{c} + \mathbf{f})\,, \\ \text{daraus folgt:}\quad \mathrm{wt}(\mathbf{f}) \;&\leq\; \left\lfloor \frac{d-1}{2} \right\rfloor\,, \end{aligned}$$

wobei $\lfloor x \rfloor$ die größte ganze Zahl ist, die kleiner oder gleich x ist. Ist d ungerade, so ist $\lfloor \frac{d-1}{2} \rfloor = \frac{d-1}{2}$, und falls d gerade ist, so gilt $\lfloor \frac{d-1}{2} \rfloor = \frac{d-2}{2}$.
Bei den Überlegungen ist vorausgesetzt, daß weniger Fehler wahrscheinlicher sind als viele und deshalb als Decodierentscheidung das Codewort mit geringster Distanz zum empfangenen Wort gewählt wird.

Die einzelnen Fälle, die bei der Erkennung bzw. Korrektur von Fehlern auftreten können, kann man wie folgt zusammenfassen: Es seien $\mathbf{c}$ das gesendete Codewort und $\mathbf{f}$ der tatsächlich aufgetretene Fehlervektor sowie $\hat{\mathbf{c}}$ bzw. $\hat{\mathbf{f}}$ die entsprechenden Schätzwerte. Dann gilt für die

Erkennung:	$\mathbf{c} + \mathbf{f} \notin C$	korrekte Erkennung
	$\mathbf{c} + \mathbf{f} \in C,\ \mathbf{f} = 0$	korrekte Erkennung
	$\mathbf{c} + \mathbf{f} \in C,\ \mathbf{f} \in C$	keine Erkennung
	$\mathbf{c} = \hat{\mathbf{c}},\ \mathbf{f} = \hat{\mathbf{f}}$	korrekte Korrektur
Korrektur:		Decodierversagen
	$\mathbf{c} \neq \hat{\mathbf{c}},\ \mathbf{f} \neq \hat{\mathbf{f}}$	falsche Korrektur

Beispiel 5.4 (Mindestdistanz):
Der Parity-Check-Code von Beispiel 5.1 hat die Mindestdistanz $d = 2$ und damit: $\lfloor \frac{d-1}{2} \rfloor = 0$. Mit einem PC-Code können also keine Fehler korrigiert werden, aber jede ungerade Fehleranzahl wird erkannt, da die Prüfsumme $\neq 0$ ist.

Beispiel 5.5 (Mindestdistanz):
Der Wiederholungscode von Beispiel 5.2 hat die Mindestdistanz $d = n$, also:

$$\left\lfloor \frac{d-1}{2} \right\rfloor = \left\lfloor \frac{n-1}{2} \right\rfloor = \begin{cases} \frac{n-1}{2}, & n \text{ ungerade} \\ \frac{n-2}{2}, & n \text{ gerade} \end{cases} .$$

Im Falle eines BSC (Bild 5.2) lautet die Decodiervorschrift für einen Wiederholungscode: Zähle die Anzahl der Nullen im empfangenen Wort. Ist sie größer als $\left\lfloor \frac{n-1}{2} \right\rfloor$, so decodiere 0, sonst 1. Bei Gleichheit, d. h. $\frac{n}{2}$, ist die Entscheidung beliebig (dies ist nur für gerade n möglich).

Definition 5.7 (Linearer Blockcode, Fehlerkorrekturfähigkeit):
Ein Code $\mathcal{C}(n, k, d)$ ist ein linearer Blockcode der Länge n, der Dimension k, d. h. im binären Fall existieren 2^k Codewörter, und der Mindestdistanz d. Mit $\mathcal{C}$ können kleiner gleich $e = \left\lfloor \frac{d-1}{2} \right\rfloor$ Fehler eindeutig korrigiert oder kleiner gleich $d - 1$ Fehler eindeutig erkannt werden.

Anmerkung: Die Fehlererkennbarkeit gemäß dieser Definition ist als Schranke zu interpretieren, d. h. Fehler mit $\mathrm{wt}(\mathbf{f}) = t \leq d - 1$ können **immer** erkannt werden. In bestimmten Fällen können jedoch auch Fehler mit $\mathrm{wt}(\mathbf{f}) > d$ erkannt werden, nämlich genau dann, wenn $\mathbf{f} \notin \mathcal{C}$.

Hamming-Schranke

Die Frage, wieviele Codewörter bei gegebener Mindestdistanz d und Länge n existieren können, ist ein zentrales Problem der Kanalcodierung. Dabei sind zwei Fragestellungen möglich: Zum einen, wieviele Codewörter *höchstens* existieren können und zum anderen, wieviele *mindestens* existieren können, d. h. obere und untere Schranken. Die Hamming-Schranke ist eine obere Schranke. Zu einem Vektor $\mathbf{c} \in \mathcal{C}(n, k, d)$ gibt es $\binom{n}{1}$ Vektoren mit der Distanz 1, $\binom{n}{2}$ Vektoren mit Distanz 2, usw. Dabei ist $\binom{n}{t}$ definiert als:

$$\binom{n}{t} = \frac{n!}{t!(n-t)!} = \frac{n \cdot (n-1) \cdots (n-t+1)}{t \cdot (t-1) \cdots 1} .$$

Insgesamt gibt es 2^n binäre Vektoren der Länge n.

Satz 5.1 (Hamming-Schranke):
Für einen binären Code $\mathcal{C}(n, k, d)$ muß gelten:

$$2^k \cdot \left(1 + \binom{n}{1} + \cdots + \binom{n}{e} \right) \leq 2^n \quad mit \quad e = \left\lfloor \frac{d-1}{2} \right\rfloor .$$

Anschaulich bedeutet dies (siehe auch Bild 5.4): Man legt um die Codewörter Korrekturkugeln mit möglichst großem Radius derart, daß sich keine Kugeln überlappen. Der maximale Radius wird durch die halbe Mindestdistanz begrenzt (vergleiche Bild 5.3). Alle Vektoren, die innerhalb der Korrekturkugeln liegen, können

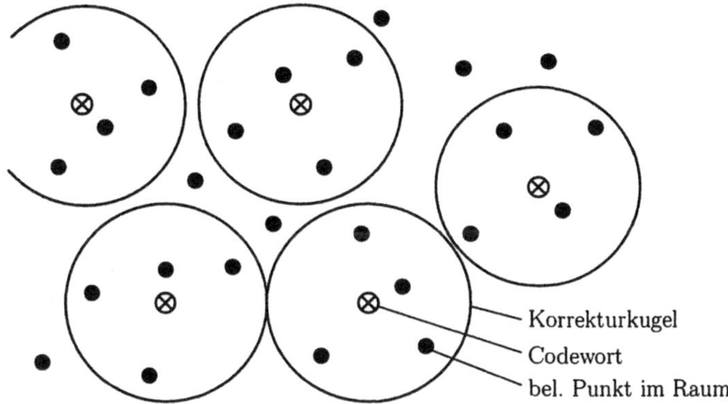

Bild 5.4: Beispiel für die Bedeckung des Raumes mit Codewörtern, anderen Vektoren und Korrekturkugeln.

eindeutig einem Codewort, das dem Mittelpunkt der Kugel entspricht, zugeordnet werden.

Die Hamming-Schranke vergleicht die Anzahl der Vektoren, die eindeutig einem Codewort zugeordnet werden können, mit der Anzahl aller möglichen Vektoren von $\mathbb{F}_2^n$. Sie läßt daher eine Aussage zu, wie „gut" der Raum durch Korrekturkugeln überdeckt ist. Die Hamming-Schranke wird im englischen Sprachgebrauch deshalb auch als *sphere packing bound* bezeichnet. Bei einem perfekten Code überdecken die Korrekturkugeln den gesamten Raum, d. h. alle Vektoren liegen innerhalb einer Korrekturkugel.

Definition 5.8 (Perfekter Code):
Gilt für einen Code $C(n, k, d)$ Gleichheit in der Hamming-Schranke von Satz 5.1, so heißt der Code perfekt.

Das Beispiel in Bild 5.4 stellt also einen nicht perfekten Code dar.

Beispiel 5.6 (Hamming-Schranke):
Für den Parity-Check-Code von Beispiel 5.1 lautet die Hamming-Schranke: $k = n - 1$, $e = 0$,

$$2^{n-1}(1) < 2^n \ ,$$

d. h. der Code ist nicht perfekt.

Für den Wiederholungscode der Länge $n = 3$ (Beispiel 5.2) lautet sie: $k = 1$, $e = 1$,

$$2^1 \cdot \left(1 + \binom{3}{1} \right) = 2^1 \cdot 4 = 8 = 2^3,$$

d. h. der Code ist perfekt.

5.1.2 Codierung

Wird ein Code $\mathcal{C}(n, k, d)$ mittels seines Generatorpolynoms $g(x)$ vom Grad $n - k$ beschrieben[2], so läßt sich die Codierung, d. h. die Abbildung eines Informationsvektors $\mathbf{i}$ in einen Codevektor $\mathbf{c}$ auf verschiedene Arten durchführen [Bos98].
Wir wollen hier nur zwei Methoden vorstellen, nämlich

1. **Multiplikation mit dem Generatorpolynom:**
   Die k Informationsstellen sind die Koeffizienten des Polynoms $i(x) = i_0 + i_1 x + \ldots + i_{k-1} x^{k-1}$; das Codewort $c(x)$ ergibt sich durch Multiplikation mit dem Generatorpolynom:

$$c(x) = i(x) \cdot g(x).$$

2. **Division durch das Generatorpolynom:**
   Die k Informationsstellen sind $c_{n-k}, c_{n-k+1}, \ldots, c_{n-1}$; die $n - k$ Prüfstellen werden durch Division mit Rest wie folgt berechnet:

$$\left(c_{n-1} x^{n-1} + \ldots + c_{n-k} x^{n-k}\right) : g(x) = a(x), \ \text{Rest:} \operatorname{rest}(x)$$

Das Codewort wird dann gebildet als

$$c(x) = c_{n-1} x^{n-1} + \ldots + c_{n-k} x^{n-k} - \operatorname{rest}(x).$$

Es gilt $\operatorname{grad}\{\operatorname{rest}(x)\} < \operatorname{grad}\{g(x)\}$.

Definition 5.9 (Systematische Codierung):
Die Abbildung von Informationszeichen auf ein Codewort heißt systematisch, wenn die k Informationszeichen unverändert ein Teil des Codewortes sind, d. h. Informations- und Redundanzzeichen getrennt sind.

Die zweite Methode führt eine systematische Codierung der Daten gemäß Definition 5.9 durch.
Von besonderer Wichtigkeit im Hinblick auf ARQ-Verfahren sind die sogenannten *Cyclic Redundancy Check (CRC) Codes.*
Die Codierung wird hierbei systematisch gemäß Methode 2 durchgeführt. Einige häufig verwendete CRC-Polynome und ihre gebräuchliche Bezeichnung sind in Tabelle 5.1 aufgeführt.

In der Praxis wird die Codierung mittels sogenannter *Schieberegister* durchgeführt (siehe Bild 5.5). Jedes Rechteck stellt eine Speicherzelle für ein Bit dar, die eingekreisten + sind Additionen modulo 2. Die großen Kreise entsprechen Multiplikationen mit den jeweiligen Koeffizienten g_i des Generatorpolynoms.
Anfangs wird das Schieberegister mit den ersten $n - k$ Bits des Informationspolynoms „geladen". Bei jedem Zeitschritt wird ein neues Bit in das Schieberegister

---

[2]In der Literatur findet man häufig statt des Polynoms $g(x)$ die Schreibweise $g(D)$, wobei D einen Verzögerungsoperator darstellt.

Tabelle 5.1: Gebräuchliche CRC-Polynome.

Polynom $g(x)$	Bezeichnung
$x^{16} + x^{15} + x^2 + 1$	CRC-16
$x^{16} + x^{12} + x^5 + 1$	CRC-CCITT
$x^{32} + x^{26} + x^{23} + x^{22} + x^{16} + x^{12} + x^{11} +$ $x^{10} + x^8 + x^7 + x^5 + x^4 + x^2 + x^1 + 1$	CRC-32

geschoben, die entsprechenden Rechenoperationen werden ausgeführt und rechts wird ein Bit ausgelesen. Nach k Schiebeoperationen wird der Schalter in die horizontale Position gekippt und der Divisionsrest (CRC) wird ausgelesen.

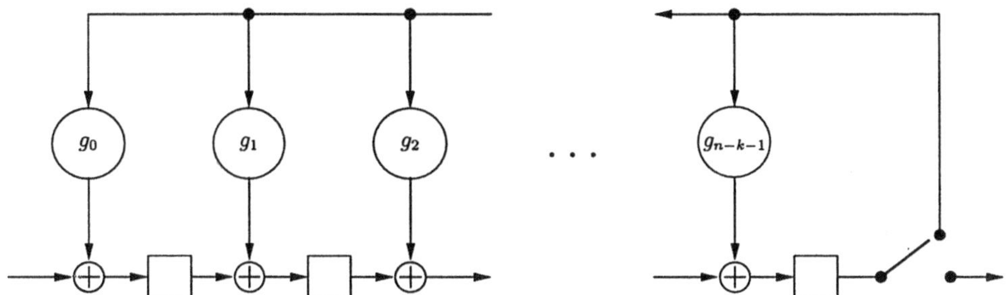

Bild 5.5: Schieberegister zur Polynomdivision und Ermittlung des Rests.

5.1.3 Decodierprinzipien

Das Ergebnis einer Decodierung ist entweder korrekt oder falsch, oder aber die Decodierung liefert kein Ergebnis. Man spricht von korrekt korrigiert, falsch korrigiert und Decodierversagen.

Mögliche Decodierergebnisse:

- Korrekte Decodierung:
  Das gesendete Codewort ist gleich dem decodierten Codewort, d. h. der Decodierer hat den im Kanal aufgetretenen Fehler korrigiert bzw. erkannt.

- Falsche Decodierung:
  Das gesendete Codewort ist ungleich dem decodierten Codewort, d. h. der Decodierer hat zwar korrigiert, aber er hat einen Fehler berechnet, der nicht

dem im Kanal aufgetretenen Fehler entspricht. Ist der im Kanal aufgetretene Fehler z. B. ein gültiges Codewort, so wird jeder Decodierer eine falsche Decodierung durchführen.

- Decodierversagen:
  Der Decodierer findet keine Lösung. Dieser Fall kann bei bestimmten Decodierprinzipien eintreten.

Der Decodierer kann nicht wissen, ob eine korrekte oder falsche Decodierung erfolgt ist. Dagegen wird ein Decodierversagen bemerkt.

Ist ein Code $\mathcal{C}(n, k, d)$ gegeben und ein empfangenes Wort $\mathbf{r} \notin \mathcal{C}$ liegt vor, so können verschiedene Decodierprinzipien gewählt werden. Es sei $\mathbf{r}$ empfangen mit $\mathbf{r} = \mathbf{c} + \mathbf{f}$ mit $\mathbf{c} \in \mathcal{C}$ und $\mathbf{f}$ als Fehlervektor. Wenn der Decodierer eine Entscheidung $\hat{\mathbf{c}}$ als gesendetes Codewort findet, was gleichbedeutend ist mit $\hat{\mathbf{f}}$ als Fehler, so gilt:

$$\mathbf{c} + \mathbf{f} = \mathbf{r} = \hat{\mathbf{c}} + \hat{\mathbf{f}} \ .$$

Bei korrekter Decodierung ist $\mathbf{c} = \hat{\mathbf{c}}$ (bzw. $\mathbf{f} = \hat{\mathbf{f}}$) und bei falscher $\mathbf{c} \neq \hat{\mathbf{c}}$ (bzw. $\mathbf{f} \neq \hat{\mathbf{f}}$).

Anmerkung: Bei den folgenden Decodierprinzipien werden ausschließlich ein BSC und Hamming-Metrik zugrunde gelegt.

Mögliche Decodierprinzipien:

- Fehlererkennung:

  Die Decodierung ist hier eine Überprüfung, ob ein empfangenes Wort $\mathbf{r}$ ein Codewort ist oder nicht, d. h. es wird nur getestet, ob $\mathbf{r} \in \mathcal{C}$ ist. Für $\mathbf{r} \notin \mathcal{C}$ wird dann korrekt decodiert (erkannt). Für $\mathbf{f} = \mathbf{0}$ wird ebenfalls korrekt korrigiert, und für $\{\mathbf{f} \in \mathcal{C}, \mathbf{f} \neq \mathbf{0}\}$ wird falsch korrigiert. Ein Decodierversagen kann hier nicht auftreten.

  $\mathbf{r} \in \mathcal{C}$, d. h. $\mathbf{r}$ ist ein Codewort, gilt immer dann, wenn die Division $r(x)/g(x)$ ohne Rest durchführbar ist.

- Maximum-Likelihood-Decodierung (ML):

  Ein empfangenes Wort $\mathbf{r}$ wird als das Codewort $\hat{\mathbf{c}}$ decodiert, das mit größter Wahrscheinlichkeit gesendet worden ist, d. h.

$$P(\mathbf{r}|\hat{\mathbf{c}}) = \max_{\mathbf{a} \in \mathcal{C}} P(\mathbf{r}|\mathbf{a}) \ .$$

Falls mehrere Codewörter mit gleicher Wahrscheinlichkeit existieren, so wird zufällig entschieden. Im Falle des symmetrischen Binärkanals bedeutet dies, daß dasjenige Codewort $\hat{\mathbf{c}}$ decodiert wird, das die kleinste Hamming-Distanz zu $\mathbf{r}$ besitzt. Bei der ML-Decodierung gibt es kein Decodierversagen, sondern nur korrekte oder falsche Decodierung.

- Symbolweise Maximum-a-posteriori-Decodierung (s/s-MAP):

  Hier wird ein einziges Symbol c_i des Codes betrachtet und die Wahrscheinlichkeit berechnet, mit der dieses Symbol 0 bzw. 1 ist. Die Entscheidung erfolgt dann für jedes Symbol separat. Sind alle n Codesymbole entschieden, so muß der Vektor $(c_0, c_1, \ldots, c_{n-1})$ – im Gegensatz zur ML-Decodierung – kein gültiges Codewort sein. In diesem Falle müssen wir unterscheiden, ob der Code in systematischer Form vorliegt oder nicht. Bei systematischer Codierung können wir nur die Informationssymbole entscheiden und damit kann kein Decodierversagen auftreten. Dagegen liegt Decodierversagen vor, wenn die entschiedenen Symbole bei nichtsystematischer Form kein Codewort bilden.

- Begrenzte-Mindestdistanz-Decodierung (BMD, *bounded minimum distance decoding*):

  Es wird nur decodiert, falls sich **r** innerhalb einer Korrekturkugel mit Radius $\lfloor \frac{d-1}{2} \rfloor$ befindet. Hier können alle drei möglichen Ausgänge der Decodierung auftreten: korrekte Decodierung, falsche Decodierung und Decodierversagen. Der Begriff Begrenzte-Distanz-Decodierung wird verwendet, falls die Korrekturkugeln einen Radius kleiner als $\lfloor \frac{d-1}{2} \rfloor$ aufweisen.

  Anmerkung: Es existieren auch Decodierer, die über die halbe Mindestdistanz decodieren und dennoch keine ML-Decodierer sind.

Beispiel 5.7 (Fehlererkennung bei CRC-Code):
Als Generatorpolynom eines CRC-Codes wird $g(x) = x^4 + x + 1$ verwendet. Es werden die zwei Wörter $r_1(x) = x^{10} + x^8 + x^4 + x^3$ und $r_2(x) = x^{10} + x^8 + x^7 + x^4 + x^3 + x$ empfangen. Um zu überprüfen, ob $r_1(x)$ bzw. $r_2(x)$ gültige Codwörter sind, wird jeweils die Polynomdivdision durch $g(x)$ durchgeführt. Man erhält:

$$r_1(x) = (x^4 + x + 1)(x^6 + x^4 + x^3 + x^2 + x + 1) + x^3 + 1$$

und

$$r_2(x) = (x^4 + x + 1)(x^6 + x^4 + x^2 + x) + 0\,.$$

Bzgl. $r_1(x)$ erhält man den Divisionsrest $x^3 + 1$, damit ist $r_1(x)$ kein gültiges Codewort. Demgegenüber ist die Division $r_2(x)/g(x)$ ohne Rest durchführbar und $r_2(x)$ stellt ein gültiges Codewort dar.

5.1.4   Fehlerwahrscheinlichkeit

Definition 5.10 (Restfehlerwahrscheinlichkeit):
Die Restblockfehlerwahrscheinlichkeit P_{block} gibt an, mit welcher Wahrscheinlichkeit ein gesendetes Codewort nicht dem decodierten Codewort entspricht (falsche Decodierung und Decodierversagen). Entsprechend gibt die Restbitfehlerwahrscheinlichkeit P_{bit} an, mit welcher Wahrscheinlichkeit ein gesendetes Informationsbit nicht dem decodierten Informationsbit entspricht.

Zur Berechnung der Fehlerwahrscheinlichkeit müssen die drei Fälle, „korrigiert", „nicht korrigiert" und „falsch korrigiert" unterschieden werden. Wie schon beschrieben, liegt eine Falschkorrektur dann vor, wenn $\mathbf{c}$ gesendet wurde und $\text{dist}(\mathbf{c}+\mathbf{f},\mathbf{c}) > \text{dist}(\mathbf{c}+\mathbf{f},\mathbf{b})$ ist, $\mathbf{c},\mathbf{b} \in \mathcal{C}$, $\mathbf{f}$ Fehler, z.B. wenn $\mathbf{f} \in \mathcal{C}$, $\mathbf{f} \neq \mathbf{0}$ gilt.

Wir wollen nun im Falle des symmetrischen Binärkanals von Bild 5.2 und eines Codes $\mathcal{C}(n,k,d)$ für die drei Decodierprinzipien (Fehlererkennung, BMD und ML-Decodierung) die Restblockfehlerwahrscheinlichkeit bestimmen. Für die Decodierung über die halbe Mindestdistanz hinaus kann die Restfehlerwahrscheinlichkeit nicht angegeben werden, da sie vom Decodierverfahren abhängt. Ähnliches gilt für die s/s-MAP-Decodierung. Für den BSC ist die Wahrscheinlichkeit, daß bei der Übertragung von n Binärzeichen bestimmte t Zeichen fehlerhaft sind:

$$p(t) = p^t(1-p)^{n-t} \ .$$

Es gibt $\binom{n}{t}$ verschiedene Vektoren, in denen genau t Zeichen fehlerhaft sind. Die Wahrscheinlichkeit für t beliebige Fehler in n Stellen ist:

$$\binom{n}{t} \cdot p(t) = \binom{n}{t} p^t(1-p)^{n-t} \ .$$

Fehlererkennung: Es tritt genau dann ein Decodierfehler auf, wenn der Fehler ein Codewort ist. Sei W die Gewichtsverteilung des Codes, so gilt:

$$P_{\text{Fblock}} = \sum_{j=1}^{n} w_j p^j(1-p)^{n-j} \ .$$

Für $p = \frac{1}{2}$ geht dieser Wert über in

$$P_{\text{Fblock}} = \sum_{j=1}^{n} w_j \left(\frac{1}{2}\right)^n = \left(\frac{1}{2}\right)^n \cdot \sum_{j=1}^{n} w_j = \left(\frac{1}{2}\right)^n (2^k - 1) \approx \frac{1}{2^{n-k}} \ .$$

Anschaulich bedeutet dies: Werden zufällig Vektoren aus $\mathbb{F}_2^n$ ausgewählt, so bestimmt das Verhältnis von Codewörtern zu Vektoren im Raum die Wahrscheinlichkeit, daß ein ausgewählter Vektor ein Codewort ist. Es gilt insbesondere, daß $P_{\text{Fblock}} \leq \frac{1}{2^{n-k}}$ für $p \leq \frac{1}{2}$ ist.

Beispiel 5.8 (Fehlererkennung):
Die Gewichtsverteilung des Parity-Check-Codes der Länge $n = 3$ ist in Beispiel 5.3 zu $W = (1,0,3,0)$ angegeben. Damit errechnen wir:

$$P_{\text{Fblock}} = \sum_{j=1}^{3} w_j p^j(1-p)^{n-j} = 3p^2(1-p) \ .$$

BMD-Decodierverfahren: Es gilt:

$$P_{\text{block}} = \sum_{j=e+1}^{n} \binom{n}{j} p^j (1-p)^{n-j} \, ,$$

denn ein BMD-Verfahren kann nur Fehler mit Gewicht kleiner gleich $e = \lfloor \frac{d-1}{2} \rfloor$ korrigieren. Praktische BMD-Verfahren können in bestimmten Fällen mehr Fehler korrigieren, d. h. P_{block} ist sicher eine obere Schranke. P_{block} kann auch anders ausgedrückt werden, nämlich:

$$P_{\text{block}} = 1 - \sum_{j=0}^{e} \binom{n}{j} p^j (1-p)^{n-j} \, .$$

Beispiel 5.9 (Blockfehlerwahrscheinlichkeit):
Ein Wiederholungscode der Länge $n = 3$ kann einen Fehler korrigieren. Damit gilt bei einem BSC mit Fehlerwahrscheinlichkeit p:

$$P_{\text{block}} = 1 - \sum_{j=0}^{1} \binom{3}{j} p^j (1-p)^{3-j} = 1 - (1-p)^3 - 3p(1-p)^2 \, .$$

Maximum-Likelihood-Decodierung (ML): P_{Mblock} berechnet sich hierbei zu:

$$P_{\text{Mblock}} = 1 - \sum_{j=0}^{n} \alpha_j \cdot p^j (1-p)^{n-j} \, , \quad \alpha_0 = 1 \, ,$$

wobei α_j die Anzahl der Cosetleader vom Gewicht j ist. Die α_j können nur für kurze Codes bestimmt werden und sind für „lange" Codes nicht bekannt. Außerdem ist für lange Codes kein praktikables ML-Decodierverfahren bekannt.

5.2 Fehlervorwärtskorrektur

In vielen Fällen werden Verfahren zur Fehlervorwärtskorrektur (*forward error correction*, FEC) in der physikalischen Schicht entsprechend Bild 3.2 eingesetzt. Bedingt durch Störungen im Kanal kann die Detektion des Signals im Empfänger fehlerhaft sein, was bedeutet, daß ein falsches Bit entschieden wird. Das Verhältnis von fehlerhaft entschiedenen Bits zu übertragenen Bits wird Bitfehlerrate (*bit error rate*, BER) genannt:

$$\text{BER} = \frac{\text{Anzahl fehlerhafte Bits}}{\text{Anzahl übertragene Bits}} \, .$$

Das Abzählen der Bitfehler kann an verschiedenen Stellen im Modell 3.2 durchgeführt werden. Es wird i.d.R. die BER bezüglich der Informationsdaten gezählt,

d. h. nach der Kanaldecodierung. Bei AWGN-Kanälen wird die BER bezüglich des Signal-Rausch-Verhältnisses oder der Energie pro Informationsbit bezogen auf die spektrale Rauschleistungsdichte in dB gemessen. Üblicherweise wird dann die BER in einem Diagramm entsprechend Bild 5.6 aufgetragen.

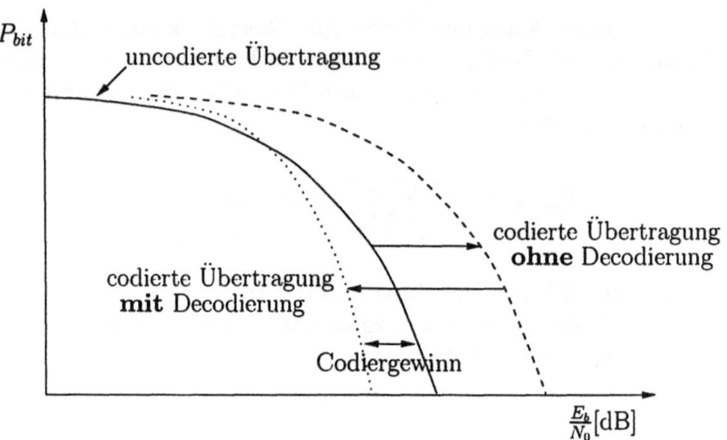

Bild 5.6: Veranschaulichung des Codiergewinns.

Die Verwendung eines Codes der Rate $R = k/n$ hat zwei Konsequenzen. Erstens müssen mehr Symbole übertragen werden (n statt k) und zweitens muß mehr Energie aufgewendet werden ($n \cdot E_s$ statt $k \cdot E_s$, wenn E_s die Energie eines Symboles ist).

Um Codierverfahren unterschiedlicher Rate gerecht miteinander vergleichen zu können, gibt man die Signalenergie in Form von Energie pro Informationsbit E_b (anstelle von Energie pro Sendesymbol E_s) an.

Durch die Normierung[3] auf die Energie E_b eines Informationsbits ist gewährleistet, daß für die Übertragung einer Nachricht gegebener Länge, unabhängig von der Rate des verwendeten Codes, stets gleichviel Energie aufgewendet wird, was einen fairen Vergleich ermöglicht. Es gilt:

$$k \cdot E_b = n \cdot E_s \quad \Longrightarrow \quad E_b = E_s/R \ .$$

Die Verwendung eines Codes verschlechtert zunächst die Symbolfehlerrate am Empfänger, da weniger Energie E_s pro Symbol aufgewendet wird. Nach dem Decodierer hat man jedoch in der Regel eine kleinere Bitfehlerrate als bei uncodierter Übertragung, d. h. die Symbolfehlerrate ist kleiner als diejenige beim Empfänger, wenn entsprechend mehr Energie E_b pro Informationssymbol aufgewendet wird. Die Verbesserung bezeichnet man als Codiergewinn, wie in Bild 5.6 dargestellt.

---

[3]Auch zum Vergleich von Modulationsarten mit unterschiedlich großem Alphabet ist eine Energienormierung pro Informationsbit notwendig.

Man beachte, daß kein absoluter Wert für die BER angegeben werden kann, da der tolerierbare Wert von der jeweiligen Anwendung abhängig ist. Beispielsweise kann bei Sprache eine BER von 10^{-3} toleriert werden, nicht jedoch bei Steuerdaten.

Damit kann man das Grundkonzept zur Verwendung von Kanalcodierung wie folgt ausdrücken: Weist ein Kanal eine zu große BER auf, so wird in der physikalischen Schicht der Kanal durch den Codiergewinn bei Fehlervorwärtskorrekturverfahren gewissermaßen in einen anderen Kanal mit kleinerer BER transformiert, siehe Bild 5.7. Die statistischen Eigenschaften dieses sogenannten Superkanals bestimmen dann die weiteren Verfahren in den höheren Schichten.

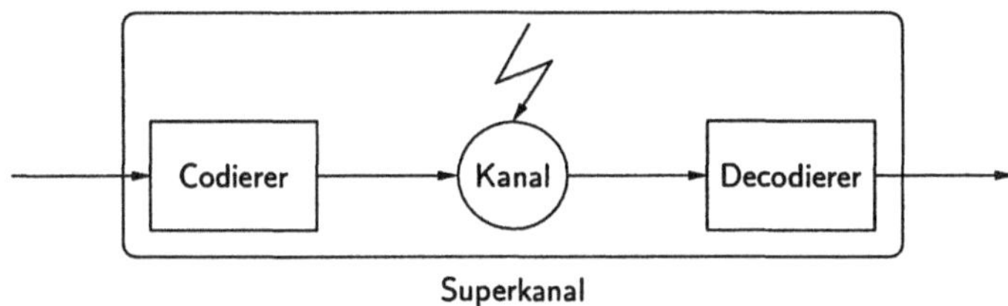

Bild 5.7: Superkanalinterpretation der Kanalcodierung.

Wir halten fest, daß es prinzipiell möglich ist, durch Verwendung von Kanalcodierung die BER eines Kanals wesentlich zu verringern. Hierzu werden Block- und Faltungscodes verwendet, für deren Theorie auf [Bos98] verwiesen wird.

5.3 ARQ-Protokolle

Es gibt zwei grundlegende Kriterien, mit denen die Leistungsfähigkeit eines ARQ-Protokolls beurteilt werden kann: *Zuverlässigkeit* und *Durchsatz*. In FEC-Systemen wird die Zuverlässigkeit meist mittels der Bit- oder Symbolfehlerrate angegeben. Für Systeme mit Wiederholungsanforderungen bietet es sich an, die Zuverlässigkeit mit Hilfe der Rate $P(E)$ der irrtümlich akzeptierten Pakete auszudrücken.

Definition 5.11 (Paketfehlerrate):
Die Paketfehlerrate $P(E)$ ist der Anteil der irrtümlich vom Empfänger als korrekt eingestuften Pakete bezogen auf die Gesamtzahl von Paketen.

Wir wollen zunächst die Paketfehlerrate eines reinen ARQ-Systems berechnen. Hierzu betrachten wir einen Code C mit der Wahrscheinlichkeit P_e für einen nicht erkannten Fehler. Weiter bezeichnen wir mit P_r die Wahrscheinlichkeit für einen detektierten Fehler und damit für eine Wiederholungsanforderung. Der Rückkanal soll zunächst als fehlerfrei angenommen werden.

Die Paketfehlerrate ergibt sich als Summe der Wahrscheinlichkeiten für die einzelnen möglichen Fehlerereignisse, d. h. ein Paket kann bei der ersten Übertragung irrtümlich akzeptiert werden oder nach einer erneuten Anforderung beim zweiten Mal usw. Damit erhält man

$$P(E) = P_e + P_r\,P_e + P_r^2\,P_e + \ldots = P_e \sum_{i=0}^{\infty} P_r^i = P_e \frac{1}{1 - P_r}\,. \tag{5.1}$$

Man beachte, daß die Summation von 0 bis ∞ in Gleichung (5.1) ein *verlustloses Netz* voraussetzt: Jedes Paket wird so oft wiederholt, bis es vom Empfänger als fehlerfrei akzeptiert wird, sei es, daß das Paket tatsächlich fehlerfrei ist oder daß es sich um eine fehlerhafte Decodierentscheidung handelt. Die Annahme eines verlustlosen Netzes ist eine in der Praxis meist unzutreffende Vereinfachung. Wenn sich ein Paket nicht innerhalb einer gewissen Zeit (zumindest vermeintlich) fehlerfrei übertragen läßt, ist die bestehende Verbindung offensichtlich sehr schlecht, und häufig ist es dann sinnvoll, diese ab- und auf einer anderen Route wieder aufzubauen.

Neben der Zuverlässigkeit in Form der Paketfehlerrate ist das zweite Kriterium der Durchsatz eines ARQ-Systems.

Definition 5.12 (Durchsatz):
Der Durchsatz η eines ARQ-Systems ist die Anzahl von Informationsbits, die in einer gewissen Zeit übertragen und vom Empfänger akzeptiert wurden, bezogen auf die Anzahl der Bits, die in dieser Zeit insgesamt über den Kanal hätten übertragen werden können.

Geht man davon aus, daß alle Pakete dieselbe Anzahl k von Informationsbits enthalten, läßt sich der größtmögliche Durchsatz $\eta_{\max}$ aus der durchschnittlichen Anzahl θ von Übertragungsversuchen berechnen, die benötigt werden, bis ein Paket akzeptiert wird:

$$\begin{aligned}
\theta &= (1 - P_r) + 2P_r(1 - P_r) + 3P_r^2(1 - P_r) + \ldots \\
&= (1 - P_r) \sum_{i=1}^{\infty} i P_r^{i-1} = (1 - P_r)\frac{d}{dP_r}\left(\sum_{i=0}^{\infty} P_r^i\right) \\
&= (1 - P_r)\frac{d}{dP_r}\left(\frac{1}{1 - P_r}\right) = \frac{1}{1 - P_r}\,.
\end{aligned} \tag{5.2}$$

Für einen fehlerbehafteten Kanal mit $0 < P_r < 1$ ist $\theta > 1$; es ist im Mittel also mehr als eine Übertragung erforderlich, bis ein Paket akzeptiert wird.
Nun ist auch noch zu berücksichtigen, daß zur Erkennung eines Übertragungsfehlers an jedes Paket mit k Informationsbits weitere $r = n - k$ Redundanzbits eines fehlererkennenden Codes angehängt werden. Damit müssen zur Übertragung von k Informationsbits durchschnittlich $\theta \cdot n$ Codebits übertragen werden, und als maximal möglichen Durchsatz erhält man:

$$\eta_{\max} = \frac{k}{n\theta} = R\,(1 - P_r)\,. \tag{5.3}$$

Dieser Durchsatz ergibt sich genau dann, wenn der Kanal ständig mit Übertragungsversuchen belegt ist und, anders als bei Go-back-N-ARQ (siehe Abschnitt 5.3.2), niemals bereits akzeptierte Paket erneut übertragen werden. In der Praxis können jedoch aus verschiedenen Gründen Verzögerungszeiten auftreten, in denen der Kanal nicht belegt ist. In dieser Zeit könnten zusätzlich zu den erforderlichen θ Übertragungsversuchen für ein akzeptiertes Paket weitere Informationsbits übertragen werden, so daß der tatsächlich erreichbare Durchsatz $\eta < \eta_{\max}$ ist.

Da im allgemeinen auch der Rückkanal fehlerbehaftet ist und somit ein ACK in ein RQ verfälscht werden kann und umgekehrt, wollen wir die Fehlerwahrscheinlichkeit für diesen Fall nochmals genauer untersuchen. Die möglichen Ereignisse, die bei der Übertragung eines Pakets von einer Quelle A zu einer Senke B auftreten können, sind in Bild 5.8 dargestellt.

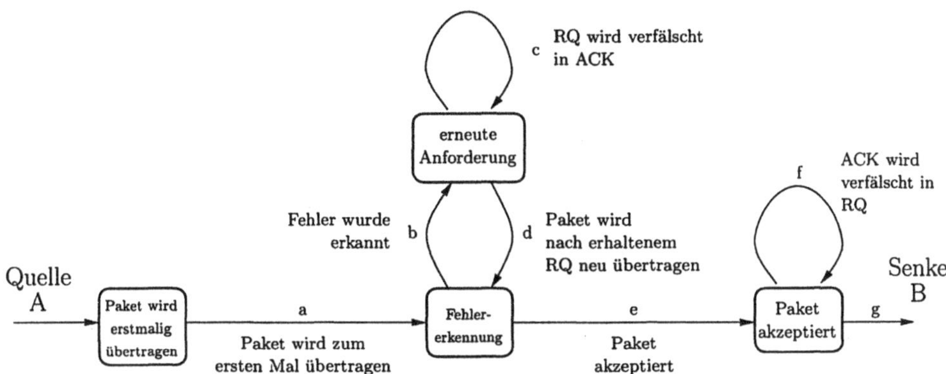

Bild 5.8: Zustandsdiagramm eines ARQ-Systems im Falle eines fehlerbehafteten Rückkanals.

Nach der erstmaligen Übertragung des Pakets tritt mit der Wahrscheinlichkeit P_r der Fall ein, daß das Paket ein detektierbares Fehlermuster enthält und demzufolge erneut angefordert wird. Diese erneute Anforderung (RQ) gelangt entweder fehlerfrei zum Sender A oder wird mit der Wahrscheinlichkeit $P_{\mathrm{RQ}\to\mathrm{ACK}}$ in ein Acknowledge (ACK) verfälscht. Wird kein Fehler detektiert, so ist das Paket mit Wahrscheinlichkeit P_c korrekt oder enthält mit Wahrscheinlichkeit P_e ein nicht detektierbares Fehlermuster. In beiden Fällen wird das Paket akzeptiert. Es gilt $P_r + P_c + P_e = 1$.

Das nun zu übertragende ACK kann wiederum entweder fehlerfrei zum Sender gelangen oder mit Wahrscheinlichkeit $P_{\mathrm{ACK}\to\mathrm{RQ}}$ in ein RQ verfälscht werden.

Anmerkung: Wir gehen nachfolgend davon aus, daß ACK bzw. RQ ein binäres Flag darstellen und der Rückkanal ein BSC ist. Damit gibt es nur die Möglichkeit der korrekten Übertragung eines ACKs oder der Verfälschung in ein RQ (entsprechend für RQs). Insbesondere wird der Fall einer Auslöschung nicht berücksichtigt.

Die allgemeine Übertragungsfunktion des Zustandsdiagramms nach Bild 5.8 lautet:

$$T_{A \to B} = \frac{aeg(1-c)}{(1-c-bd)(1-f)} \, . \tag{5.4}$$

Setzt man die zur Bestimmung der Paketfehlerrate relevanten Wahrscheinlichkeiten in Gleichung (5.4) ein, d. h. es gilt die Zuordnung gemäß Tabelle 5.2,

Tabelle 5.2: Zustandsübergänge in Bild 5.8 und korrespondierende Wahrscheinlichkeiten.

Label in Bild 5.8	korrespondierende Wahrscheinlichkeit
a	1
b	P_r
c	$P_{\mathrm{RQ \to ACK}}$
d	$1 - P_{\mathrm{RQ \to ACK}}$
e	P_c
f	$P_{\mathrm{ACK \to RQ}}$
g	$1 - P_{\mathrm{ACK \to RQ}}$

so erhält man

$$P(E) = \frac{P_e(1 - P_{\mathrm{ACK \to RQ}})(1 - P_{\mathrm{RQ \to ACK}})}{[1 - P_{\mathrm{RQ \to ACK}} - P_r(1 - P_{\mathrm{RQ \to ACK}})](1 - P_{\mathrm{ACK \to RQ}})} = \frac{P_e}{1 - P_r} \, . \tag{5.5}$$

Dieses Ergebnis entspricht Gleichung (5.1) und zeigt, daß die Paketfehlerrate nicht von der Qualität des Rückkanals abhängt. Wie wir später sehen werden, gilt dies jedoch nicht für den Durchsatz der einzelnen ARQ-Verfahren.

5.3.1 Stop-and-Wait-ARQ

Beim Stop-and-Wait-ARQ (SW-ARQ) wird jedes Paket solange von einem Sender DLC_A zu einem Empfänger DLC_B übertragen, bis es korrekt empfangen wurde. Erst dann wird das nächste Paket übertragen. Die Bestätigung eines korrekt empfangenen Pakets wird als ACK (acknowledge) von DLC_B nach DLC_A gegeben, ein Paket, das nicht korrekt empfangen wurde, wird mit NAK (negative acknowledge) bestätigt. Es können hierbei (wie auch bei allen anderen ARQ-Verfahren) folgende Probleme auftreten:

- ACKs können in NAKs verfälscht werden und umgekehrt.

- ACKs und NAKs können verlorengehen, was ohne zusätzlichen Gegenmaßnahmen zu einem deadlock[4] führt.

---

[4]Unter *deadlock* versteht man einen Zustand, in dem das System verharrt und den es ohne Eingriffe von außen nicht wieder verlassen kann.

- Sind die ACKs und NAKs nicht numeriert, können als Folge verfälschter oder verlorengegangener ACKs oder NAKs auf Sende- und Empfangsseite die Pakete evtl. nicht mehr eindeutig zugeordnet werden.

Damit das Protokoll bei verlorengehenden ACKs/NAKs weiterarbeitet, führt man Timer ein. Ist die am Timer eingestellte Zeit verstrichen, ohne daß DLC_A eine Quittung erhalten hat, wiederholt DLC_A die Übertragung des betreffenden Pakets. Das Problem der Eindeutigkeit wird dadurch gelöst, daß DLC_A die Pakete mittels einer *Sequence Number* (SN) numeriert und DLC_B jeweils die Sequence Number des nächsten erwarteten Pakets als *Request Number* (RN) an DLC_A überträgt. Unüblich, jedoch äquivalent ist die Übertragung der Nummer des letzten korrekt empfangenen Pakets.

Die Sequenznummern werden in praktischen Realisierungen modulo einer Zahl gerechnet, wobei bei SW-ARQ das Rechnen mod 2 ausreichend ist.

Das Prinzip von SW-ARQ ist in Bild 5.9 dargestellt.

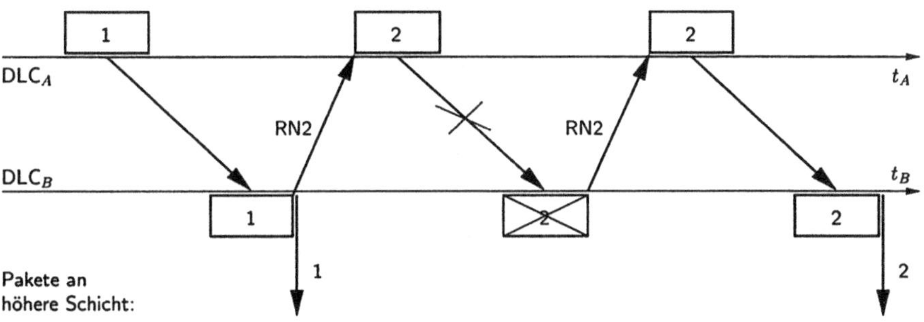

Bild 5.9: Prinzip des Stop-and-Wait-ARQ.

Nachdem DLC_A ein Paket gesendet hat, wird auf die Bestätigung von DLC_B gewartet. Hat DLC_B das Paket verarbeitet und als fehlerfrei eingestuft, wird die RN um eins erhöht und das nächste Paket von DLC_A angefordert (dies entspricht einem impliziten ACK). DLC_A sendet nun das Paket mit der angeforderten SN. Tritt hierbei ein Fehler auf, wird das Paket erneut angefordert.

Der Kanal wird bei SW-ARQ nicht sonderlich effektiv genutzt, da DLC_A nach dem Absenden eines Pakets auf eine Bestätigung von DLC_B warten muß. Die Wartezeit W setzt sich zusammen aus der Übertragungszeit δ_{AB} von DLC_A nach DLC_B, aus der Verarbeitungszeit δ_p, um zu bestimmen, ob Fehler aufgetreten sind oder nicht, und aus der Übertragungszeit δ_{BA} für die Antwort von DLC_B nach DLC_A.

Unter Annahme einer Übertragungsrate von $R_{\ddot{u}}$ bit/Sekunde kann die Wartezeit auch als Zahl Γ der Bits ausgedrückt werden, die in dieser Zeit übertragen werden könnten, d. h.

$$\Gamma = R_{\ddot{u}}(\delta_{AB} + \delta_p + \delta_{BA})\,\text{bits}\,.$$

Nach der Übertragung eines Pakets von n Bits ist der Sender für eine Zeit, die Γ entspricht, im Wartemodus. Gemäß Gleichung (5.2) muß jedes Paket θ mal übertragen werden, bis es akzeptiert wird. Damit können wir den Durchsatz von SW-ARQ angeben:

$$\eta_{\mathrm{SW}} = \frac{k}{\theta\,(n+\Gamma)} = R\left(\frac{1-P_r}{1+\frac{\Gamma}{n}}\right) = R\frac{\eta_{\max}}{1+\frac{\Gamma}{n}}\,, \tag{5.6}$$

wobei $R = k/n$ die Coderate des verwendeten Codes $\mathcal{C}$ ist. Man erkennt, daß mit zunehmenden Übertragungs- und Verarbeitungszeiten, d. h. mit wachsendem Γ, der Durchsatz sinkt.

Der Einfluß einer fehlerbehafteten Rückübertragungsstrecke kann in ähnlicher Weise analysiert werden wie bei der Paketfehlerrate. Wir wollen hier jedoch – wie auch für die noch folgenden ARQ-Verfahren – lediglich das Ergebnis angeben. Für eine detaillierte Herleitung sei auf [Wic95] verwiesen.

Für den Durchsatz des SW-ARQ bei fehlerbehaftetem Rückkanal erhält man

$$\eta_{\mathrm{SW}}^{\mathrm{FR}} = R\,\frac{(1-P_r)(1-P_{\mathrm{ACK}\to\mathrm{RQ}})(1-P_{\mathrm{RQ}\to\mathrm{ACK}})}{(1+\frac{\Gamma}{n})(1-P_r\,P_{\mathrm{ACK}\to\mathrm{RQ}} - P_{\mathrm{RQ}\to\mathrm{ACK}} + P_r\,P_{\mathrm{RQ}\to\mathrm{ACK}})}\,, \tag{5.7}$$

woraus man im Falle eines fehlerfreien Rückkanals, d. h. $P_{\mathrm{ACK}\to\mathrm{RQ}} = P_{\mathrm{RQ}\to\mathrm{ACK}} = 0$, Gleichung (5.6) erhält.

Für den praktisch relevanten Fall, daß ACKs und RQs über denselben Rückkanal übertragen werden und deshalb dieselben Fehlerwahrscheinlichkeiten aufweisen, d. h. $P_{\mathrm{ACK}\to\mathrm{RQ}} = P_{\mathrm{RQ}\to\mathrm{ACK}} = P_{\mathrm{Rückkanal}}$, reduziert sich Gleichung (5.7) zu

$$\eta_{\mathrm{SW}}^{\mathrm{FR}} = R\,\frac{(1-P_r)(1-P_{\mathrm{Rückkanal}})}{1+\frac{\Gamma}{n}} = (1-P_{\mathrm{Rückkanal}})\eta_{\mathrm{SW}}\,. \tag{5.8}$$

Obwohl SW-ARQ sehr einfach zu implementieren ist, da keinerlei Puffer in DLC_A bzw. DLC_B benötigt werden, zeigt Gleichung (5.6) sehr deutlich den großen Nachteil von SW-ARQ: Bei Kanälen mit großen Übertragungsverzögerungen, bspw. Satellitenkanälen, geht der Durchsatz praktisch gegen Null.

5.3.2 Go-back-N-ARQ

Eine verbesserte Kanalausnutzung kann mit Go-back-N-ARQ (GBN-ARQ) erreicht werden, das auch das am weitesten verbreitete ARQ-Protokoll ist. Es tritt in verschiedenen DLC-Protokollen auf.

SDLC   Synchronous Data Link Control
          ist ein Firmenstandard von IBM, der zur Standardisierung an ANSI
          gegeben wurde. Daraus entstand die

ADCCP   Advanced Data Communication Control Procedure.
Aus diesem hat die ISO den Standard

HDLC   High Level Data Link Control
entwickelt, der wiederum die Basis für viele andere Standards ist, u.a.

LAPB   Link Access Procedure Balanced,
ein CCITT Standard für X.25 (siehe Kapitel 8), sowie

LAPD   Link Access Procedure für ISDN D-Kanal.
LAPD wird in seiner Modifikation LAPDm für das GSM-System verwendet.

Desweiteren wird Go-back-N-ARQ häufig auch in der Transport-Schicht diverser Systeme verwendet. Das Grundproblem des SW-ARQ besteht darin, daß ein Sender nach der Übertragung eines Paketes zunächst die Quittung der Gegenstelle abwarten muß, bevor er erneut auf den Kanal zugreift. Beim Go-back-N-ARQ umgeht man dieses Problem mit einem Fenstermechanismus.

Das Prinzip von GBN-ARQ ist in Bild 5.10 dargestellt.

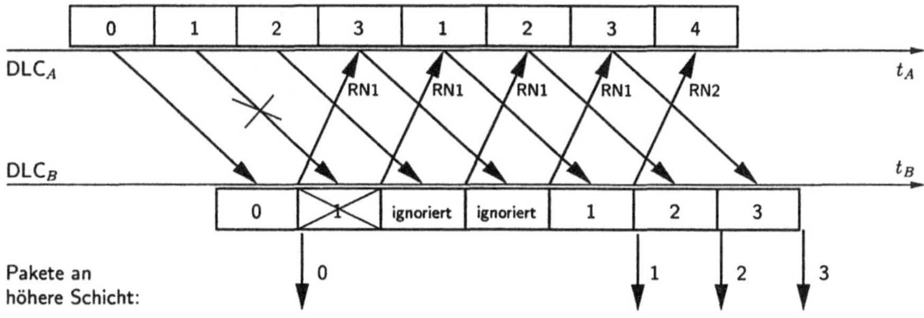

Bild 5.10: Prinzip des Go-back-N-ARQ, $N = 4$.

Das sog. Sendefenster von DLC_A umfaßt alle Pakete beginnend mit dem zuletzt angeforderten Paket mit Nummer RN bis zum Paket mit Nummer $RN + N$. Daher ist N die „Breite" des Fensters. Beginnend mit RN sendet DLC_A alle Pakete dieses Fensters in aufsteigender Reihenfolge, ohne zwischendurch auf Quittungen der Gegenstelle DLC_B zu warten. DLC_A muß erst zu warten beginnen, wenn er am Fensterende bei Paket $RN + N$ angekommen ist. Treffen zwischenzeitlich Quittungen mit Requestnummern $RN' > RN$ ein, darf DLC_A sein Sendefenster nach $[RN', RN' + N]$ verschieben und kann solange weitersenden, bis er am Fensterende ankommt. GBN-ARQ wird deshalb auch als *Sliding Window ARQ* bezeichnet. Ist die Fensterlänge adäquat gewählt, kann DLC_A auf diese Weise einen kontinuierlichen Strom von Paketen absenden. Detektiert DLC_B einen Fehler in einem empfangenen Paket, wird eine Wiederholungsanforderung an DLC_A, die die Nummer dieses Paketes als Requestnummer RN'' enthält, gesendet. Anschließend wartet DLC_B auf eben dieses Paket; alle anderen zwischenzeitlich bei DLC_B eintreffenden Pakete werden verworfen, da die Pakete in korrekter Reihenfolge an die höhere Schicht weitergegeben werden müssen. Auf Empfängerseite ist demnach keine Pufferung der eintreffenden Pakete nötig. Während DLC_B wartet, vollendet DLC_A die Übertragung des aktuellen Fensterinhalts. Zwischenzeitlich ist die Wiederholungsanforderung mit Requestnummer RN'' bei ihm eingetroffen; DLC_B verschiebt daher sein Sendefenster nach $[RN'', RN'' + N]$ und beginnt wieder am linken Fensterrand zu übertragen. Auf diese Weise werden das fehlerhafte Paket mit Nummer RN'' sowie die darauffolgenden $N - 1$ Pakete gesendet. Im Sender muß also ein Pufferspeicher für die zuletzt übertragenen N Pakete bereitgestellt werden.

Der Schlüsselparameter bei GBN-ARQ ist die Fensterlänge N. Bei zu klein gewähltem N kann der Fall eintreten, daß DLC_A am Fensterende ankommt und aufgrund der Übertragungs- und Verarbeitungsverzögerungen auf ACKs bzw. Requests von DLC_B warten muß. Man kann sich das besonders leicht an dem Extremfall $N = 1$ klarmachen, denn dann wird das GBN-ARQ zum SW-ARQ. Um also derartige Wartezeiten auszuschließen und einen kontinuierlichen Paketstrom zu erreichen, sollte die Fenstergröße mindestens

$$N \geq \left\lceil \frac{R_\ddot{U}(\delta_{AB} + \delta_p + \delta_{BA})}{n} \right\rceil = \left\lceil \frac{\Gamma}{n} \right\rceil \qquad (5.9)$$

sein. $\delta_{AB} + \delta_p + \delta_{BA}$ bezeichnet wiederum die Summe aus Übertragungs- und Verarbeitungszeiten, $R_\ddot{u}$ gibt die Bitübertragungsrate an.

Auf der anderen Seite sollte N auch nicht zu groß gewählt werden. Ein Grund dafür besteht darin, daß der Sender einen Pufferspeicher für N Pakete bereithalten muß; ein anderer Grund ist der negative Einfluß von N auf den Durchsatz. Setzt man voraus, daß N gemäß Ungleichung (5.9) genügend groß gewählt wurde und DLC_A deshalb niemals am Fensterende warten muß, kann man den Durchsatz von GBN-ARQ angeben mit

$$\eta_{\mathrm{GBN}} = \left(\frac{k}{n}\right)\left(\frac{1}{1 + (\theta - 1)N}\right) = R\left(\frac{1 - P_r}{1 + P_r(N - 1)}\right). \qquad (5.10)$$

Im Falle eines fehlerbehafteten Rückkanals erhält man als Durchsatz

$$\eta_{\mathrm{GBN}}^{\mathrm{FR}} = \frac{k}{n} \frac{(1 - P_{\mathrm{ACK}\to\mathrm{RQ}})(1 - P_r)(1 - P_{\mathrm{RQ}\to\mathrm{ACK}})}{\left[\begin{array}{c} 1 - P_{\mathrm{RQ}\to\mathrm{ACK}} - P_r P_{\mathrm{ACK}\to\mathrm{RQ}} + P_r P_{\mathrm{RQ}\to\mathrm{ACK}} \\ + (N - 1)(P_{\mathrm{ACK}\to\mathrm{RQ}} + P_r - P_{\mathrm{ACK}\to\mathrm{RQ}}P_{\mathrm{RQ}\to\mathrm{ACK}} \\ - P_r P_{\mathrm{RQ}\to\mathrm{ACK}} - 2P_r P_{\mathrm{ACK}\to\mathrm{RQ}} + 2P_r P_{\mathrm{ACK}\to\mathrm{RQ}}P_{\mathrm{RQ}\to\mathrm{ACK}}) \end{array}\right]}$$

Man erkennt an diesen beiden Gleichungen, daß der Durchsatz mit zunehmendem N sinkt. Dies liegt daran, daß im Falle eines Fehlers u. U. bis zu N Pakete wiederholt werden müssen.

Die Zähler SN und RN müssen in praktischen Implementierungen immer mit einer begrenzten Länge realisiert werden. Grundsätzlich ist eine kurze Länge zu bevorzugen, um den Overhead im Paketheader gering zu halten. Daher werden die beiden Zähler in praktischen Anwendungen wiederum modulo m gerechnet. Man kann sich leicht überlegen, daß $m > N$ ausreichend ist.

5.3.3 Selective Repeat

Sobald der Empfänger beim GBN-ARQ ein fehlerhaftes Paket detektiert, ignoriert er alle nachfolgenden Pakete mit größeren Sequenznummern, auch wenn diese fehlerfrei sind. Diese müssen später ebenfalls wiederholt werden, was natürlich den Durchsatz verringert. Beim Selective-Repeat-ARQ (SR-ARQ) will man genau diese Wiederholung fehlerfrei empfangener Pakete verhindern (siehe Bild 5.11).

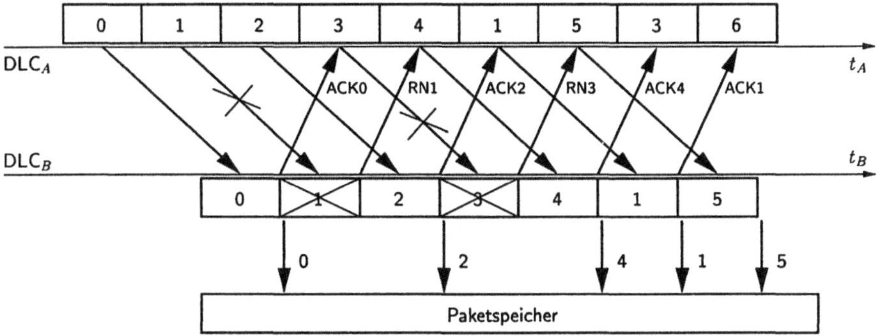

Bild 5.11: Prinzip des Selective-Repeat-ARQ.

Wie das GBN-ARQ basiert auch SR-ARQ auf einem Fenstermechanismus, um einen kontinuierlichen Paketstrom von DLC$_A$ zu DLC$_B$ zu gewährleisten. DLC$_B$ bestätigt korrekt empfangene Pakete bzw. fordert fehlerhafte Paket erneut an. Wird DLC$_A$ aufgefordert, ein Paket zu wiederholen, sendet er dieses Paket als nächstes und fährt anschließend damit fort, noch nicht gesendete Pakete zu übertragen. Im Gegensatz zu GBN-ARQ werden auf diese Weise ausschließlich die von DLC$_B$ als fehlerhaft detektierten Pakete wiederholt, daher der Name „Selective Repeat".

Da jede Wiederholungsanforderung nur die erneute Übertragung eines einzigen Paketes zur Folge hat, können wir den Durchsatz sofort angeben:

$$\eta_{\mathrm{SR}} = \left(\frac{k}{n}\right)\left(\frac{1}{\theta}\right) = R\left(1 - P_r\right) = R\,\eta_{\mathrm{max}}. \tag{5.11}$$

Mit SR-ARQ kann bei geeignet gewählter Redundanz also prinzipiell der maximale Durchsatz eines ARQ-Systems erreicht werden.

Ist der Rückkanal fehlerbehaftet, gilt anstelle von Gleichung (5.11)

$$\eta_{\mathrm{SR}}^{\mathrm{FR}} = R\,\frac{(1 - P_r)(1 - P_{\mathrm{ACK}\to\mathrm{RQ}})}{1 - P_r P_{\mathrm{ACK}\to\mathrm{RQ}}}\,. \tag{5.12}$$

Es ist offensichtlich, daß wie bei GBN-ARQ auch bei SR-ARQ ein senderseitiger Pufferspeicher erforderlich ist, in dem DLC_A gesendete Pakete bis zum Erhalt eines ACK für eventuelle Wiederholungen zwischenspeichert. Anders als beim GBN-ARQ ist hier aber zusätzlich auch empfängerseitig ein Pufferspeicher notwendig, damit DLC_B die Datenpakete in korrekter Reihenfolge an seine übergeordnete Schicht weitergeben kann. In diesem Speicher legt DLC_B die Pakete ab, die er fehlerfrei empfängt, während er noch auf die Wiederholung eines fehlerhaften Pakets mit kleinerer Sequenznummer wartet.

Aus den oben bereits genannten Gründen werden die Sequenznummern auch hier modulo m gerechnet. N sei wieder nach Gleichung (5.9) bestimmt worden. Wenn die Breite des Sendefensters beim SR-ARQ $2N - 1$ beträgt und die Sequenznummern modulo $m \geq 2N$ gerechnet werden, kann ein kontinuierlicher Paketstrom gewährleistet werden, solange Paketwiederholungen fehlerfrei erfolgen. Dies ist in Bild 5.12 dargestellt.

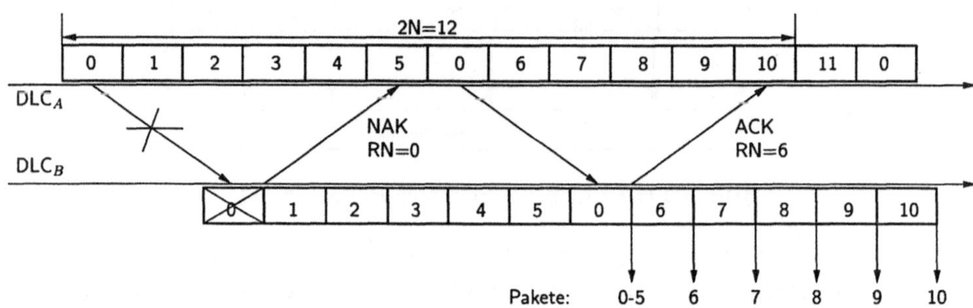

Bild 5.12: Zur Wahl der Sendefensterbreite bei SR-ARQ.

Beispiel 5.10 (Stop-and-Wait, Go-back-N und Selective Repeat):
Für die Steuerung einer Anlage über eine Distanz von 5 km wird eine Richtfunkstrecke mit einer Datenübertragungsrate $R_{\ddot{u}} = 1\,\mathrm{Mbit/s}$ eingerichtet. Die Übertragungsverzögerung für Hin- und Rückverbindung sei bei einer Signalausbreitungsgeschwindigkeit von $c = 3 \cdot 10^8\,\mathrm{m/s}$ gleich. Weiter sei die Verarbeitungszeit vernachlässigbar, und die Übertragung der ACKs und RQs soll fehlerfrei erfolgen.
Zur Fehlererkennung wird ein Code $C(15, 7, 5)$ mit der Gewichtsverteilung

$$W = (1, 0, 0, 0, 0, 18, 30, 15, 15, 30, 18, 0, 0, 0, 0, 1)$$

verwendet.

Wegen $\delta_{AB} = \delta_{BA} = \frac{5000\,\text{m}}{3\cdot10^8\,\text{m/s}} = 1{,}67 \cdot 10^{-5}\,\text{s}$ erhält man $\Gamma = 33{,}792\,\text{bit}$ und $N = \left\lceil \frac{33{,}792}{15} \right\rceil = 3$.

Die Wahrscheinlichkeit für einen nicht erkannten Bitfehler lautet:

$$P_e = \sum_{j=1}^{15} w_j p^j (1-p)^{15-j}\,,$$

und die Wahrscheinlichkeit, ein Paket fehlerfrei zu empfangen ist gegeben durch

$$P_c = (1-p)^{15}\,.$$

Damit gelangt man zu

$$P_r = 1 - P_c - P_e\,.$$

Unter Verwendung der Gleichungen (5.6), (5.10) und (5.11) erhält man in Abhängigkeit von der Bitfehlerwahrscheinlichkeit p des Kanals die Durchsatzkurven gemäß Bild 5.13.

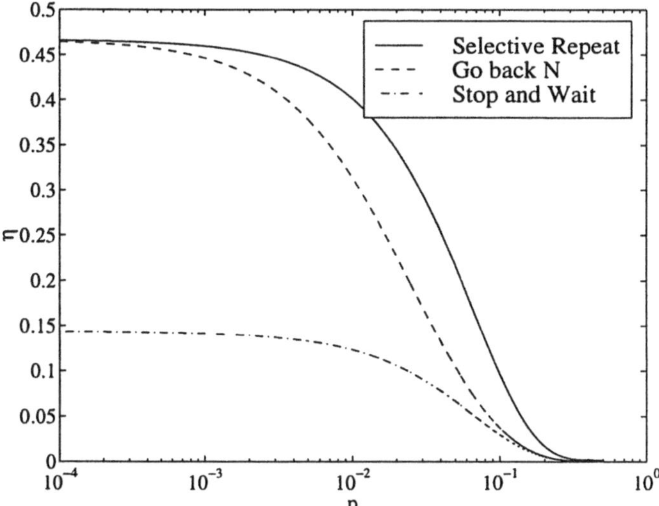

Bild 5.13: Beispiel für die Abhängigkeit des Durchsatzes von SW-ARQ, GBN-ARQ und SR-ARQ von der Bitfehlerrate p des Kanals.

Man erkennt, daß das GBN-ARQ aufgrund der kleinen Fenstergröße ($N = 3$) nicht sehr viel schlechter als das SR-ARQ abschneidet. Bei beiden Protokollen wird der Durchsatz für kleine Bitfehlerraten durch die Coderate $7/15 \approx 0{,}467$ beschränkt. Das SW-ARQ erreicht einen deutlich geringeren Durchsatz, obwohl die Kanalverzögerung nicht so groß ist wie beispielsweise bei einer Satellitenübertragung. Allerdings trägt hier die relativ hohe Datenübertragungsrate zu dieser Verschlechterung bei.

5.3.4 Hybrides ARQ Typ I

Der Hauptnachteil der bisher vorgestellten reinen ARQ-Verfahren liegt in der Abhängigkeit des Durchsatzes von der Qualität des Übertragungskanals. Treten relativ häufig Übertragungsfehler auf, müssen entsprechend viele Pakete neu angefordert werden und damit nimmt die Effizienz ab. Diesem Effekt kann man entgegenwirken, indem die Codierung nicht nur zur Fehlererkennung, sondern darüber hinaus auch zur Fehlerkorrektur benutzt wird.

ARQ-Verfahren, bei denen jedes Paket so codiert wird, daß sowohl Fehlererkennung als auch -korrektur möglich ist, werden als *hybride ARQ-Verfahren vom Typ I* bezeichnet. Die Umsetzung kann entweder mittels nur eines fehlerkorrigierenden Codes erfolgen, es können aber auch zwei fehlerkorrigierende Codes miteinander kombiniert werden. Diese beiden Möglichkeiten sind in Bild 5.14 angedeutet. Um eine einfachere Darstellung zu ermöglichen, haben wir hierbei systematische Codes vorausgesetzt, es können zur Implementierung jedoch ebenso nichtsystematische Codes verwendet werden.

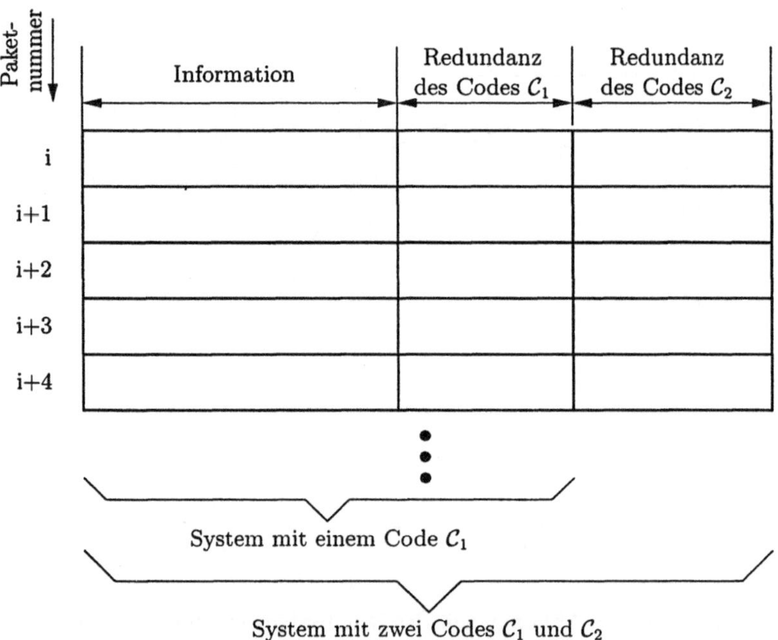

Bild 5.14: Prinzip des hybriden ARQ vom Typ I.

System mit zwei Codes: Die von der Quelle gelieferten Datenpakete der Länge k_1 werden mit dem Code $C_1(n_1, k_1, d_1)$ auf Codeworte der Länge n_1 abgebildet, welche nun im nächsten Schritt mittels des Codes $C_2(n_2, k_2, d_2)$ auf Codeworte

der Länge n_2 abgebildet werden. Es gilt also $k_2 = n_1$. Eine derartige Kombination zweier Codes wird in der Codierungstheorie als *Codeverkettung* bezeichnet.
C_2 wird in diesem System zur Fehlerkorrektur benutzt, d. h. C_2 erzeugt – aus Sicht des Codes C_1 – einen verbesserten (Super-) Kanal mit geringerer Bitfehlerrate. Da mittels C_2 nicht alle möglichen Fehlermuster korrigiert werden können, wird die Redundanz des Codes C_1 nun zur Fehlererkennung benutzt, und im Falle eines detektierten Fehlers wird das entsprechende Paket neu angefordert. Hinsichtlich der Wiederholungsanforderung können alle in den vorigen Abschnitten diskutierten reinen ARQ-Verfahren zum Einsatz kommen.

Bezeichnen wir die Blockfehlerrate des Codes C_2 mit P_{C_2} so können wir die Paketfehlerrate für diesen Fall des hybriden Verfahrens vom Typ I basierend auf der Superkanal-Interpretation angeben. Hierzu müssen in Gleichung (5.1) lediglich die Wahrscheinlichkeiten P_e für einen vom Code C_1 nicht erkannten Fehler bzw. P_r für einen vom Code C_1 detektierten Fehler durch die Produkte $P_{C_2} P_e$ und $P_{C_2} P_r$ ersetzt werden, da sie nur im Falle eines Decodierfehlers des Codes C_2 wirksam werden. Der Ausdruck für die Paketfehlerrate lautet damit

$$P_{\text{hybrid I}}(E) = \frac{P_{C_2} P_e}{1 - P_{C_2} P_r} \, . \tag{5.13}$$

Für den Durchsatz können ähnliche Überlegungen angestellt werden, d. h. alle Formeln hinsichtlich des Durchsatzes der reinen ARQ-Verfahren bleiben gültig, wenn die Wahrscheinlichkeit P_r jeweils durch das Produkt $P_{C_2} P_r$ und die Coderate durch das Produkt $R_1 R_2$ der Raten beider beteiligten Codes ersetzt werden. Die Ergebnisse sind für einen fehlerfreien Rückkanal in Tabelle 5.3 zusammengefaßt.

Tabelle 5.3: Durchsatz hybrider ARQ-Verfahren vom Typ I bei Kombination mit verschiedenen reinen ARQ-Verfahren.

reines ARQ-Verfahren	Durchsatz η
Stop-and-Wait	$R_1 \cdot R_2 \dfrac{1 - P_{C_2} P_r}{1 + \frac{L}{n}}$
Go-back-N	$R_1 \cdot R_2 \dfrac{1 - P_{C_2} P_r}{1 + P_{C_2} P_r (N-1)}$
Selective Repeat	$R_1 \cdot R_2 (1 - P_{C_2} P_r)$

Beispiel 5.11 (Hybrides ARQ Typ I, System mit zwei Codes):
Es sollen die Paketfehlerrate und der Durchsatz eines reinen SR-ARQ-Systems (d. h. nur Fehlererkennung mittels Code C_1) mit der Fehlerrate und dem Durchsatz eines hybriden ARQ-Systems vom Typ I (mit zwei Codes) verglichen werden. Verwendet werden die Codes $C_1(15, 7, 5)$ und $C_2(29, 15, 7)$. Der Rückkanal wird als fehlerfrei

vorausgesetzt. Die Parameter P_e und P_r bzgl. C_1 werden analog zu Beispiel 5.10 berechnet, und man kann damit Paketfehlerrate und Durchsatz des reinen SR-ARQ-Systems angeben:

$$P_{\mathsf{SR}}(E) = \frac{P_e}{1 - P_r} \quad \text{und} \quad \eta_{\mathsf{SR}} = R_1(1 - P_r)$$

Die Wahrscheinlichkeit für eine fehlerhafte (BMD-) Decodierung des Codes C_2 kann abgeschätzt werden als:

$$P_{C_2} = 1 - \sum_{j=0}^{3} \binom{29}{j} p^j (1 - p)^{29-j} \,.$$

Damit lauten die Formeln für Paketfehlerrate und Durchsatz für das hybride Verfahren

$$P_{\mathsf{hybrid\ I}}(E) = \frac{P_{C_2} P_e}{1 - P_{C_2} P_r} \quad \text{und} \quad \eta_{\mathsf{hybrid\ I}} = R_1 R_2 (1 - P_{C_2} P_r) \,.$$

Das Ergebnis ist in Bild 5.15 dargestellt, wobei die strichpunktierte Linie das reine SR-ARQ beschreibt, die durchgezogene Linie das hybride Verfahren vom Typ I.

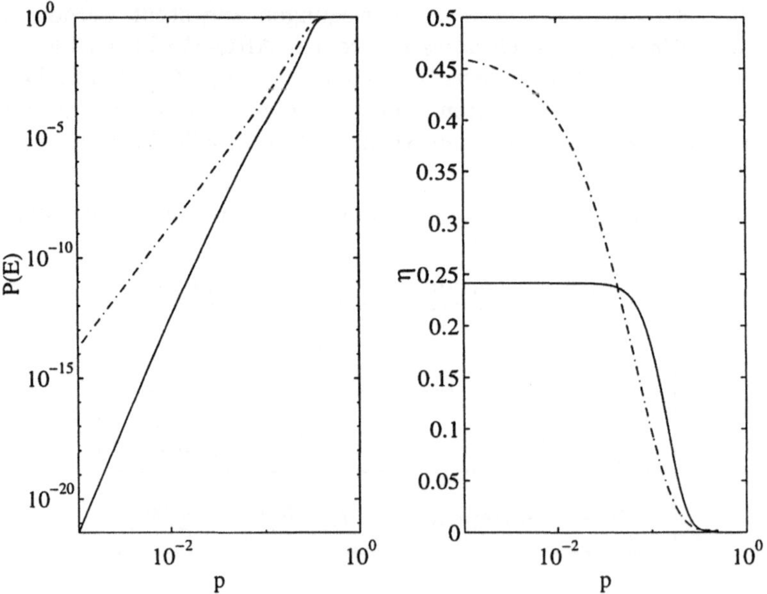

Bild 5.15: Vergleich von reinem SR-ARQ (strichpunktierte Linie) mit einem hybriden Verfahren vom Typ I (durchgezogene Linie), basierend auf zwei Codes.

Man erkennt, daß das hybride Verfahren durch den zusätzlichen zweiten Code dem reinen SR-ARQ hinsichtlich der Paketfehlerrate überlegen ist. Auch der Durchsatz ist für schlechte Kanäle geringfügig höher. Ein großer Nachteil ist jedoch, daß der maximal erreichbare Durchsatz der hybriden Konstruktion mit zwei Codes gegenüber dem reinen SR-ARQ um die Rate R_2 des zweiten Codes reduziert ist.

System mit einem Code: Hybride Verfahren vom Typ I können auch unter Verwendung von lediglich einem Code C_1 implementiert werden. In welchen Fällen eine Wiederholungsanforderung ausgelöst wird, hängt hierbei vom verwendeten Code ab. Prinzipiell gibt es zwei Möglichkeiten, die sowohl einzeln als auch kombiniert angewendet werden können:

- C_1 sei ein beliebiger Code, der t Fehler korrigieren kann. Man kann nun eine Schwelle $t' < t$ festlegen (siehe Bild 5.16). Wird nun bei der Decodierung diese Schwelle t' überschritten, d. h. werden mehr als t' Fehler korrigiert, so wird das betreffende Paket erneut angefordert. Hierdurch wird berücksichtigt, daß mit einer großen Anzahl von Fehlern, d. h. wenn der emfangene Vektor weit außen in einer Korrekturkugel liegt, auch die Wahrscheinlichkeit für eine falsche Decodierung ansteigt.

- Handelt es sich bei dem Code C_1 um einen Code, der nicht perfekt ist, d. h. es gibt Vektoren, die keiner Korrekturkugel zugeordnet sind (siehe Bild 5.16), und wird eine Bounded-Minimum-Distance-Decodierung durchgeführt, so wird bei Decodierversagen eine Wiederholungsanforderung ausgelöst.

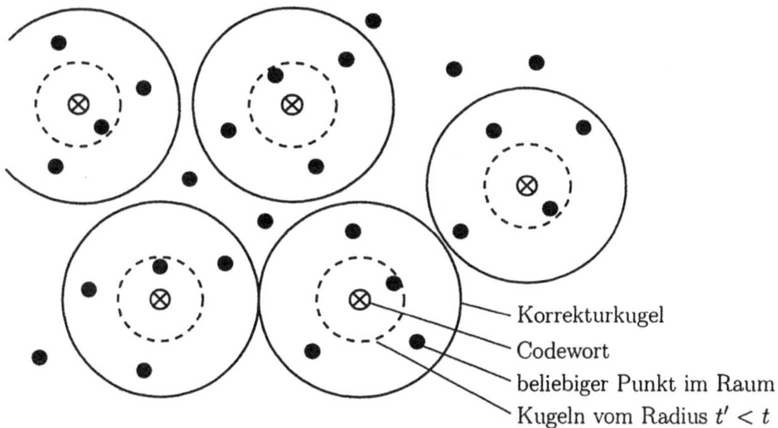

Bild 5.16: Korrekturkugeln mit Radius t und Radius $t' < t$ bei hybriden ARQ-Verfahren vom Typ I mit einem Code.

Die Analyse dieser Systeme kann in ähnlicher Weise durchgeführt werden wie bei den reinen ARQ-Verfahren, es müssen lediglich die Wahrscheinlichkeiten P_r, P_e und P_c unter Berücksichtigung des Einflusses von C_1 neu spezifiziert werden:

P_r Wahrscheinlichkeit, daß ein empfangenes Paket ein erkennbares, jedoch nicht korrigierbares Fehlermuster enthält und somit eine Wiederholungsanforderung ausgelöst wird.

P_e Wahrscheinlichkeit, daß ein empfangenes Paket fehlerhaft decodiert wird.

P_c Wahrscheinlichkeit, daß ein Paket fehlerfrei empfangen wird oder ein Fehlermuster richtig korrigiert wird.

Auch hier gilt $P_r + P_e + P_c = 1$.

Beispiel 5.12 (Hybrides ARQ Typ I, System mit einem Code):

Es soll ein reines SR-ARQ-System mit einem hybriden System vom Typ I verglichen werden, wobei letzteres jedoch nur auf *einem* Code beruht. Es wird wiederum ein fehlerfreier Rückkanal vorausgesetzt, und in beiden Systemen wird der Code $C_1(15,7,5)$ verwendet. Zur Fehlerkorrektur im hybriden System wird ein BMD-Decodierer verwendet.

Hinsichtlich des reinen SR-ARQ-Systems, d. h. wenn der Code C_1 ausschließlich zur Fehlererkennung verwendet wird, können die Überlegungen und Ergebnisse aus den Beispielen 5.10 und 5.11 übernommen werden.

Für das hybride System gelten die folgenden Überlegungen:
Ein Paket wird genau dann richtig decodiert, wenn es fehlerfrei ist oder ≤ 2 Fehler enthält, d. h.

$$P_c = \sum_{j=0}^{2} \binom{15}{j} p^j (1-p)^{15-j} \, .$$

Damit ein Paket irrtümlich als richtig eingestuft wird, muß ein Fehlermuster aufgetreten sein, das innerhalb der Korrekturkugel eines anderen Codeworts als des gesendeten liegt. Da der Code C_1 linear ist, können wir ohne Beschränkung der Allgemeinheit annehmen, daß das Null-Codewort gesendet wurde. Die Wahrscheinlichkeit, daß ein Wort derart verfälscht wird, daß es genau die Distanz v zu einem Wort mit Gewicht j hat, lautet:

$$P_v^j = \sum_{r=0}^{v} \underbrace{\binom{j}{v-r}}_{\text{I}} \underbrace{\binom{15-j}{r}}_{\text{II}} \underbrace{p^{j-v+2r}}_{\text{III}} \underbrace{(1-p)^{15-j+v-2r}}_{\text{IV}}$$

Die einzelnen Terme können wie folgt interpretiert werden:

I   Anzahl der Möglichkeiten für eine Verfälschung von $v-r$ Einsen in eine Null.

II   Anzahl der Möglichkeiten für eine Verfälschung von r Nullen in eine Eins.

III   Wahrscheinlichkeit, genau j Einsen zu erhalten, wovon $v-r$ in eine Null verfälscht werden und entsprechend r Nullen in eine Eins verfälscht werden.

IV   Wahrscheinlichkeit für den korrekten Empfang der restlichen Stellen.

Damit erhalten wir die Wahrscheinlichkeit P_e für die irrtümliche Annahme eines Codeworts durch Summation der Wahrscheinlichkeiten dafür, daß das Null-Codewort in ein anderes Codewort verfälscht wird oder in der Korrekturkugel eines anderen Codeworts liegt (die Gewichtsverteilung des Codes $\mathcal{C}_1$ ist in Beispiel 5.10 angegeben):

$$P_e = \sum_{j=5}^{15} w_j \sum_{v=0}^{2} P_v^j \, .$$

Damit kann nun wiederum die Wahrscheinlichkeit für eine Wiederholungsanforderung berechnet werden:

$$P_r = 1 - P_c - P_e \, .$$

Der Vergleich hinsichtlich Paketfehlerrate und Durchsatz beider Verfahren ist in Bild 5.17 über der Bitfehlerrate p des Kanals dargestellt. Die strichpunktierte Linie entspricht dabei dem reinen SR-ARQ, die durchgezogene Linie dem hybriden Verfahren vom Typ I, basierend auf einem Code.

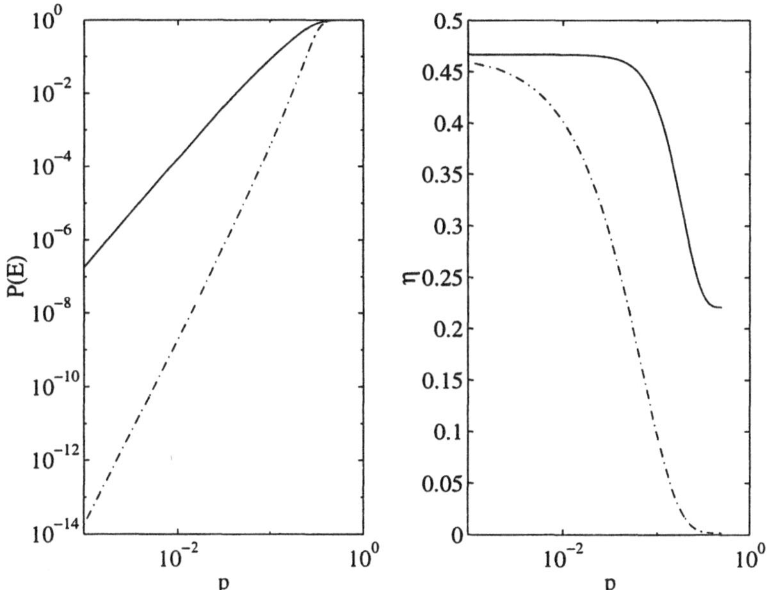

Bild 5.17: Vergleich von reinem SR-ARQ (strichpunktierte Linie) mit einem hybriden Verfahren vom Typ I (durchgezogene Linie), basierend auf einem Code.

Die Paketfehlerrate des hybriden Verfahrens ist deutlich höher als die des reinen SR-ARQ. Allerdings erreicht das hybride Verfahren bei hoher Bitfehlerrate p des Kanals einen sehr viel höheren Durchsatz als das reine SR-ARQ.

Wie wir gesehen haben, besitzen die hybriden Verfahren vom Typ I sowohl Vor-
als auch Nachteile gegenüber den reinen ARQ-Verfahren. Welches Verfahren für
eine gegebene Applikation besser geeignet ist, hängt dabei zum einen von der zu
erwartenden Kanalqualität (bzw. der korrespondierenden Bitfehlerrate p), zum
anderen aber auch von der geforderten Dienstqualität ab. Ist bspw. der Durchsatz
das entscheidende Kriterium, lassen sich mit dem hybriden Verfahren vom Typ
I unter Verwendung eines einzigen Codes drastische Verbesserungen gegenüber
einem reinen ARQ erzielen. Steht dagegegen die Paketfehlerrate im Vordergrund,
ist ein System mit zwei Codes besser geeignet.

5.3.5 Hybrides ARQ Typ II

Hybride Verfahren vom Typ II wurden erstmals von S. Lin in [Lin82] für Blockco-
des und in [LW83] für Faltungscodes beschrieben. Sie basieren auf dem Prinzip *in-
krementeller Redundanz*, d. h. DLC_A reagiert auf eine Wiederholungsanforderung
von DLC_B mit der Übertragung weiterer Redundanz, die es DLC_B ermöglichen
soll, aufgetretene Übertragungsfehler zu korrigieren.

Im Gegensatz zu den hybriden Verfahren vom Typ I, die ein fehlerhaft empfangenes
Paket verwerfen, werden fehlerhafte Pakete bei Verfahren vom Typ II zwischengespeichert und mit einer gegebenenfalls angeforderten (modifizierten) „Kopie"
des Pakets in geeigneter Weise kombiniert. Man kann die Verfahren vom Typ II
deshalb auch als Spezialfall sogenannter *Packet-Combining*-Systeme betrachten,
wobei maximal zwei Pakete kombiniert werden.
Packet-Combining-Systeme können in zwei Gruppen eingeteilt werden:

1. **Diversity combining:**
   Hierbei versucht man *identische* Kopien eines Pakets derart miteinander zu
   verknüpfen, daß die Zuverlässigkeiten der einzelnen Bits des kombinierten
   Pakets größer sind als bei jedem einzelnen Paket.

2. **Code combining:**
   Empfangene Codewörter werden solange miteinander verknüpft, bis die resultierende Coderate klein genug ist, um die Information zuverlässig zurückgewinnen zu können. Man kann also die effektive Coderate an die jeweils
   vorherrschenden Übertragungsbedingungen bzw. die Kanalqualität anpassen.

Es gibt eine Vielzahl von Möglichkeiten, Packet-Combining-Systeme zu realisieren.
Für ihr Verständnis oder gar ihre Analyse werden jedoch fundierte Kenntnisse
der Kanalcodierung benötigt. Aus diesem Grunde wollen wir derartige Systeme
nicht im Detail vorstellen, sondern lediglich die Funktionsweise eines hybriden
Verfahrens vom Typ II anhand **einer** möglichen Implementierung grob umreißen.

Wie bereits oben erwähnt, stellen die hybriden Verfahren vom Typ II den einfachsten Fall von Packet- (genauer gesagt: Code-) Combining-Systemen dar. In [WB94]

wird ein hybrides Typ II System unter Benutzung punktierter *maximum distance separable (MDS)* Codes [Bos98] vorgestellt. Diese MDS-Codes haben u.a. die Eigenschaft, daß man den Gesamtcode $C_{\mathrm{MDS}}(n, k)$ in zwei punktierte MDS-Codes $C_1(n/2, k)$ und $C_2(n/2, k)$ aufspalten kann.

Bei der ersten Übertragung eines Pakets wird ein Codewort $\mathbf{c} \in C_1$ gesendet. Der Empfänger kann nun versuchen, die Information durch Decodierung hinsichtlich C_1 zu rekonstruieren. Hat er keinen Erfolg, wird eine Wiederholungsanforderung für dieses Paket ausgelöst, die vom Sender durch die Übertragung eines Codeworts $\mathbf{c} \in C_2$ beantwortet wird. Dieses Codewort wird nun hinsichtlich C_2 decodiert. Ist auch dies nicht möglich, können beide empfangenen Codeworte kombiniert werden, um einen Decodierversuch bzgl. des Gesamtcodes C_{MDS} durchzuführen.

5.4 HDLC-Protokoll

Als Beispiel für ein Protokoll, das u.a. auch ARQ (genauer gesagt: Go-back-N) verwendet, wollen wir nun einige Aspekte des HDLC-(*High-level Data Link Control*)-Protokolls diskutieren. Wie bereits in Abschnitt 5.3.2 dargestellt, ist es eine Weiterentwicklung von SDLC und ADCCP und bildet die Grundlage von LAPB und LAPD. Abgesehen von einigen Unterschieden arbeiten alle diese Protokolle bitorientiert unter Benutzung einer Rahmenstruktur, wie sie in Bild 5.18 dargestellt ist.

Bits: 8	8	8	variabel	16	8
Flag	Adresse	Steuerung	Daten	CRC	Flag

Bild 5.18: Rahmenstruktur bit-orientierter Protokolle.

Die Felder *Flag, Adresse, Steuerung* und *CRC* sollen nun näher erläutert werden:

Flag: Es handelt sich um eine bit-basierte Rahmensynchronisation. Die Bitfolge 01111110 stellt ein Steuerzeichen dar, d. h. in der Datenfolge muß Bit-Stuffing (vgl. Kapitel 3.3.2) durchgeführt werden, um die Datentransparenz zu gewährleisten.

Adresse: Dies ist die Empfängeradresse. Bei Punkt-zu-Punkt-Verbindungen hat dieses Feld keine Bedeutung.

Steuerung: Dieses Feld wird zur Unterscheidung der drei möglichen Rahmenformate

- Information,
- Supervisory und
- Unnumbered

benutzt, die wir nachfolgend beschreiben werden.

CRC: Das CRC-Feld enthält eine Prüfsumme, zu deren Berechnung das
             CCITT-Polynom der Länge 16 gemäß Tabelle 5.1 verwendet wird.

Die drei möglichen Rahmenformate werden anhand ihres Steuerungsfeldes unterschieden (siehe Bild 5.19).

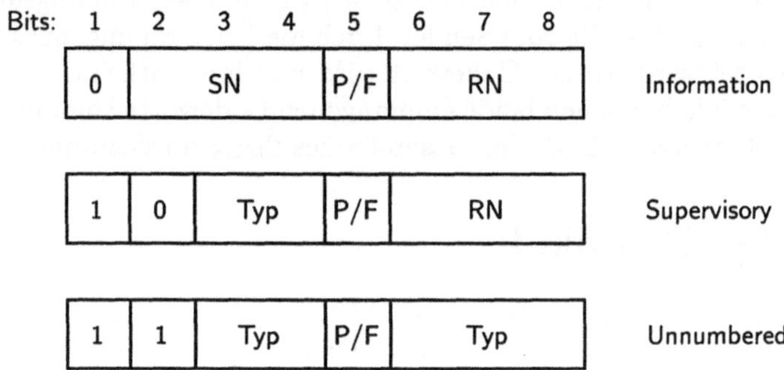

Bild 5.19: Steuerungsfelder für Informations-, Supervisory- und Unnumbered-Rahmen.

Allen gemeinsam ist das Feld P/F (*Poll/Final*). Es wird beispielsweise benutzt,
wenn ein Rechner eine Gruppe von Terminals abfragt (Polling). Er sendet dann
P=1, und alle Rahmen, die von den Terminals gesendet werden, haben ebenfalls
P gesetzt. Lediglich im letzten Rahmen ist F gesetzt.
Im *Informationsrahmen* gibt es darüberhinaus die Felder SN und RN, die hinsicht-
lich des Go-back-N-Protokolls von Bedeutung sind (siehe Kapitel 5.3.2). SN und
RN werden durch jeweils 3 Bits repräsentiert, d. h. es wird modulo 8 gerechnet.
Die verschiedenen Arten von *Supervisory*-Rahmen werden durch das Typ-Feld
unterschieden.

Typ 0   *Receive Ready*, RR.
         Dieser Typ dient der Flußkontrolle und zeigt an, daß ein Paket empfan-
         gen werden kann, wobei die Nummer des erwarteten Pakets im Feld RN
         steht.

Typ 1   *Reject*, REJ.
         Es wurde ein fehlerhafter Rahmen empfangen, und der Sender wird auf-
         gefordert, gemäß dem Go-back-N-Protokoll alle Rahmen beginnend bei
         der in RN eingetragenen Nummer erneut zu senden.

Typ 2   *Receive Not Ready*, RNR
         dient ebenfalls der Flußkontrolle. Implizit werden – wie bei Receive Rea-
         dy – alle Rahmen vor der Nummer RN bestätigt, gleichzeitig wird der
         Sender jedoch aufgefordert, die Übertragung einzustellen. Dies kann er-
         forderlich werden, wenn Probleme (bspw. Pufferüberläufe) im Empfän-

ger auftreten. Die Übertragung kann bspw. nach Senden von Receive Ready wieder fortgesetzt werden.

Typ 3   *Selective Reject*, SREJ
          fordert nur den angegebenen Rahmen erneut an und entspricht damit auch dem impliziten Acknowledge aller Rahmen mit einer Nummer kleiner als RN.
          HDLC und ADCCP lassen diesen Typ zu, SDLC und LAPB jedoch nicht.

Unnumbered-Rahmen werden überwiegend zu Steuerungszwecken genutzt, also z. B. Initialisierung und Disconnect. Zur Unterscheidung der einzelnen Typen stehen 5 Bits zur Verfügung. Von den $2^5 = 32$ Kombinationsmöglichkeiten werden jedoch nur 6 genutzt, die oft auch als *set mode*-Kommandos bezeichnet werden. Mit ihnen lassen sich u.a. die verschiedenen bei HDLC gebräuchlichen Modi einstellen, nämlich der

- *normal response mode*, NRM,
  der einer Master-Slave-Verbindung entspricht. Ein typisches Beispiel ist die Verbindung eines Computers (Master) mit einem oder mehreren Terminals (Slaves). Die Slaves beantworten hierbei die Polling-Anfragen des Masters.

- *asynchronous response mode*, ARM,
  der ebenfalls einem Master-Slave-Betrieb entspricht, jedoch nicht so stark eingeschränkt ist wie der NRM.

- *asynchronous balanced mode*, ABM,
  für Vollduplex-Verbindungen zwischen gleichberechtigten Stationen.

SDLC benutzt nur die ersten beiden Modi, LAPB nur den dritten.

Ein Beispiel für den Ablauf beim LAPB-Protokoll ist in Bild 5.20 dargestellt. Es wird ein Go-back-N-ARQ mit Fenstergröße 3 angenommen. Korrekt empfangene Paket werden implizit durch Senden der nächsthöheren Request-Nummer bestätigt, fehlerhaft empfangene Pakete werden explizit neu angefordert.

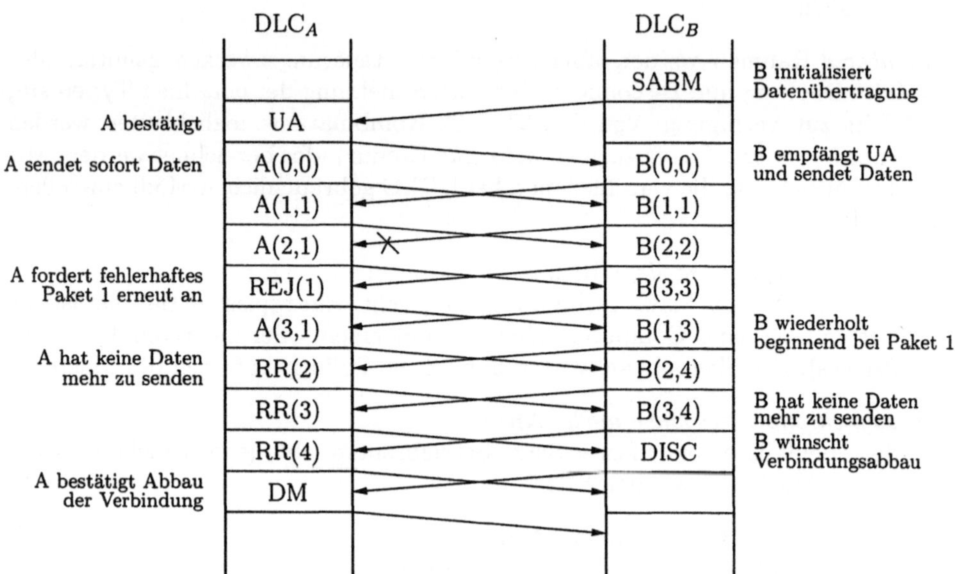

Format: Sender(SN,RN) bzw. Nachricht(RN)

Bedeutung der Nachrichten:

SABM	Set Asynchronous Balanced Mode
UA	Unnumbered Acknowledge
REJ	Reject
RR	Receive Ready
DISC	Disconnect
DM	Disconnect Mode

Bild 5.20: Beispiel für den Ablauf beim LAPB-Protokoll.

5.5 Übungsaufgaben

Aufgabe 5.1:
Die Übertragung serieller Daten über einen Datenkanal geschehe in Blöcken von $N = 136$ Zeichen zu je 8 Bit (einschließlich 8 Steuerzeichen für die Übertragungsprozedur). Die Bitfehlerwahrscheinlichkeit p_b des Datenkanals sei $1{,}25 \cdot 10^{-5}$. Tritt ein Bitfehler auf, so muß der gesamte Datenblock erneut übertragen werden.

Berechnen Sie die Wahrscheinlichkeit dafür, daß

a) die beiden ersten Zeichen fehlerfrei übertragen werden,

b) der ganze Block fehlerfrei übertragen wird und

c) von den 136 Zeichen des Blockes genau eines fehlerhaft übertragen wird.

Berechnen Sie,

d) wie oft jeder Block im Mittel wiederholt wird.

Aufgabe 5.2:
Der Quittungsmechanismus der HDLC-Prozedur wird durch die Übertragung der Laufnummer des nächsten erwarteten Informationsrahmens realisiert. Für die Codierung der Laufnummer sind 3 bit vorgesehen. Wieviele Informationsrahmen können dann maximal mit einer Quittung quittiert werden, bzw. nach maximal wieviel Informationsrahmen muß dann der Sender eine Quittung abwarten, um die Eindeutigkeit des Quittungsmechanismus zu gewährleisten (7, 8 oder beliebig viele Informationsrahmen)?

Aufgabe 5.3:
Betrachtet werde eine Paketübertragung von Knoten A zu Knoten B, bei der zur Fehlerkorrektur ein ARQ-Verfahren, d. h. Go-back-N oder Selective-Repeat, eingesetzt wird. Es wird immer nur ein Paket pro Rahmen gesendet.
Bei diesem Verfahren seien:

θ: die mittlere Anzahl von Rahmen, die zur fehlerfreien Übertragung eines Paketes benötigt werden,

β: die Anzahl von Rahmen, die abgeschickt werden, während auf die Bestätigung des vorangegangenen Rahmens gewartet wird, und

p: die Wahrscheinlichkeit, daß ein übertragener Rahmen fehlerhaft empfangen wird.

Weiter wird angenommen, daß

- A ständig, d.h. ohne Unterbrechung, sendet,

- die Fensterbreite N so groß ist, daß A nicht wegen ausbleibender ACKs zurückgehen muß, und

- A sofort beim nächsten Rahmen nach Empfang eines ACK zurückgeht, wenn dies erforderlich ist.

a) Zeigen Sie, daß für Go-back-N gilt: $\theta = 1 + p(\beta + \theta)$.

b) Geben Sie θ für Selective-Repeat an.

c) Vergleichen Sie die Effizienz $\eta = \frac{1}{\theta}$ von Go-back-N und Selective-Repeat.

6 Routing und Flußkontrolle

Ein Kommunikationsnetz besteht aus Knoten, die Teilnehmer, Switche, Router, etc. darstellen, und aus Kanten, die den Leitungen zwischen den Knoten entsprechen. Diese Leitungen besitzen eine Übertragungskapazität, die jeweils individuell verschieden sein kann. Dies bedeutet, man kann ein Kommunikationsnetz als einen Graphen entsprechend Anhang B beschreiben. In der Regel gibt es zwischen zwei Teilnehmern mehrere mögliche Wege (*route, path*), auch Pfade genannt, auf denen eine Nachricht vom Sender (Ursprungs-, Startknoten) zum Empfänger (Zielknoten) gelangen kann. Die Aufgabe des Routing (Wegelenkung) ist es, gemäß bestimmter Kriterien einen möglichen Weg auszuwählen. Die Kriterien sind u.a. die Verzögerungszeit der Nachricht, die Kapazität der entsprechenden Kanten auf dem Pfad, das aktuelle Verkehrsaufkommen, die Kosten, etc. Desweiteren sollen alle Teilnehmer in gleicher Weise fair berücksichtigt werden.
Die Berechnung eines unter bestimmten Kriterien optimalen Weges ist i.a. ein sehr komplexes mathematisches Optimierungsproblem, d. h. man muß sehr rechenaufwendige Algorithmen ausführen, um es zu lösen. Eine Lösung ist jedoch dann nur für kurze Zeit gültig, da sich das Verkehrsaufkommen kontinuierlich ändert, ja sogar das Netz sich durch Ausfälle von Leitungen und/oder Knoten verändern kann. Also kommt zu der Komplexität des Optimierungsproblems noch hinzu, daß man zu seiner Lösung die Information über den aktuellen Status des Netzes benötigt. Dies bedeutet, daß Routing-Verfahren prinzipiell fehlertolerant sein müssen. Fehlertolerante Systeme können auf verschiedene Arten erreicht werden. In diesem Zusammenhang können wir nicht ausführlicher auf diese Konzepte der Fehlertoleranz eingehen. Der interessierte Leser sei auf [Ech90] verwiesen.

Um ein weiteres Problem, nämlich die Stabilität, zu beschreiben, stellen wir uns ein Telefonnetz vor, bei dem die Leitung München (M) — Frankfurt (F) überlastet ist, dagegen M — Stuttgart (S) — F nicht. Dies kann bedeuten, daß nun alle Gespräche über M — S — F geroutet werden, was zur Folge hat, daß nun diese Verbindung überlastet ist und M — F nicht mehr. Daraufhin werden wieder alle Gespräche über M — F geroutet usw. Das System kann also schwingen, was es zu vermeiden gilt.

Da es sehr viele unterschiedliche Situationen gibt, mit welcher Art Informationen ein Routingverfahren einen Weg finden muß, wollen wir im ersten Abschnitt

zunächst eine Unterteilung vornehmen. Dies gilt auch für die Entscheidung über
den Weg und wie die Information über den Status des Netzes bereitgestellt wird.
Nach dieser Klassifizierung werden wir im zweiten Abschnitt grundsätzliche Algorithmen und Verfahren erörtern, die bestimmte Fragestellungen beim Routing
lösen, u. a. wie der „kürzeste" Pfad berechnet werden kann oder wie Information
an alle Knoten verteilt wird. Anschließend diskutieren wir das Routing bei Leitungsvermittlung und bei Paketvermittlung, wobei grundsätzlich unterschiedliche
Probleme zu lösen sind (siehe hierzu auch Abschnitt 3.4).

Zum Schluß werden wir noch die Flußkontrolle erläutern, die zwischen einem Sender und Empfänger gewährleistet, daß der Empfänger die ankommenden Daten
auch verarbeiten kann. Falls sein Empfangsspeicher überzulaufen droht, muß der
Sender kurzzeitig gestoppt werden, solange bis der Empfänger wieder Daten empfangen kann. Dann muß der Sender aufgefordert werden, mit der Datenübertragung fortzufahren.

6.1   Klassifikation der Routingverfahren

Zunächst unterteilt man üblicherweise die Verbindungsarten in:

Leitungsvermittlung   **Paketvermittlung**

Virtuelle Leitungsvermittlung

Den klassischen Fall der Leitungsvermittlung stellt ein Telefonnetz dar, bei dem
zwischen den zwei Endteilnehmern eine Leitung geschaltet wird, über die dann
das Gespräch geführt wird. Aufgabe des Routings ist es, diese Leitung aufzubau-
en, d. h. zu entscheiden, wie der Weg von einem Switch zum nächsten gewählt
wird bzw. welcher Switch beteiligt ist. Dagegen wird im paketvermittelten Netz
jedes Paket für sich geroutet, d. h. jedes kann prinzipiell einen anderen Weg vom
Sender zum Empfänger nehmen. Damit entsteht das Problem der Reihenfolge
der Pakete, da sich Pakete durch unterschiedliche Wege überholen können. Die
reine Paketvermittlung (*datagram switching*) wurde zur Vernetzung von Computern entwickelt; Beispiele für solche Netze sind X.25 und TCP/IP, siehe Kapitel 8
und 9. Inzwischen kann man beobachten, daß die Unterschiede zwischen den klassischen Telekommunikations- und den Computernetzen immer mehr verschwim-
men: Mittels Modems werden über das Telefonnetz Computerdaten übertragen,
und über das Internet werden Telefondienste angeboten. Die technische Entwicklung geht hin zu Netzen, in denen Telekommunikations- und Computerdienste
integriert sind, insbesondere zum ATM-Netz (siehe Kapitel 10). Für solche Netze
bietet sich als Kompromiß zwischen Leitungs- und Paketvermittlung die virtuelle
Leitungsvermittlung (*virtual circuit switching*) an: Die Daten werden paketweise
über eine vorher aufgebaute Leitung übertragen. Wie bei der reinen Leitungsvermittlung wird dabei die Routing-Entscheidung am Anfang während des Verbindungsaufbaus getroffen, wohingegen sie bei der Paketvermittlung individuell für
jedes Paket getroffen werden muß.

Eine weitere gebräuchliche Aufteilung ist die bzgl. der Routing-Entscheidung:

Verteilte Entscheidung   **Zentralisierte Entscheidung**

Während bei der verteilten Entscheidung jeder Knoten gleichberechtigt die Routing-Entscheidung treffen darf, kann diese beim zentralisierten Routing eben nur ein Knoten treffen. Oft wird neben einem Netz-Master auch noch der Fall unterschieden, daß der Sender (source) die Entscheidung trifft. Ebenfalls kann die Statusinformation des Netzes zentral oder verteilt verwaltet werden. Dabei ist es auch relevant, wie aktuell diese Information ist, d. h. ob sie kontinuierlich, periodisch oder nur bei gravierenden Änderungen erneuert wird, und welche Knoten bei der Informationsermittlung beteiligt sind (z. B. alle oder nur Nachbarknoten).

Eine relativ einfache Routing-Strategie ist, immer einen festen Weg zwischen zwei Teilnehmern zu wählen; dies wird als statisches (*fixed*) Routing bezeichnet.

Statisches Routing   **Adaptives Routing**

Im Gegensatz zum statischen Routing reagiert natürlich adaptives Routing auf Netzlast oder Veränderungen im Netz durch Knoten- oder Leitungsausfälle.
Da die Anzahl der Teilnehmerknoten i.d.R. sehr groß ist, wäre der Aufwand, in jedem Knoten die gesamte Netztopologie zu speichern, viel zu groß. Deshalb wird ein Netz meistens hierarchisch angelegt, d. h. nur der nächstliegende Switch kennt den Weg zu einem Endteilnehmer, nicht das ganze Netz. Dieses sog.

hierarchische Routing

beschränkt sich daher darauf, den Weg im sog. Backbone-Netz vom Eingangs-Switch zum Ausgangs-Switch zu berechnen. Andererseits braucht das Routing-Verfahren eines Endteilnehmers „nur" den Weg zum nächstgelegenen Switch zu kennen.

Die Aufgabe eines Routing-Verfahrens kann sein, den Weg von einem Teilnehmer zum anderen zu berechnen oder aber von einem Teilnehmer zu allen anderen. Der letztere Fall tritt z. B. bei der Aktualisierung der Information über den Zustand des Netzes auf.

Broadcast-Routing   **Punkt zu Punkt-Routing**

Je nachdem, wie ein Kommunikationsnetz ausgelegt werden soll, existieren zahllose Möglichkeiten zur Wahl der Routing-Strategien. Deshalb wollen wir im folgenden Abschnitt einige prinzipielle Verfahren und Algorithmen erörtern, die selbst in unterschiedlicher Umgebung unverändert bleiben.

6.2 Algorithmen und Verfahren zum Routing

Alle Verfahren sollen an dem folgenden Beispiel illustriert werden (Bild 6.1). Wir beschränken uns in diesem Abschnitt auf ungerichtete Graphen, jedoch ist eine Erweiterung der Methoden auf gerichtete Graphen direkt möglich.

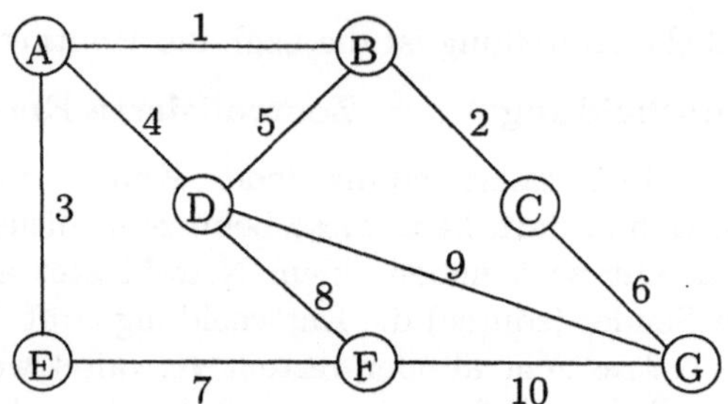

Bild 6.1: Graph eines Kommunikationsnetzes.

Die Zahlen an den Kanten stellen ein Maß für die Kosten dar, um ein Paket über diese Kante zu übertragen. Diese Kosten beinhalten Übertragungszeit, Verkehrslast, etc., also summarisch alle Parameter mit denen die Effizienz in dem entsprechenden Netz bewertet wird.

6.2.1 Flooding

Das Prinzip des *Flooding (Fluten)* funktioniert wie folgt:
Jeder Knoten sendet ein Flooding-Paket zu allen seinen Nachbarknoten, außer an den oder die benachbarten Knoten, von dem oder denen er das Paket erhalten hat.

Beispiel 6.1 (Flooding):
Betrachten wir den Graphen aus Bild 6.1 und nehmen an, daß Knoten A mittels Flooding Knoten G erreichen will. Weiter nehmen wir an, daß die Übertragungszeit auf allen Kanten gleich 1 ist und keine Wartezeit besteht. Es ergibt sich der in Bild 6.2 dargestellte Ablauf, wobei die Zahlen an den Kanten nun den einzelnen Schritten entsprechen.

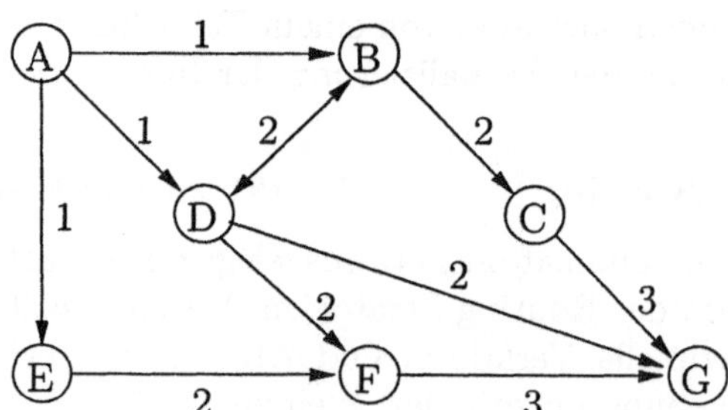

Bild 6.2: Zu Beispiel 6.1, Flooding.

Bemerkenswert an diesem Routing-Verfahren ist, daß kein Knoten Information über das Netz besitzen muß und daß garantiert der Empfänger das Paket erhält.

Ein wesentlicher Nachteil ist jedoch, daß extrem viel Übertragungskapazität verschwendet wird.

Verwendet man Flooding, um alle Knoten mit einer Broadcast-Message zu erreichen, gelangt diese zu allen Knoten in der kürzest möglichen Zeit.
Den kürzesten Weg vom Start- zum Zielknoten kann man durch Flooding ermitteln, wenn jeder Knoten die Information, woher er das Paket erhalten hat, in das Paket schreibt. Das Paket, das als erstes beim Zielknoten ankommt, enthält dann den schnellsten Weg, der anschließend dem Startknoten mitgeteilt werden kann.

Damit ist Flooding eine einfache, robuste Routing-Strategie, bei der alle möglichen Wege zwischen Sender und Empfänger (ohne Schleifen) probiert werden. Der entscheidende Nachteil ist die extrem große erzeugte Netzlast.

6.2.2 Vollständiger Baum und Hamilton-Schleife

Um Broadcast-Routing mit minimaler Netzlast durchzuführen, kann ein vollständiger Baum bzw. eine Hamilton-Schleife entsprechend Anhang B verwendet werden, vorausgesetzt letztere existiert. Wir wollen beide Verfahren an unserem Beispiel erläutern.

Beispiel 6.2 (Vollständiger Baum):
Wir nehmen an, daß Knoten A alle anderen Knoten erreichen will. Weiter nehmen wir an, daß die Übertragungszeit auf allen Kanten gleich 1 ist und keine Wartezeit besteht. In Bild 6.3 fett hervorgehoben ist ein möglicher vollständiger Baum. Der entsprechende Ablauf in den einzelnen Schritten wird durch die Zahlen an den Kanten dargestellt.

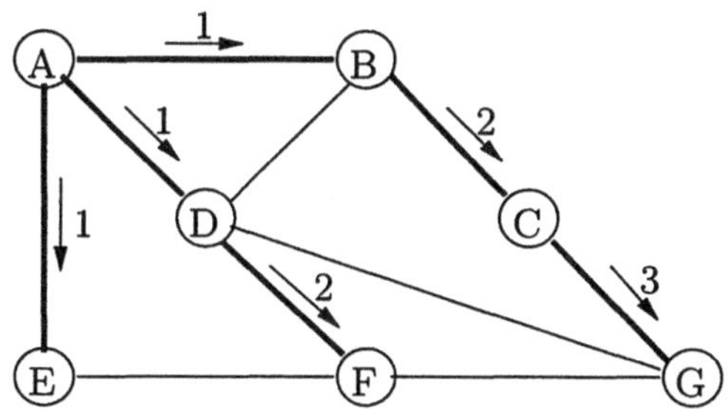

Bild 6.3: Zu Beispiel 6.2, vollständiger Baum.

Beispiel 6.3 (Hamilton-Schleife):
Es soll wiederum der Broadcast-Fall von Knoten A zu allen anderen Knoten betrachtet werden. Kennt man eine Hamilton-Schleife des Netzes (in Bild 6.4 fett hervorgehoben), so kann man das Broadcast-Paket in zwei Richtungen senden. Die Zahlen an den Kanten entsprechen wiederum den einzelnen Schritten des Ablaufs.

Das Problem bei beiden Verfahren ist, daß der Baum bzw. die Schleife bei einer Netzänderung neu berechnet werden müssen.

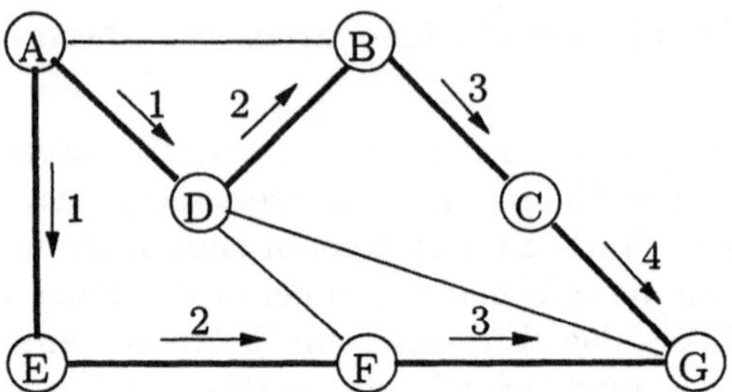

Bild 6.4: Zu Beispiel 6.3, Hamilton-Schleife.

6.2.3 Dijkstra-Algorithmus

Der Dijkstra-Algorithmus löst das Problem, den kürzesten Pfad von einem Start-knoten zu einem Zielknoten zu berechnen. Dabei wird „kürzest" auf die aktuellen Kosten der Kanten bezogen.

Anmerkung: Man beachte, daß sich im Falle eines Netzes, bei dem mehrere Teil-nehmer gleichzeitig Daten übertragen, die gewählten Wege gegenseitig beeinflußen. Damit sind die mit dem Dijkstra-Algorithmus berechneten Wege nicht bezüglich der Gesamtkostenfunktion des Netzes optimiert.

Wir benötigen noch einige Notationen, um den Algorithmus zu beschreiben.
Die Kosten einer Kante werden durch das Gewicht d_{XY} bezeichnet, wobei X und Y die jeweiligen zur Kante gehörigen Knoten darstellen. Wir beschränken uns auf den Fall nicht negativer Gewichte, d. h. $d_{XY} \geq 0$. Die Summe der Gewichte wird mit Λ_B bezeichnet und ist die Summe der Gewichte aller Kanten vom Startknoten S auf dem Pfad bis B, d. h.:

$$\Lambda_B = \sum_{X,Y \in \mathrm{Pfad}(S-B)} d_{XY} \,.$$

Das Paar (Λ_B, A) mit dem jeder Knoten beschriftet wird, bedeutet demnach die Summe der Gewichte vom Startknoten S bis zum Knoten B und A bezeichnet den Vorgängerknoten, der auf diesem kürzesten Weg zu wählen ist. Damit lautet der Algorithmus wie folgt:

Dijkstra-Algorithmus:

Initialisierung: Alle Knoten werden mit der Entfernung unendlich und kei-nem Nachbarknoten markiert.

Die Menge aller Knoten eines Netzes sei $\mathcal{K}$ und $\mathcal{K}' = S$.

Iterationsschritt: Bilde für alle Knoten $Y \notin \mathcal{K}'$

$$\Lambda_Y = \min\{\Lambda_Y, \Lambda_S\}$$

Wähle

$$\Lambda_X = \min_Y \Lambda_Y$$

$$\mathcal{K}' = \mathcal{K}' \cup X$$

Für alle $Y \notin \mathcal{K}'$

$$\Lambda_Y = \min\{\Lambda_Y, \Lambda_X + d_{XY}\}$$

ENDE　　　　falls $\mathcal{K}' = \mathcal{K}$

Der Algorithmus wird im folgenden am Beispiel illustriert.

Beispiel 6.4 (Dijkstra-Algorithmus):
Es soll der kürzeste Weg von Startknoten A zu Zielknoten G gesucht werden. In Bild 6.5 sind die entsprechenden Labels des Dijkstra Algorithmus angegeben.

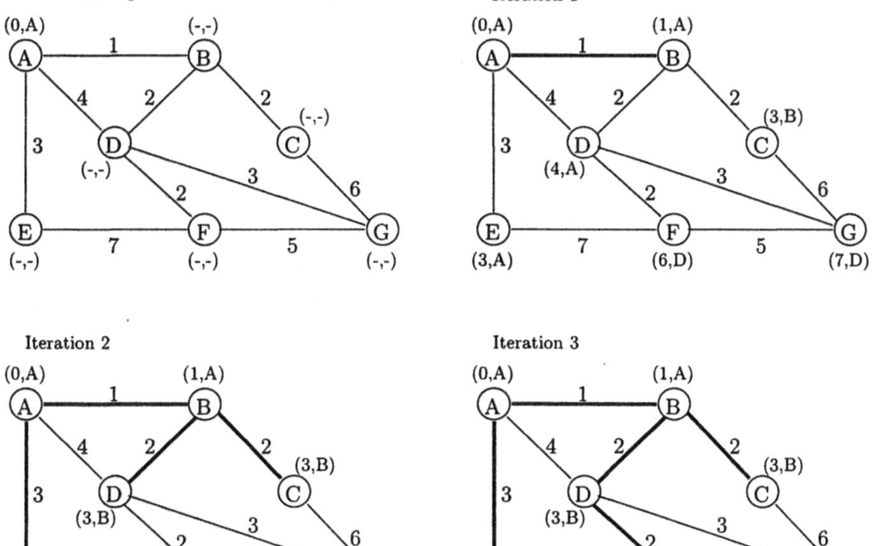

Bild 6.5: Zu Beispiel 6.4, Dijkstra-Algorithmus.

In der letzten, nicht mehr gezeichneten Iteration findet der Algorithmus den kürzesten Weg zum Zielknoten G.

Nach der Durchführung des Dijkstra-Algorithmus kennt man den kürzesten Pfad zu **allen** Knoten des Netzes vom Startknoten aus. Für Netze mit vielen Knoten ist der Rechenaufwand beachtlich. Bei ausschließlich positiven Gewichten können wir die Anzahl der Rechenschritte reduzieren, denn man braucht nur benachbarte Knoten Y der Menge $\mathcal{K}'$ zu betrachten, da bei Gewichten (> 0) das Minimum der Kostenfunktion durch einen Knoten aus der Menge der Nachbarknoten erreicht wird. Eine zusätzliche Kante bedeutet dann immer eine Erhöhung des Summengewichtes Λ.

Als *Hop* bezeichnet man die Erweiterung eines Pfades um eine Kante. Notiert man an alle Kanten eines Graphen das Gewicht 1, so liefert der Dijkstra-Algorithmus die Pfade mit der minimalen Anzahl an Hops von jedem Knoten zum Startknoten. Im Falle von langen Bearbeitungszeiten in den Knoten im Vergleich zu den Übertragungszeiten auf den Kanten ist dies i.d.R. auch gleichbedeutend mit den kürzesten Pfaden.

Man kann verifizieren, daß folgende zwei Aussagen beim Dijkstra Algorithmus erfüllt sind:

1) $\Lambda_X \leq \Lambda_Y$ für alle $X \in \mathcal{K}'$ und $Y \notin \mathcal{K}'$.

2) Λ_X stellt für jeden Knoten die minimalen Kosten für den Weg zum Startknoten dar.

6.2.4 Bellman-Ford-Algorithmus

Der Bellman-Ford-Algorithmus löst das gleiche Problem wie der Dijkstra-Algorithmus mit dem Unterschied, daß hier die Pfade pro Iterationsschritt um jeweils einen Hop verlängert werden.

Anmerkung: Für gerichtete Graphen ist der Bellman-Ford-Algorithmus (1957) identisch mit dem aus der Codierungstheorie bekannten Viterbi-Algorithmus (1968).

Der Algorithmus lautet nun wie folgt:

Bellman-Ford-Algorithmus:
Hier wird die Anzahl der Kanten h in die Metrik Λ_B^h aufgenommen. Der Algorithmus verlängert dann die Anzahl der Hops vom Startknoten aus um jeweils 1 pro Iterationsschritt und sucht den kürzesten Weg.

Initialisierung: Alle Knoten werden mit der Entfernung unendlich und keinem Nachbarknoten markiert.

Die Menge aller Knoten sei $\mathcal{K}$ und $\mathcal{K}' = S$, $h = 0$.

Iterationsschritt: Bilde für alle Nachbarknoten X von $Y \in \mathcal{K}'$

$$\Lambda_X^{h+1} = \min\{\Lambda_X^h, \Lambda_Y^h + d_{YX}\}$$

$$\mathcal{K}' = \mathcal{K}' \cup X$$

$$h = h + 1$$

ENDE falls $\Lambda_X^h = \Lambda_X^{h-1}$ für alle Knoten X.

Auch dieser Algorithmus soll an einem Beispiel illustriert werden.

Beispiel 6.5 (Bellman-Ford-Algorithmus):
Es soll wieder der kürzeste Weg von Startknoten A zu Zielknoten G gesucht werden.
In Bild 6.6 sind die entsprechenden Labels des Bellman-Ford-Algorithmus angegeben.

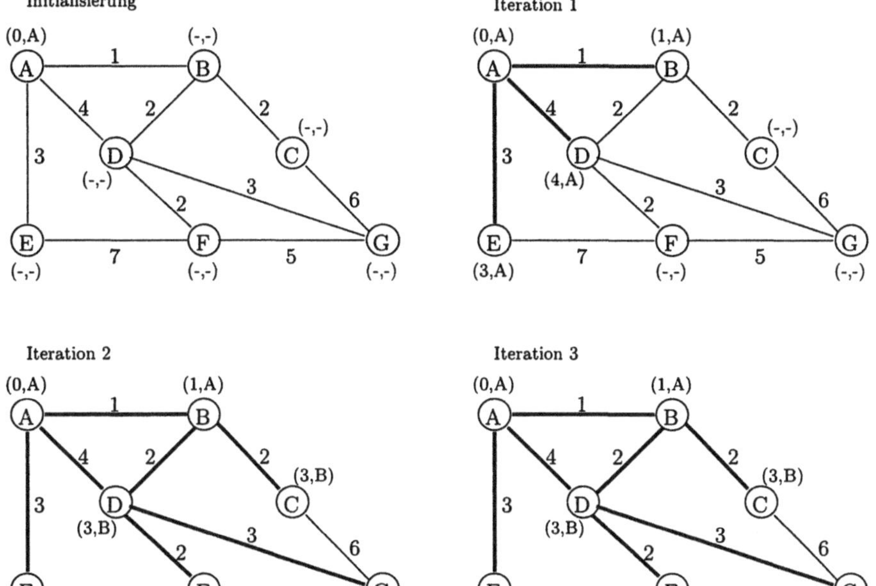

Bild 6.6: Zu Beispiel 6.5, Bellman-Ford-Algorithmus.

Im letzten Schritt findet der Algorithmus den kürzesten Weg zum Zielknoten G.

Nach der Durchführung des Algorithmus kennt man auch hier den kürzesten
Pfad von allen Knoten zum Startknoten. Ebenfalls ist dies – wie beim Dijkstra-
Algorithmus – bei gleichen Kantengewichten $d_{XY} = 1\ \forall X, Y \in \mathcal{K}$ identisch mit
den Pfaden mit minimalen Hops.

Distributed Bellman-Ford Algorithmus:
Die Gleichung eines Iterationsschrittes beim Bellman-Ford-Algorithmus lautet:

$$\Lambda_X^{h+1} = \min\{\Lambda_X^h, \Lambda_Y^h + d_{YX}\}.$$

Diese Gleichung liefert für jeden Startknoten die kürzesten Wege zu allen anderen Knoten. Diese Berechnung kann *verteilt* durchgeführt werden. Jeder Knoten benötigt dabei nur das Gewicht der Kanten zu seinen Nachbarknoten.
Die Knoten müssen diesen Algorithmus synchron durchführen. Eine praktische Lösung ist jedoch die Iterationen permanent (in gewissen Zeitabständen) an allen Knoten durchzuführen.

6.2.5 Optimales Routing

Beim optimalen Routing besteht die Aufgabe darin, die beiden Parameter Durchsatz und durchschnittliche Paketlaufzeit zu optimieren. Der Durchsatz soll maximiert werden und die durchschnittliche Paketlaufzeit soll minimiert werden.
Das Problem kann nun wie folgt beschrieben werden:

- C_{XY} sei die Übertragungskapazität einer Kante X, Y.

- F_{XY} sei der Datenfluß einer Kante (z. B. Datenpakete pro Sekunde).

- d_{XY} sei die Übertragungs- und Verarbeitungszeit auf einer Kante.

- Sei $\mathcal{W}$ die Menge der Start-/Zielknotenpaare $w = (A, B)$ und r_w das durchschnittliche Verkehrsaufkommen zwischen den Knoten A und B.

- p sei ein Pfad von einem Startknoten zu einem Zielknoten.

Der Datenfluß F_{XY} läßt sich berechnen als die Summe der Datenflüsse auf allen Pfaden p, die die Kante X, Y enthalten:

$$F_{XY} = \sum_{\text{Pfade } p \text{ durch XY}} \text{Fluß auf Pfad } p\,.$$

Als eine geeignete Kostenfunktion kann man z. B. die nachfolgende verwenden:

$$D_{XY}(F_{XY}) = \frac{F_{XY}}{C_{XY} - F_{XY}} + d_{XY} \cdot F_{XY}\,.$$

Man erkennt, daß die Kosten steigen wenn sich der Fluß F_{XY} der Kapazität C_{XY} nähert.

Optimales Routing:

Minimiere

$$\sum_{XY} D_{XY}(F_{XY})$$

unter den Nebenbedingungen

1. $\displaystyle\sum_{\text{Pfade } p \text{ durch XY}}$ Fluß auf Pfad $p = r_w$ für alle $w \in \mathcal{W}$

2. Fluß auf Pfad $p \geq 0$, für alle Pfade p und alle $w \in \mathcal{W}$

Diese Funktion kann nun gemäß der allgemeinen Optimierungstheorie unter den Nebenbedingungen minimiert werden, was eine sehr komplexe Aufgabe darstellt. Hierzu sind etwa Gradientenmethoden geeignet und es wird auch ein unter dem Namen Frank-Wolf-Algorithmus bekanntes Verfahren eingesetzt.

Eine weitergehende Betrachtung des optimalen Routings wird hier nicht durchgeführt, sondern es wird auf weitergehende Literatur, etwa [BG92], verwiesen.

6.3 Routing bei Leitungsvermittlung

In einem leitungsvermittelnden Netz wird häufig mit statischem Routing mit Alternativen gearbeitet (*alternate routing*). Diese Alternativen können bei Ausfall eines Switches oder von Leitungen gewählt werden. Eine weitere Möglichkeit ist es, die Auswahl lastabhängig zu treffen (bspw. zu verschiedenen Tageszeiten). Die Anzahl der möglichen Alternativen kann variieren.

Jeder Knoten des Netzes besitzt dabei eine Tabelle, in der der Nachbarknoten eingetragen ist, der auf dem Weg zum Zielknoten zu wählen ist. Der Knoten stellt dann eine Verbindung zu diesem Nachbarknoten her und dieser wiederum eine zu dessen Nachbarknoten auf dem Weg zum Zielknoten. Am Ende besteht dann eine Verbindung vom Startknoten zum Zielknoten. Im folgenden wollen wir ein Beispiel für Routingtabellen angeben.

Beispiel 6.6 (Routing-Tabellen):
Es soll das Netz gemäß Bild 6.7 betrachtet werden.

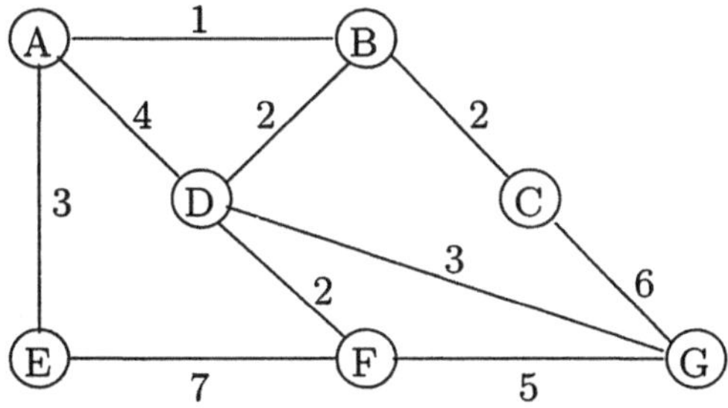

Bild 6.7: Zu Beispiel 6.6, Routing-Tabellen.

Eine Möglichkeit für entsprechende Routing-Tabellen, jeweils unter Angabe einer Alternative, ist in Tabelle 6.1 angegeben.

Anstelle des statischen Routings mit Alternativen kann auch adaptives Routing verwendet werden. Hierbei werden die Routing-Tabellen je nach Netzlast periodisch oder ereignisgesteuert neu berechnet. Zu dieser Neuberechnung können prinzipiell die Shortest-Path-Routing-Algorithmen aus Abschnitt 6.2.3 bzw. 6.2.4

Tabelle 6.1: Routing-Tabellen zu Beispiel 6.6.

Knoten A	Wahl I	Wahl II
Ziel	I	II
A	—	—
B	B	D
C	B	D
D	B	D
E	E	D
F	B	D
G	B	D

Knoten B	Wahl I	Wahl II
Ziel	I	II
A	A	D
B	—	—
C	C	D
D	D	A
E	A	D
F	D	A
G	D	C

Knoten C	Wahl I	Wahl II
Ziel	I	II
A	B	G
B	B	G
C	—	—
D	B	G
E	B	G
F	B	G
G	G	B

Knoten D	Wahl I	Wahl II
Ziel	I	II
A	B	A
B	B	A
C	B	A
D	—	—
E	B	A
F	F	G
G	G	F

Knoten E	Wahl I	Wahl II
Ziel	I	II
A	A	F
B	A	F
C	A	F
D	A	F
E	—	—
F	F	A
G	A	F

Knoten F	Wahl I	Wahl II
Ziel	I	II
A	D	E
B	D	A
C	D	G
D	D	G
E	E	D
F	—	—
G	G	D

Knoten G	Wahl I	Wahl II
Ziel	I	II
A	D	F
B	D	C
C	C	D
D	D	F
E	D	F
F	F	D
G	—	—

benutzt werden. Je nach Kommunikationsnetz existieren jedoch noch andere Verfahren [Wal98a], [Wal98b].

An dieser Stelle wollen wir nochmals auf das Konzept des hierarchischen Routings aus Abschnitt 6.1 zurückkommen. Ein typisches leitungsvermitteltes Netz ist das Telefonnetz. Hier werden die oben beschriebenen Routing-Tabellen im sogenannten Backbone-Netz eingesetzt. Entsprechend der Vorwahl im deutschen Telefonnetz wird ein Gespräch geroutet. Die Switche in München bzw. Stuttgart werden mit den ersten beiden Ziffern 08 bzw. 07 einer Telefonnummer adressiert. Die folgende Ziffer bedeutet dann eine hierarchisch tiefere Ebene, z. B. 073 für Ulm oder 072 für Karlsruhe. Das Routing auf dieser tiefen Ebene kann unabhängig von der darüberliegenden durchgeführt werden, ebenfalls mit Alternativen. Dies setzt sich hierarchisch nach unten hin fort. Das bedeutet, daß die Routing-Tabellen nur jeweils Information für ihre Hierarchie-Ebene beinhalten müssen, was zu einer erheblichen Vereinfachung führt. Dies gilt sowohl für statisches wie für adaptives Routing bei hierarchischer Organisation des Netzes.

6.4　Routing bei Paketvermittlung

Wie bereits erwähnt unterscheidet man zwischen Routing für reine Paketvermittlung (datagram switching), bei dem jedes Paket unabhängig von den anderen geroutet wird, und der virtuellen Leitungsvermittlung (virtual circuit switching), bei der alle Paket einer Sitzung den gleichen Weg nehmen. Im wesentlichen unterscheiden sich beide in der Dauer, für die die Routing-Berechnung gültig ist.

Der prinzipielle Unterschied zu Routing für Leitungsvermittlung besteht darin, daß die Leitung zwischen zwei benachbarten Knoten nicht für eine Verbindung reserviert wird, nachdem das Paket übertragen wurde. Das bedeutet, daß ein Paket isoliert von einem Knoten zum nächsten weitergegeben wird, wobei der Weg, d. h. die Reihenfolge der Knoten, durch die Routing-Strategie vorgegeben wird. Daraus kann sich die Notwendigkeit ergeben, einen Mechanismus zu installieren, der verlorengegangene Pakete, die im Netz umherirren, löscht. Dies kann z. B. durch einen Zeitstempel im Paket realisiert werden, d. h. eine Art Verfallsdatum. Ansonsten werden auch hier Routing-Tabellen verwendet, die entsprechend Beispiel 6.6 aufgebaut sind. Zur Berechnung der Tabellen können die Strategien bzw. Algorithmen aus Abschnitt 6.2 benutzt werden. Die Schwierigkeit besteht bei einem gegebenen Netz jedoch darin, den aktuellen Netzstatus zu kennen, d. h. überlastete Leitungen zwischen Knoten, überlastete Knoten und ähnliches bei der Berechnung des Weges zu berücksichtigen. Damit ist die Aktualisierung der Netzstatusinformation ein zentrales Problem des Routings. Hierzu existieren keine allgemeingültigen Lösungen bzw. Strategien, da die Dynamik eines Netzes stets stark von den Teilnehmern, d. h. vom Zweck bestimmt wird. Ein Bürokommunikationsnetz wird sich anders verhalten als das Internet.

Ein weiterer Aspekt ist der, daß die Routing-Algorithmen i.d.R. isoliert voneinander die kürzesten Wege berechnen, was sicher keine optimale Lösung für alle gemeinsam bedeutet. Diese könnte durch einen zentralen Routing-Algorithmus berechnet werden, der jedoch dadurch die Netzlast erhöhen würde, da die Ergebnisse der Berechnungen übermittelt werden müßten.

6.5 Flußkontrolle

Die Flußkontrolle (*flow control*) wird verwendet, um zu gewährleisten, daß der Sender dem Empfänger nicht mehr Daten schickt, als dieser speichern bzw. verarbeiten kann. Üblicherweise besitzt der Empfänger einen Eingangsspeicher aus dem er Daten holt, verarbeitet und weiterleitet. Falls dieser Eingangsspeicher überläuft, gehen Daten verloren bzw. müssen durch ein entsprechendes ARQ-Protokoll (Abschnitt 5.3) erneut übertragen werden.

Man unterscheidet zwei Arten der Flußkontrolle: Zum einen die Ende-zu-Ende-Flußkontrolle, und zum anderen die Flußkontrolle zwischen zwei benachbarten Knoten eines Netzes. Letztere wird oft auch als *congestion control* bezeichnet. Ein Knoten besitzt Warteräume (queues) für ankommende und abgehende Pakete. Diese sind praktisch limitiert, d. h. entsprechend Kapitel 7 handelt es sich um Verlustsysteme. Die Flußkontrolle zwischen zwei Knoten eines Netzes wird implizit durch Routing-Verfahren durchgeführt, falls die Auslastung einer Kante in das

Gewicht eingeht (vergleiche hierzu Abschnitt 6.2.3 und 6.2.4). Dabei muß gewährleistet sein, daß eine geänderte Auslastung einer Leitung im Netz bekannt gemacht wird. Außerdem können die Knoten eines Netzes dem eventuellen Überlasten von Leitungen durch Auswahl von alternativen Wegen entgegenwirken.

Eine Ende-zu-Ende-Flußkontrolle wird i.d.R. durch den Mechanismus durchgeführt, den wir schon von den ARQ-Verfahren her kennen, nämlich die Fensterung. Dabei darf der Sender höchstens $N-1$ weitere Pakete ab dem bestätigten senden. Das bedeutet, daß für $N = 1$ die sog. Stop-and-Wait-Flußkontrolle vorliegt, bei der der Sender ein Paket abschickt und wartet, bis dieses vom Empfänger bestätigt wird. Daraufhin sendet er das nächste Paket ab, usw. Der Unterschied zu ARQ-Verfahren ist, daß hier der Mechanismus nicht zur zuverlässigen Datenübertragung eingesetzt wird, d. h. daß keine Fehlererkennung vorhanden sein muß.
Bei einer Fenstergröße von $N > 1$ darf der Sender, unter der Annahme Paket $i-1$ wurde bestätigt, die Pakete $i, i+1, i+2, \ldots, i+N-1$ absenden, ohne auf eine weitere Bestätigung zu warten. Trifft diese während der Übertragung für das Paket $j-1 > i$ ein, so darf er entsprechend die Pakete $j, j+1, \ldots, j+N-1$ senden usw. Während bei ARQ-Verfahren N konstant gehalten wird bzw. zwischen zwei Werten umgeschaltet werden kann, wird bei der Flußkontrolle N variabel eingesetzt. Etwa in der Transportschicht wird N an die Verzögerungszeit der Daten angepaßt und zwischen Sender und Empfänger ausgetauscht. Die praktische Durchführung wird wie bei ARQ durch Sequenznummern SN (sequence number) und Anforderungsnummern RN (request number) durchgeführt, so daß auf die entsprechenden Ausführungen in Abschnitt 5.3.2 verwiesen wird. Man beachte, daß das Selective-Repeat-ARQ-Verfahren hier kein entsprechendes Flußkontrollverfahren hat, da bei Flußkontrolle von fehlerfreier Übertragung ausgegangen wird, d. h. die selektive Wiederholung macht hier keinen Sinn.

Einige Flußkontrollmechanismen sind bei den Systembeispielen in den Abschnitten 8.3.3 für X.25, 9.4.1 für TCP/IP und 10.3.1 für ATM beschrieben.

Zwar führt die DLC-Schicht mit dem verwendeten ARQ-Verfahren implizit eine Flußkontrolle durch, und man kann sich die berechtigte Frage stellen, wozu man noch eine eigene Flußkontrolle benötigt. Eine mögliche Antwort ist, daß auf den höheren Schichten andere Aufgaben anfallen können, die höhere Priorität haben, so daß für die Sitzung weniger Zeit zur Verfügung steht. Deshalb muß die Schicht in der Lage sein, den Datenstrom der Sitzung zu verringern, was eben durch die Flußkontrolle möglich ist.

6.6 Übungsaufgaben

Aufgabe 6.1:
Geben Sie einen Algorithmus zur Konstruktion eines Minimalbaumes an.

Aufgabe 6.2:
Gegeben ist das Netz nach Bild 6.8.

a) Bestimmen Sie die kürzesten Pfade von Knoten B zu allen anderen Knoten mit Hilfe des Algorithmus von Dijkstra.

b) Lösen Sie die gleiche Aufgabe mit dem Bellman-Ford-Algorithmus.

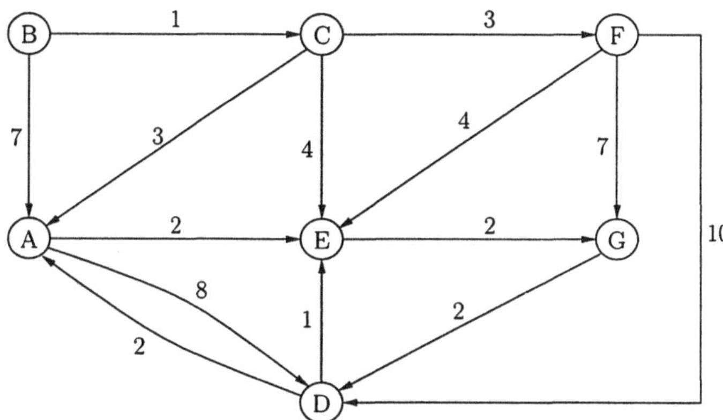

Bild 6.8: Zu Aufgabe 6.2.

7 Warteraumtheorie

Der Bedarf an Übertragungskapazität in Kommunikationsnetzen unterliegt Schwankungen. Jeder kennt die tageszeitlichen Schwankungen des Telefonnetzes: Während der Bürozeiten ist der Bedarf am höchsten, nimmt am Abend ab und erreicht während der Nacht seinen Tiefstand. Aber auch innerhalb kürzerer Zeiträume ist der Bedarf keine Konstante: Die Zahl der aufgebauten Telefonverbindungen innerhalb einer Telefonvermittlungsstelle ändert sich von Sekunde zu Sekunde. Noch extremer als leitungsvermittelte Kommunikationsnetze verhalten sich in dieser Hinsicht paketvermittelte Netze. Hier ändert sich die Zahl abgesandter Pakete innerhalb von Bruchteilen einer Millisekunde.

Diesem wechselnden Bedarf steht ein konstantes Angebot an Übertragungskapazität gegenüber. Es wird bestimmt durch die Leistungsfähigkeit der Übertragungswege und Übertragungsverfahren.
Eine Übertragungskapazität anzubieten, mit der jeder noch so hohe, kurzzeitige Bedarf gedeckt werden könnte, ist aus wirtschaftlicher Sicht indiskutabel. Statt dessen richtet man in paketvermittelnden Netzen Warteräume oder Warteschlangen *(queues)* ein, um Bedarfsspitzen aufzufangen und die Bedarfsschwankungen zu glätten.

Warteräume in Kommunikationsnetzen führen natürlich zu Wartezeiten. Aus der Sicht eines Kommunikationsteilnehmers stellt sich daher die Frage, wie groß die durch die Warteräume hervorgerufenen Wartezeiten sind und ob sie mit seinen Anforderungen kompatibel sind. Der Planer von Kommunikationsnetzen oder von Vermittlungsstellen wird mit den Fragen konfrontiert, wieviele Warteplätze er einrichtet und wie er die Warteräume organisiert, um Wartezeiten und Paketverluste gering zu halten.

Am Beispiel der Exponential- und Halbexponentialwarteräume sowie der Jackson-Netze werden in diesem Kapitel einige grundlegende Zusammenhänge, wie der zwischen der Anzahl wartender Pakete und ihrer Wartezeit oder zwischen der Anzahl der Warteplätze und dem Verlust von Paketen, deutlich gemacht. Die Kenntnis derartiger Zusammenhänge kann die Simulation bei der Planung oder Untersuchung realer Netze meist nicht ersetzen, hilft aber u.a. bei der Interpretation der Simulationsergebnisse.

7.1 Modell und Definitionen

Die üblichen Modelle für Warteräume bestehen aus einem Warte- und einem Bedienbereich. In Bild 7.1 sind dies eine einzige Warteschlange und eine einzige Bedienstation. Damit ist dies der einfachste aller Warteräume. Alltagsbeispiele für Bedienstationen sind Bankschalter oder Kassen im Supermarkt; in Kommunikationsnetzen ist damit häufig die Übertragungseinrichtung am Anfang einer Leitung gemeint. In der Abbildung nicht zu sehen sind die „Gegenstände", die warten und bedient werden. Welche „Gegenstände" dies sind, hängt natürlich davon ab, was das Modell beschreiben soll. Vor dem Hintergrund der Kommunikationsnetze wird im folgenden stets von „Paketen" gesprochen.

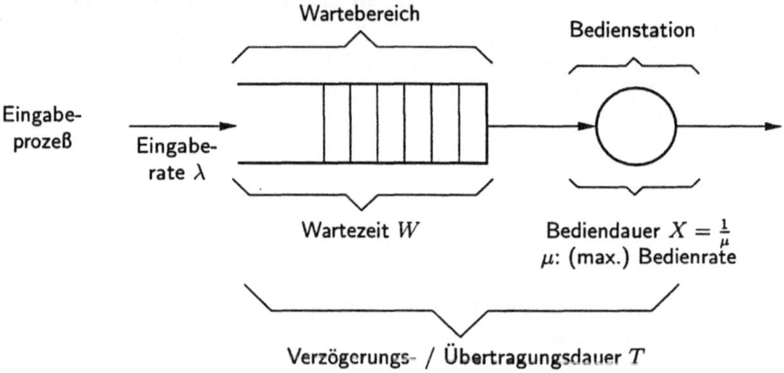

Bild 7.1: Modell eines Warteraums.

Dieses Modell betrachtet offensichtlich nicht nur den Wartebereich alleine, sondern berücksichtigt auch die Bedienung der Pakete. Die alltägliche Erfahrung lehrt, daß dies sinnvoll ist: Die Wartezeit vor einer Supermarktkasse mit einer flinken Kassiererin ist (meist) kürzer als bei einer langsamen Kassiererin. Der Bedienvorgang hat also einen ganz wesentlichen Einfluß auf die Wartezeit vorher und muß deshalb in das Warteraummodell mit einbezogen werden. In welcher Reihenfolge die Pakete vom Warte- in den Bedienbereich gelangen, wird durch die *Bedienstrategie* festgelegt. Man unterscheidet zwischen

FIFO: Bearbeitung in der Reihenfolge des Eintreffens (*first in – first out*);

LIFO: Bearbeitung der neuesten Pakete zuerst (*last in – first out*);

Random: Bearbeitung in zufälliger Reihenfolge (*random* – Zufall);

SJF: Bearbeitung des Pakets mit der kürzesten Bearbeitungsdauer unter allen wartenden Pakete (*shortest job first*);

SRPT: Bearbeitung des Paketes mit der kürzesten Restbearbeitungszeit; hierbei wird ein in Bearbeitung befindliches Paket ggf. unterbrochen, wenn ein Paket mit kürzerer Bearbeitungsdauer neu im Warteraum eintrifft (*shortest remaining processing time*).

Berücksichtigt werden muß auch der Eingabevorgang: Treffen die Pakete in konstanten Zeitabständen ein und wird jedes dieser Pakete in diesem Zeitabstand, also vor Eintreffen des nächsten Paketes, vollständig abgefertigt, brauchen die Pakete nicht zu warten. Dauert die Bedienung dagegen länger, wächst die Zahl wartender Pakete, bis alle Warteplätze belegt sind.

Die Zeitabstände zwischen dem Eintreffen aufeinanderfolgender Pakete bilden einen stochastischen Prozeß (siehe Anhang A). Dessen wichtigste Kenngröße ist der Kehrwert des mittleren Zeitabstandes τ_E, die Eingaberate *(arrival rate)* $\lambda = \tau_E^{-1}$. Die Bedienzeiten der Pakete bilden ebenfalls einen stochastischen Prozeß mit der mittleren Bediendauer *(service time)* X bzw. der Bedienrate *(service rate)* $\mu = X^{-1}$. Man beachte, daß μ **nicht** die Paketrate hinter der Bedienstation ist! Bei einem verlustlosen Warteraum im stationären Zustand muß jedes eintreffende Paket den Warteraum auch wieder verlassen; die Rate der Pakete hinter dem Warteraum ist daher gleich der Eingaberate λ in den Warteraum.

Neben dem in Bild 7.1 dargestellten Fall einer einzelnen Bedienstation gibt es auch Warteräume, in denen m, d. h. mehrere, Bedieneinrichtungen aus einem gemeinsamen Wartebereich beschickt werden. Die Bedienrate μ ist die Rate, mit der Pakete eine Bedieneinrichtung verlassen würden, wenn diese ständig belegt wäre. μ stellt damit die maximale Eingaberate dar, die eine einzelne Bedieneinrichtung bewältigen kann. Man bezieht deswegen oft die (tatsächliche) Eingaberate λ auf die größtmögliche Rate $m\mu$ aller m Bedieneinrichtungen zusammen. Der Quotient $\rho = \frac{\lambda}{m\mu}$ heißt *Verkehrsangebot* und ist eine charakteristische Größe für den Warteraum als ganzes. Er wird häufig in der Pseudoeinheit „Erlang" angegeben.

In der sog. *Kendall-Notation* werden die Eingabe- und Bedienprozesse noch etwas genauer unterschieden. Es bezeichnet

M:	einen gedächtnislosen *(memoryless)* Poissonprozeß,
D:	einen deterministischen Prozeß, d. h. alle Zufallswerte sind konstant und damit vorgegeben,
E_k:	einen Prozeß, bei dem die Zeitabstände Erlang-k-verteilt sind,
MMPP:	einen Markov-modulierten Poissonprozeß, d. h. einen Prozeß, dessen Mittelwert vom aktuellen Zustand einer Markovkette abhängt, und
G:	einen allgemeinen *(general)* Prozeß mit beliebiger Verteilungsfunktion.

In der Kendall-Notation werden zuerst der Eingabeprozeß, dann der Bedienprozeß durch eine dieser Abkürzungen beschrieben. Es folgen die Anzahl der Bedieneinrichtungen und die Anzahl der Pakete, die sich insgesamt im System aufhalten können, also Anzahl der Warteplätze plus der Bedieneinrichtungen. Zum Beispiel ist M/G/2/5 ein Warteraum mit poissonverteiltem Eingangsprozeß, einem allgemeinen Bedienprozeß, zwei Bedieneinrichtungen und drei Warteplätzen.

Das Beispiel eines Warteraums mit drei Warte- und zwei Bedienplätzen wirft die Frage auf, was passiert, wenn alle fünf Plätze belegt sind. Es gibt durchaus Systeme, die in einer solchen Situation den oder die Absender der Pakete aufforden, vorerst keine weiteren Pakete mehr zu generieren. Derartige Warteraumsysteme sollen hier aber nicht weiter betrachtet werden. Im folgenden wird stets angenommen, daß eintreffende Pakete, die einen restlos gefüllten Warteraum vorfinden, weggeworfen werden und damit ersatzlos verloren gehen. Man bezeichnet solche Warteräume als *Verlustsysteme*. Während bei einem verlustlosen System Verkehrsangebot ρ und Durchsatz identisch sind, ist der *Durchsatz* eines Verlustsystems definiert als Rate der tatsächlich bearbeiteten Pakete bezogen auf die gemeinsame Bedienrate $m\mu$ aller Bedieneinrichtungen. Das Verkehrsangebot ρ ist dann die Summe aus Verlust ρ_V und Durchsatz ρ_D.

Die Analyse von Warteräumen befaßt sich mit drei zentralen Problemen:

- Die Aufenthaltsdauer im System soll so kurz wie möglich sein.
- Paketverluste sollen weitestgehend vermieden werden.
- Die Anzahl der Warteplätze soll möglichst klein sein.

Im Vordergrund stehen dabei meist die folgenden Erwartungswerte:

W: mittlere Wartezeit;
T: mittlere Aufenthaltsdauer im gesamten System; es gilt

$$T = W + \mu^{-1};\tag{7.1}$$

N_Q: mittlere Anzahl belegter Warteplätze;
N: mittlere Anzahl von Paketen im Gesamtsystem.

Die drei genannten Probleme sind natürlich nicht unabhängig voneinander. Eine geringere Anzahl von Warteplätzen führt zwangsläufig zu einer steigenden Zahl von Paketverlusten. Der Zusammenhang von Wartezeit und Warteplätzen ist als „Littles Theorem" bekannt und wird im nächsten Abschnitt vorgestellt.

7.2　Littles Theorem

Littles Theorem stellt einen Zusammenhang her zwischen der mittleren Anzahl N von Paketen in den Bedienstationen und auf den Warteplätzen und zwischen der mittleren Zeit T, die die Pakete dort verbringen. Den gleichen Zusammenhang findet man für die mittlere Zahl N_Q belegter Warteplätze und die mittlere Wartezeit W, wenn man die Pakete in den Bedienstationen außer Acht läßt.

Satz 7.1 (Littles Theorem):
Für einen Warteraum im stationären Zustand gelten

$$N = \lambda T\tag{7.2a}$$

und

$$N_Q = \lambda W.\tag{7.2b}$$

Anschaulich besagt dieser Satz folgendes: Ein Fast-Food-Restaurant, in dem sich die Gäste nur kurz aufhalten (kleines T), benötigt bei gleicher Ankunftsrate λ der Gäste weniger Sitzplätze (N) als ein normales Restaurant, in dem die Gäste länger bleiben (großes T).

Weniger formal kann man den Satz auch so verstehen: Im stationären Mittel gesehen muß ein Paket den Warteraum so hinterlassen wie es ihn beim Eintreffen vorgefunden hat. Das heißt, bei seinem Eintreffen wie bei seinem Verlassen müssen sich im Mittel N Pakete im System aufhalten. Während seines Aufenthaltes werden die beim Eintreffen bereits durchschnittlich vorhandenen N Pakete bearbeitet und verlassen das System. In der gleichen Zeit liefert der Eingabeprozeß λT neue Pakete und muß damit die bearbeiteten N Pakete ersetzen; es folgt (7.2a).

Der Satz soll im folgenden auf zwei verschiedene Weisen bewiesen werden. In beiden wird vorausgesetzt, daß sich der Warteraum in einem stationären Zustand befindet und daß die Mittelwerte N und T existieren. Der erste Beweis ist insofern allgemeiner, als daß für ihn keinerlei Annahmen bezüglich der Bedienstrategie gemacht werden.

Beweis 1: Man betrachte ein genügend langes Zeitintervall der Dauer t. Während dieses Intervalls treffen λt Pakete im Warteraum ein. Jedes Paket besitzt eine eigene Aufenthaltszeit T_i im Warteraum; der Mittelwert dieser Aufenthaltszeiten sei T. Die Summe der Aufenthaltszeiten aller im Beobachtungsintervall eingetroffenen Pakete beträgt dann im Mittel $\lambda t T$.
Man kann auch die Zeiten, in denen ein Warte- oder Bedienplatz belegt ist, über alle Plätze aufsummieren. Sind im Mittel N Plätze belegt, ergibt sich im Beobachtungsintervall für diese Summe Nt.
Während der Zeit, in der sich ein Paket im System aufhält, belegt es ständig einen Warte- oder Bedienplatz. Die Summe der Aufenthaltszeiten und die Summe der Belegungszeiten müssen daher übereinstimmen. Für ein genügend langes Beobachtungsintervall gilt damit

$$\lim_{t\to\infty} \frac{\lambda t T}{Nt} = 1\,,$$

und es folgt Littles Theorem (7.2a). $\qquad\qquad\qquad\qquad\qquad\qquad\qquad\quad\square$

Der folgende, zweite Beweis setzt eine Bedienung der wartenden Pakete nach der FIFO-Strategie voraus und erlaubt eine besonders anschauliche, geometrische Interpretation von Littles Theorem.

Beweis 2: Für diesen zweiten Beweis definiert man zunächst die Ankunftsfunktion $\alpha(t)$ als die Anzahl von Paketen, die im Zeitraum $[0, t]$ eingetroffen sind, und die Bedienfunktion $\beta(t)$ als Anzahl der Pakete, die im gleichen Zeitraum bearbeitet worden sind. Bild 7.2 zeigt ein Beispiel (siehe auch [BG92]).

Die wesentliche Idee dieses Beweises besteht darin, die in Bild 7.2 schraffierte Fläche $F(t)$ auf zwei verschiedene Weisen zu berechnen.

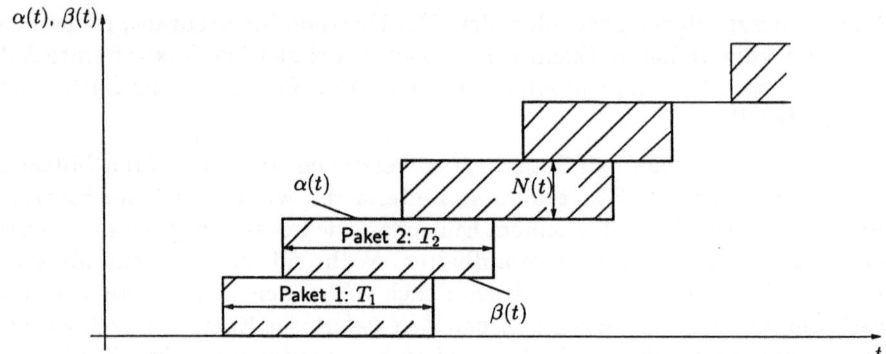

Bild 7.2: Ankunfts- und Bedienfunktion zum Beweis von Littles Theorem.

Da eine Bedienung der wartenden Pakete gemäß der FIFO-Strategie vorausgesetzt wurde, stellen die im Bild eingezeichneten Zeiten T_1, T_2 etc. die Zeiten dar, während derer sich die jeweiligen Pakete im Warteraum aufhalten. Man erkennt, daß jedes der im Beobachtungsintervall eingetroffenen Pakete mit dem Anteil $1 \cdot T_i$ zur Gesamtfläche $F(t)$ beiträgt. $F(t)$ läßt sich dann durch Summation berechnen zu

$$F(t) = \sum_{i=1}^{\alpha(t)} T_i.$$

Daraus ergibt sich als mittlere Aufenthaltsdauer aller Pakete des Beobachtungsintervalls

$$T_t = \frac{F(t)}{\alpha(t)}. \tag{7.3}$$

Die zweite Berechnungsweise für $F(t)$ besteht darin, über die Differenz $N(t) = \alpha(t) - \beta(t)$ zu integrieren. $N(t)$ läßt sich interpretieren als die Anzahl der zum Zeitpunkt t im Warteraum befindlichen Pakete. Damit folgt für die Fläche

$$F(t) = \int_0^t N(\tau)d\tau,$$

und daraus ergibt sich die mittlere Anzahl von Paketen im System während des Intervalls $[0, t]$ zu

$$N_t = \frac{1}{t}F(t). \tag{7.4}$$

Im Grenzübergang $t \to \infty$ gehen die auf das Intervall $[0, t]$ beschränkten Mittelwerte über in die stationären Mittelwerte, d. h. $\lim_{t\to\infty} T_t = T$ und $\lim_{t\to\infty} N_t = N$.

Ferner ist $\lim_{t\to\infty} \frac{\alpha(t)}{t} = \lambda$. Erweitern von Gleichung (7.4) mit $\alpha(t)$ und Einsetzen von Gleichung (7.3) führt zu

$$N_t = \frac{\alpha(t)}{t} T_t \, ,$$

und im Grenzübergang $t \to \infty$ folgt Littles Theorem (7.2a). $\qquad\qquad\square$

Beim Vergleich beider Beweise erkennt man, daß beide letztlich auf der Idee beruhen, die schraffierte Fläche in Bild 7.2 sowohl als Belegungszeit durch Integration in horizontaler als auch als Aufenthaltsdauer durch Summation in vertikaler Richtung zu berechnen und beide Ergebnisse gleichzusetzen.

Beide Beweise bezogen sich bisher nur auf Littles Theorem in seiner ersten Form (7.2a). Abschließend soll nun noch die zweite Form (7.2b) daraus abgeleitet werden. Die Schlüsselüberlegung hierzu besteht darin, die mittlere Anzahl belegter Bedienplätze zu bestimmen. Die Bedienplätze sind nur so lange belegt, wie „Arbeit" zu verrichten ist. Man kann daher die mittlere Belegung berechnen, indem man die tatsächlich zu verrichtende Arbeit auf das von den Bedieneinrichtungen maximal zu bewältigende Arbeitsaufkommen bezieht. Jeder Bedienvorgang dauert durchschnittlich die Zeit X. In einem Warteraum ohne Verluste werden alle eintreffenden Pakete bearbeitet, das Arbeitsaufkommen im Intervall $[0, t]$ ist damit $\lambda t X$. Bewältigen könnten die m Bedienstationen gemeinsam maximal ein Aufkommen $m\mu t X$. Die Belegungshäufigkeit einer einzelnen Station ist damit $\frac{\lambda t X}{m\mu t X} = \rho$, entspricht also gerade dem Durchsatz einer Station.

Insgesamt sind folglich in einem Warteraum im Mittel N_Q Warteplätze und $m\rho$ Bedienplätze belegt, d. h. $N = N_Q + m\rho$. Mit Littles Theorem in seiner ersten Form (7.2a) und Gleichung (7.1) folgt

$$N_Q + m\rho = N = \lambda T = \lambda \left(W + \frac{1}{\mu} \right) .$$

Subtraktion von $m\rho = \frac{\lambda}{\mu}$ auf beiden Seiten führt unmittelbar zu Littles Theorem in seiner zweiten Form (7.2b).

7.3 Exponentialwarteräume mit einer Bedienstation

Exponentialwarteräume sind gekennzeichnet durch exponentialverteilte Zeitabstände zwischen aufeinanderfolgenden Eingaben und ebenfalls exponentialverteilte Bedienzeiten. Derartige exponentialverteilte Zeitabstände ergeben sich bei Poissonprozessen, weshalb Exponentialwarteräume in der Kendall-Notation mit $M/M/m/n$ abgekürzt werden. Sie haben in der Warteraumtheorie insofern eine besondere Bedeutung, als daß sie sich wegen der Poissonprozesse für Eingabe-

und Bedienzeiten durch Markovketten darstellen lassen. Dadurch lassen sie sich weitergehend analysieren als viele andere Arten von Warteräumen.

Der verlustlose M/M/1-Warteraum ist der einfachste Exponentialwarteraum. An ihm soll daher exemplarisch der Zusammenhang zwischen den Poissonprozessen und der Darstellung als Markovkette erklärt werden. Für die mathematischen Grundlagen hierzug wird auf den Anhang verwiesen. Am M/M/1-Warteraum wird auch gezeigt werden, wie die Markovkette analysiert wird und welche Aussagen sich damit über den Warteraum treffen lassen. Anschließend werden diese Überlegungen auf den verlustbehafteten M/M/1/n-Warteraum übertragen werden.

7.3.1 Verlustloser M/M/1-Warteraum

Man kann die Zahl der Pakete, die sich momentan auf den Warteplätzen oder in den Bedieneinrichtungen eines Warteraums befinden, als dessen Zustand interpretieren. Neu eintreffende Pakete führen zu einem Wechsel in einen höheren Zustand; wenn Pakete vollständig bearbeitet sind und das System verlassen, erfolgt ein Wechsel in einen niedrigeren Zustand. So gesehen ist ein Warteraum ein Zustandsautomat und läßt sich durch ein Zustandsdiagramm darstellen.

Wenn, wie beim M/M/1-Warteraum, Eingabe- und Bedienprozeß jeweils einer Poissonstatistik unterliegen, erfolgen Zustandsübergänge stochastisch wie bei einer Markovkette. Mit anderen Worten: Das Zustandsdiagramm *ist* in diesem Fall eine zeitkontinuierliche Markovkette und läßt sich als solche analysieren. Um den Zusammenhang zwischen den Poissonprozessen und der Markovkette zu erklären, wird nun ein Poissonprozeß zunächst mit einer zeitdiskreten Markovkette verglichen, die später durch einen Grenzübergang in eine zeitkontinuierliche Markovkette überführt werden wird.

Man betrachte zunächst den Eingabeprozeß in den M/M/1-Warteraum. Dies ist ein Poissonprozeß mit Rate λ. Ein solcher Prozeß ist gedächtnislos, d. h. die Anzahl der in einem gewissen Beobachtungszeitraum neu eintreffenden Pakete ist statistisch unabhängig von Vorgängen in der Vergangenheit. Außerdem ist die Zahl i neu eintreffender Pakete in einem festgelegten Intervall der Dauer Δt poissonverteilt mit der Wahrscheinlichkeitsfunktion $P(i|\Delta t) = \frac{(\lambda \Delta t)^i}{i!}\, e^{-\lambda \Delta t}$. Durch Einsetzen der Reihenentwicklung $e^{-x} = 1 - x + \frac{x^2}{2!} \mp \ldots$ erhält man

$$P(0|\Delta t) = e^{-\lambda \Delta t} = 1 - \lambda \Delta t + \frac{(\lambda \Delta t)^2}{2} \mp \ldots$$

$$P(1|\Delta t) = \lambda \Delta t\, e^{-\lambda \Delta t} = \lambda \Delta t - (\lambda \Delta t)^2 + \frac{(\lambda \Delta t)^3}{2} \mp \ldots$$

Die Wahrscheinlichkeit $P(i > 1|\Delta t)$, im gegebenen Zeitintervall Δt mehr als ein neu eintreffendes Paket zu beobachten, läßt sich berechnen als $P(i > 1|\Delta t) =$

$1 - P(0|\Delta t) - P(1|\Delta t)$, und es ergibt sich

$$P(i > 1|\Delta t) = \quad 1 -$$
$$- 1 + \lambda\Delta t - \frac{(\lambda\Delta t)^2}{2} \pm \cdots -$$
$$- \lambda\Delta t + (\lambda\Delta t)^2 - \frac{(\lambda\Delta t)^3}{2} \pm \ldots$$

Beim Grenzübergang $\Delta t \to 0$ streben alle Terme mit quadratischer oder höherer Ordnung in Δt schneller gegen Null als in Δt lineare Terme und dürfen daher vernachlässigt werden. Es folgen

$$P(0|\Delta t \to 0) \longrightarrow 1 - \lambda\Delta t$$
$$P(1|\Delta t \to 0) \longrightarrow \lambda\Delta t$$
$$P(i > 1|\Delta t \to 0) \longrightarrow 0.$$

Die letzte Zeile $P(i > 1|\Delta t \to 0) \longrightarrow 0$ besagt, daß niemals zwei oder mehr Pakete innerhalb eines einzigen Zeitintervalls beim Warteraum eintreffen, wenn die Intervallänge Δt nur genügend klein ist. Nun muß man noch berücksichtigen, daß der Poissonprozeß gedächtnislos ist. Der Eingabevorgang läßt sich damit so verstehen, daß innerhalb eines jeden, infinitesimal kurzen Zeitintervalls unabhängig von früheren Intervallen mit der Wahrscheinlichkeit $\lambda\Delta t$ eine neue Eingabe erfolgt und mit Wahrscheinlichkeit $1 - \lambda\Delta t$ keine Eingabe erfolgt. Die in Bild 7.3 dargestellte Markovkette zeigt exakt dasselbe Verhalten.

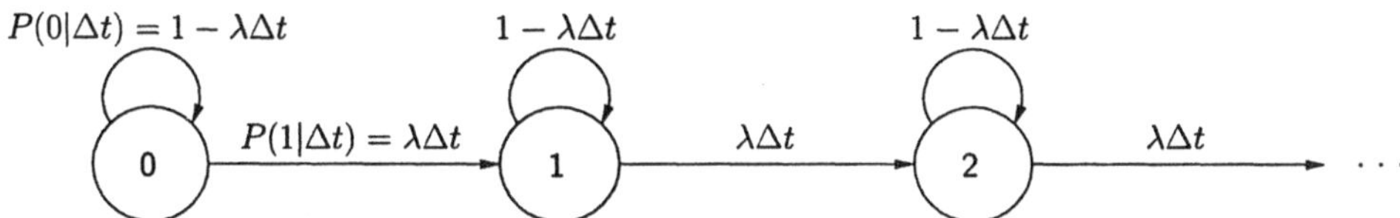

Bild 7.3: Poisson-Eingabeprozeß als zeitdiskrete Markovkette; $\Delta t \to 0$. Die Nummer des Zustandes entspricht der Anzahl eingegebener Pakete seit Beobachtungsbeginn.

Beim M/M/1-Warteraum ist der Bedienprozeß ebenfalls ein Poissonprozeß mit Rate μ, und folglich gelten für ihn dieselbe Überlegungen wie für den Eingabeprozeß: Sobald ein Paket in einer Bedienstation bearbeitet wird, wird in infinitesimal kurzen Zeitintervallen entschieden, ob das Paket fertig ist (Wahrscheinlichkeit $1 - \mu\Delta t$) oder ob es noch weiter bearbeitet werden muß (Wahrscheinlichkeit $\mu\Delta t$).[1] Wie beim Eingabeprozeß geht die Wahrscheinlichkeit, daß zwei Pakete innerhalb eines

---

[1]Es mag verwirrend erscheinen, daß bei dieser Sichtweise das individuelle Paket offensichtlich keinen Einfluß auf seinen eigenen Bedienvorgang hat. Dies ist damit zu erklären, daß der M/M/1-Warteraum nicht über die Eigenschaften individueller Pakete, sondern über statistische Eigenschaften der Pakete in ihrer Gesamtheit definiert ist. Diese statistischen Eigenschaften werden durch den beschriebenen Bearbeitungsvorgang korrekt modelliert.

einzigen Zeitintervalls Δt bearbeitet werden, gegen Null, so daß Zustandswechsel stets zum nächstniedrigeren Zustand führen. Voraussetzung für einen Zustandswechsel ist natürlich, daß die Bedienstation belegt ist; ein Zustandswechsel aus dem Zustand 0 durch Bearbeitung eines nicht vorhandenen Paketes ist offensichtlich unsinnig.

In Bild 7.4 entsprechen die Zustände der Zahl der im Warteraum befindlichen Pakete, und im Gegensatz zu Bild 7.3 sind hier sowohl die vom Eingabeprozeß als auch die vom Bedienprozeß hervorgerufenen Zustandsübergänge dargestellt. Die Wahrscheinlichkeit für das Verbleiben im momentanen Zustand ist, außer im Zustand 0, das Produkt $P(i_{ein} = 0|\Delta t) \cdot P(i_{aus} = 0|\Delta t)$, und im Grenzübergang $\Delta t \to 0$ ergibt sich daraus $1 - \lambda\Delta t - \mu\Delta t$, wiederum durch Weglassen aller Terme mit quadratischer oder höherer Ordnung in Δt.

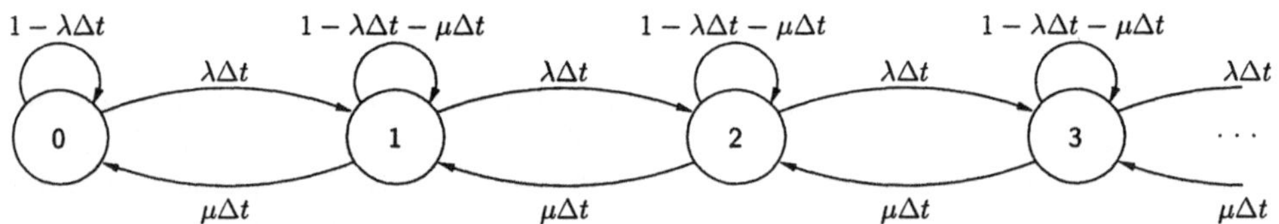

Bild 7.4: Zeitdiskrete Markovkette für den M/M/1-Warteraum; $\Delta t \to 0$.

Der letzte Schritt zur Darstellung des M/M/1-Warteraums als Markovkette ist der Übergang von der zeitdiskreten auf eine zeitkontinuierliche Markovkette.
Es ist naheliegend und insofern unmittelbar einsichtig, daß das Verhalten eines Poissonprozesses unabhängig davon ist, wie er beobachtet wird. Die Zahl der Eingaben in einen Warteraum während eines Zeitraumes τ hängt nicht davon ab, wie lang die Beobachtungsintervalle Δt sind, in die τ unterteilt wird. Mathematisch läßt sich dies so begründen: Die mittlere Anzahl von Paketankünften während Δt ist beim Poissonprozeß gegeben durch $\lambda\Delta t$. Der Zeitraum τ läßt sich in $\frac{\tau}{\Delta t}$ Beobachtungsintervalle der Länge Δt unterteilen. Da der Poissonprozeß gedächtnislos ist, sind alle Beobachtungsintervalle untereinander statistisch unabhängig. Die Gesamtzahl der durchschnittlich in τ eintreffenden Pakete ergibt sich als Summe über alle Beobachtungsintervalle und damit wie erwartet zu $\frac{\tau}{\Delta t} \cdot \lambda\Delta t = \lambda\tau$.

Die gleiche Überlegung ist natürlich auch für den Bedienprozeß gültig. Zusammenfassend gilt damit, daß die Anzahl der Zustandswechsel in der zeitdiskreten Markovkette in den nächsthöheren Zustand wegen eintreffender Pakete oder in den nächstniedrigeren Zustand, wenn fertig bearbeitete Pakete den Warteraum verlassen, von Δt unabhängig und ausschließlich durch die Raten λ bzw. μ bestimmt ist. In einer zeitkontinuierlichen Markovkette verzichtet man bei der Beschriftung dieser Zustandsübergänge auf das Δt und kennzeichnet diese nur mit λ bzw. μ.

Bei der in Bild 7.4 dargestellten Markovkette erfolgt in jedem Beobachtungsintervall genau ein Zustandsübergang: Neu eintreffende oder fertig bediente Pakete führen zu einem Wechsel in einen anderen Zustand, ansonsten geht die Kette mit Wahrscheinlichkeit $1 - \lambda\Delta t - \mu\Delta t$ (Zustand 0: $1 - \lambda\Delta t$) in denselben Zustand über. Im Zeitraum τ führen daher $\frac{\tau}{\Delta t} - \lambda\tau - \mu\tau$ Übergänge in denselben Zustand. Bei $\Delta t \to 0$ strebt die Zahl dieser Übergänge gegen Unendlich; das Verbleiben im gleichen Zustand ist gewissermaßen der Normalfall und wird daher in der zeitkontinuierlichen Markovkette nicht mehr explizit eingezeichnet.

Durch die beiden beschriebenen Veränderungen wird aus der in Bild 7.4 gezeigten zeitdiskreten Markovkette die zeitkontinuierliche Markovkette in Bild 7.5. Selbstverständlich gilt nach diesen Veränderungen, anders als bei der zeitdiskreten Markovkette in Bild 7.4, nicht mehr, daß die Summe der Zahlen aller aus einem Zustand herausführender Übergänge 1 ergibt, da diese Zahlen jetzt Übergangsraten statt Übergangswahrscheinlichkeiten bezeichnen.

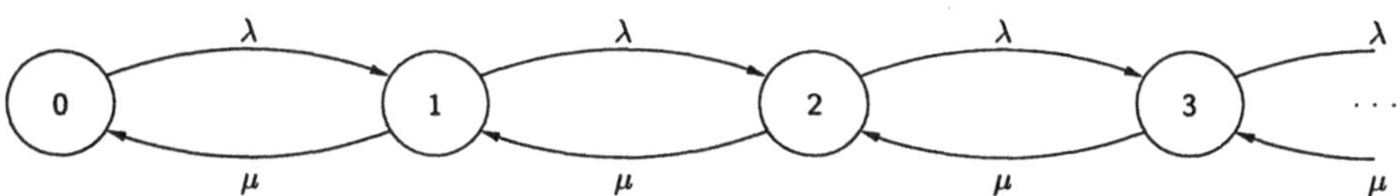

Bild 7.5: Zeitkontinuierliche Markovkette für den M/M/1-Warteraum.

Mit der Definition ihrer Zustände und der Angabe aller Übergangsraten von einem Zustand in einen anderen ist die Markovkette vollständig bestimmt; die Beschreibung des M/M/1-Warteraums als Markovkette ist damit abgeschlossen. Aussagen über das Verhalten des Warteraums sind damit jedoch noch nicht unmittelbar möglich. Man braucht dazu die stationären Wahrscheinlichkeiten p_i, mit denen man den Warteraum jeweils im Zustand i vorfindet.

Die Markovkette des M/M/1-Warteraums ist eine sogenannte Geburt-Tod-Kette und damit irreduzibel und aperiodisch. Man kann sie zwischen zwei beliebigen Knoten i und $i+1$, $i \geq 0$, in zwei Teile zerschneiden, und die einzigen Verbindungen zwischen beiden Teilen sind die Zustandsübergänge $i \longrightarrow i+1$ und $i+1 \longrightarrow i$. Dies ist die Voraussetzung für die Detaillierte Gleichgewichtsbedingung (A.11). Bei der zeitdiskreten Markovkette mit den Übergangswahrscheinlichkeiten $P_{i,i+1} = \lambda\Delta t$ und $P_{i+1,i} = \mu\Delta t$ lautet sie

$$p_i \lambda\Delta t = p_{i+1}\mu\Delta t, \quad i \geq 0.$$

Für die zeitkontinuierliche Markovkette erhält man das äquivalente Ergebnis

$$p_i \lambda = p_{i+1}\mu, \quad i \geq 0, \tag{7.5}$$

wenn man statt der Übergangswahrscheinlichkeiten die Übergangsraten λ und μ einsetzt. Daran sieht man nochmals, daß die zeitkontinuierliche Markovkette trotz des Weglassens einiger Zustandsübergänge und des Zusatzes Δt bei der Beschriftung der übrigen Übergänge gegenüber der zeitdiskreten Markovkette eine vollständige Beschreibung des Warteraums darstellt.

Ausführlich geschrieben sieht man, daß man Gleichung (7.5) rekursiv in sich selbst einsetzen kann:

$$p_1 = p_0 \left(\frac{\lambda}{\mu}\right)$$

$$p_2 = p_1 \left(\frac{\lambda}{\mu}\right) = p_0 \left(\frac{\lambda}{\mu}\right)^2$$

$$p_3 = p_2 \left(\frac{\lambda}{\mu}\right) = p_0 \left(\frac{\lambda}{\mu}\right)^3$$

$$\vdots$$

und mit der Verkehrslast $\varrho = \frac{\lambda}{\mu}$ wird daraus

$$p_i = p_0 \varrho^i, \quad i \geq 0. \tag{7.6}$$

Jetzt fehlt nur noch p_0, um anschließend alle übrigen Aufenthaltswahrscheinlichkeiten p_i angeben zu können. Zur Berechnung von p_0 gibt es zwei Möglichkeiten. Wie für alle Markovketten mit stationären Aufenthaltswahrscheinlichkeiten p_i gilt auch hier die Normierungsbedingung (A.9), nach der die Summe aller Aufenthaltswahrscheinlichkeiten 1 ergeben muß, und mit (7.6) erhält man eine geometrische Reihe

$$1 = \sum_{i \geq 0} p_i = p_0 \sum_{i \geq 0} \varrho^i.$$

Mit $\sum_{i=0}^{\infty} x^i = \frac{1}{1-x}$ folgt

$$p_0 = 1 - \varrho. \tag{7.7}$$

Die zweite Möglichkeit beruht auf dem bereits im Zusammenhang mit Littles Theorem in Abschnitt 7.2 angesprochenen Gedanken, daß die mittlere Anzahl belegter Bedienplätze gleich dem Durchsatz $\frac{\lambda}{\mu}$ sein muß. Beim M/M/1-Warteraum mit einer einzigen Bedienstation bedeutet dies, daß diese Station mit Wahrscheinlichkeit $\frac{\lambda}{\mu} = \varrho$ belegt ist. Die Station ist belegt, sobald sich mindestens ein Paket im Warteraum aufhält, also in allen Zuständen außer dem Zustand 0. Daher gilt

$$\sum_{i \geq 1} p_i = \varrho$$

beziehungsweise

$$p_0 = 1 - \sum_{i \geq 1} p_i = 1 - \varrho.$$

Anhand der Aufenthaltswahrscheinlichkeiten lassen sich Aussagen über die Belegung des Warteraums und über die Wartezeit machen.

Oben wurden die Zustände der Markovkette so definiert, daß die Nummer i eines Zustandes angibt, wieviele Pakete sich während dieses Zustandes im Warteraum befinden. Im Mittel sind dies $N = \sum_{i=0}^{\infty} i p_i$, und bei Einsetzen von (7.6) und (7.7) ergibt sich

$$N = \sum_{i=0}^{\infty} i(1 - \varrho)\varrho^i. \qquad (7.8)$$

Mit der Reihenentwicklung $\sum_{i=0}^{\infty} i x^i = \frac{x}{(1-x)^2}$ wird daraus

$$N = \frac{\varrho}{1 - \varrho} = \frac{\lambda}{\mu - \lambda}. \qquad (7.9)$$

Littles Theorem (7.2a) liefert dazu die mittlere Aufenthaltsdauer im Warteraum

$$T = \frac{N}{\lambda} = \frac{1}{\mu} \frac{1}{1 - \varrho} = \frac{1}{\mu - \lambda}. \qquad (7.10)$$

Die Aufenthaltsdauer im Warteraum ist so definiert worden, daß sie sich aus Warte- und Bedienzeit zusammensetzt. Für die mittlere Wartezeit erhält man mit Gleichung (7.1)

$$W = T - \frac{1}{\mu} = \frac{1}{\mu} \frac{\varrho}{1 - \varrho}$$

und wiederum mit Littles Theorem (7.2b) die mittlere Anzahl belegter Warteplätze

$$N_Q = \lambda W = \frac{\varrho^2}{1 - \varrho} = N - \varrho.$$

Alternativ, jedoch umständlicher, hätte man N_Q auch genauso wie N in (7.8) durch Mittelwertbildung der wartenden Pakete über alle Zustände $i \geq 2$, d. h. $N_Q = \sum_{i=2}^{\infty} (i - 1)p_i$, ermitteln können.

Bild 7.6 zeigt den Verlauf der mittleren Aufenthaltsdauer im Warteraum in Abhängigkeit von der Verkehrslast ϱ. Bei geringer Verkehrslast treffen, gemessen an der Bediendauer, nur selten Pakete im Warteraum ein. Diese finden meist eine leere Bedienstation vor und brauchen nicht zu warten. Ihre durchschnittliche Aufenthaltsdauer ist daher nur geringfügig größer als ihre mittlere Bediendauer $X = \mu^{-1}$. Mit zunehmender Verkehrslast wächst die Wartezeit an und strebt für $\varrho \to 1$ gegen Unendlich. $\varrho \to 1$ bedeutet, daß die Bedienstation annähernd voll ausgelastet ist und quasi nie leerstehen darf. Um die statistischen Schwankungen bei der Eingabe der Pakete in den Warteraum auszugleichen, muß sie daher über einen genügend großen Vorrat N_Q an wartenden Paketen verfügen. Zur Verdeutlichung dieses Effektes sind in Bild 7.7 die Aufenthaltswahrscheinlichkeiten p_i für verschiedene ϱ dargestellt. Man erkennt, wie mit zunehmendem ϱ die Wahrscheinlichkeit p_0 für das Leerstehen der Bedieneinrichtung abnimmt, wohingegen die Wahrscheinlichkeiten von Zuständen mit langer Warteschlange, d. h. großem i, zunehmen.

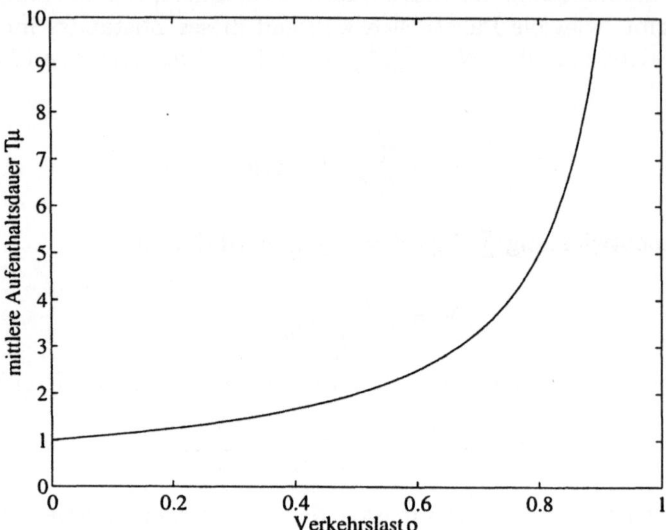

Bild 7.6: Mittlere Aufenthaltsdauer im M/M/1-Warteraum.

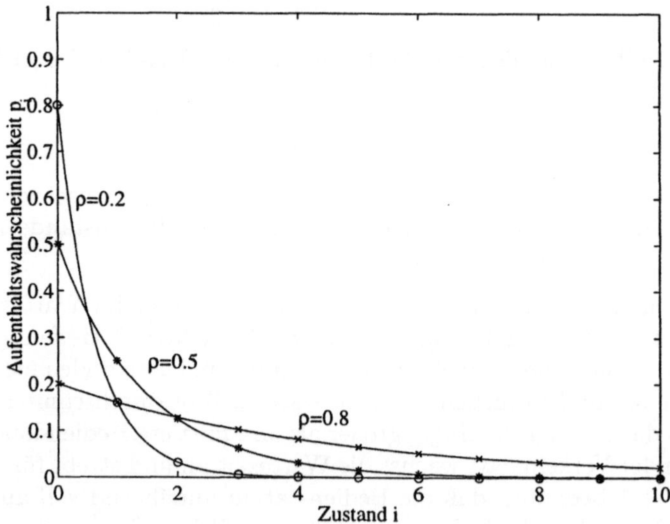

Bild 7.7: Aufenthaltswahrscheinlichkeiten der Zustände in der Markovkette.

7.3.2   M/M/1/n-Warteraum mit Verlusten

Der im vorangegangenen Abschnitt beschriebene M/M/1-Warteraum ist insofern
unrealistisch, als daß ein Wartebereich mit unendlich vielen Plätzen vorausgesetzt

wurde. Nun soll der realitätsnähere Fall eines M/M/1/n-Warteraums mit $n-1$ Warteplätzen und einer Bedienstation betrachtet werden.

Eingabe- und Bedienprozeß des M/M/1/n-Warteraums sind wie beim M/M/1-Warteraum Poissonprozesse. Damit behalten die Überlegungen des vorigen Abschnittes bezüglich der Zustandsübergänge in der Markovkette auch hier ihre Gültigkeit. Allerdings können sich wegen der limitierten Zahl an Warteplätzen nie mehr als n Pakete im M/M/1/n-Warteraum aufhalten. Deshalb endet seine Markovkette beim Zustand n, siehe Bild 7.8.

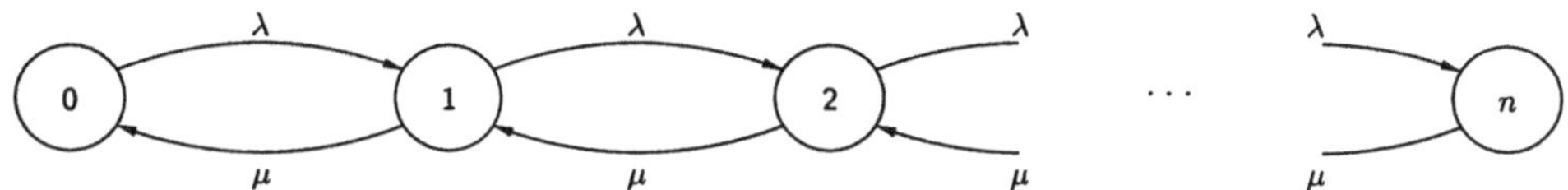

Bild 7.8: Markovkette des M/M/1/n-Warteraums.

Die Berechnung der Aufenthaltswahrscheinlichkeiten in den Zuständen erfolgt nach demselben Schema wie beim M/M/1-Warteraum. Wegen der Ähnlichkeit der Markovketten beider Warteräume ist klar, daß die Kette des M/M/1/n-Warteraums ebenfalls eine Geburt-Tod-Kette ist und damit die Detaillierte Gleichgewichtsbedingung (A.11) für alle Zustände $i = 0 \ldots n-1$ gilt. Daraus folgt auch hier

$$p_i = p_0 \varrho^i, \quad i \in \{0, \ldots, n\}. \tag{7.11}$$

p_0 erhält man wiederum aus der Normierungsbedingung (A.9)

$$1 = \sum_{i=0}^{n} p_i = p_0 \sum_{i=0}^{n} \varrho^i,$$

und mit der endlichen geometrischen Reihe $\sum_{i=0}^{n} x^i = \frac{1-x^{n+1}}{1-x}$ wird daraus

$$p_0 = \begin{cases} \frac{1-\varrho}{1-\varrho^{n+1}} & \varrho \neq 1 \\ \frac{1}{n+1} & \varrho = 1. \end{cases} \tag{7.12}$$

Die stetige Ergänzung von p_0 für $\varrho = 1$ erhält man durch Anwenden der l'Hospitalschen Regel oder einfach durch die Überlegung, daß die Markovkette $n+1$ Zustände besitzt und nach Gleichung (7.11) für $\varrho = 1$ alle Zustände gleichwahrscheinlich sind.

Bis hierher haben sich nur geringfügige Unterschiede zwischen den beiden Warteräumen M/M/1 und M/M/1/n gezeigt. Der wesentliche Unterschied zwischen beiden besteht darin, daß der M/M/1-Warteraum aufgrund des unbegrenzten Angebots an Warteplätzen verlustlos ist, wohingegen beim M/M/1/n-Warteraum eintreffende Pakete verloren gehen, wenn für sie kein Warteplatz mehr zu Verfügung steht. Aus diesem Grund sind für den $M/M/1/n$-Warteraum auch Verkehrsangebote $\varrho > 1$ zulässig.

Der Eingabeprozeß in den $M/M/1/n$-Warteraum ist unabhängig vom Zustand des Warteraums. Die eintreffenden Pakete „wissen" sozusagen nicht, was sie dort erwartet. Ein Paket geht immer dann verloren, wenn es einen voll besetzten Warteraum, d. h. den Zustand n, vorfindet. Die Wahrscheinlichkeit P_V für einen Paketverlust ist damit genauso groß wie die Wahrscheinlichkeit p_n, daß sich der Warteraum im Zustand n aufhält. Mit den Gleichungen (7.11) und (7.12) folgt:

$$P_V = p_n = p_0 \varrho^n = \begin{cases} \frac{1-\varrho}{1-\varrho^{n+1}} \varrho^n & \varrho \neq 1 \\ \frac{1}{n+1} & \varrho = 1 \end{cases}.$$

Die Rate der Paketverluste ist λP_V, die Rate der den Warteraum passierenden Pakete $\lambda(1 - P_V)$. Bezieht man dies auf die Bedienrate μ, ergeben sich für den Durchsatz $\varrho_D = \varrho(1 - P_V)$ und für den Verlust $\varrho_V = \varrho P_V$.

Nun sollen noch, wie vorher beim Warteraum $M/M/1$, die Mittelwerte für N und T berechnet werden. Im Mittel halten sich unter Verwendung der Gleichungen (7.11) und (7.12) $N = \sum_{i=0}^{n} i p_i = \sum_{i=0}^{n} i \frac{1-\varrho}{1-\varrho^{n+1}} \varrho^i$ Pakete im Warteraum auf. Es gilt $\sum_{i=0}^{n} i x^i = \frac{x}{(1-x)^2} + \frac{xn-n-1}{(1-x)^2} x^{n+1}$, und man erhält durch geeignetes Zusammenfassen:

$$N = \begin{cases} \frac{\varrho}{1-\varrho} + \frac{n+1}{1-\varrho^{-(n+1)}} & \varrho \neq 1 \\ \frac{n}{2} & \varrho = 1. \end{cases} \tag{7.13}$$

Zur Plausibilitätskontrolle kann man bei $\varrho < 1$ den Grenzübergang $n \to \infty$ ausführen. Dann strebt der Term ϱ^n gegen Null, und man erhält die bereits bekannte Formel für den Warteraum $M/M/1$.

In Bild 7.9 ist N als Funktion des Verkehrsangebots ϱ dargestellt. Der Verlauf mag, zumindest auf den ersten Blick, überraschen, insbesondere für $\varrho = 1$: Beim $M/M/1$-Warteraum wächst N für $\varrho \to 1$ ins Unendliche. Der Warteraum $M/M/1/n$ besitzt nur endlich viele Plätze, und so ist man versucht anzunehmen, daß diese bei $\varrho = 1$ allesamt ständig besetzt sind. Gleichung (7.13) zufolge ist dies nicht richtig. $N = n$ für $\varrho = 1$ würde im übrigen zu einem interessanten Widerspruch führen: Da $N = \sum_{i=0}^{n} i p_i$ als Mittelwert definiert ist, folgt aus $N = n$, daß alle Aufenthaltswahrscheinlichkeiten $p_0 = \cdots = p_{n-1} = 0$ sind mit Ausnahme von $p_n = 1$. Da $p_n = P_V$ zugleich die Verlustwahrscheinlichkeit ist, müßten alle Pakete verloren gehen, und die Bedieneinrichtung wäre nie belegt. Dies widerspricht der Annahme $N = n$, denn wenn sich n Pakete im System aufhalten, muß sich eines in der Bedienstation befinden.

Bei der Berechnung der Aufenthaltszeit T ist zu beachten, daß sich Littles Theorem ausschließlich auf die Pakete bezieht, die den Warteraum durchlaufen. Relevant ist daher in diesem Zusammenhang die Rate $\lambda(1 - P_V)$, so daß gilt:

$$T = \frac{N}{\lambda(1 - P_V)} = \frac{1}{\mu} \cdot \frac{1}{\varrho} \frac{1-\varrho^{n+1}}{1-\varrho^n} \left(\frac{\varrho}{1-\varrho} + \frac{n+1}{1-\varrho^{-(n+1)}} \right).$$

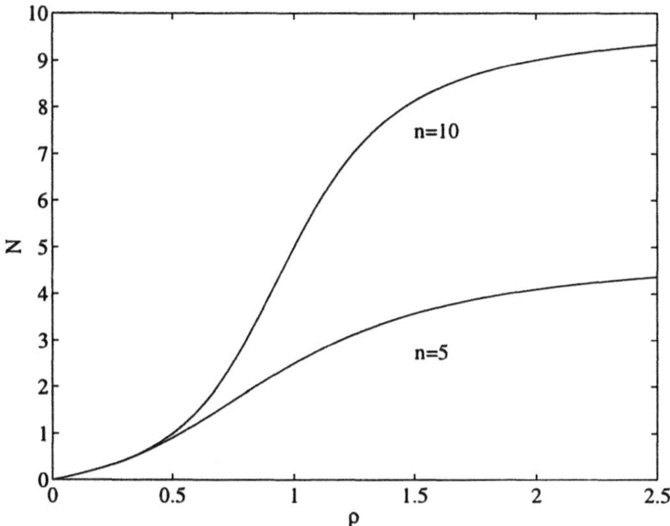

Bild 7.9: Anzahl N der Pakete im Warteraum.

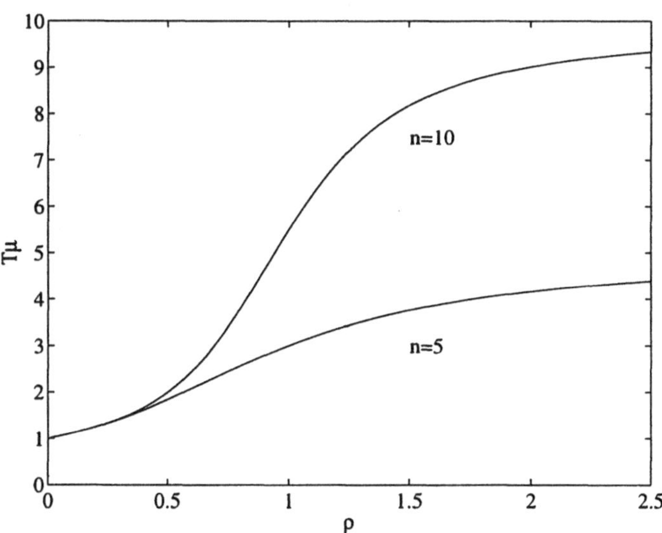

Bild 7.10: Aufenthaltsdauer T im Warteraum.

Der Verlauf von T über ϱ ist in Bild 7.10 dargestellt. Man erkennt, daß im verlustbehafteten Warteraum nicht nur die Anzahl der Warteplätze, sondern auch die
mittlere Wartezeit nach oben begrenzt ist.
Auf die Berechnung von W und N_Q soll hier nicht mehr weiter eingegangen werden;

sie ergeben sich mit $W = T - \mu^{-1}$ und $N_Q = N - \varrho(1 - P_V)$ in der gleichen Weise wie beim verlustlosen M/M/1-Warteraum.

7.4   Exponentialwarteräume mit mehreren Bedienstationen

Der Berechnungsgang bei den Exponentialwarteräumen mit einer einzigen Bedieneinrichtung bestand im wesentlichen aus drei Schritten:

1. Darstellung des Warteraums als Markovkette und Bestimmung der Übergangsraten zwischen den Zuständen;
2. Berechnung der Aufenthaltswahrscheinlichkeiten in den einzelnen Zuständen;
3. Berechnung von Größen, die das Verhalten des Warteraums in Abhängigkeit von der Verkehrslast ϱ beschreiben, insbesondere der mittleren Anzahl N von Paketen im Warteraum, ihrer mittleren Verweildauer T und, beim verlustbehafteten Warteraum, der Verlustwahrscheinlichkeit.

Dieser Ablauf läßt sich auch auf Exponentialwarteräume mit mehreren Bedienstationen übertragen, die in Bild 7.11 dargestellt sind.

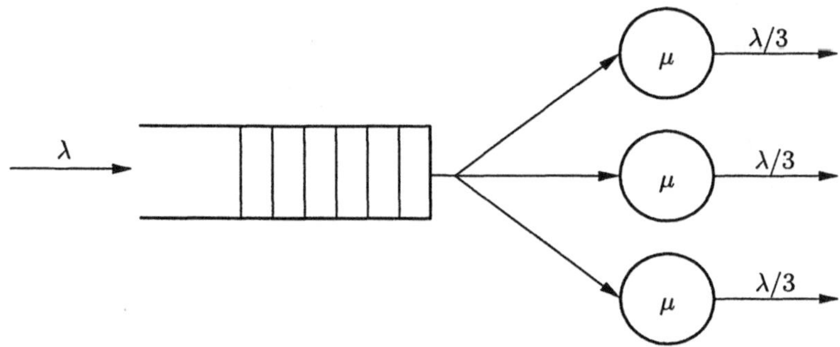

Bild 7.11: Warteraum mit drei Bedienstationen.

Mehrere parallel arbeitende Bedienstationen werden häufig dann benutzt, wenn sich die Leistungsfähigkeit einer einzelnen Station nicht so weit erhöhen läßt, daß sie alleine den gesamten eintreffenden Verkehr bewältigen kann. Beispiele dafür sind Supermarktkassen oder Bankschalter genauso wie mehrspurig ausgebaute Autobahnen. In paketvermittelnden Kommunikationsnetzen können Datenpakete vom Absender über verschiedene Wege zu demselben Empfänger geroutet werden, um auf diese Weise einen höheren Durchsatz und eine größere Übertragungsgeschwindigkeit zu erzielen. Oftmals werden auch bewußt mehrere Verkehrsströme in einen gemeinsamen Warteraum zusammengeführt anstatt für jeden einen eigenen Warteraum vorzusehen. Die gemeinsame Nutzung der verfügbaren Warteplätze erlaubt gewissermaßen einen Lastausgleich zwischen den verschiedenen Verkehrsströmen und hilft dadurch, die Verlustwahrscheinlichkeit zu senken. Man spricht dann vom „Bündeleffekt".

Ein etwas ungewöhnliches Beispiel für einen Exponentialwarteraum mit mehreren Bedieneinrichtungen ist das leitungsvermittelte Telefonnetz, das für bestimmte Fragestellungen als $M/M/m/m$-Warteraum modelliert werden kann. Darauf wird Abschnitt 7.4.2 näher eingehen. Zunächst wird jedoch wieder der $M/M/m$-Warteraum mit unendlich vielen Warteplätzen betrachtet.

7.4.1 Warteraum $M/M/m$

Beim Warteraum $M/M/m$ werden m Bedieneinrichtungen aus einem gemeinsamen Wartebereich beschickt. Alle Bedieneinrichtungen sind identisch. Sie besitzen dieselbe Bedienrate μ, und jede Einrichtung kann grundsätzlich jedes Paket bearbeiten; die Pakete sind also nicht bereits beim Eintreffen im Warteraum einer bestimmten Bedieneinrichtung zugeordnet. Die Bedieneinrichtungen verrichten ihre Arbeit unabhängig voneinander.

Wie beim $M/M/1$-Warteraum kann man die Anzahl der Pakete im Warteraum als dessen Zustand auffassen. Zustand 0 entspricht einem völlig leeren Warteraum. Da jede Bedienstation jedes Paket bearbeiten kann, halten sich niemals Pakete im Wartebereich auf, während gleichzeitig Bedienstationen leerstehen. Die Zustände $i = 1 \ldots m$ stehen daher für Situationen mit i belegten Bedieneinrichtungen. Bei den Zuständen $i \geq m$ befinden sich m Pakete in den Bedienstationen und $i - m$ Pakete im Wartebereich.

Die Eingaben in den $M/M/m$-Warteraum stellen genauso einen Poissonprozeß mit Rate λ dar wie beim $M/M/1$-Warteraum. Daher gilt auch hier, daß Eingaben stets zu einem Wechsel in den nächsthöheren Zustand führen und keine Übergänge von i nach $j \geq i + 2$ auftreten. Für den Bedienprozeß gilt im Prinzip das gleiche, allerdings hängt die Rate der Zustandsübergänge $i \rightarrow i - 1$ in den Zuständen $i = 1 \ldots m$ von i ab. Das Bedienen eines Paketes in einer belegten Bedienstation ist ein Poissonprozeß mit Rate μ. Da die Vereinigung von Poissonprozessen wiederum einen Poissonprozeß ergibt, ist der Bedienprozeß von $i \leq m$ belegten Bedieneinrichtungen zusammengenommen ein Poissonprozeß der Rate $i\mu$. Entsprechend hat die Rate der Zustandsübergänge von i nach $i - 1$, $1 \leq i \leq m$, den Wert $i\mu$. Zum gleichen Ergebnis gelangt man, wenn man die Wahrscheinlichkeit eines solchen Übergangs in einem infinitesimal kurzen Zeitintervall $\Delta t \rightarrow 0$ betrachtet: Die Wahrscheinlichkeit, daß eine der i belegten Bedienstationen ihren laufenden Vorgang abschließt, beträgt $P_{i\,i-1} = \binom{i}{1}\mu\Delta t(1 - \mu\Delta t)^{i-1}$. Läßt man wie in Abschnitt 7.5 die Terme quadratischer oder höherer Ordnung in Δt weg, folgen $P_{i\,i-1} = i\mu\Delta t$ bzw. eine Übergangsrate $i\mu$.

Als Zusammenfassung der bisherigen Überlegungen ergibt sich die in Bild 7.12 dargestellte Markovkette. Man erkennt, daß es sich wieder um eine Geburt-Tod-

Kette handelt, so daß die Voraussetzungen für die Anwendung der Detaillierten
Gleichgewichtsbedingung (A.11) erfüllt sind.

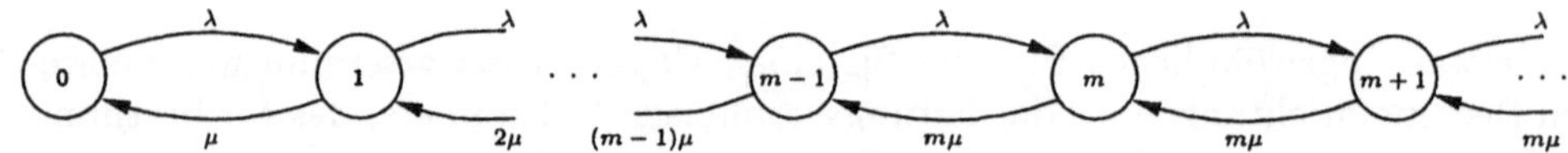

Bild 7.12: Markovkette des M/M/m-Warteraums.

Analog zu (7.5) ergeben sich hier:

$$p_1 = p_0 \left(\frac{\lambda}{\mu}\right)$$

$$p_2 = p_1 \left(\frac{\lambda}{2\mu}\right) = p_0 \frac{1}{2} \left(\frac{\lambda}{\mu}\right)^2$$

$$\vdots$$

$$p_m = p_{m-1} \left(\frac{\lambda}{m\mu}\right) = p_0 \frac{1}{m!} \left(\frac{\lambda}{\mu}\right)^m$$

$$p_{m+1} = p_m \left(\frac{\lambda}{m\mu}\right) = p_0 \frac{1}{m!} \frac{1}{m} \left(\frac{\lambda}{\mu}\right)^{m+1}$$

$$\vdots$$

Dies läßt sich mit $\varrho = \frac{\lambda}{m\mu}$ zusammenfassen zu

$$p_i = \begin{cases} p_0 \, \frac{1}{i!} \, (m\varrho)^i, & 0 \le i < m \\ p_0 \, \frac{m^m}{m!} \, \varrho^i, & i \ge m. \end{cases} \tag{7.14}$$

p_0 folgt aus der Normierungsbedingung (A.9)

$$1 = \sum_{i=0}^{\infty} p_i = p_0 \left(\sum_{i=0}^{m-1} \frac{(m\varrho)^i}{i!} + \frac{m^m}{m!} \sum_{i=m}^{\infty} \varrho^i \right).$$

Auflösen nach p_0 und Einsetzen der geometrischen Reihe $\sum_{i=0}^{n} x^i = \frac{1}{1-x}$ ergibt:

$$p_0 = \frac{1}{\displaystyle\sum_{i=0}^{m-1} \frac{(m\varrho)^i}{i!} + \frac{m^m}{m!} \frac{\varrho^m}{1-\varrho}}. \tag{7.15}$$

Eine besondere Bedeutung bei der Bewertung von Warteräumen hat die Wahrscheinlichkeit, daß ein eintreffendes Paket alle Bedienstationen belegt vorfindet

und warten muß. Die sogenannte *2. Erlangsche Formel* oder *Erlang-C-Formel* zur Berechnung dieser Wartewahrscheinlichkeit P_W lautet:

$$P_W = \sum_{i=m}^{\infty} p_i = p_0 \, \frac{m^m}{m!} \, \frac{\varrho^m}{1-\varrho}.$$

Die Anzahl der Pakete, die sich im Warteraum befindet, läßt sich grundsätzlich wieder durch Mittelwertbildung über alle Zustände ermitteln, d. h. es gilt

$$N = \sum_{i=0}^{\infty} i p_i = p_0 \left(\sum_{i=0}^{m-1} i \, \frac{(m\varrho)^i}{i!} + \frac{m^m}{m!} \sum_{i=m}^{\infty} i\varrho^i \right).$$

Dieser Ausdruck ist, vor allem wegen der linken Summe in der Klammer, rechentechnisch vergleichsweise unhandlich, und es soll darauf verzichtet werden, ihn weiter zu vereinfachen. Eine besser zu handhabende Darstellung für N läßt sich angeben, wenn man zunächst die mittlere Warteschlangenlänge N_Q berechnet:

$$N_Q = \sum_{i=m}^{\infty} (i-m) p_i = p_0 \frac{m^m}{m!} \sum_{i=m}^{\infty} (i-m)\varrho^i.$$

Mit $\sum_{i=0}^{\infty} i x^i = \frac{x}{(1-x)^2}$ wird daraus

$$N_Q = p_0 \frac{(m\varrho)^m}{m!} \frac{\varrho}{(1-\varrho)^2} = P_W \frac{\varrho}{1-\varrho}.$$

Bei der Herleitung der zweiten Form von Littles Theorem aus seiner ersten Form in Abschnitt 7.2 wurde bereits dargelegt, daß im Mittel $m\varrho$ Bedienstationen belegt sind bzw. sich durchschnittlich $m\varrho$ Pakete im Bedienbereich aufhalten. Addiert man diese zu N_Q hinzu, erhält man für die mittlere Anzahl von Pakete im gesamten Warteraum

$$N = P_W \frac{\varrho}{1-\varrho} + m\varrho.$$

Aus N und N_Q ergeben sich die mittlere Verweildauer T und die mittlere Wartezeit W durch Anwendung von Littles Theorem (7.2a) bzw. (7.2b).

Prinzipiell können m parallele M/M/1-Warteräume zusammen die gleiche Verkehrslast bewältigen wie ein M/M/m-Warteraum mit denselben Bedienstationen. Trotzdem erzielt man durch das Zusammenfassen mehrerer M/M/1-Warteräume zu einem einzigen M/M/m-Warteraum hinsichtlich der Verweildauer T einen sogenannten „*Bündelgewinn*", wie Bild 7.13 zeigt.

Für niedrige Verkehrslast ϱ sind die Unterschiede zwischen M/M/1- und M/M/m-Warteräumen erwartungsgemäß gering; praktisch jedes eintreffende Paket findet eine freie Bedienstation vor und bleibt im Mittel die Zeit μ^{-1} in dieser Station.

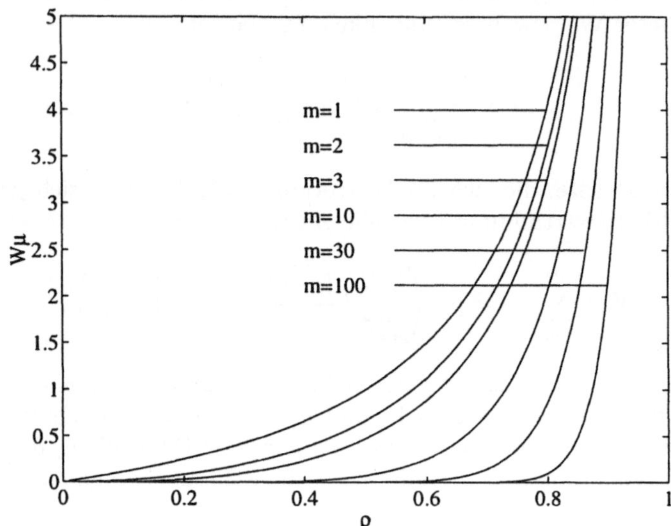

Bild 7.13: Wartezeit W in M/M/m-Warteräumen in Abhängigkeit von der Verkehrslast ϱ.

Bei größerem ϱ hingegen treffen die Paket häufiger belegte Stationen an. Bei m parallelen M/M/1-Warteräumen kann der Fall eintreten, daß ein Paket in seinem Warteraum warten muß, während gleichzeitig die Station eines anderen Warteraums leersteht. Durch das Zusammenlegen der Wartebereiche zu einem gemeinsamen Bereich brauchen neue Pakete erst dann zu warten, wenn alle Stationen besetzt sind, und dadurch verkürzt sich die Wartezeit im Durchschnitt. Aus der Perspektive der Warteraumtheorie verhalten sich also Kunden ungeschickt, wenn sie vor den Supermarktkassen mehrere Schlangen bilden.

7.4.2 Warteraum M/M/m/m

Bei der Untersuchung des M/M/m-Warteraums im vorigen Abschnitt war zu beobachten, daß der Berechnungsablauf exakt dem des M/M/1-Warteraums folgt. Im wesentlichen führte die größere Zahl von Bedienstationen zu anderen Raten bei den Zustandsübergängen in der Markovkette, die vom Bedienvorgang ausgelöst werden, sowie als Folge davon zu komplizierteren Formeln für die Aufenthaltswahrscheinlichkeiten in den Zuständen und für N, T, N_Q und W.

Für den verlustbehafteten Warteraum M/M/1/n kamen zum Berechnungsschema des M/M/1 noch die beiden Überlegungen hinzu, daß die Markovkette im Zustand n endet und daß die Aufenthaltswahrscheinlichkeit im Zustand n zugleich die Verlustwahrscheinlichkeit ist. Dies läßt sich in exakt derselben Weise auf den verlustbehafteten Exponentialwarteraum M/M/m/n mit mehreren Bedienstationen übertragen und soll daher an dieser Stelle nicht weiter ausgeführt werden. Statt dessen soll hier auf einen praktisch bedeutsamen Spezialfall, den Warteraum M/M/m/m, eingegangen werden. Er besitzt nur m Bedieneinrichtungen, aber keinerlei Warteplätze. Er dient als Modell für den Verbindungsaufbau beim leitungsvermittelten Telefonnetz: Wenn keine freie Leitungen mehr zur Verfügung steht, ertönt das Besetztzeichen, und der Verbindungsaufbau wird abgewiesen. Es findet kein Wartevorgang statt in dem Sinne, daß die Vermittlungsstelle dem Teilnehmer automatisch eine Leitung zuteilt, sobald eine solche frei wird. Da die abgewiesenen Teilnehmer oft später erneut versuchen, eine freie Leitung zu bekommen, ist der Eingabeprozeß nicht gedächtnislos und damit strenggenommen kein Poissonprozeß. Da aber bereits relativ wenige Leitungen für eine große Zahl von Teilnehmern ausreichen, stellt die Annahme eines Poissonprozesses eine gute Näherung dar.

Die Markovkette des M/M/m/m-Warteraums ist identisch zu der des M/M/m-Warteraums bis auf den Unterschied, daß sie im Zustand m endet. Für die verbleibenden Zustände erhält man wie in Gleichung (7.14)

$$p_i = p_0 \frac{1}{i!} \left(\frac{\lambda}{\mu}\right)^i$$

und p_0 folgt wegen $\sum_{i=0}^{m} p_i = 1$ zu

$$p_0 = \frac{1}{\sum\limits_{i=0}^{m} \frac{1}{i!} \left(\frac{\lambda}{\mu}\right)^i} \, .$$

Man interessiert sich beim Telefonnetz für die Wahrscheinlichkeit, daß einem Teilnehmer keine Leitung zur Verfügung gestellt werden kann. Wie beim M/M/1/n-Warteraum ist diese sog. Erlangsche Verlustwahrscheinlichkeit gegeben durch die Aufenthaltswahrscheinlichkeit im letzten Zustand m. Dies führt auf die *1. Erlangsche Formel* oder *Erlang-B-Formel*:

$$P_V = p_m = \frac{\frac{1}{m!} \left(\frac{\lambda}{\mu}\right)^m}{\sum\limits_{i=0}^{m} \frac{1}{i!} \left(\frac{\lambda}{\mu}\right)^i} \, .$$

7.5 Halbexponentialwarteraum M/G/1

Die bisher vorgestellten Exponentialwarteräume sind dadurch charakterisiert, daß sowohl ihr Eingabe- als auch ihr Bedienprozeß Poissonprozesse sind. Durch diese Voraussetzung sind sie als Modell zur Beschreibung vieler wichtiger Warteräume ungeeignet: Im ATM-Standard ist die Länge der (dort Zellen genannten) Pakete

auf 53 Byte festgelegt und ihre Bediendauer konstant. In anderen Kommunikationsnetzen ist meist eine Obergrenze für die Paketlänge festgelegt; Nachrichten werden dann so auf Pakete aufgeteilt, daß alle Pakete mit Ausnahme des letzten maximale Länge haben.
Um Warteräume beispielsweise von Vermittlungsstellen derartiger Kommunikationsnetze beschreiben zu können, hebt man die Einschränkung auf Poissonprozesse als Bedienprozesse auf. Man geht dann vom Warteraum M/M/1 über zum M/G/1. In diesem sind nur noch die Zeitabstände zwischen aufeinanderfolgenden Eingaben, aber nicht mehr die Bedienzeiten exponentialverteilt, und man spricht deshalb von einem Halbexponentialwarteraum.

Der Eingabeprozeß eines M/G/1-Warteraums ist wie bisher ein Poissonprozeß. Das heißt, die Anzahl der Eingaben innerhalb eines festgelegten Zeitintervalls ist poissonverteilt, die Zeitabstände zwischen aufeinanderfolgenden Eingaben folgen einer Exponentialverteilung, und die Ankunftszeitpunkte aller Pakete sind voneinander unabhängig, da der Poissonprozeß gedächtnislos ist.

Verzichtet man auf die Voraussetzung, daß der Bedienprozeß ein Poissonprozeß ist, muß man ihn auf andere Weise charakterisieren:

- Die Bedienzeiten X_i der Pakete seien voneinander unabhängig, der Bedienprozeß damit gedächtnislos.
- Alle X_i sollen derselben Zufallsverteilung unterliegen.
- Die mittlere Bedienzeit sei $\overline{X} = \mathrm{E}\{X_i\} = \mu^{-1}$.
- Die mittlere quadratische Bedienzeit sei ebenfalls bekannt und betrage $\overline{X^2} = \mathrm{E}\{X_i^2\}$. Sie läßt sich bekanntlich auch aus der Varianz $\overline{\Delta X^2}$ berechnen mit $\overline{X^2} = \overline{X}^2 + \overline{\Delta X^2}$.

Der Warteraum M/G/1 läßt sich zwar durch ein ähnliches Zustandsdiagramm beschreiben wie das des M/M/1-Warteraums in Bild 7.5. Allerdings ist dieses *keine* Markovkette mehr, da der für die Zustandsübergänge $i \to i - 1$ verantwortliche Bedienprozeß kein Poissonprozeß mehr ist. Das Berechnungsschema der Exponentialwarteräume paßt daher hier nicht mehr. Das Schema, das nun vorgestellt wird, ist an die Beschreibung in [BG92] angelehnt.

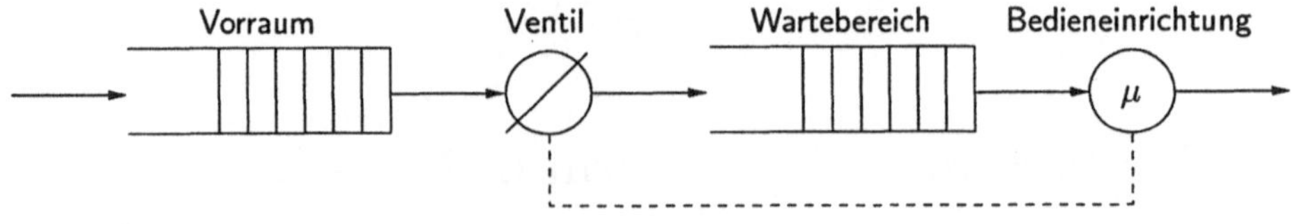

Bild 7.14: Modifiziertes Warteraummodell für M/G/1.

Bild 7.14 zeigt ein etwas modifiziertes Modell des Warteraums M/G/1. Ein eintreffendes Paket gelangt zunächst in einen Vorraum und muß dort warten, bis das Ventil geöffnet wird. Dies erfolgt durch die Bedieneinrichtung immer dann, wenn sie die Bearbeitung eines Paketes beendet hat, oder ständig, solange sie nicht belegt ist. Da ein neu eintreffendes Paket keinen Einfluß auf einen laufenden Bedienvorgang hat, ist dieses modifizierte Modell äquivalent zu dem in Bild 7.1. Ein Paket wartet im Vorraum auf den Abschluß des laufenden Bedienvorganges. Diese Wartezeit heißt Restbedienzeit und wird im folgenden mit R_i bezeichnet. Angenommen beim Eintreffen des i-ten Paketes befänden sich bereits $N_{Q\,i}$ Pakete entweder im Wartebereich oder im Vorraum. Wird die Warteschlange nach der FIFO-Strategie abgefertigt, setzt sich die gesamte Wartezeit W_i des i-ten Paketes zusammen aus eben dieser Restbedienzeit R_i und den Bearbeitungszeiten X_j der bereits vorhandenen Pakete:

$$W_i = R_i + \sum_{j=i-N_{Q\,i}}^{i-1} X_j. \tag{7.16}$$

Nun soll die mittlere Wartezeit $W = \mathrm{E}\{W_i\}$ bestimmt werden. Da die Bedienzeiten X_j wie auch die Ankunftszeitpunkte der Pakete statistisch unabhängig sind, ist

$$\mathrm{E}\left\{ \sum_{j=i-N_{Q\,i}}^{i-1} X_j \right\} = \overline{X}\,\mathrm{E}\{N_{Q\,i}\} = \overline{X} N_Q. \tag{7.17}$$

Damit und mit der Definition der mittleren Restbediendauer $R = \mathrm{E}\{R_i\}$ wird aus Gleichung (7.16)

$$W = R + \overline{X} N_Q. \tag{7.18}$$

Für die mittlere Anzahl N_Q bereits wartender Pakete gilt Littles Theorem (7.2b) $N_Q = \lambda W$, und wegen $\lambda \overline{X} = \lambda/\mu = \rho$ folgt

$$W = \frac{R}{1 - \rho}. \tag{7.19}$$

Gleichung (7.19) gilt auch, wenn statt der FIFO-Strategie andere Strategien wie LIFO oder Random eingesetzt werden, bei denen die Auswahl des nächsten zu bearbeitenden Paketes unabhängig von der Bediendauer der Pakete erfolgt. Bei diesen Strategien werden nicht wie bei FIFO genau die Pakete mit den Nummern $i-N_{Q\,i}\ldots i-1$ vor dem i-ten Paket bearbeitet; insbesondere bei der LIFO-Strategie werden Pakete $J < i$, die vor dem Bearbeitungsbeginn des i-ten Paketes eintreffen, vorgezogen. Trotzdem werden bei allen Strategien im Mittel N_Q Pakete vor dem i-ten bedient. Ein Paket i kann in einer Warteschlange dadurch bevorzugt werden, daß es mit seinem Vorgänger den Platz tauscht. Für das Paket i reduziert sich die Anzahl $N_{Q\,i}$ um 1, während sie sich für den Tauschpartner um 1 erhöht; der Mittelwert N_Q bleibt daher unverändert. Gleichung (7.17) behält damit auch für andere Bedienstrategien ohne Berücksichtigung der Bediendauer ihre Gültigkeit.

In Gleichung (7.19) ist die mittlere Restbediendauer R noch unbekannt. Bild 7.15 zeigt einen typischen Verlauf $r(t)$ der Restbedienzeit, die ein Paket antrifft, wenn es zum Zeitpunkt t im Vorraum ankommt.

Wenn zum Zeitpunkt t_j mit der Bearbeitung eines Paketes begonnen wird und diese die Zeit X_j dauert, nimmt die angetroffene Restbedienzeit innerhalb des Intervalls $[t_j, t_j + X_j]$ von X_j beginnend linear auf Null ab.

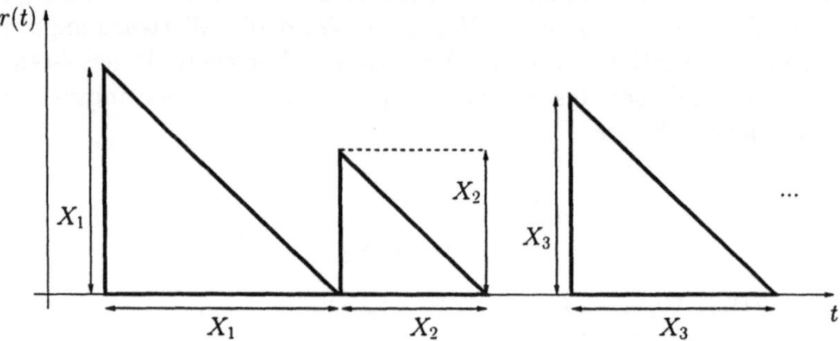

Bild 7.15: Typischer Verlauf der angetroffenen Restbedienzeit $r(t)$.

R ist der Mittelwert über $r(t)$ im Intervall $[0, \tau]$, wenn $\tau \to \infty$ geht:

$$R = \lim_{\tau \to \infty} \frac{1}{\tau} \int_0^\tau r(t)dt.$$

Das Integral ergibt die Fläche unter der Kurve $r(t)$. Diese Fläche kann man auch dadurch berechnen, daß man die Flächenbeiträge aller $\beta(\tau)$ im Intervall $[0, \tau]$ bedienten Pakete aufsummiert. Es folgt

$$R = \lim_{\tau \to \infty} \frac{1}{\tau} \sum_{i=1}^{\beta(\tau)} \frac{1}{2} X_i^2$$

$$= \lim_{\tau \to \infty} \frac{\beta(\tau)}{\tau} \lim_{\tau \to \infty} \frac{\sum_{i=1}^{\beta(\tau)} \frac{1}{2} X_i^2}{\beta(\tau)}.$$

Im verlustlosen Warteraum werden im Mittel genauso viele Pakete eingegeben wie bedient, also ist $\lim_{\tau \to \infty} \frac{\beta(\tau)}{\tau} = \lambda$. Weiterhin ist

$$\lim_{\tau \to \infty} \frac{\sum_{i=1}^{\beta(\tau)} X_i^2}{\beta(\tau)} = \overline{X^2}$$

die mittlere quadratische Bedienzeit. Damit erhält man

$$R = \frac{1}{2}\lambda\overline{X^2} \tag{7.20}$$

und aus (7.19) schließlich die sogenannte *Pollaczek-Khinchin-Formel*

$$W = \frac{\lambda \overline{X^2}}{2(1-\rho)}.$$

$$(7.21)$$

Die übrigen Kenngrößen N_Q, T und N des M/G/1-Warteraums ergeben sich wie gewohnt aus Littles Theorem (7.2a), (7.2b) sowie aus (7.1).

Durch Einsetzen geeigneter Werte für $\overline{X^2}$ lassen sich aus der Pollaczek-Khinchin-Formel die Wartezeiten des bereits bekannten Exponentialwarteraums M/M/1 sowie des Warteraums M/D/1 ableiten. Für letzteren ist $\overline{X^2} = \overline{X}^2$, und es folgt:

$$W_{M/D/1} = \frac{\rho}{2\mu(1-\rho)}.$$

$$(7.22)$$

Der M/D/1-Warteraum ist insofern von besonderer Bedeutung, als daß er die kleinste Wartezeit aller M/G/1-Warteräume besitzt und damit eine untere Schranke darstellt:

$$W_{M/D/1} \leq W_{M/G/1} = \frac{\lambda(\overline{X}^2 + \overline{\Delta X^2})}{2(1-\rho)}.$$

$$(7.23)$$

Bild 7.16 zeigt den Einfluß der Varianz $\overline{\Delta X^2}$ auf die Wartezeit W.

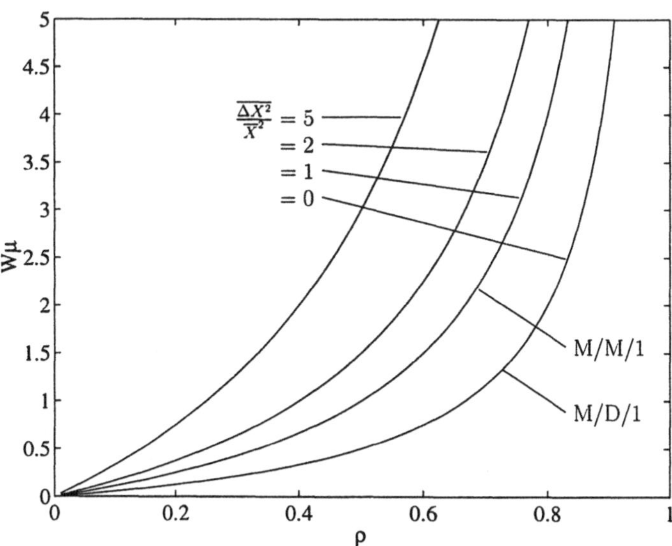

Bild 7.16: Wartezeit W für M/G/1-Warteräume bei verschiedenen $\overline{\Delta X^2}$.

7.6   Zusammenfassung Warteräume

Die Parameter und Ergebnisse einiger der bisher behandelten Warteräume sollen
hier nochmals zusammenfassend dargestellt werden:

M/M/1:
$$W = \frac{1}{\mu}\frac{\varrho}{1-\varrho} \qquad\qquad T = \frac{1}{\mu-\lambda}$$

$$N_Q = \frac{\varrho^2}{1-\varrho} \qquad\qquad N = \frac{\lambda}{\mu-\lambda}$$

M/M/1/n:
$$W = T - \frac{1}{\mu} \qquad\qquad T = \frac{N}{\lambda(1-P_V)}$$

$$N_Q = N - \varrho(1 - P_V)$$

$$N = \begin{cases} \frac{\varrho}{1-\varrho} + \frac{n+1}{1-\varrho^{-(n+1)}} & \varrho \neq 1 \\ \frac{n}{2} & \varrho = 1 \end{cases}$$

$$P_V = \begin{cases} \frac{1-\varrho}{1-\varrho^{n+1}}\varrho^n & \varrho \neq 1 \\ \frac{1}{n+1} & \varrho = 1 \end{cases}$$

M/M/m:
$$p_0 = \frac{1}{\sum\limits_{i=0}^{m-1}\frac{(m\varrho)^i}{i!} + \frac{m^m}{m!}\frac{\varrho^m}{1-\varrho}} \qquad\qquad P_W = p_0\,\frac{m^m}{m!}\frac{\varrho^m}{1-\varrho}$$

$$N = p_0 \left(\sum_{i=0}^{m-1} i\,\frac{(m\varrho)^i}{i!} + \frac{m^m}{m!}\sum_{i=m}^{\infty} i\varrho^i \right)$$

$$N_Q = P_W\,\frac{\varrho}{1-\varrho}$$

$$W = N_Q/\lambda \qquad\qquad T = N/\lambda$$

7.7   Warteräume mit Prioritäten

Für die oben beschriebenen Exponential- und Halbexponentialwarteräume wurden stets Abfertigungsstrategien vorausgesetzt, bei denen die Bedienzeiten der
wartenden Pakete keinen Einfluß ausüben. Dazu gehören u. a. FIFO-, LIFO- und
Random-Strategie. Daneben gibt es andere wie SJF (*shortest job first*) oder SRPT
(*shortest remaining processing time*), die das als nächstes zu bearbeitende Paket durch einen Vergleich aller Bedienzeiten auswählen. Dabei werden Pakete mit
kurzen Bedienzeiten bevorzugt, um ihnen lange Wartezeiten zu ersparen. Dafür
müssen Pakete mit langer Bediendauer etwas länger warten, aber insgesamt gesehen sinkt die mittlere Wartezeit. Als Alltagsbeispiele für diese Strategien kennt

man die Schnellkassen im Supermarkt oder die Trennung von Fahrkarten- und Informationsschalter im Bahnhof.

Ganz allgemein spricht man von Warteräumen mit Prioritäten, wenn Pakete anhand irgendwelcher Merkmale, z. B. ihrer Bedienzeit, in verschiedene Wartebereiche verteilt werden, die in der Reihenfolge ihrer Wichtigkeit geleert werden. In Vermittlungsstellen von Kommunikationsnetzen werden auf diese Art z. B. für das Funktionieren des Netzes wichtige Pakete mit Steuerungsinformationen vor normalen Datenpaketen bevorzugt weitergeleitet.

Innerhalb dieses Abschnittes 7.7 wird folgende Notation benutzt:
Der Index i bei λ_i, μ_i, ρ_i, N_{Qi}, W_i und T_i gibt jeweils die Prioritätsklasse an, zu der die betreffende Größe gehört. Klasse 1 besitzt die höchste Priorität, mit wachsendem i nimmt die Priorität der übrigen Klassen ab. Weiterhin wird angenommen, daß innerhalb jeder Prioritätsklasse die Voraussetzungen eines M/G/1-Warteraums erfüllt sind. Insbesondere seien unendlich viele Warteplätze vorhanden, so daß keine Paketverluste auftreten können. Da die Bedienung durch eine einzige Station erfolgen soll, muß für die gesamte Verkehrslast $\rho = \sum_i \rho_i < 1$ gelten. Ein solcher Warteraum ist in Bild 7.17 zu sehen.

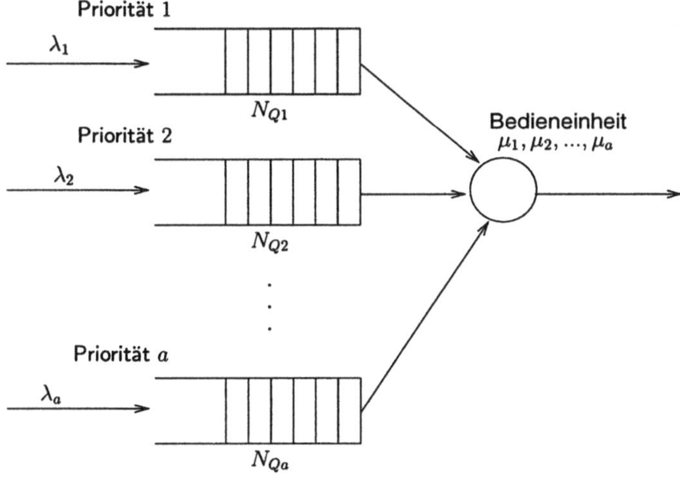

Bild 7.17: Warteraum mit Prioritätsklassen.

Man unterscheidet zwischen verdrängenden *(preemptive)* oder unterbrechenden und nicht-verdrängenden *(nonpreemptive)* Prioritäten. Bei Warteräumen mit verdrängender Priorität wird die laufende Bearbeitung eines Paketes unterbrochen, sobald ein Paket mit höherer Priorität eintrifft. In diese Kategorie gehört die SRPT-Strategie, da sie sich an der verbleibenden Restbediendauer eines Paketes orientiert. SJF hingegen wählt nur das Paket mit kürzester Bediendauer in

der Warteschlange aus, sobald die Bedienstation frei wird, und ist somit nicht-
verdrängend. Beide Kategorien werden im folgenden beschrieben, beginnend mit
den nicht-verdrängenden Prioritäten.

7.7.1   Nichtverdrängende Priorität

Einem Paket, das in der Warteschlange höchster Priorität eintrifft, erscheint der
Wartebereich als M/G/1-Warteraum, in dem es keine anderen Pakete außer denen
der Prioritätsklasse 1 gibt. Man kann daher bei der Berechnung der Wartezeit W_1
genauso vorgehen wie beim M/G/1-Warteraum in Abschnitt 7.5, und erhält analog
zu Gleichung (7.18)

$$W_1 = R + \frac{1}{\mu_1} N_{Q1}. \tag{7.24}$$

Littles Theorem (7.2b) lautet hier $N_{Q1} = \lambda_1 W_1$, so daß

$$W_1 = \frac{R}{1 - \rho_1} \tag{7.25}$$

gilt. Allerdings muß man beachten, daß sich Pakete niedrigerer Priorität in der
Bedienstation befinden können. Bei einem Warteraum mit nicht-verdrängenden
Prioritäten müssen neu eintreffende Pakete den laufenden Bedienvorgang abwarten, und daher muß man für die Restbedienzeit R die Gleichung (7.20) entsprechenden Terme aller Prioritätsklassen addieren

$$R = \sum_j \frac{1}{2} \lambda_j \overline{X_j^2}.$$

Als nächstes soll ein eintreffendes Paket der Klasse 2 betrachtet werden. Seine
mittlere Wartezeit W_2 setzt sich aus drei Anteilen zusammen: Der erste Anteil
ist wiederum die mittlere Restbedienzeit R, bis der laufende Bedienvorgang abgeschlossen ist. Dann müssen die Pakete bearbeitet werden, die sich bereits in den
Warteschlangen der Klassen 1 und 2 befinden. Dies sind im Durchschnitt N_{Q1}
bzw. N_{Q2}, so daß dieser zweite Anteil an der Wartezeit $\frac{1}{\mu_1} N_{Q1} + \frac{1}{\mu_2} N_{Q2}$ beträgt.
Der dritte Anteil ist die Bedienzeit von Paketen der Klasse 1, die während der
Wartezeit des betrachteten Pakets der Klasse 2 neu eintreffen und wegen ihrer
höheren Priorität vorrangig behandelt werden. Dieser Anteil ist $\frac{1}{\mu_1} \cdot \lambda_1 W_2$, und
insgesamt ergibt sich

$$W_2 = R + \frac{1}{\mu_1} N_{Q1} + \frac{1}{\mu_2} N_{Q2} + \frac{1}{\mu_1} \lambda_1 W_2. \tag{7.26}$$

Mit Gleichung (7.24) und Littles Theorem (7.2b) auf N_{Q2} angewendet wird daraus

$$W_2 = W_1 + \rho_2 W_2 + \rho_1 W_2 \tag{7.27}$$

bzw.

$$W_2 = \frac{R}{(1 - \rho_1)(1 - \rho_1 - \rho_2)}. \tag{7.28}$$

Eine entsprechende Formel soll auch für die Wartezeiten der übrigen Klassen hergeleitet werden. Mit denselben Überlegungen, die zu den Gleichungen (7.26) und (7.27) geführt haben, erhält man für Klasse $i - 1$

$$\begin{aligned} W_{i-1} &= R + \rho_1 W_1 + \cdots + \rho_{i-1} W_{i-1} + \rho_1 W_{i-1} + \cdots + \rho_{i-2} W_{i-1} \\ &= R + \sum_{j=1}^{i-1} \rho_j W_j + W_{i-1} \sum_{j=1}^{i-2} \rho_j \end{aligned} \tag{7.29}$$

und für Klasse i

$$\begin{aligned} W_i &= R + \rho_1 W_1 + \cdots + \rho_{i-1} W_{i-1} + \rho_i W_i + \rho_1 W_i + \cdots + \rho_{i-1} W_i \\ &= R + \sum_{j=1}^{i-1} \rho_j W_j + W_i \sum_{j=1}^{i} \rho_j. \end{aligned} \tag{7.30}$$

In beiden Gleichungen (7.29) und (7.30) ist der Term $R + \sum_{j=1}^{i-1} \rho_j W_j$ enthalten. Löst man die Gleichungen nach diesem Term auf, kann man sie gleichsetzen. Durch Erweitern mit $1 - \sum_{j=1}^{i-1} \rho_j$ wird daraus

$$W_i \left(1 - \sum_{j=1}^{i} \rho_j\right) \left(1 - \sum_{j=1}^{i-1} \rho_j\right) = W_{i-1} \left(1 - \sum_{j=1}^{i-1} \rho_j\right) \left(1 - \sum_{j=1}^{i-2} \rho_j\right).$$

Diese Gleichung gilt für beliebige Indizes i und $(i - 1)$, $i \geq 2$, und daher muß mit (7.25) auch gelten

$$W_i \left(1 - \sum_{j=1}^{i} \rho_j\right) \left(1 - \sum_{j=1}^{i-1} \rho_j\right) = W_1(1 - \rho_1) = R.$$

Abschließend wird daraus

$$W_i = \frac{\sum_{j} \frac{1}{2} \lambda_j \overline{X_j^2}}{\left(1 - \sum_{j=1}^{i} \rho_j\right) \left(1 - \sum_{j=1}^{i-1} \rho_j\right)}.$$

Damit sind die mittleren Wartezeiten aller Klassen eines Warteraums mit nichtverdrängender Priorität bekannt. Für den Planer eines solchen Warteraumes stellt sich nun die Frage, wie er den Paketklassen Prioritätsstufen zuordnen muß, um über alle Klassen gemittelt eine möglichst kleine Wartezeit zu erreichen.

Diese Frage soll im folgenden für einen Warteraum mit zwei Klassen beantwortet werden. Dazu definiert man zunächst das Verhältnis der Eingaberaten zu

$$\alpha = \frac{\lambda_1}{\lambda_2}$$

sowie das Verhältnis der Verkehrsangebote

$$\beta = \frac{\rho_1}{\rho_2} \ .$$

Der Mittelwert der Wartezeit über beide Prioritätsklassen ist mit der Gesamteingaberate $\lambda = \lambda_1 + \lambda_2$:

$$W = \frac{\lambda_1}{\lambda} W_1 + \frac{\lambda_2}{\lambda} W_2.$$

Die Verhältnisse $\frac{\lambda_1}{\lambda}$ und $\frac{\lambda_2}{\lambda}$ lassen sich mit α ausdrücken als $\frac{\alpha}{\alpha+1}$ bzw. $\frac{1}{\alpha+1}$, und setzt man dies und die Gleichungen (7.25) und (7.28) ein, wird daraus

$$W = \frac{\alpha}{\alpha+1} \frac{R}{1-\rho_1} + \frac{1}{\alpha+1} \frac{R}{(1-\rho_1)(1-\rho_1-\rho_2)} \ .$$

Im nächsten Schritt benutzt man die Beziehungen $\rho = \rho_1 + \rho_2$ und $\rho_1 = \frac{\beta}{\beta+1}\rho$. Nach dem Erweitern des linken Summanden mit $1-\rho$ und geeignetem Zusammenfassen erhält man

$$W = \frac{R}{1-\rho} \frac{1 - \frac{\alpha}{\alpha+1}\rho}{1 - \frac{\beta}{\beta+1}\rho} \ .$$

Den linken Bruch $\frac{R}{1-\rho}$ identifiziert man anhand von Gleichung (7.19) leicht als die Wartezeit in einem M/G/1-Warteraum mit gleichem Verkehrsaufkommen, aber ohne Prioritätsklassen. Die Wartezeit im Warteraum mit Prioritätsklassen ist genau dann kleiner als die des M/G/1-Warteraums, wenn der rechte Bruch kleiner als 1 ist. Dazu muß $\alpha > \beta$ bzw. $\frac{\alpha}{\beta} > 1$ sein. Mit $\beta = \frac{\lambda_1 \overline{X_1}}{\lambda_2 \overline{X_2}}$ folgt die Bedingung

$$\frac{\overline{X_2}}{\overline{X_1}} > 1.$$

Das bedeutet, daß die Klasse mit höherer Priorität Pakete mit kurzer Bedienzeit umfassen soll, während Pakete mit langer Bedienzeit in Klasse 2 mit niedriger Priorität eingeordnet werden sollten.

7.7.2   Verdrängende Priorität

Bei der Untersuchung der Halbexponentialwarteräume ohne Prioritätsklassen in Abschnitt 7.5 wie auch mit nicht-verdrängenden Prioritäten im vorangegangenen

Abschnitt kam es entscheidend darauf an, die Wartezeit eines Paketes geschickt in mehrere Anteile zu zerlegen, die sich anschließend getrennt berechnen lassen. Für die Warteräume mit verdrängender Priorität geht man genauso vor.

Man betrachtet die Situation eines Testpaketes, wenn es in der Warteschlange der Prioritätsklasse i eintrifft, und fragt sich, wie sich die Zeit zusammensetzt, die vergeht, bis seine Bearbeitung abgeschlossen ist und es den Warteraum verläßt. Wie üblich interessiert man sich für den Scharmittelwert T_i der Aufenthaltszeit der Pakete einer Klasse i. Die Bildung dieser Mittelwerte erfolgt genauso wie beim M/G/1-Warteraum und wird deshalb hier nicht nochmals explizit angegeben.

Die mittlere Aufenthaltszeit des Testpakets im Warteraum läßt sich in drei Anteile $T_i^{(1)}$, $T_i^{(2)}$ und $T_i^{(3)}$ zerlegen. Dies sind

1. die eigene mittlere Bediendauer $\mu^{-1} = T_i^{(1)}$,
2. die Zeit $T_i^{(2)}$ für die Bearbeitung derjenigen Pakete der Klassen 1 bis i, die sich beim Eintreffen des Tespaketes bereits in den Warteschlangen oder der Bedieneinrichtung befinden und daher vor diesem bearbeitet werden, und
3. die Zeit $T_i^{(3)}$ für die Bearbeitung von Paketen höherer Priorität, die während des Aufenthalts des Testpakets im Warteraum eintreffen.

Der erste Anteil $T_i^{(1)}$ ist bereits in der obigen Aufzählung angegeben. Auch der dritte Anteil $T_i^{(3)}$ läßt sich recht einfach bestimmen: Während der mittleren Verweildauer T_i des Testpaketes treffen in den Klassen mit höherer Priorität $j \in \{1, \ldots, i-1\}$ durchschnittlich $\lambda_j T_i$ Pakete ein. Wegen der verdrängenden Prioritäten ist hier, anders als im vorigen Abschnitt, die Verweildauer T_i anstatt der Wartezeit W_i maßgebend. Die Bearbeitung eines Pakets mit höherer Priorität j dauert im Mittel die Zeit μ_j^{-1}, so daß insgesamt

$$T_i^{(3)} = \sum_{j=1}^{i-1} \lambda_j T_i \cdot \mu_j^{-1} = T_i \sum_{j=1}^{i-1} \rho_j$$

ist.

Die Klassen niedriger Priorität $j > i$ können keinen Einfluß auf den Wartevorgang von Paketen der Klassen 1 bis i haben, und der Einfluß von Paketen höherer Priorität $j < i$, die nach dem Testpaket eintreffen, wurde in der Zeit $T_i^{(3)}$ erfaßt. Noch nicht berücksichtigt wurden bisher Pakete der Klassen 1 bis i, die sich beim Eintreffen des Testpakets in der Warteschlange oder der Bedieneinrichtung befinden. Wird klassenweise nach der FIFO-Strategie abgefertigt, ist es offensichtlich, daß alle Pakete, die vor dem Testpaket angekommen sind, auch vor diesem bedient werden. Für die Strategien LIFO und Random gilt hier dieselbe Überlegung wie in Abschnitt 7.5, daß durchschnittlich vor einem Testpaket genausoviele Pakete bedient werden, wie das Testpaket bei seinem Eintreffen im Wartebereich vorfindet.

Aus der Sicht des Testpaketes stellt diese Situation, d. h. die Prioritätsklassen 1 bis i gemeinsam ohne die nach dem Testpaket eintreffenden Pakete, einen „ganz normalen" M/G/1-Warteraum dar mit der Gesamteingaberate $\sum_{j=1}^{i} \lambda_j$, der gesamten Verkehrslast $\sum_{j=1}^{i} \rho_j$ und der mittleren angetroffenen Restbediendauer $R = \frac{1}{2} \sum_{j=1}^{i} \lambda_j \overline{X_j^2}$ analog zu Gleichung (7.20). Entsprechend Gleichung (7.19) ist auch die Wartezeit $W = T_i^{(2)}$ des Testpakets bis zum Beginn seiner Bearbeitung

$$T_i^{(2)} = \frac{R}{1-\rho} = \frac{\frac{1}{2}\sum_{j=1}^{i}\lambda_j\overline{X_j^2}}{1-\sum_{j=1}^{i}\rho_j} \ .$$

Die gesamte Aufenthaltsdauer T_i des Testpakets der Prioritätsklasse i ergibt sich als Summe der drei Anteile $T_i^{(1)}$, $T_i^{(2)}$ und $T_i^{(3)}$ zu

$$T_i = \frac{1}{\mu_i} + \frac{\frac{1}{2}\sum_{j=1}^{i}\lambda_j\overline{X_j^2}}{1-\sum_{j=1}^{i}\rho_j} + T_i\sum_{j=1}^{i-1}\rho_j$$

bzw.

$$T_i = \frac{\frac{1}{\mu_i}\left(1-\sum_{j=1}^{i}\rho_j\right) + \frac{1}{2}\sum_{j=1}^{i}\lambda_j\overline{X_j^2}}{\left(1-\sum_{j=1}^{i-1}\rho_j\right)\left(1-\sum_{j=1}^{i}\rho_j\right)} \ .$$

7.8 Warteschlangennetze

In den bisherigen Abschnitten dieses Kapitels wurden Warteräume stets einzeln betrachtet. Ein Kommunikationsnetz dagegen läßt sich nicht als ein einzelner Warteraum, sondern nur als ein Netz aus Warteräumen beschreiben. Häufig betrachtet man jede Verbindung zwischen zwei Netzknoten als eine „Bedieneinrichtung", vor der sich im Sendeknoten ein Warteraum befindet. Bild 7.18 zeigt ein derartiges Modell und die Verkehrsflüsse bei Datagramm- und Virtual-Circuit-Vermittlung.

Die Analyse von Warteschlangennetzen ist im allgemeinen sehr kompliziert, und es gibt keinen generell gültigen Berechnungsansatz. Der Grund dafür liegt in der gegenseitigen Beeinflussung der Warteräume. Man überlege sich beispielsweise, was passiert, wenn zwei M/D/1-Warteräume hintereinander geschaltet sind wie in Bild 7.19. Die Pakete verlassen die erste Bedienstation mit einem zeitlichen Abstand von mindestens $1/\mu_1$. Ist die Bedienrate der zweiten Station $\mu_2 > \mu_1$, passieren die Pakete in einer Zeit kürzer als $1/\mu_1$ die zweite Bedieneinrichtung und brauchen deshalb davor nicht zu warten.

Oft können Warteschlangennetze nur simuliert und mit statistischen Methoden analysiert werden. In einigen Fällen jedoch lassen sich auf der Basis der Kleinrockschen Unabhängigkeitsannahme (vgl. Abschnitt 7.8.1) recht gute Näherungen berechnen, bei den Jackson-Netzen (vgl. Abschnitt 7.8.2) findet man sogar eine exakte Lösung.

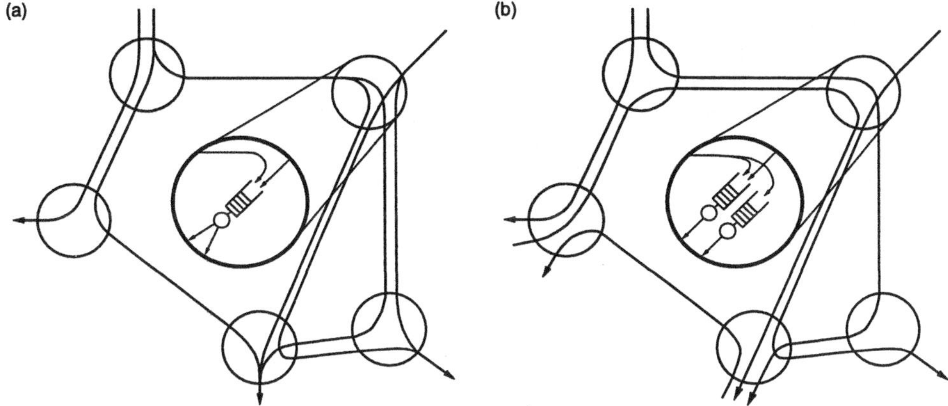

Bild 7.18: Modell eines Kommunikationsnetzes mit Datagramm-Vermittlung (a) und Virtual-Circuits (b).

Bild 7.19: Zwei hintereinandergeschaltete Warteräume.

7.8.1 Kleinrocksche Unabhängigkeitsannahme

Schon aus dem Namen „Kleinrocksche Unabhängigkeitsannahme" geht hervor, daß bei diesem Ansatz die tatsächlich vorhandenen Abhängigkeiten zwischen den Warteräumen eines Netzes ignoriert und alle Warteräume einzeln ohne Berücksichtigung der anderen berechnet werden. Dieser Ansatz ist damit ein heuristisches Verfahren, beruhend auf der Erfahrung, daß unter gewissen Voraussetzungen keine allzu starken Abhängigkeiten auftreten und sich dann trotz der Vernachlässigung dieser Abhängigkeiten brauchbare Näherungslösungen erzielen lassen.

Vorausgesetzt werden vier Bedingungen:

1. Die Paketströme an den Eingängen ins Netz unterliegen jeweils einem Poissonprozeß.
2. Die Paketlängen sind exponentialverteilt.
3. Nach dem Durchlaufen eines Warteraums besteht kein statistischer Zusammenhang zwischen den Zeitpunkten bzw. Zeitabständen des Eintreffens der Pakete im nächsten Warteraum und ihren Bedienzeiten.
4. Die Knoten des Netzes sind genügend dicht miteinander vernetzt.

Je besser diese Bedingungen erfüllt sind, desto genauer wird die berechnete Näherungslösung mit der Wirklichkeit übereinstimmen. Man gewinnt diese Näherungslösung in drei Schritten:

1. Man verfolgt die eingegebenen Paketströme auf ihrem Weg durch das Netz und bestimmt auf diese Weise für jede Verbindung $i \rightarrow j$ im Netz die Verkehrslast λ_{ij}, die von allen eingegebenen Paketströmen zusammengenommen auf dieser Verbindung hervorgerufen wird.

2. Jede Verbindung $i \rightarrow j$ wird als ein M/M/1-Warteraum mit der unter 1. ermittelten Verkehrslast λ_{ij} und der Übertragungskapazität bzw. Bedienrate μ_{ij} modelliert. Gleichungen (7.9) und (7.10) zufolge halten sich im Mittel

$$N_{ij} = \frac{\lambda_{ij}}{\mu_{ij} - \lambda_{ij}}$$

Pakete in diesem Warteraum auf und benötigen die Zeit

$$T_{ij} = \frac{1}{\mu_{ij} - \lambda_{ij}}$$

zum Durchlaufen des Warteraums, d. h. für ihre Übertragung von Knoten i nach j. Signallaufzeiten sind hierin nicht enthalten und müssen ggf. hinzuaddiert werden.

3. Abschließend verfolgt man nochmals die Paketströme durch das Netz und summiert dabei die unter 2. bestimmten Übertragungszeiten von einem Knoten zum nächsten. Als Summe erhält man die mittlere Verzögerungszeit eines jeden Paketstromes auf seinem Weg durch das Netz. Wird ein Paketstrom auf mehreren Wegen durch das Netz transportiert, ist über diese Wege der Mittelwert zu bilden.

Wenn die Paketlängen nicht gemäß Voraussetzung 2 exponentialverteilt sind, kann man die Verbindungen auch als M/G/1-Warteräume modellieren. In Schritt 2 der Berechnung ist dann die Pollaczek-Khinchin-Formel (7.21) zu verwenden, für die man vorher in Schritt 1 die entsprechenden Restbedienzeiten bestimmen muß.

Das Verfahren liefert die besten Ergebnisse für Datagramm-vermittelnde Netze, bei denen die Datagramme zufällig auf verschiedene Routen zum Empfänger verteilt werden. Wenn die Vermittlungsknoten statt dessen den aktuellen Netzzustand berücksichtigen und Datagramme über die momentan günstigste Route weiterbefördern, sind die nach obigem Verfahren berechneten Beförderungszeiten meist länger als in Wirklichkeit.

Die Genauigkeit des Verfahrens leidet auch, wenn die dritte Voraussetzung nicht erfüllt ist. Dies gilt insbesondere bei Netzen, deren Vermittlung auf Virtual-Circuits basiert. Um diese Voraussetzung einzuhalten, müßte genaugenommen jedem Paket in jedem Warteraum eine neue, zufällig gewählte Bearbeitungsdauer zugewiesen werden. Normalerweise jedoch ist die Bearbeitungs- bzw. Übertragungsdauer an die Paketlänge geknüpft. Was dann passieren kann, macht man sich am besten an einem Beispiel klar: Angenommen, es seien zwei Warteräume wie in Bild 7.19 hintereinander geschaltet. Der erste sei ein M/M/1-Warteraum, und aus dem weiter unten beschriebenen Satz von Burke folgt, daß dann auch die Eingaben in den zweiten Warteraum einem Poissonprozeß entsprechen. Wenn die Bedieneinrichtungen beider Warteräume über die gleiche Übertragungskapazität verfügen und die Pakete ihre Länge im zweiten Warteraum beibehalten, dauert ihrer Bearbeitung in beiden Bedieneinrichtungen gleich lange. Daher kann ein Paket frühestens in dem Moment im zweiten Warteraum eintreffen, wenn sein Vorgänger dessen Bedieneinrichtung verläßt. Auf diese Weise findet ein Paket stets einen leeren zweiten Warteraum vor; die Formeln des M/M/1-Warteraums gelten für diesen offensichtlich nicht.

Wie man sieht, ist die Kleinrocksche Unabhängigkeitsannahme ein heuristischer Ansatz und liefert in der Regel nur Näherungswerte. Mit dem Satz von Jackson, der im nächsten Abschnitt erklärt wird, kann man für manche Netze exakte Lösungen berechnen.

7.8.2 Satz von Jackson

Die Genauigkeit der Aussagen, die mit der Kleinrockschen Unabhängigkeitsannahme über ein Warteschlangennetz getroffen werden können, hängt sehr stark davon ab, wie die Pakete durch das Netz geroutet werden und ob statistische Zusammenhänge bestehen zwischen den Zeitabständen der Pakete bei der Eingabe in einen Warteraum und ihren Bedienzeiten. Der Satz von Jackson hingegen erlaubt exakte Aussagen über Netze, die die ersten drei Voraussetzungen von Kleinrocks Unabhängigkeitsannahme exakt erfüllen, und bei denen die bearbeiteten Pakete zufällig auf verschiedene Wege verteilt werden.

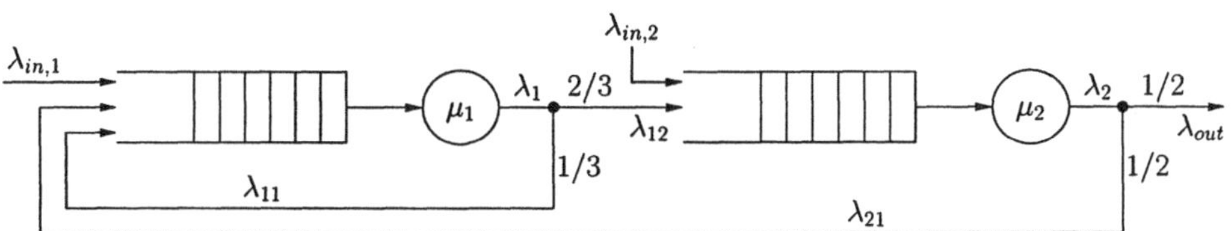

Bild 7.20: Jackson-Netz.

Bei dem in Bild 7.20 dargestellten Jackson-Netz müssen den Voraussetzungen entsprechend die beiden Eingabeströme mit den Raten $\lambda_{in,1}$ und $\lambda_{in,2}$ poissonverteilt sein. In den beiden Warteräumen wird den Paketen jedesmal eine neue, mit den Parametern μ_1 bzw. μ_2 exponentialverteilte Bediendauer zugeteilt. Nach ihrer Bearbeitung wählen die Pakete zufällig einen Weg aus mit den an den Verzweigungen angeschriebenen Wahrscheinlichkeiten.

In Abschnitt 7.3.1 wurde der Zustand eines Warteraums als die Anzahl der Pakete definiert, die sich momentan in ihm aufhalten. Den Zustand eines Jackson-Netzes mit K Warteräumen definiert man als K-elementigen Vektor $\mathbf{k} = (k_1, k_2, \ldots, k_K)$, in dem k_i den Zustand des i-ten Warteraums angibt. Der Satz von Jackson lautet damit wie folgt:

Satz 7.2 (Satz von Jackson):
Die Wahrscheinlichkeit $P(\mathbf{k})$, daß sich ein Jackson-Netz im Zustand $\mathbf{k}$ befindet, läßt sich darstellen als

$$P(\mathbf{k}) = \prod_{i=1}^{K} P_i(k_i),$$

wobei die Wahrscheinlichkeit $P_i(k_i)$, daß sich der i-te Warteraum im Zustand k_i aufhält, gegeben ist durch $P_i(k_i) = \frac{\rho_i^{k_i}}{1-\rho_i}$.

Durch einen Vergleich mit den Gleichungen (7.6) und (7.7) kann man unschwer feststellen, daß die Zustandswahrscheinlichkeiten $P_i(k_i)$ die Aufenthaltswahrscheinlichkeiten von M/M/1-Warteräumen sind.

Da sich die Zustandswahrscheinlichkeit $P(\mathbf{k})$ des Jackson-Netzes als Produkt schreiben läßt, werden Jackson-Netze häufig auch Produktnetze genannt. Eine solche Schreibweise einer Wahrscheinlichkeit als Produkt ist dann und nur dann möglich, wenn die für die einzelnen Faktoren verantwortlichen Zufallsprozesse untereinander statistisch unabhängig sind. Im Bezug auf ein Jackson-Netz bedeutet dies, daß alle K Warteräume dieses Netzes statistisch unabhängig sind. Man darf daher wie oben im Zusammenhang mit Kleinrocks Unabhängigkeitsannahme vorgehen, jeden einzelnen Warteraum für sich allein als M/M/1-Warteraum berechnen und erhält die exakten mittleren Aufenthaltszeiten in den einzelnen Warteräumen.

Am Beispiel des Jackson-Netzes in Bild 7.20 soll dieser Berechnungsablauf vorgeführt werden. Zunächst müssen die Eingaberaten in die beiden Warteschlangen berechnet werden. Dafür findet man folgende Gleichungen:

$$\lambda_1 = \lambda_{in,1} + \lambda_{11} + \lambda_{21}$$
$$\lambda_2 = \lambda_{in,2} + \lambda_{12}.$$

Da die Pakete nach dem Verlassen der Bedienstation 1 zufällig im Verhältnis 2:1 aufgeteilt werden, gilt

$$\lambda_{11} = \frac{1}{3}\lambda_1$$
$$\lambda_{12} = \frac{2}{3}\lambda_1.$$

Analog ergibt sich hinter der zweiten Bedienstation

$$\lambda_{out} = \lambda_{21} = \frac{1}{2}\lambda_2.$$

Setzt man diese Gleichungen ineinander ein und löst nach λ_1 und λ_2 auf, erhält man

$$\lambda_1 = 3\lambda_{in,1} + \frac{3}{2}\lambda_{in,2}$$
$$\lambda_2 = 2\lambda_{in,1} + 2\lambda_{in,2}.$$

Daraus folgt, daß jedes Paket des ersten Eingabestroms im Durchschnitt dreimal durch die erste und zweimal durch die zweite Bedieneinrichtung bearbeitet wird. Entsprechend passiert jedes Paket des zweiten Eingabestroms die erste Station im Mittel 1,5 mal und die zweite zweimal. Dies ist am einfachsten einzusehen, wenn man einmal $\lambda_{in,2} = 0$ annimmt: Dann gilt $\lambda_1 = 3\lambda_{in,1}$, und dazu muß jedes eingegebene Paket durchschnittlich dreimal Warteraum 1 durchlaufen.

Die mittleren Aufenthaltszeiten in den Warteräumen ergeben sich mit Gleichung (7.10) pro Durchlauf zu

$$T_1 = \frac{1}{\mu_1 - 3\lambda_{in,1} - \frac{3}{2}\lambda_{in,2}}$$

und

$$T_2 = \frac{1}{\mu_2 - 2\lambda_{in,1} - 2\lambda_{in,2}} \ .$$

Damit hält sich ein Paket des ersten Eingabestroms insgesamt die Zeit

$$T_{1ges} = 3T_1 + 2T_2$$

im Netz auf, ein Paket des zweiten Eingabestroms verbringt dort die Zeit

$$T_2 = \frac{3}{2}T_1 + 2T_2.$$

Auf einen Beweis des Satzes von Jackson soll hier verzichtet werden; siehe dazu [BG92, Rob90]. Mit dem Satz von Burke, der im nächsten Abschnitt erklärt wird, wird dann eine Plausibilitätserklärung für den Satz von Jackson gegeben.

7.8.3 Zeitumkehrbarkeit – Satz von Burke

Der Satz von Burke ist eng verknüpft mit dem Begriff der *Zeitumkehrbarkeit eines stochastischen Prozesses*. Anschaulich besagt Zeitumkehrbarkeit, daß ein stochastischer Prozeß in zeitlicher Richtung vorwärts wie rückwärts dieselben statistischen Eigenschaften besitzt. Was damit gemeint ist, läßt sich am besten am Beispiel des *nicht*-zeitumkehrbaren Prozesses in Bild 7.21 verstehen. Dieser Prozeß stellt den Zustand einer Markovkette dar. Wenn man sich innerhalb einer kurzen Zeit zweimal den Zustand der Markovkette anschaut, ist die Wahrscheinlichkeit, beim ersten Mal den Zustand 1 und beim zweiten Mal den Zustand 5 anzutreffen, sehr gering. Läßt man diesen Prozeß nun rückwärts laufen und wiederholt den Versuch, wird man eine deutlich größere Wahrscheinlichkeit dafür finden, zuerst Zustand 1, dann Zustand 5 anzutreffen. Die statistischen Eigenschaften dieses Prozesses ändern sich offensichtlich, wenn man die Zeitrichtung umkehrt.

Formal ist Zeitumkehrbarkeit wie folgt definiert:

(a)

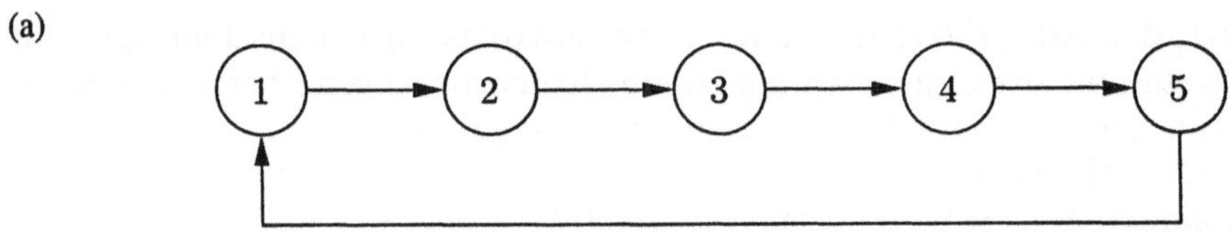

(b)

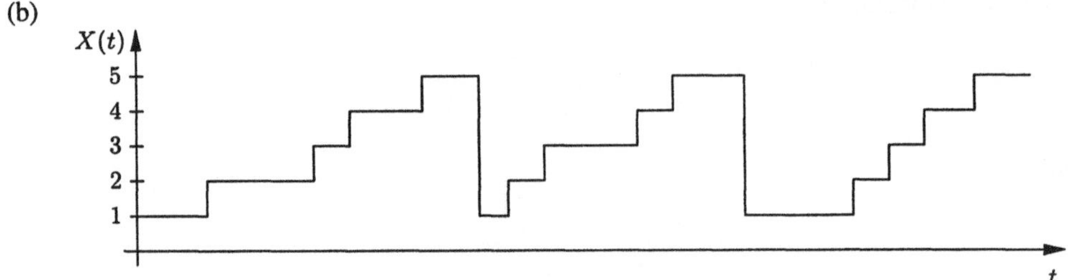

Bild 7.21: Markovkette (a) und Musterfunktion (b) eines nicht-zeitumkehrbaren Prozesses.

Definition 7.1 (Zeitumkehrbarkeit):
Es sei $X(t)$ ein stochastischer Prozeß. Ferner sei $\mathbf{t} = (t_1, \ldots, t_n)$ eine Folge von Zeitpunkten und $\mathbf{X}_{vor}(\mathbf{t}) = (X(t_1), \ldots, X(t_n))$ die Folge von Abtastwerten von $X(t)$ an den Zeitpunkten $\mathbf{t}$. Tastet man $X(t)$ vom Zeitpunkt τ ausgehend in zeitlicher Richtung rückwärts ab, erhält man die Folge $\mathbf{X}_{rück}(\tau - \mathbf{t}) = (X(\tau - t_1), \ldots, X(\tau - t_n))$.
Der Prozeß heißt zeitumkehrbar, wenn für beliebige τ und $\mathbf{t}$ die beiden Folgen $\mathbf{X}_{vor}(\mathbf{t})$ und $\mathbf{X}_{rück}(\tau - \mathbf{t})$ derselben Verteilungsfunktion unterliegen.

Betrachtet man wie in Bild 7.21 den momentanen Zustand einer Markovkette als stochastischen Prozeß, gilt folgender Satz (ohne Beweis, siehe dazu [BG92, Rob90]):

Satz 7.3 (Markovkette und Zeitumkehrbarkeit):
Der momentane Zustand einer stationären Markovkette als Funktion der Zeit ist genau dann ein zeitumkehrbarer stochastischer Prozeß, wenn für alle Paare von Zuständen der Markovkette, zwischen denen Zustandsübergänge möglich sind, die Detaillierte Gleichgewichtsbedingung (A.11) gilt.

Man erinnere sich, daß die Markovketten aller in den Abschnitten 7.3.1 und 7.4 beschriebenen Exponentialwarteräume Geburt-Tod-Ketten sind und daher für sie die Detaillierte Gleichgewichtsbedingung gilt. Folglich stellt auch der Momentanzustand der Exponentialwarteräume einen zeitumkehrbaren stochastischen Prozeß dar. Diese Beobachtung ist der Schlüssel zum Beweis des Satzes von Burke.

Satz 7.4 (Satz von Burke):
Der Ausgabeprozeß eines Exponentialwarteraums im stationären Betrieb mit Eingaberate λ ist ein Poissonprozeß mit Rate λ.

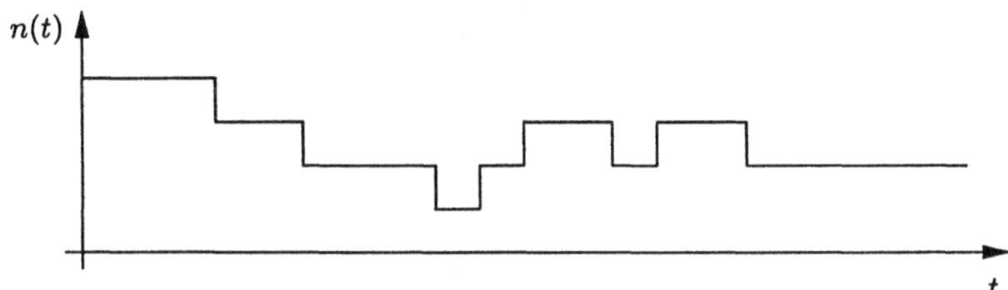

Bild 7.22: Musterfunktion für den Zustandsverlauf eines Exponentialwarteraums.

Beweis: Für den Beweis betrachte man die Musterfunktion $n(t)$ für den Verlauf des Zustands eines Exponentialwarteraums in Bild 7.22. Die Anstiege der Funktion $n(t)$ werden verursacht durch die Ankunft neuer Pakete und entsprechen daher einem Poissonprozeß der Rate λ. Die Ausgaben fertig bearbeiteter Pakete führen zu den Abstiegen in $n(t)$. Wie oben bereits ausgeführt gilt für die Markovkette eines Exponentialwarteraums die Detailierte Gleichgewichtsbedingung, so daß dessen Zustandsverlauf ein zeitumkehrbarer stochastischer Prozeß ist. Kehrt man die Zeitrichtung bei der Musterfunktion $n(t)$ um, werden die bisherigen Abstiege zu Anstiegen und müssen derselben Statistik unterliegen wie die bisherigen Anstiege. Daher muß der Ausgabeprozeß genau wie der Eingabeprozeß ein Poissonprozeß der Rate λ sein. $\square$

Der Satz von Burke erlaubt eine Plausibilitätsbegründung des Satzes von Jackson. Dazu betrachte man nochmals das Jackson-Netz in Bild 7.20. Angenommen, die Zahl der Eingaben in Warteraum 1 in einer gegebenen Zeitspanne unterliegen einer Poissonverteilung. Dann gilt das gleiche dem Satz von Burke zufolge auch am Ausgang von Warteraum 1. Die ausgegebenen Pakete werden in zufälliger Weise aufgeteilt. Bekanntlich behalten die beiden dabei entstehenden Prozesse die Eigenschaft, daß die Anzahl ihrer Pakete in einer gegebenen Zeit poissonverteilt ist. Am Eingang von Warteraum 2 werden zwei auf diese Weise poissonverteilte Paketströme vereinigt, wobei ebenfalls die Poissonverteilung erhalten bleibt. Der Satz von Burke auf Warteraum 2 angewandt ergibt, daß die Pakete dort wiederum poissonverteilt ausgegeben werden. Diese Pakete werden erneut zufällig aufgeteilt in einen Paketstrom, der das Netz verläßt, und einen anderen, der nochmals in Warteraum 1 eingespeist wird. Auch für sie gilt die Poissonverteilung. Schaut man nun am Eingang von Warteraum 1, stellt man fest, daß alle dort eintreffenden Paketströme poissonverteilt sind. Damit ist die Annahme, mit der diese Plausibilitätsbetrachtung begonnen wurde, tatsächlich erfüllt.

Man beachte, daß die Zahl der Pakete innerhalb eines gegebenen Zeitintervalls für

alle Paketströme poissonverteilt ist, die Paketströme selbst jedoch keine Poissonprozesse sind: Neben der Eigenschaft der Poissonverteilung ist ein Poissonprozeß
dadurch gekennzeichnet, gedächtnislos zu sein. Wenn aber, wie im obigen Beispiel,
Pakete Warteräume mehrfach durchlaufen, dann kann der Eingabeprozeß in diese
Warteräume nicht mehr gedächtnislos und damit kein Poissonprozeß sein.

7.9 Übungsaufgaben

Aufgabe 7.1:
Gegeben sei ein M/M/1-Wartesystem. Die Ankunftsrate betrage $0,05\,\mathrm{s}^{-1}$, während die mittlere Bediendauer für die Anforderungen gleich $10\,\mathrm{s}$ ist. Ermitteln Sie
die folgenden Größen:

a) Die mittlere Wartezeit,

b) die mittlere Warteschlangenlänge,

c) die mittlere Verweildauer im System und

d) die mittlere Anzahl von Anforderungen im System.

Aufgabe 7.2:
In einem Unternehmen wird an $n = 10$ Standorten eine etwa gleich große und
gleichartige Datenverarbeitungsleistung benötigt, die etwa wie folgt abgeschätzt
wird:

- Die Zahl ε der an einem Standort in einer vorgegebenen Zeit zu verarbeitenden Anforderungen ist poisson-verteilt mit dem Parameter $\lambda = $
  4 Anforderungen/s.

- Zur Kennzeichnung des Verarbeitungsvolumens wird die Zahl α der für eine
  Anforderung benötigten Operationen als näherungsweise exponentiell verteilt angenommen mit dem Mittelwert $\bar{\alpha} = 5{,}4 \cdot 10^5$ Op/Anf.

Es werden folgende alternative Rechnerinstallationen miteinander verglichen:

A) Es wird an jedem Standort je eine Workstation aufgestellt, von denen jede
   $L_A = 3 \cdot 10^6$ Op/s leistet.

B) An einem zentralen Ort wird ein Pool von Workstations vom gleichen Typ
   wie unter A) eingerichtet; jede Workstation ist für eine Anforderung von
   jedem Standort aus sofort verfügbar, wenn sie frei ist.

C) An einem zentralen Ort wird ein größerer Rechner mit einer Leistung von
   $L_C = 2{,}4 \cdot 10^7$ Op/s aufgestellt. Er arbeitet eine Anforderung nach der anderen vollständig ab.

Wartende Anforderungen werden in allen Varianten nach der FIFO-Prozedur abgearbeitet. Nehmen Sie zunächst an, daß keine Verluste an den Warteschlangen
auftreten.

a) Durch welche Warteraumtypen werden die drei Varianten beschrieben? Geben Sie die Parameter der Ein-/Ausgabezufallsprozesse sowie das Verkehrsangebot ϱ an. Wieviele Workstations müssen in Variante B) mindestens aufgestellt werden?

b) Wie lange dauert im Mittel die Bearbeitung einer Anforderung bei den drei Varianten?

c) Nehmen Sie nun an, daß die Warteschlangen in allen Varianten über $w = 30$ Plätze verfügen. Wie hoch sind dann die Verlustwahrscheinlichkeiten?

Aufgabe 7.3:
Über eine Funkstrecke werden Datenpakete übertragen. Die Länge der Pakete sei exponentialverteilt und betrage im Mittel 62 Byte. Anfang und Ende eines Paketes werden jeweils durch Einfügen eines weiteren Bytes markiert; ein evtl. notwendiges Bit-Stuffing darf im folgenden vernachlässigt werden. Die Übertragungsgeschwindigkeit betrage 64 kbit/s. Für den Ankunftsprozeß wird eine Poissonverteilung mit $\lambda = 100\,\mathrm{s}^{-1}$ angenommen. Die Übertragung erfolgt in der Reihenfolge des Eintreffens; die Wartespeicher seien verlustlos.

a) Welcher Warteraumtyp liegt vor?

b) Wie groß ist die Verkehrslast ϱ?

c) Wieviel Zeit vergeht im Mittel zwischen Eingabe in den Warteraum und Ankunft beim Empfänger? Die Signallaufzeit darf vernachlässigt werden.

d) Wie verändert sich die Übertragungszeit, wenn die Pakete eine konstante Länge von 62 Byte haben?

e) Nehmen Sie an, daß die Bedienzeit als ganzes exponentialverteilt sei. Der Mittelwert bleibe unverändert. Wie groß ist dann die Übertragungszeit?

f) Skizzieren Sie für die in c), d) und e) angesprochenen Fälle die Übertragungszeit in Abhängigkeit von der Verkehrslast ϱ.

Aufgabe 7.4:
Ein Büro besitzt einen Telefonanschluß, an den Telefon, Telefax und Computer angeschlossen sind. Dieses System soll als Warteraum mit zwei Prioritätsklassen modelliert werden, wobei Telefon und Telefax gemeinsam die bevorzugte Prioritätsklasse 1 und der Computer die Prioritätsklasse 2 bilden. Datenübertragungen des Computers werden von Telefongesprächen und Telefaxen verdrängt.
Für das Verkehrsaufkommen sind folgende Mittelwerte bekannt:

$r = 1$	Telefon	3 Gespräche pro Stunde; mittl. Gesprächsdauer 5 min
	Telefax	5 Faxe pro Stunde; mittl. Übertragungsdauer 1 min.
$r = 2$	Computer	10 Dateiübertragungen pro Stunde;
		mittl. Übertragungsdauer 2 min.

Die Gesprächs- bzw. Übertragungsdauern können genau wie die Zeitabstände zwischen den Ankunftszeiten bei den einzelnen Geräten als exponentialverteilt angenommen werden.

a) Welcher Warteraumtyp liegt vor? Geben Sie $\overline{X_1^2}$ und $\overline{X_2^2}$ an.

b) Wie lang sind die mittleren Durchlaufzeiten für Telefonate und Telefaxe einerseits und Computerdaten andererseits?

Aufgabe 7.5:

Drei getrennt voneinander betriebene Einzelrechner sollen durch einen Rechner mit nichtunterbrechenden Prioritäten ersetzt werden. Jeder der drei Rechner kann für sich durch einen verlustfreien Warteraum M/G/1–FIFO modelliert werden. Aufgrund mehrerer Messungen liegen einige quantitative Angaben über die Einzelrechner vor (L: Joblänge in Millionen Operationen):

Rechner	$\bar{L}$ [MOp]	$\overline{\Delta L^2}$ [MOp^2]	λ [s^{-1}]
I	4	$6{,}4 \cdot 10^{-1}$	4,2
II	3		2,4
III	2		6

Weiter ist bekannt, daß die Jobs von Rechner II konstante Länge, die von Rechner III exponentialverteilte Länge haben.

Die Jobs der Einzelrechner sollen nun von einem Rechner mit nichtunterbrechenden Prioritäten übernommen werden. Die Ersetzung soll so durchgeführt werden, daß die Jobs der früheren Einzelrechner je einer Prioritätsklasse zugeordnet werden, und zwar so, daß $\lambda_1 < \lambda_2 < \lambda_3$ gilt.

a) Wie groß muß die Verarbeitungsleistung V (in MOp/s) des Rechners gewählt werden, damit seine Gesamtbelastung ϱ unter $\varrho < 0{,}8$ liegt?

b) Geben Sie für alle Prioritätsklassen die Bedienraten μ_i sowie die Belastungen ϱ_i an.

c) Wie groß sind die mittleren Wartezeiten W_i sowie die mittlere Gesamtdurchlaufzeit T durch den Rechner?

d) Wie sollte die Zuordnung der Einzelrechner zu den Prioritätsklassen erfolgen, damit T möglichst klein wird?

Aufgabe 7.6:

Ein Rechnersystem für Stapelverarbeitung bestehe aus einer Zentraleinheit (CPU) und 2 Plattenlaufwerken. Eintreffende Aufträge werden zunächst durch die CPU bearbeitet. Danach können die Aufträge das System verlassen oder eines der beiden Plattenlaufwerke ansprechen, wonach eine erneute Bearbeitung durch die Zentraleinheit erfolgt (siehe Bild 7.23).
Das System soll als verlustloses Exponentialnetz modelliert werden. Aus Messungen ist bekannt, daß im Mittel $\lambda = 0{,}3$ Aufträge/s von außen bei der Zentraleinheit

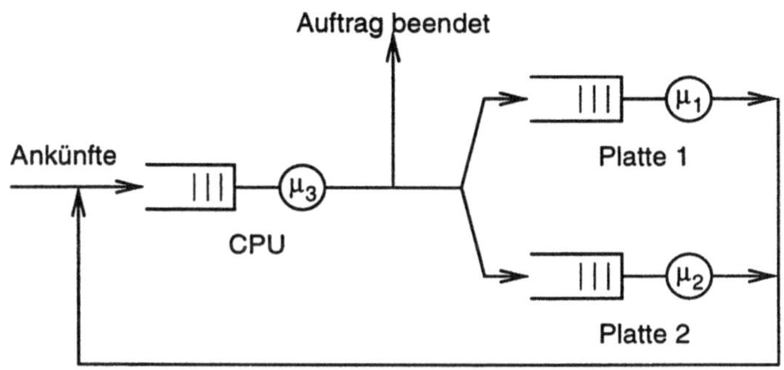

Bild 7.23: Zu Aufgabe 7.6.

eintreffen. Im Mittel besucht jeder Auftrag 33 mal Platte 1 und 66 mal Platte 2, bevor er das System verläßt. Die Bedienrate der Zentraleinheit beträgt $\mu_3 = 200$ Aufträge/s, die von Platte 1 $\mu_1 = 20$ Aufträge/s und von Platte 2 $\mu_2 = 25$ Aufträge/s.

a) Bestimmen Sie die Übergangswahrscheinlichkeiten nach Verlassen der CPU.

b) Geben Sie für die einzelnen Warteschlangen die Eingaberaten λ_i sowie die Belastungen ϱ_i an.

c) Wie groß darf λ maximal werden, damit das System nicht überlastet ist?

d) Wie lange dauert durchschnittlich die Bearbeitung eines Auftrages?

e) Wieviele Aufträge befinden sich im Mittel im System?

f) Die Leistung welcher Systemkomponente sollte erhöht werden, um die Aufenthaltsdauer im System zu verkürzen? Wie wirkt sich eine Verdoppelung der Leistung dieser Komponente aus?

Aufgabe 7.7:

Gegeben ist das Kommunikationsnetz gemäß Bild 7.24.

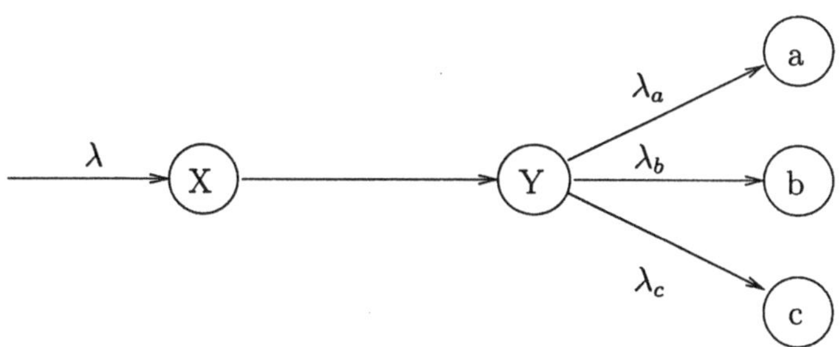

Bild 7.24: Zu Aufgabe 7.7.

Bei Knoten X treffen mit der Rate $\lambda = \lambda_a + \lambda_b + \lambda_c$ poissonverteilt Datenpakete ein, die an die Knoten a,b und c adressiert sind.

a) Geben Sie für beide Knoten X und Y geeignete Warteraummodelle an.

b) Was verändert sich in diesen Modellen, wenn die Pakete über zwei parallele Leitungen von X zu Y übertragen und erst bei Y sortiert werden?

A Wahrscheinlichkeitsrechnung und Stochastische Prozesse

Ein *Zufallsexperiment* ist ein Vorgang, bei dem in zufälliger, also nicht-vorhersagbarer Weise ein Ergebnis aus einer Menge $\mathcal{E}$ von möglichen Ereignissen ausgewählt wird. Beispiele solcher Ergebnismengen sind die Ziffern „1"bis „6" beim Würfeln, „Kopf" oder „Zahl" beim Werfen einer Münze oder $\mathcal{E} = \{$Kreuz As, Karo König, ...$\}$ beim Ziehen einer Karte aus dem Skatspiel. Eine beliebige Teilmenge $\mathcal{A} \subseteq \mathcal{E}$ heißt *Ereignis*, jedes einzelne der in $\mathcal{E}$ enthaltenen, einander ausschließenden Ereignisse heißt *Elementarereignis*. Man sagt, ein Ereignis $\mathcal{A}$ tritt ein, wenn eines der in $\mathcal{A}$ enthaltenen Ergebnisse ausgewählt wird.

Jedem Ereignis $\mathcal{A}$ ist eine Auftrittswahrscheinlichkeit $P(\mathcal{A})$ zugeordnet. Nach der klassischen Definition der Wahrscheinlichkeit führt man das Zufallsexperiment n mal aus und bestimmt dabei die Anzahl $n_{\mathcal{A}}$ von Versuchen, bei denen das Ereignis $\mathcal{A}$ eingetreten ist. Die Wahrscheinlichkeit ergibt sich dann im Grenzübergang $n \to \infty$ zu

$$P(\mathcal{A}) = \lim_{n \to \infty} \frac{n_{\mathcal{A}}}{n} \,.$$

Die axiomatische Definition der Wahrscheinlichkeit ergibt sich aus den *Kolmogorovschen Axiomen:*

i) Jedem Ereignis $\mathcal{A}$ ist eine Wahrscheinlichkeit $P(\mathcal{A})$ mit $0 \leq P(\mathcal{A}) \leq 1$ zugeordnet.

ii) Die Wahrscheinlichkeit des sicheren Ereignisses $\mathcal{A} = \mathcal{E}$ ist $P(\mathcal{E}) = 1$.

iii) Für einander ausschließende Ereignisse $\mathcal{A}_1$ und $\mathcal{A}_2$, $\mathcal{A}_1 \cap \mathcal{A}_2 = \emptyset$, gilt:

$$P(\mathcal{A}_1 \cup \mathcal{A}_2) = P(\mathcal{A}_1) + P(\mathcal{A}_2) \,.$$

Daraus folgt für die Wahrscheinlichkeit des unmöglichen Ereignisses $\emptyset$, daß $P(\emptyset) = 0$ ist wegen $P(\mathcal{E}) + P(\emptyset) = P(\mathcal{E} \cup \emptyset) = P(\mathcal{E}) = 1$.

An den obengenannten Beispielen für mögliche Ereignismengen wird deutlich, daß die Ereignisse Zahlenwerte sein können wie beim Würfeln, es aber nicht sein müssen. Daher definiert man eine *Zufallsgröße* X als Variable, der je nach aufgetretenem Ereignis unterschiedliche Zahlenwerte zugeordnet werden.

Mit der Zufallsgröße X läßt sich ein Zufallsexperiment anhand der *Verteilungsfunktion*

$$F_X(x) = \Pr\{X \le x\}$$

charakterisieren. Daraus ergeben sich für diskrete Zufallsgrößen $X \in \mathbb{Z}$ die *Wahrscheinlichkeitsfunktion*

$$P_X = \Pr\{X = x\}$$

bzw. für kontinuierliche Zufallsgrößen $X \in \mathbb{R}$ die *Verteilungsdichtefunktion*

$$f_X(x) = \frac{d}{dx} F_X(x) \,, \tag{A.1}$$

sofern diese Ableitung existiert.

Andere charakteristische Größen für ein Zufallsexperiment sind die *Momente i-ter Ordnung*

$$\mathrm{E}\{X^i\} = \sum_{x \in \mathcal{E}} x^i \, \Pr\{X = x\} \qquad \text{wenn } X \in \mathbb{Z}$$

bzw.

$$\mathrm{E}\{X^i\} = \int\limits_{-\infty}^{\infty} x^i \, f_X(x) \, dx \qquad \text{wenn } X \in \mathbb{R}.$$

Von besonderer Bedeutung sind darunter

der lineare Mittelwert $\qquad \mu_X = \mathrm{E}\{X\},$
der quadratische Mittelwert $\qquad \mu_{X^2} = \mathrm{E}\{X^2\}$
sowie die Varianz $\qquad \sigma_X^2 = \mathrm{E}\{(X - \mu_X)^2\} \,.$

Zwischen diesen Größen[1] gilt der Zusammenhang

$$\mu_{X^2} = \mu_X^2 + \sigma_X^2 \,. \tag{A.2}$$

Oftmals findet ein Zufallsexperiment nicht nur einmal statt, sondern wird mehrfach wiederholt. Es kann beispielsweise bei jedem Impuls eines Taktgenerators ausgeführt werden. Für jede Ausführung des Experiments wird natürlich eine eigene Zufallsvariable benötigt. Man führt einen Parameter k ein, und die Parametermenge

---

[1] μ_X^2 ist das Quadrat eines Moments 1. Ordnung während σ_X^2 ein Moment 2.Ordnung bezeichnet. Die Schreibweise σ_X^2 ist insofern inkonsistent, aber in der Literatur üblich.

$\mathcal{K}$ sei die Menge aller Werte von k, für die das Zufallsexperiment ausgeführt wird. Im folgenden soll stets angenommen werden, daß k abzählbar bzw. diskretwertig ist.

Ein derartiges, wiederholt ausgeführtes Zufallsexperiment heißt *stochastischer Prozeß*, und man schreibt dafür $\{X(k)|\mathcal{K}\}$ oder kurz $X(k)$. Dementsprechend sind auch die Verteilungsfunktion $F_X(x, k)$ und alle daraus abgeleitete Größen zu parametrisieren, d. h. $\mathrm{E}\{X(k)\}$ etc.

In den oben angegebenen Formeln für die Momente wurde über die Schar aller möglichen Ergebnisse eines Zufallsexperiments summiert bzw. integriert. Diese Momente heißen daher *Scharmittelwerte*. Man kann aber auch den Verlauf eines stochastischen Prozesses beobachten und die Ergebnisse der Zufallsexperimente für alle $k \in \mathcal{K}$ notieren, so daß man eine Musterfunktion $x(k)$ erhält. Anschließend kann für diese Musterfunktion Mittelwerte über den Parameter k bilden. Diese Mittelwerte heißen dann *Zeitmittelwerte*:

Linearer Zeitmittelwert:
$$\overline{x} = \mathrm{E}\{x(k)\} = \lim_{|k|\to\infty} \frac{1}{|k|} \sum_{k\in\mathcal{K}} x(k)$$

Quadratischer Zeitmittelwert:
$$\overline{x^2} = \mathrm{E}\{x^2(k)\} = \lim_{|k|\to\infty} \frac{1}{|k|} \sum_{k\in\mathcal{K}} x^2(k) \qquad \text{(A.3)}$$

Varianz (in Zeitrichtung):
$$\overline{\Delta x^2} = \mathrm{E}\{(x(k) - \overline{x})^2\}$$
$$= \lim_{|k|\to\infty} \frac{1}{|k|} \sum_{k\in\mathcal{K}} (x(k) - \overline{x})^2.$$

Von großer praktischer Bedeutung sind die stationären und die ergodischen Prozesse. Von einem *stationären Prozeß* fordert man, daß die Verteilungsfunktion des Zufallsexperimentes vom Zeitpunkt k seiner Ausführung unabhängig ist:

$$F_{X(k)}(x, k_1) = F_{X(k)}(x, k_2) \qquad \text{für alle } k_1, \, k_2 \in \mathcal{K}.$$

Als Folge daraus sind auch alle Scharmittelwerte unabhängig von k. Stimmen weiterhin bei einem stationären Prozeß alle Scharmittelwerte mit den entsprechenden Zeitmittelwerten überein, d. h.

$$\mu_X = \overline{x}, \qquad \mu_{X^2} = \overline{x^2}, \qquad \sigma_X^2 = \overline{\Delta x^2},$$

nennt man diesen Prozeß *ergodisch*.

Oben wurde vorausgesetzt, daß k diskret ist, beispielsweise $k \in \mathbb{Z}$. Man kann sich aber auch vorstellen, daß die Taktfrequenz des obigen Impulsgenerators soweit erhöht wird, bis der Zeitabstand zwischen zwei Zufallsexperimenten infinitesimal klein wird. Dann muß man den diskreten Parameter k durch einen reellwertigen Parameter t ersetzen. t bezeichnet meistens einen Zeitpunkt. Für einen stochastischen Prozeß, der über einen reellwertigen Parameter t definiert ist, gelten im

Prinzip die gleichen Überlegungen wie oben bei einem diskretwertigen Parameter k. Allerdings muß bei der Berechnung der Zeitmittelwerte in Gleichung (A.3) die Summation durch eine Integration ersetzt werden:

$$\text{Linearer Zeitmittelwert:} \qquad \overline{x} = \mathrm{E}\{x(t)\} = \lim_{|T|\to\infty} \frac{1}{|2T|} \int\limits_{-T}^{T} x(t)\, dt$$

$$\text{Quadrat. Zeitmittelwert:} \qquad \overline{x^2} = \mathrm{E}\{x^2(t)\} = \lim_{|T|\to\infty} \frac{1}{|2T|} \int\limits_{-T}^{T} x^2(t)\, dt \qquad \text{(A.4)}$$

$$\text{Varianz (Zeitrichtung):} \qquad \overline{\Delta x^2} = \mathrm{E}\{(x(t) - \overline{x})^2\} = \lim_{|T|\to\infty} \frac{1}{|2T|} \int\limits_{-T}^{T} (x(t) - \overline{x})^2\, dt.$$

A.1   Zeitdiskrete Zufallsexperimente

Wir betrachten nun das wiederholte Werfen einer Münze, wobei mit Wahrscheinlichkeit p „Kopf" und mit Wahrscheinlichkeit $q = 1 - p$ „Zahl" erscheint. Das Ergebnis „Kopf" wird im folgenden als Erfolg, „Zahl" als Mißerfolg bezeichnet. Die einzelnen Würfe sollen voneinander statistisch unabhängig sein. Je nachdem wie man der Zufallsvariable X Zahlenwerte zuordnet, ergeben sich unterschiedliche Zufallsexperimente.

Naheliegend ist es, jeden Münzwurf als ein einzelnes Zufallsexperiment aufzufassen und einem Erfolg den Wert 1, einem Mißerfolg den Wert 0 zuzuordnen, also

$$X = \begin{cases} 1 & \text{bei Erfolg,} \\ 0 & \text{bei Mißerfolg.} \end{cases}$$

Damit lassen sich die verschiedenen Erwartungswerte ausrechnen; z. B. erhält man für $\mathrm{E}\{X\} = 1 \cdot P(X = 1) + 0 \cdot P(X = 0) = 1 \cdot P(\text{Erfolg}) + 0 \cdot P(\text{Mißerfolg}) = p$.

Es sind aber auch andere Fragestellungen möglich. Beim sog. *Bernoulli-Experiment* betrachtet man n Würfe der Münze als ein einziges Zufallsexperiment und zählt dabei die Anzahl von Erfolgen. Diese Anzahl ordnet man dann der Zufallsvariablen X zu; folglich gilt $X \in \{0, 1, \dots, n\}$. Als Wahrscheinlichkeitsfunktion $P(i|n)$, daß i von n Würfen erfolgreich sind, ergibt sich die

Binomialverteilung:

$$\text{Wahrscheinlichkeitsfunktion:} \qquad P(i|n) = \binom{n}{i} p^i (1 - p)^{n-i}$$

$$\text{Erwartungswert:} \qquad \mathrm{E}\{i\} = np$$

$$\text{Varianz:} \qquad \sigma_i^2 = np(1 - p) \ .$$

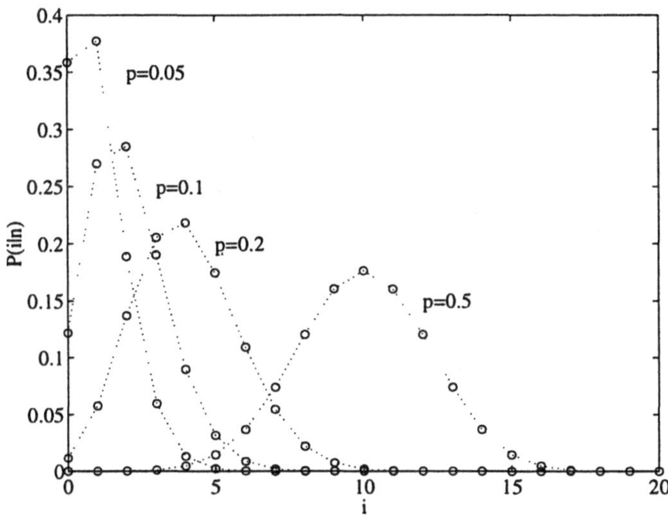

Bild A.1: Binomialverteilung für verschiedene p, $n = 20$.

Eine andere Möglichkeit besteht darin, die Zahl i der Erfolge vorzugeben und abzuzählen, wieviele Würfe dafür insgesamt benötigt werden. Dann ist $X \in \{i, i+1, \ldots, \infty\}$, und die Wahrscheinlichkeitsfunktion $P(n|i)$, für i Erfolge n Versuche zu benötigen, ist die sog.

Abstandsverteilung:

Wahrscheinlichkeitsfunktion:
$$P(n|i) = \binom{n-1}{i-1} p^i (1-p)^{n-i}$$

Erwartungswert:
$$E\{n\} = \frac{i}{p}$$

Varianz:
$$\sigma_n^2 = i\,\frac{1-p}{p^2}\;.$$

Sowohl der Binomialverteilung wie auch der Abstandsverteilung liegt also derselbe, simple Vorgang des Münzwerfens zugrunde. Anhand der Bilder A.1 und A.2 wird aber deutlich, daß sich, je nachdem ob nach der Anzahl der Erfolge bei gegebener Versuchszahl oder nach der Anzahl der benötigten Versuche für eine geforderte Anzahl von Erfolgen gefragt wird, ganz unterschiedliche Wahrscheinlichkeitsfunktionen ergeben.

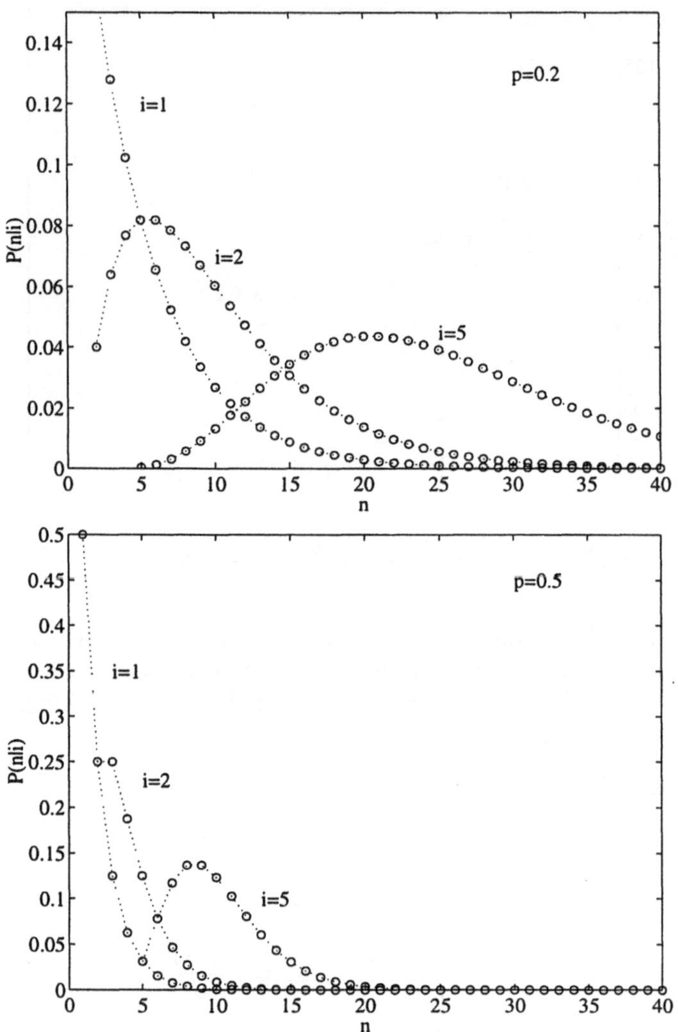

Bild A.2: Abstandsverteilung für verschiedene i und p.

A.2   Zeitkontinuierliche Zufallsexperimente

Im vorangegangenen Abschnitt wurde das Werfen einer Münze an diskreten Zeitpunkten, z. B. $k = 1,\ 2,\ 3,\dots$, betrachtet. In der Zeit von $k > 0$ bis $k = T$ werden dann $n = T$ Würfe ausgeführt, und gemäß der Binomialverteilung erwartet man im Mittel $np = Tp$ Erfolge. Die Anzahl erfolgreicher Würfe bezogen auf die Zeitdauer T bezeichnet man als Rate $\lambda = \frac{np}{T}$.

Nun betrachte man den Fall, daß sowohl der Zeitabstand zwischen zwei aufeinanderfolgenden Würfen als auch die Erfolgswahrscheinlichkeit halbiert werden. Das Werfen der Münze findet dann bei $k = 0{,}5$, 1 , $1{,}5$, 2 , ... statt, folglich verdoppelt sich die Anzahl der Würfe in derselben Zeitdauer T: $n' = 2n$. Da andererseits die Erfolgswahrscheinlichkeit $p' = p/2$ ist, bleiben die mittlere Anzahl $n'p' = np$ von Erfolgen in der Zeit T und damit die Rate λ unverändert.

Wenn man das Halbieren der Zeitabstände und der Wahrscheinlichkeiten beliebig oft wiederholt, verschwinden die Zeitabstände zwischen aufeinanderfolgenden Würfen, und das zeitdiskrete Zufallsexperiment geht in ein zeitkontinuierliches Experiment über. Dann ist es natürlich nicht mehr sinnvoll, wie oben beim Bernoulli-Experiment nach der Anzahl erfolgreicher Würfe bei einer gegebenen Anzahl von Versuchen zu fragen; es interessiert vielmehr die Anzahl von Erfolgen in einer gegebenen Zeit T. Die Wahrscheinlichkeit dafür beschreibt die *Poissonverteilung*; für zeitkontinuierliche Zufallsexperimente ist sie das Äquivalent zur Binomialverteilung bei zeitdiskreten Zufallsexperimenten.

Die Poissonverteilung läßt sich aus der Binomialverteilung herleiten, wenn man die Anzahl von Erfolgen in der Zeit T konstant hält, während man die Anzahl der Versuche bis ins Unendliche wachsen läßt.

Dann ist die Poissonverteilung definiert als

$$
\begin{aligned}
P_{\text{Poisson}}(i|T) &= \lim_{n \to \infty} P_{\text{Binomial}}(i|n) \\
&= \lim_{n \to \infty} \binom{n}{i} p^i (1-p)^{n-i} \ .
\end{aligned}
$$
(A.5)

Der Binomialkoeffizient $\binom{n}{i}$ läßt sich schreiben als

$$
\binom{n}{i} = \frac{n!}{(n-i)! \ i!} = \frac{n(n-1)\ldots(n-i+1)}{i!}
$$

und für $n \to \infty$ wird daraus

$$
\lim_{n \to \infty} \binom{n}{i} = \frac{n^i}{i!} \ .
$$

Die Zahl der Erfolge in der Zeit T ist $\lambda T = np$ und soll konstant sein; es folgt $p = \frac{\lambda T}{n}$. Einsetzen von $\binom{n}{i}$ und p in (A.5) ergibt

$$
\begin{aligned}
P_{\text{Poisson}}(i|T) &= \lim_{n \to \infty} \frac{n^i}{i!} \left(\frac{\lambda T}{n}\right)^i \left(1 - \frac{\lambda T}{n}\right)^{n-i} \\
&= \lim_{n \to \infty} \frac{(\lambda T)^i}{i!} \left(\left(1 - \frac{\lambda T}{n}\right)^{-\frac{n}{\lambda T}}\right)^{-\lambda T} \ .
\end{aligned}
$$

Wegen $\lim_{x \to \infty} \left(1 - \frac{1}{x}\right)^{-x} = e$ folgt für die Poissonverteilung:

$$
P_{\text{Poisson}}(i|T) = \frac{(\lambda T)^i}{i!} \, e^{-\lambda T} \ .
$$

Erwartungswert und Varianz erhält man, indem man den Grenzübergang $n \to \infty$ für die entsprechenden Werte der Binomialverteilung ausführt. Damit ergeben sich für die

Poissonverteilung:

Wahrscheinlichkeitsfunktion:
$$P(i|T) = \frac{(\lambda T)^i}{i!}\, e^{-\lambda T}$$

Erwartungswert:
$$E\{i\} = \lambda T$$

Varianz:
$$\sigma_i^2 = \lambda T \;.$$

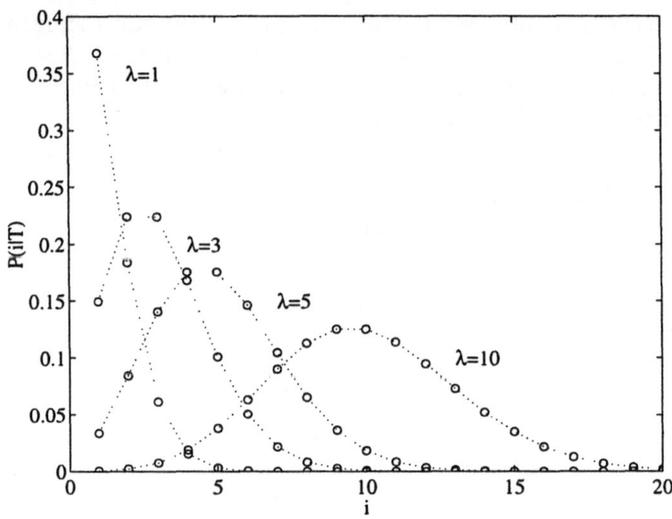

Bild A.3: Poissonverteilung.

In der gleichen Weise wie die Binomialverteilung beim Übergang vom zeitdiskreten zum zeitkontinuierlichen Zufallsexperiment zur Poissonverteilung wird, geht die Abstandsverteilung in die Erlang-i-Verteilung über. Die Erlang-i-Verteilung beantwortet die Frage, mit welcher Wahrscheinlichkeit die Zeit τ benötigt wird, um i Erfolge zu beobachten. Es gilt für die

Erlang-i-Verteilung:

Verteilungsdichte:
$$p(\tau|i) = \lambda \frac{(\lambda \tau)^{i-1}}{(i-1)!}\, e^{-\lambda \tau}$$

Erwartungswert:
$$E\{\tau\} = \frac{i}{\lambda}$$

Varianz:
$$\sigma_\tau^2 = \frac{i}{\lambda^2} \;.$$

Ein besonders wichtiger Spezialfall ist die Erlang-1- oder Exponentialverteilung. Sie gibt die Wahrscheinlichkeitsdichte $p(\tau)$ an, zum Zeitpunkt τ nach Beobachtungsbeginn das erste erfolgreiche Zufallsexperiment zu erhalten.

Exponentialverteilung:

Verteilungsdichte: $\quad p(\tau) = \lambda\, e^{-\lambda\tau}$

Erwartungswert: $\quad E\{\tau\} = \dfrac{1}{\lambda}$

Varianz: $\quad \sigma_\tau^2 = \dfrac{1}{\lambda^2}$.

Tabelle A.1 faßt die in den Abschnitten A.1 und A.2 angesprochenen Zufallsprozesse nochmals zusammen.

Tabelle A.1: Übersicht über wichtige Zufallsprozesse.

Binäres Zufallsexperiment	Geg.: Anzahl der Versuche / Beobachtungszeit	Geg.: Anzahl der Erfolge	
		Beliebige Zahl v. Erfolgen	1 Erfolg
Zeitdiskret	Binomial- (Bernoulli-) verteilung	Abstands- (Pascal-) verteilung	Geometrische Verteilung
Zeitkont.	Poisson- verteilung	Erlang- verteilung	Exponential- verteilung

A.3 Stochastische Prozesse ohne Gedächtnis

Im Abschnitt A.1 wurde das wiederholte Werfen einer Münze als Zufallsprozeß aufgefaßt, und es wurde dabei vorausgesetzt, daß jeder Wurf statistisch unabhängig ist von allen übrigen Würfen. Die Münze erinnert sich sozusagen nicht an frühere Würfe und ist somit *gedächtnislos*.
Dasselbe gilt auch für den Bernoulli-Prozeß: Jedes einzelne Zufallsexperiment eines Bernoulli-Prozesses besteht aus n Münzwürfen. Da alle Münzwürfe voneinander unabhängig sein sollen, müssen auch die einzelnen Zufallsexperimente voneinander statistisch unabhängig sein.

Diese Überlegungen lassen sich auch auf das im Abschnitt A.2 beschriebene zeitkontinuierliche Werfen einer Münze übertragen. Beobachtet man einen zeitkontinuierlichen Münzwurfprozeß während eines Zeitabschnitts der Dauer T, dann ist die Anzahl der in dieser Zeit auftretenden Erfolge poissonverteilt. Anschließend beobachtet man einen anderen Zeitabschnitt gleicher Dauer. Wenn beide Abschnitte sich nicht überlappen und alle Würfe der Münze voneinander unabhängig sind,

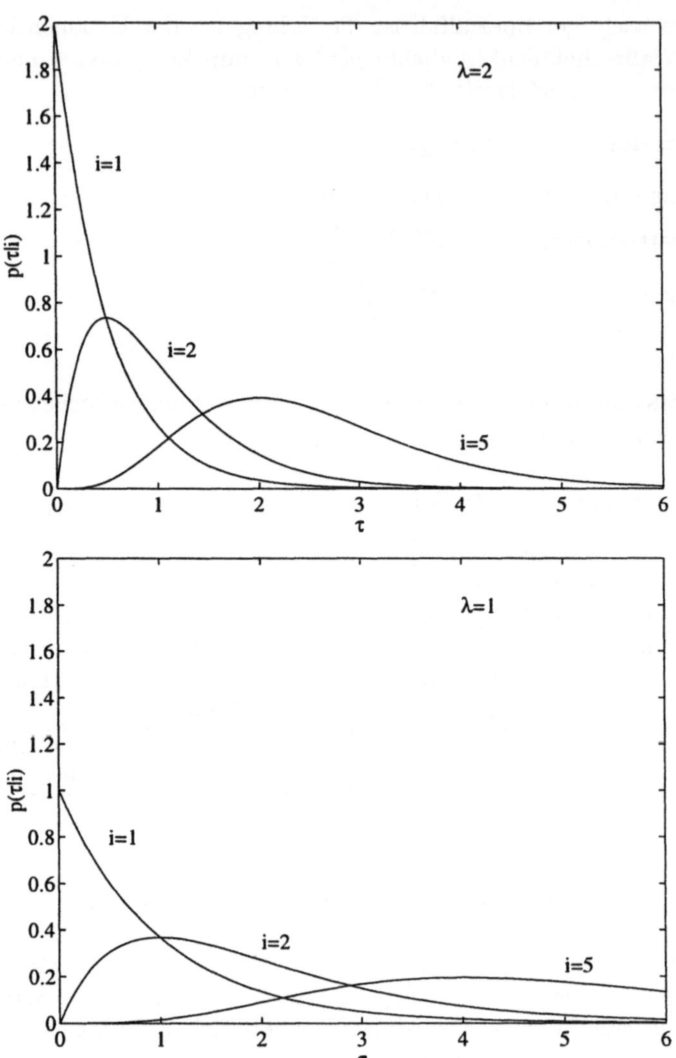

Bild A.4: Erlang-i- und Exponentialverteilung.

müssen auch die Erfolgszahlen in den beiden Abschnitten statistisch unabhängig sein. Das wiederholte Beobachten solcher disjunkter Zeitabschnitte konstanter Dauer T ergibt einen Poissonprozeß; Bild A.5 zeigt ein Beispiel. Da sich spätere Zeitabschnitte nicht an die Erfolgszahlen in früheren Abschnitten „erinnern", besitzt der Poissonprozeß kein Gedächtnis.

Die Erlang-1- oder Exponentialverteilung beschreibt die Zeitspanne, die vergeht vom Beginn der Beobachtung eines zeitkontinuierlichen Münzwerfens bis zum er-

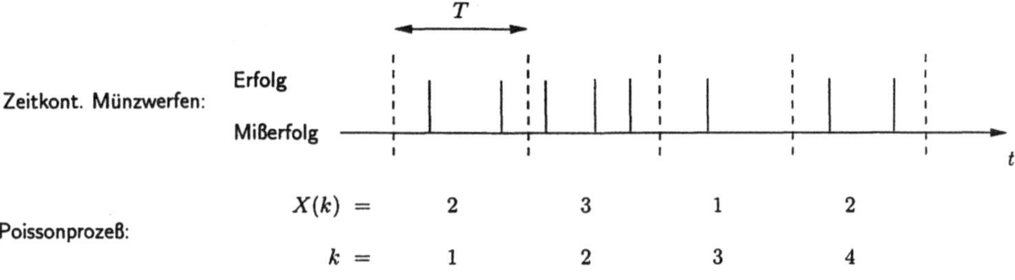

Bild A.5: Poissonprozeß.

sten Erfolg. Auch dieses Zufallsexperiment ist gedächtnislos, wie die folgende Rechnung zeigt: Wie man durch Anwenden von (A.1) leicht sieht, gehört zur Verteilungsdichtefunktion $p(\tau) = \lambda\,e^{-\lambda\tau}$ der Exponentialverteilung die Verteilungsfunktion

$$P\{\tau_i \le \tau\} = 1 - e^{-\lambda\tau}$$

bzw.

$$P\{\tau_i > \tau\} = e^{-\lambda\tau}\,.$$

Anschaulich stellt $P\{\tau_i > \tau\}$ die Wahrscheinlichkeit dar, bis zur Zeit τ nach Beobachtungsbeginn keinen erfolgreichen Münzwurf zu erleben. Wenn man das Münzwerfen bereits über eine Zeit τ' erfolglos beobachtet hat, hat dies trotzdem keinen Einfluß auf die verbleibende Zeit bis zum ersten erfolgreichen Münzwurf: Die Wahrscheinlichkeit, daß auch im Zeitraum zwischen τ' und $\tau' + \tau$ kein Erfolg auftritt, ist

$$P\{\tau_i > \tau' + \tau \mid \tau_i > \tau'\} = \frac{P\{\tau_i > \tau' + \tau\}}{P\{\tau_i > \tau'\}} = \frac{e^{-\lambda(\tau'+\tau)}}{e^{-\lambda\tau'}} = e^{-\lambda\tau} = P\{\tau_i > \tau\}\,.$$

Man erkennt, daß die verbleibende Zeit bis zum ersten Erfolg immer in gleicher Weise statistisch verteilt ist, unabhängig wie lange man vorher das Münzwerfen erfolglos beobachtet hat. Das Zufallsexperiment „erinnert" sich offensichtlich nicht an seine Vergangenheit und ist daher gedächtnislos.

Zeitkontinuierliche Münzwurfprozesse kann man in mehrere Prozesse aufspalten oder mehrere Prozesse vereinigen, ohne daß sie ihre charakteristischen Eigenschaften verlieren:

Um einen Münzwurfprozeß mit Erfolgsrate λ auf zwei Prozesse aufzuteilen, weist man die beobachteten Erfolge mit Wahrscheinlichkeit P_1 dem ersten und mit Wahrscheinlichkeit $P_2 = 1 - P_1$ dem zweiten Ausgangsprozeß zu. Die Zahl der Erfolge beider Ausgangsprozesse in einer gegebenen Zeit T ist wiederum poissonverteilt mit den Erfolgsraten λP_1 bzw. $\lambda(1 - P_1)$, und die Zeit vom Beginn einer Beobachtung bis zum nächsten Erfolg ist in beiden Prozessen exponentialverteilt.

Umgekehrt lassen sich zwei zeitkontinuierliche Münzwurfprozesse vereinigen, indem man jeden Erfolg in einem der beiden Eingangsprozesse als Erfolg des Vereinigungsprozesses wertet. Auch hierbei ist die Zahl der Erfolge des Vereinigungsprozesses poissonverteilt mit der Summe $\lambda_1 + \lambda_2$ der Raten beider Eingangsprozesse, und die Wartezeit vom Beobachtungsbeginn bis zum ersten Erfolg ist ebenfalls exponentialverteilt.

A.4   Zeitdiskrete Markovketten

Alle im vorhrigen Abschnitt betrachten Zufallsprozesse waren gedächtnislos, d. h. das Ergebnis $X(k)$ des k-ten Experiments eines solchen Prozesses war unabhängig von den Ergebnissen aller anderen Experimente. Daneben gibt es auch andere Zufallsprozesse, bei denen das Ergebnis eines Experiments vom Ergebnis des jeweils vorhergehenden Experiments abhängt. Solche Prozesse lassen sich sehr anschaulich als Markovketten beschreiben.

Zunächst sei $\mathcal{S} = \{0,\ 1,\ 2,\ \ldots\}$ eine Menge positiver ganzer Zahlen, die im folgenden als *Zustände* (*states*) bezeichnet werden. Je nach Art der im folgenden definierten Markovkette kann $\mathcal{S}$ endlich oder unendlich sein.

Definition A.1 (Markovkette):
Ein diskreter Zufallsprozeß $\{X(k)|k = 0,\ 1,\ 2,\ \ldots\}$ heißt Markovkette, wenn

i) $X(k) \in \mathcal{S}$ für alle $k = 0,\ 1,\ 2,\ \ldots$

ii) die Wahrscheinlichkeit $P_{ij} = P\{X(k) = j | X(k-1) = i\}$ von der Vergangenheit des Prozesses vor dem $(k-1)$-ten Zufallsexperiment unabhängig ist:

$$
\begin{aligned}
P_{ij} &= P\{X(k) = j | X(k-1) = i,\ X(k-2) = i_{k-2},\ \ldots\} \\
&= P\{X(k) = j | X(k-1) = i\}\ .
\end{aligned}
\tag{A.6}
$$

Man sagt, zum Zeitpunkt $k - 1$ befindet sich die Markovkette im Zustand i und zum Zeitpunkt k im Zustand j. P_{ij} ist die Wahrscheinlichkeit für einen Wechsel von Zustand i nach j und heißt daher *Übergangswahrscheinlichkeit*. Die Summe aller Übergangswahrscheinlichkeiten aus dem Zustand i in einen anderen (oder auch denselben) Zustand j muß 1 ergeben:

$$
\sum_{j \in \mathcal{S}} P_{ij} = 1 \qquad \text{für alle } i \in \mathcal{S}\ .
$$

Die Übergangswahrscheinlichkeiten lassen sich als *Übergangsmatrix*

$$
\mathbf{P} = \begin{pmatrix}
P_{00} & P_{01} & P_{02} & \cdots \\
P_{10} & P_{11} & P_{12} & \cdots \\
 & & & \ddots \\
P_{i0} & P_{i1} & P_{i2} & \cdots \\
\vdots & \vdots & \vdots & \ddots
\end{pmatrix}
$$

schreiben. Bild A.6 zeigt die Zustände und Übergänge ($P_{ij} > 0$) einer Markov-Kette. Die Übergangsmatrix zu der Kette in Bild A.6 lautet

$$\mathbf{P} = \begin{pmatrix} & a: & b: & c: & d: \\ a: & 0 & P_{ab} & P_{ac} & 0 \\ b: & P_{ba} & P_{bb} & P_{bc} & 0 \\ c: & 0 & P_{cb} & 0 & P_{cd} \\ d: & 0 & P_{db} & P_{dc} & 0 \end{pmatrix} .$$

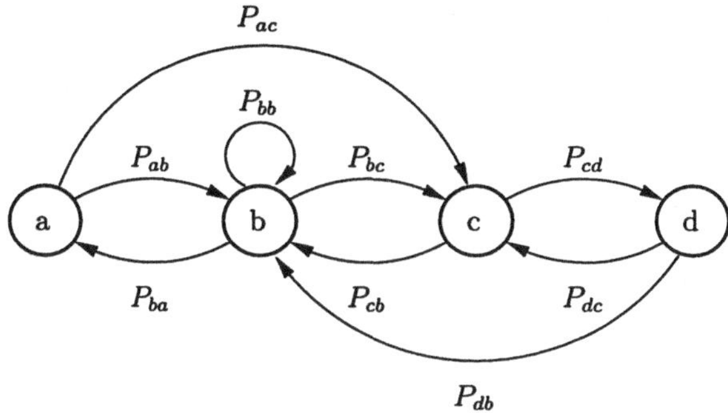

Bild A.6: Markovkette.

So wie P_{ij} die Wahrscheinlichkeit bezeichnet, in einem Schritt von Zustand i nach j zu wechseln, sei P_{ij}^2 die Wahrscheinlichkeit, dies in zwei Schritten zu tun. Die Wahrscheinlichkeit, über den Zwischenzustand l von i nach j zu gelangen, ist $P_{il} \cdot P_{lj}$. Daraus ergibt sich die Wahrscheinlichkeit P_{ij}^2, daß der Übergang von i nach j in zwei Schritten über einen beliebigen Zwischenzustand stattfindet, durch Summation über alle möglichen Zwischenzustände: $P_{ij}^2 = \sum_{l \in \mathcal{S}} P_{il} P_{lj}$. Die Verallgemeinerung dessen von 2 auf $m+n$ Schritte führt zur *Chapman-Kolmogorov-Gleichung*

$$\begin{aligned} P_{ij}^{m+n} &= P\{X(k+m+n) = j \mid X(k) = i\} \\ &= \sum_{l \in \mathcal{S}} P_{il}^m P_{lj}^n \qquad \text{für } n, m \geq 0; \ i, j \in \mathcal{S} . \end{aligned} \qquad (A.7)$$

Die folgenden Betrachtungen beschränken sich auf irreduzible, aperiodische Markovketten. Eine Markovkette heißt *irreduzibel*, wenn jeder Zustand $j \in \mathcal{S}$ von allen Zuständen $i \in \mathcal{S}$ in einem oder mehreren Schritten erreicht werden kann. Anders gesagt: Zu beliebigen Zuständen $i, j \in \mathcal{S}$ gibt es mindestens eine Anzahl $m \geq 1$ von Schritten, für die $P_{ij}^m > 0$ ist. In einer reduziblen Markovkette dagegen gibt es mindestens einen Zustand j, von dem aus ein anderer Zustand i nicht erreichbar ist. Sobald j einmal angenommen wird, ist Zustand i deswegen für das zukünftige Verhalten der Markovkette bedeutungslos. Im Hinblick auf ihr stationäres Verhalten könnte Zustand i daher aus der Kette entfernt werden.

Kann ein Zustand i nur nach einer festen Anzahl σ oder Vielfachen von σ wieder erreicht werden, d. h. $P_{ij}^m > 0$ falls m durch σ teilbar und $P_{ij}^m = 0$ sonst, heißt dieser Zustand periodisch. Eigenschaften von Markovketten, die einen oder mehrere derartige Zustände enthalten, werden hier nicht weiter untersucht. Enthält eine Markovkette dagegen keinen periodischen Zustand, wird sie *aperiodisch* genannt.

Für irreduzible, aperiodische Markovketten mit einer endlichen Anzahl von Zuständen existiert immer eine stationäre Wahrscheinlichkeitsfunktion $\{p_j \mid j \in \mathcal{S}\}$ mit der Eigenschaft

$$p_j = \sum_{i \in \mathcal{S}} p_i \, P_{ij} \qquad \text{für alle } j \in \mathcal{S} \tag{A.8a}$$

oder in Matrizenschreibweise mit dem Vektor $\mathbf{p} = (p_0, p_1, \dots)$

$$\mathbf{p} = \mathbf{p}\,\mathbf{P}\,. \tag{A.8b}$$

Da die Markovkette sich stets in einem ihrer in $\mathcal{S}$ enthaltenen Zustände aufhält, muß die Summe aller Aufenthaltswahrscheinlichkeiten 1 ergeben:

$$\sum_{j \in \mathcal{S}} p_j = 1\,. \tag{A.9}$$

Bei irreduziblen, aperiodischen Markovketten mit unendlich vielen Zuständen kann ebenfalls eine solche stationäre Wahrscheinlichkeitsfunktion existieren, muß aber nicht. Wenn nicht, gilt für alle Zustände $p_j = 0$, $j \geq 0$.

Meist sind für eine Markovkette die Menge $\mathcal{S}$ der Zustände und die Matrix $\mathbf{P}$ der Übergangswahrscheinlichkeiten bekannt. Eine typische Aufgabe ist dann die Berechnung aller Aufenthaltswahrscheinlichkeiten p_j. Dazu gibt es mehrere Möglichkeiten:

Eine erste, naheliegende Möglichkeit besteht darin, das Gleichungssystem (A.8b) unter Berücksichtigung der Normierungsbedingung (A.9) aufzulösen. Ein Nachteil dieses Vorgehens ist der bei großen Markovketten beträchtliche Rechenaufwand, ein zweiter die Tatsache, daß dieses Verfahren auf Markovketten mit unendlich vielen Zuständen nicht anwendbar ist.

Eine andere Möglichkeit der Berechnung von p_j eröffnen die Globalen Gleichgewichtsbeziehungen (*global balance equations*). Betrachtet man einen hinreichend langen Zeitaum, ist die Häufigkeit der Übergänge in einen Zustand j hinein gegeben durch $\sum_{i \in \mathcal{S}} p_i \, P_{ij}$, und die Häufigkeit der Übergänge aus diesem Zustand j heraus ist $p_j \sum_{i \in \mathcal{S}} P_{ji}$. Natürlich kann man Zustand j nur verlassen, wenn man zuvor in ihn hineingegangen ist, und man kann nur in ihn hineingelangen, wenn man ihn vorher verlassen hat. Also müssen beide Häufigkeiten gleich groß sein, und es folgen die *Globalen Gleichgewichtsbedingungen*

$$\sum_{i \in \mathcal{S} \setminus \{j\}} p_i \, P_{ij} = p_j \sum_{i \in \mathcal{S} \setminus \{j\}} P_{ji} \qquad \text{für alle } j \in \mathcal{S}\,. \tag{A.10}$$

Auch diese Gleichungen lassen sich nach den p_j auflösen, und in Verbindung mit der Normierung (A.9) erhält man im Falle einer irreduziblen, aperiodischen Markovkette deren stationäre Wahrscheinlichkeitsfunktion $\{p_j \mid j \in \mathcal{S}\}$.

Manche Markovketten lassen sich derart in zwei Teile zerlegen, daß in dem einen Teil ein Zustand i, im anderen ein Zustand j existiert und die beiden einzigen Verbindungen zwischen beiden Teilen von i nach j sowie in umgekehrter Richtung von j nach i führen. Dies ist beispielsweise der Fall bei den in der Warteraumtheorie häufig benötigten Geburt-Tod-Ketten. Bild A.7 zeigt ein Beispiel einer solchen Geburt-Tod-Kette und einen möglichen Schnitt durch diese Kette.

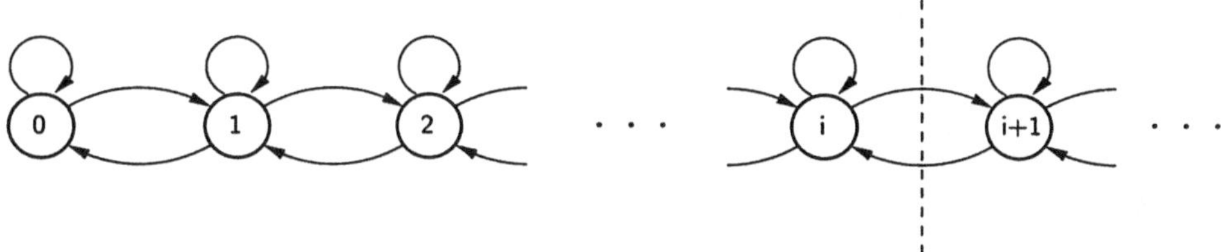

Bild A.7: Geburt-Tod-Kette und Schnittlinie zwischen den Zuständen i und $j = i + 1$.

Ähnlich wie oben für die Globalen Gleichgewichtsbedingungen kann man sich leicht überlegen, daß Übergänge vom einen in den anderen Teil der Markovkette genauso häufig vorkommen müssen wie Übergänge in umgekehrter Richtung. Damit ergibt sich die *Detaillierte Gleichgewichtsbedingung* (*detailed balance equation*)

$$p_i\, P_{ij} = p_j\, P_{ji} \ . \tag{A.11}$$

In Bild A.7 ist nur eine von vielen möglichen Schnittlinien dargestellt, und es ist unmittelbar einsichtig, daß bei dieser speziellen Kette die Detaillierte Gleichgewichtsbedingung für alle Zustände i und $j = i + 1$ gilt. Während in jeder der Globalen Gleichgewichtsbedingungen alle Aufenthaltswahrscheinlichkeiten eingehen, kommen in jeder Detaillierten Gleichgewichtsbedingung nur zwei vor, nämlich p_i und p_j. Dies vereinfacht die Berechnung der Wahrscheinlichkeitsfunktion $\{p_j \mid j \in \mathcal{S}\}$ erheblich.

A.5   Übungsaufgaben

Aufgabe A.1:

Für ein Gerät, bestehend aus 2 hintereinanderliegenden Funktionseinheiten, wird eine Ausfallwahrscheinlichkeit kleiner 10% gefordert. Jede Funktionseinheit bestehe aus m Untereinheiten, die parallel geschaltet sind.

Der Ausfall einer beliebigen Untereinheit während eines bestimmten Beobachtungszeitraumes sei unabhängig von allen anderen Einheiten des Gerätes $p = 0,5$. Aus wieviel Untereinheiten m muß jede Funktionseinheit bestehen, um die Forderung zu erfüllen?

Aufgabe A.2:

Die Betriebszeit eines Rechners werde näherungsweise durch die Dichtefunktion der Exponentialverteilung mit der Intensität $\mu_1 = (100\,\mathrm{h})^{-1}$ beschrieben. Aufgrund eines gut funktionierenden Wartungsdienstes sei die mittlere Reparaturzeit vernachlässigbar gegenüber der mittleren Betriebszeit.

    a) Wieviele Ausfälle sind durchschnittlich während einer vorgegebenen Betriebszeit $t_B = 200\,\mathrm{h}$ zu erwarten?

    b) Nach welcher Zeit t_B wird der Rechner spätestens mit der Wahrscheinlichkeit $P = 0{,}999$ zum zweiten Mal ausgefallen sein?

    c) Mit welcher Wahrscheinlichkeit P wird der Rechner frühestens nach $t_B = 500\,\mathrm{h}$ zum ersten, zweiten oder dritten Mal ausgefallen sein?

Aufgabe A.3:

Ein Nachrichtenübertragungsprotokoll soll mit Hilfe einer Markov-Kette mit 3 Zuständen analysiert werden.

Der Grundzustand 1 „Schnittstelle abfragen" wird mit der Wahrscheinlichkeit 0,1 verlassen und geht in den Zustand 2 „Adresse prüfen" über. Die Adresse stimmt mit der Wahrscheinlichkeit 0,4, und es erfolgt ein Übergang in den Zustand 3 „Nachricht empfangen"; im anderen Fall wird in den Zustand 1 zurückgesprungen. Folgt nach dem Empfang einer Nachricht keine weitere (Wahrscheinlichkeit 0,7), so wird vom Zustand 3 wieder in den Zustand 1 übergegangen, sonst in den Zustand 2.

    a) Geben Sie die Matrix der Übergangswahrscheinlichkeiten an.

    b) Zeichnen Sie die Markov-Kette.

    c) Mit welcher Wahrscheinlichkeit befindet sich das System im Grundzustand 1?

B Grundlagen der Graphentheorie

Das Routing, d. h. die Wegesuche, in einem Netz erfordert grundsätzlich zunächst die Darstellung dieses Netzes in einer für den Algorithmus verwertbaren Form. Ein Rechner, der einen Weg zum Empfänger sucht, für den eine Nachricht bestimmt ist, muß schließlich wissen, welche anderen Rechner und welche Verbindungen zwischen ihnen existieren.

Graphen sind mathematische Modelle zweistelliger Relationen. Als solche eignen sie sich zur Beschreibung von Strukturen aus Beziehungen zwischen Objekten. Sie werden deshalb in vielerlei Bereichen angewendet: Beispielsweise beruht die Analyse elektrischer RCLM-Netzwerke mittels des Knotenpotential- oder des Maschenstromverfahrens auf dem graphentheoretischen Begriff des Vollständigen Baumes und dessen Eigenschaften. Graphen eignen sich auch zur Darstellung von Kommunikationsnetzen. Dies ermöglicht es letztlich erst, aus der Mathematik bekannte Verfahren für die Wegesuche in Kommunikationsnetzen zu verwenden.

Bekanntlich können Relationen symmetrisch oder unsymmetrisch sein. Dies berücksichtigt man in der Graphentheorie, indem man symmetrische Relationen durch ungerichtete Graphen, unsymmetrische Relationen dagegen durch gerichtete Graphen beschreibt. Datenleitungen in Kommunikationsnetzen haben u. U. für beide Richtungen unterschiedliche Übertragungskapazitäten und unterschiedliche Verkehrsbelastungen. Dafür eignet sich ein gerichteter Graph: Jede der beiden Übertragungsrichtungen kann durch eine eigene Kante mit einem eigenen Gewicht repräsentiert werden. Allerdings ist bei manchen Problemen eine Unterscheidung beider Übertragungsrichtungen nicht erforderlich; wichtig ist dann lediglich, daß überhaupt eine Übertragung in beide Richtungen möglich ist. In diesem Fall ist ein ungerichteter Graph weniger komplex und deshalb die geeignetere Darstellungsform. Daher werden im folgenden sowohl gerichtete wie ungerichtete Graphen eingeführt.

B.1   Graphen und ihre Darstellung

Zunächst sollen Definitionen für Graphen angegeben werden, die sich zur Darstellung von Kommunikationsnetzen eignen, und es soll gezeigt werden, wie sie als Matrizen gespeichert werden können.

Definition B.1 (Graph):
$\mathcal{N}$ sei eine nichtleere Menge von Knoten (node, vertex), die Menge $\mathcal{E} \subseteq \mathcal{N} \times \mathcal{N}$ von Kanten (edge, branch, link) beschreibe die Verbindungen zwischen Knoten aus $\mathcal{N}$. Dabei soll für beliebige Knoten $n, m \in \mathcal{N}$ gelten, daß $(n, m) \in \mathcal{E} \Leftrightarrow (m, n) \in \mathcal{E}$. Ferner sei $d(e)$ eine Funktion, die jeder Kante $e \in \mathcal{E}$ ein Gewicht zuordnet. Dann heißt $\mathbf{G} = [\mathcal{N}, \mathcal{E}, d]$ ungerichteter Graph.

Die Voraussetzung $(n, m) \in \mathcal{E} \Leftrightarrow (m, n) \in \mathcal{E}$ bewirkt, daß Verbindungen von Knoten n zu Knoten m immer auch Verbindungen von Knoten m zu Knoten n sind; der resultierende Graph ist daher ungerichtet. Ein gerichteter Graph (*directed graph, Digraph*) unterscheidet sich vom ungerichteten Graphen nur darin, daß diese Voraussetzung entfällt:

Definition B.2 (Gerichteter Graph, Digraph):
Ein gerichteter Graph $\mathbf{G} = [\mathcal{N}, \mathcal{E}, d]$ besteht aus einer nichtleeren Menge $\mathcal{N}$ von Knoten, einer Menge $\mathcal{E}$ von geordneten Paaren (n, m) mit $n, m \in \mathcal{N}$, und einer Funktion $d(e)$, die jeder Kante $e \in \mathcal{E}$ ein Gewicht zuordnet.

Um in grafischen Darstellungen wie Bild B.1 Verwechslungen zu vermeiden, werden im folgenden Knoten mit Großbuchstaben und Kantengewichte mit Zahlen bezeichnet. Für den in Bild B.1 gezeigten gerichteten Graphen ergeben sich

$$\mathcal{N} = \{A,\ B,\ C,\ D,\ E\}$$
$$\mathcal{E} = \{(A,B),\ (A,D),\ (C,A),\ (D,A),\ (D,C),\ (D,E),\ (E,B),\ (E,D)\}$$
$$d(\mathcal{E}) = (2, 3, 1, 1, 2, 2, 4, 2).$$

Zwei Knoten n und m heißen benachbart, wenn zwischen ihnen eine Kante (n, m) existiert. Man sagt, der Anfangsknoten n und der Endknoten m sind *adjazent*. In der sog. Adjazenzmatrix ist jeder Zeile ein Anfangs- und jeder Spalte ein Endknoten zugeordnet. Sie enthält überall dort eine 1, wo eine Kante von dem der Zeile zugeordneten Knoten zu dem der Spalte zugeordneten Knoten führt:

$$
\text{Knoten}\begin{array}{c} \\ A \\ B \\ C \\ D \\ E \end{array}
\begin{array}{ccccc}
 & \multicolumn{4}{c}{\text{Knoten}} \\
A & B & C & D & E \\
\end{array}
$$

Knoten

		A	B	C	D	E
	A		1		1	
	B					
Knoten	C	1				
	D	1		1		1
	E		1		1	

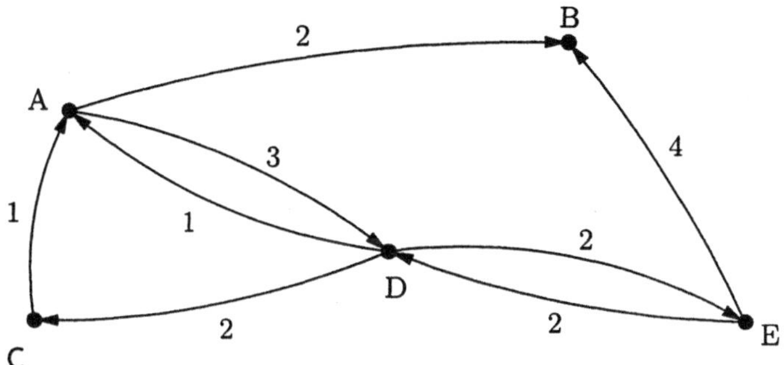

Bild **B.1**: Gerichteter Graph G.

Eine andere Darstellungsform ist die Inzidenzmatrix. Jede ihrer Zeilen entspricht einem Knoten, jede ihrer Spalten einer Kante. Jede Spalte enthält in den Zeilen des Anfangs- und des Endknotens das Kantengewicht. Man sagt dann, eine Kante und ihre beiden Knoten sind *inzident*.

$$
\text{Knoten} \quad
\begin{array}{c}
 \\ A \\ B \\ C \\ D \\ E
\end{array}
\begin{array}{c}
\text{Kante} \\
\begin{array}{cccccccc}
\text{(A,B)} & \text{(A,D)} & \text{(C,A)} & \text{(D,A)} & \text{(D,C)} & \text{(D,E)} & \text{(E,B)} & \text{(E,D)}
\end{array} \\
\left(
\begin{array}{cccccccc}
2 & 3 & -1 & -1 & & & & \\
-2 & & & & & & -4 & \\
 & & 1 & & -2 & & & \\
 & -3 & & 1 & 2 & 2 & & -2 \\
 & & & & & -2 & 4 & 2
\end{array}
\right)
\end{array}
$$

Definition B.3 (Grad, Außengrad, Innengrad):

Der Grad $g(n)$ eines Knotens n ist die Anzahl von Kanten, die an diesem Knoten anfangen oder enden.
Insbesondere sind der Außengrad $g^+(n)$ des Knotens n die Anzahl der Kanten (n, n_i), die aus n herausführen, und der Innengrad $g^-(n)$ die Anzahl der Kanten (n_i, n), die in n hineinführen. Es gilt $g(n) = g^+(n) + g^-(n)$.

Ein Knoten heißt *Quelle*, wenn er den Innengrad $g^-(n) = 0$ besitzt, d. h. wenn keine Kanten an ihm enden. Aus einem Knoten mit Außengrad $g^+(n) = 0$ führen keine Kanten heraus, er wird deshalb *Senke* genannt. Sind sowohl Außen- als auch Innengrad $g^+(n) = g^-(n) = 0$, spricht man von einem *isolierten Knoten*.

Ein Graph, dessen Knoten alle denselben Grad aufweisen, heißt *regulär;* entsprechendes gilt für einen gerichteten Graphen mit gleichen Außen- und Innengraden an allen Knoten.

B.2   Pfad, Schleife, Baum

Definition B.4 (Pfad):
Ein Pfad in einem ungerichteten Graphen ist eine Folge von Kanten, bei der je zwei aufeinanderfolgende Kanten einen Knoten gemeinsam haben.
In einem gerichteten Graphen ist ein Pfad ebenfalls eine Folge von Kanten, wobei bei je zwei aufeinanderfolgenden Kanten der Endpunkt der einen Kante stets der Anfangspunkt der nächsten Kante ist.

Die Länge eines Pfades ist in der Literatur nicht einheitlich definiert. Im einfachsten Fall zählt man die Anzahl der Kanten. Ein anderes Längenmaß ist die Summe der Kantengewichte. Ein Beispiel für einen Pfad in Bild B.1 ist die Verbindung von Knoten A über die Kanten (A,D), (D,E) und (E,B) zu Knoten B. Die Länge als Anzahl der Kanten ist 3, als Summe der Kantengewichte 9.

Ein Knoten n heißt von einem Knoten m aus *erreichbar*, wenn ein Pfad von n nach m existiert. In diesem Fall nennt man die kleinste Länge von allen Pfaden den *Abstand* zwischen n und m.

Definition B.5 (Schleife, Masche, Zyklus):
Eine Schleife ist ein Pfad mit identischen Anfangs- und Endknoten.

Von besonderer mathematischer und technischer Bedeutung sind die *Hamiltonschleifen*. Dies sind Schleifen, die alle Knoten eines Graphen enthalten. Es kann in einem Graphen durchaus mehrere solche Hamiltonschleifen geben. Das führt zum sogenannten *Traveling-Salesman-Problem:* Das Problem des Handlungsreisenden besteht darin, auf kürzestem Weg alle Geschäftsorte zu besuchen und wieder zum Ausgangsort zurückzugelangen , d. h. in einem Graphen oder Digraphen die kürzeste Hamiltonschleife zu finden. Ein Beispiel einer Schleife in Bild B.1 ist die Kantenfolge (A,D), (D,C) und (C,A). Da aus Knoten B keine Kanten herausführen, kann in diesem gerichteten Graphen keine Hamiltonschleife existieren.

Definition B.6 (Zusammenhang):
Ein ungerichteter Graph heißt zusammenhängend, *wenn von jedem seiner Knoten jeder andere Knoten erreichbar ist.*

Existiert in einem gerichteten Graphen zu jedem Paar disjunkter Knoten $n, m \in \mathcal{N}$ sowohl ein Pfad von n zu m wie auch umgekehrt von m zu n, heißt dieser gerichtete Graph stark zusammenhängend.

Ist in einem gerichteten Graphen von je zwei disjunkten Knoten $n, m \in \mathcal{N}$ mindestens einer vom anderen aus zu erreichen, ist dieser gerichtete Graph einseitig zusammenhängend.

Ersetzt man in einem gerichteten Graphen alle gerichteten Kanten durch ungerichtete und erhält dadurch einen zusammenhängenden Graphen, so wird der gerichtete Graph als schwach zusammenhängend *bezeichnet.*

Ist jeder Knoten n eines Graphen mit jedem anderen Knoten m über eine einzige Kante (n, m) verbunden, dann enthält dieser Graph $\frac{1}{2}|\mathcal{N}|(|\mathcal{N}| - 1)$ Kanten und heißt *vollständig*.

Ähnlich wie ein Pfad oder eine Schleife in der Regel nur ein Teil eines Graphen ist, ist auch ein Baum meist nur ein Teilgraph. Eine mögliche Definition für einen ungerichteten Graphen ist die folgende:

Definition B.7 (Baum):
Ein Baum ist ein (Teil-) Graph, der keine Schleifen enthält und in dem jeder Knoten mit jedem anderen Knoten über genau einen Pfad verbunden ist.

Diese Definition impliziert, daß ein Baum genau einen Knoten mehr besitzt als Kanten, d. h. $|\mathcal{N}| = |\mathcal{E}| + 1$.

Wendet man Definition B.7 sinngemäß auf gerichtete Graphen an, ergeben sich gerichtete Bäume. Dabei lassen sich Quell- und Senkenbäume voneinander unterscheiden.

Definition B.8 (Quellbaum, Senkenbaum):
Ein schwach zusammenhängender (Teil-) Graph heißt Quellbaum, wenn außer der Quelle alle anderen Knoten den Innengrad $g^-(n) = 1$ haben.
Ein schwach zusammenhängender (Teil-) Graph heißt Senkenbaum, wenn außer der Senke alle anderen Knoten den Außengrad $g^+(n) = 1$ haben.

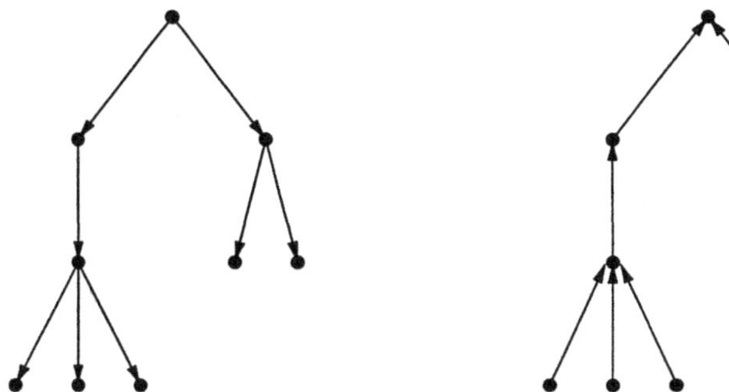

Bild B.2: Quell- und Senkenbaum.

Die gerichteten Quell- und Senkenbäume enthalten genau wie die ungerichteten Bäume keine Schleifen. Im Quellbaum läßt sich von der Quelle aus jeder Knoten auf genau einem Pfad erreichen, im Senkenbaum kann die Senke von jedem Knoten aus auf genau einem Pfad erreicht werden.

Enthält ein Baum alle Knoten des ursprünglichen Graphen, wird er *vollständiger Baum* genannt. Derjenige vollständige Baum, bei dem die Summe der Kantengewichte am kleinsten ist, heißt *minimaler Baum*. Bild B.3 zeigt einen minimalen Quellbaum.

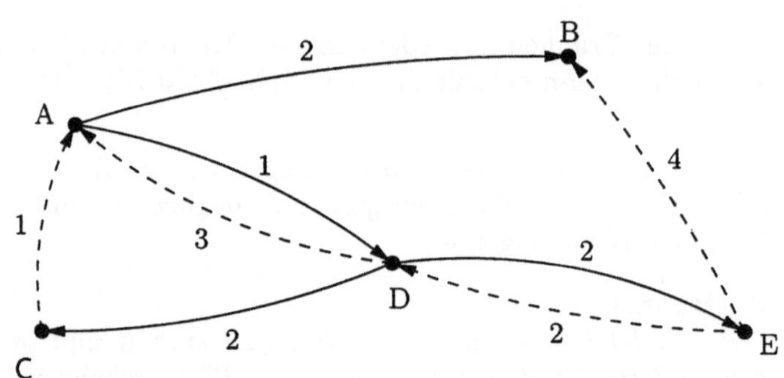

Bild B.3: Minimaler Quellbaum mit Quelle D.

Für ungerichtete Graphen gilt folgender Satz:

Satz B.1 (Vollständiger Baum):
Jeder zusammenhängende Graph besitzt mindestens einen vollständigen Baum.

Definition B.9 (Schnitt):
Ein Schnitt ist eine Menge von Kanten, nach deren Entfernen ein Graph nicht mehr zusammenhängend ist.

Ein *Minimalschnitt* ist ein Schnitt, dessen echte Teilmengen selbst keine Schnitte sind, d. h. es müssen alle im Schnitt enthalten Kanten durchtrennt werden, damit der Graph anschließend nicht mehr zusammenhängend ist. Vom Minimalschnitt zu unterscheiden ist der *Minimumschnitt*: Dies ist der Schnitt, bei dem die Summe der Gewichte aller durchtrennten Kanten am kleinsten ist.

Jede Kante eines vollständigen Baumes bildet mit einer Teilmenge der nicht zum Baum gehörenden Verbindungskanten einen Minimalschnitt. Da jeder vollständige Baum alle $|\mathcal{N}|$ Knoten eines Graphen und daher $|\mathcal{N}| - 1$ Kanten enthält, gibt es genau $|\mathcal{N}| - 1$ verschiedene Minimalschnitte, vorausgesetzt natürlich, daß zu dem Graphen ein vollständiger Baum überhaupt existiert. Umgekehrt bildet jede Verbindungskante mit einer Teilmenge der Kanten des Baumes eine eindeutige Schleife.

C Lösungen zu den Übungsaufgaben

Lösung der Aufgabe 3.1

Durch die Signallaufzeit entsteht auf der Sendeseite eine Pause zwischen dem Ende des Sendens und dem Beginn des Empfangens (Halbduplex!). Da die Dauer dieser Pause unbekannt ist, kann die Bitsynchronisation keinesfalls aufrechterhalten werden.
Die Zeichensynchronisation wiederum erfordert die Bitsynchronisation.
$\Rightarrow$ Es müssen sowohl Bit- als auch Zeichensynchronisation neu hergestellt werden.

Lösung der Aufgabe 3.2

a) Laufzeit für 1 Paket : $\quad t^{(1)} = \frac{k}{v} \cdot z$
   Laufzeit für 2 Pakete: $\quad t^{(2)} = t^{(1)} + \frac{k}{v}$

$$\vdots$$

   Laufzeit für n Pakete: $\quad t^{(n)} = t^{(1)} + (n-1)\frac{k}{v}$

$$\Rightarrow \quad t^{(n)} = \frac{k}{v}z + (n-1)\frac{k}{v} = \frac{k}{v}(n + z - 1)$$

b) Strecke 1-2-3: $\quad z = 2$ Teilstrecken mit v_1
$$t_1 = \frac{k}{v_1}(2 + n - 1) = \frac{k}{v_1}(n + 1)$$

   Strecke 1-3: $\quad z = 1$ Teilstrecke mit $v_2 = \frac{v_1}{2}$
$$t_2 = \frac{k}{v_2}(1 + n - 1) = \frac{k}{v_2}n$$

$$\frac{t_1}{t_2} = \frac{\frac{k}{v_1}(n+1)}{\frac{k}{v_2}n} = \frac{v_2(n+1)}{v_1 \cdot n} = \frac{1}{2} \cdot \frac{(n+1)}{n} = \frac{1}{2} + \frac{1}{2n} \le 1 \text{ für } n \ge 1$$

$$\Rightarrow t_1 \le t_2$$

Lösung der Aufgabe 3.3

a) *Bitstuffing:* Das Einfügen einer „0" nach jeweils 5 „1"-Bits in die Datenfolge verhindert, daß nach dem Bitstuffing noch Folgen von 6 oder mehr „1"-Bits in der Datenfolge auftreten können. Für die Flags am Rahmenanfang und -ende wird kein Bitstuffing durchgeführt. Damit treten 6 aufeinanderfolgende „1"-Bits nur noch in den Flags auf.

$\Rightarrow$ Die Übermittlung beliebiger Sendefolgen wird ermöglicht, weil die Identifikation von Rahmenanfang und -ende durchführbar wird.

b) Das Bitstuffing wird im Address-, Kontroll- und Informationsfeld sowie in der Frame Checking Sequence durchgeführt.

Die Bitfolge ...01111110 darf nirgendwo anders als in den Flags erscheinen, dort aber muß sie stehen (Identifikation von Rahmenanfang und -ende).

$\Rightarrow$ In den Flags darf kein Bitstuffing angewendet werden, in allen anderen Teilen des Rahmens muß es durchgeführt werden.

c) 011011111$\boxed{0}$0011111$\boxed{0}$101011111$\boxed{0}$11111$\boxed{0}$01111010

$\boxed{0} \overset{\wedge}{=}$ Bitstuffing

Lösung der Aufgabe 3.4

a)

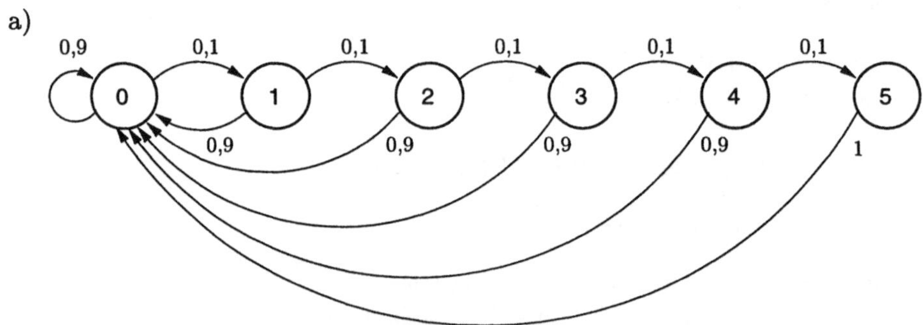

b) Es gilt für $1 \le i \le 5$: $P_i = 0{,}1\,P_{i-1} = (0{,}1)^i\,P_0$

$$\sum_{i=0}^{5} P_i \overset{!}{=} 1$$

$$1 = \sum_{i=0}^{5} (0{,}1)^i P_0 = P_0 \frac{1-(0{,}1)^6}{1-0{,}1}$$

$$\Rightarrow P_0 = \frac{1-0{,}1}{1-(0{,}1)^6} = \frac{0{,}9}{0{,}999999}$$

$$\Rightarrow P_5 = (0{,}1)^5 \cdot P_0 = \frac{1}{111111}$$

Lösung der Aufgabe 4.1

m: Anzahl von Knoten (= Nutzer)

λ: Gesamte Ankunftsrate eines Poissonprozesses

q_a: Wahrscheinlichkeit,daß bei einem Knoten in einem Slot ein Paket eintrifft (= Ankunftsrate pro Knoten und Slot)

$\overline{n}$:   Mittlere Anzahl von Knoten, die wegen vorhergegangener Kollisionen backlogged sind, also keine neuen Pakete annehmen.

a) Paketankünfte erfolgen gemäß einem Poissonprozeß d. h. bei jedem Slot findet ein Zufallsexperiment statt, bei dem mit Wahrscheinlichkeit q_a ein neues Paket bei einem Knoten eintrifft, vorausgesetzt daß dieser nicht backlogged ist. $\Rightarrow$ Zahl der akzeptierten Ankünfte pro Slot

$$\overline{N}_a = \underbrace{(m - \overline{n})}\cdot q_a$$

Mittlere Anzahl von Knoten, die nicht backlogged sind

b) Stabiles System $\Leftrightarrow$ Es müssen genau soviele Pakete im zeitlichen Mittel das System verlassen, d. h. übertragen werden, wie in der gleichen Zeit eintreffen.

$$\Rightarrow \overline{P}_{succ} \overset{!}{=} \overline{N}_a = (m - \overline{n}) \cdot q_a$$

c) Pro Backlogged-Knoten befindet sich genau 1 Paket im System.
Dazu kommen noch die Neuankünfte im vorangegangenen Slot von Knoten, die nicht backlogged sind.

$$\Rightarrow \overline{N}_{sys} = \overline{n} + (m - \overline{n})q_a = \overline{n} + \overline{N}_a$$

d) Little's Theorem:

$$\begin{array}{ccccc}
N & = & \lambda & & T \\
\uparrow & & \uparrow & & \uparrow \\
\text{Wartende Pakete} & & \text{Eingaberate} & & \text{Wartezeit} \\
\text{in Schlange} & & \text{ins System} & &
\end{array}$$

$$\text{hier:} \quad T = \frac{\overline{N}_{sys}}{\overline{N}_a} = \frac{\overline{n} + (m - \overline{n})q_a}{(m - \overline{n})q_a} = 1 + \frac{1}{q_a\left(\frac{m}{\overline{n}} - 1\right)}$$

e)

$$\begin{aligned}
\overline{n}' &< \overline{n} \text{ , damit}\\
\overline{N}'_a &= (m-\overline{n}')q_a > (m-\overline{n})q_a = \overline{N}_a\\
\overline{P}'_{succ} &= \overline{N}'_a > \overline{N}_a = \overline{P}_{succ}\\
\overline{N}'_{sys} &= \overline{n}' + (m-\overline{n}')q_a = \underbrace{(1-q_a)}_{>0}\,\overline{n}' + mq_a\\
&< (1-q_a)\overline{n} + mq_a = \overline{N}_{sys}\\
T' &= \frac{\overline{N}'_{sys}}{\overline{N}'_a} < \frac{\overline{N}_{sys}}{\overline{N}_a} = T
\end{aligned}$$

Lösung der Aufgabe 4.2

Unter Voraussetzung des Capture-Effektes kann der Fall eintreten, daß von k gleichzeitig zugreifenden Paketen eines erfolgreich übertragen wird (Capture). Insbesondere ist damit in der Markovkette der Zustandsübergang von 0 nach 1 erlaubt, d. h. für zwei neu erzeugte Pakete kann der Fall eintreten, daß eines erfolgreich übertragen wird und damit nur eine Station in den Backlogged-Zustand geht.

Lösung der Aufgabe 4.3

a) Kollision zwischen k Paketen:

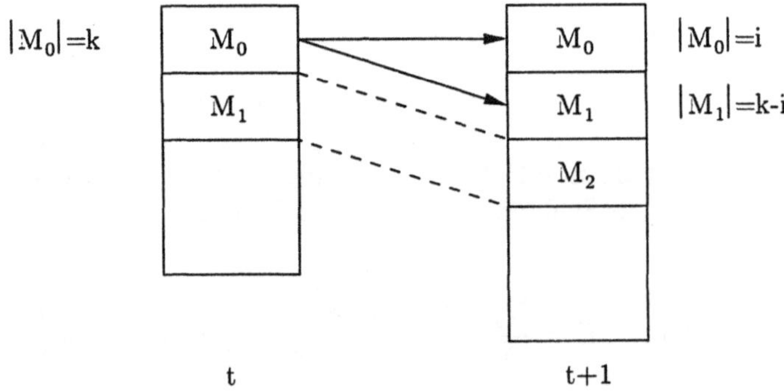

- Einordnen eines Pakets in Menge M_0 oder M_1 erfolgt durch Werfen einer Münze mit $p_0 = p_1 = p = \frac{1}{2}$
- Anzahl der Pakete, die nachher in M_0 sind, ist binomialverteilt: Bernoulliprozeß mit k Versuchen und Abzählen der Erfolge (= Paket

geht in M_0).

$$P(|M_o| = i \mid k) \;=\; \binom{k}{i} p_0^i (1 - p_0)^{k-i}$$

$$=\; \binom{k}{i} p^i (1 - p)^{k-i} = \binom{k}{i} 2^{-k}$$

b) A_k: Erwartungswert für die Anzahl von Slots, die bei einer Kollisionsauflösung benötigt werden, an der k Pakete beteiligt sind.
$A_0 = A_1 = 1$

$$A_k \;=\; 1 \;+\; \underbrace{\sum_{i=0}^{k} \binom{k}{i} 2^{-k}}_{} \quad (A_i \;+\; A_{k-i})$$

Slot, in dem   Wahrscheinlichkeit,   Slots zur   Slots zur
Kollision   daß k Pakete in   Kollisions-   Kollisions-
stattgefunden   Mengen mit $|M_0|=i$ auflösung   auflösung
hat   und $|M_1|=k-i$ in M_0 in M_1
     aufgeteilt werden.

c) Wegen Symmetrie $\binom{k}{i} = \binom{k}{k-i}$ des Binomialkoeffizienten gilt

$$\sum_{i=0}^{k} \binom{k}{i} 2^{-k} A_i = \sum_{i=0}^{k} \binom{k}{i} 2^{-k} A_{k-i}$$

und damit

$$A_k \;=\; 1 + 2 \sum_{i=0}^{k} 2^{-k} \binom{k}{i} A_i$$

$$=\; 1 + 2^{1-k} A_k + \sum_{i=0}^{k-1} 2^{1-k} \binom{k}{i} A_i$$

$$=\; \underbrace{\frac{1}{1 - 2^{1-k}}}_{\hat{=} c_{kk}} + \sum_{i=0}^{k-1} \underbrace{\frac{2^{1-k} \binom{k}{i}}{1 - 2^{1-k}}}_{\hat{=} c_{ik}} A_i$$

$k = 2$: $\quad c_{22} = \frac{1}{1-2^{-1}} = 2; \quad c_{02} = c_{22} \cdot 2^{-1} \cdot \binom{2}{0} = 1; \quad c_{12} = c_{22} \cdot 2^{-1} \cdot \binom{2}{1} = 2$
$\Rightarrow A_2 = 2 + 1 \cdot A_0 + 2 \cdot A_1 = 5$

$k = 3$: $\quad c_{33} = \frac{1}{1-2^{-2}} = \frac{4}{3}; \quad c_{03} = c_{33} \cdot 2^{-2} \binom{3}{0} = \frac{1}{3}; \quad c_{13} = c_{33} \cdot 2^{-2} \binom{3}{1} = 1;$
$c_{23} = c_{33} \cdot 2^{-2} \binom{3}{2} = 1$
$\Rightarrow A_3 = \frac{4}{3} + \frac{1}{3} \cdot A_0 + 1 \cdot A_1 + 1 \cdot A_2 = 7\frac{2}{3} = 7{,}\overline{6}$

Lösung der Aufgabe 4.4

a),b)

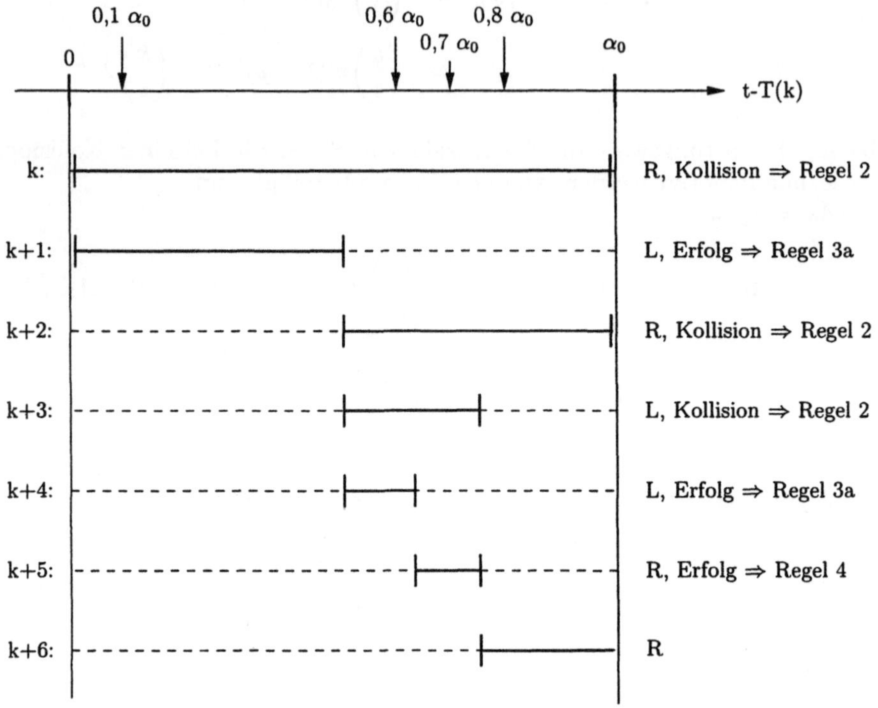

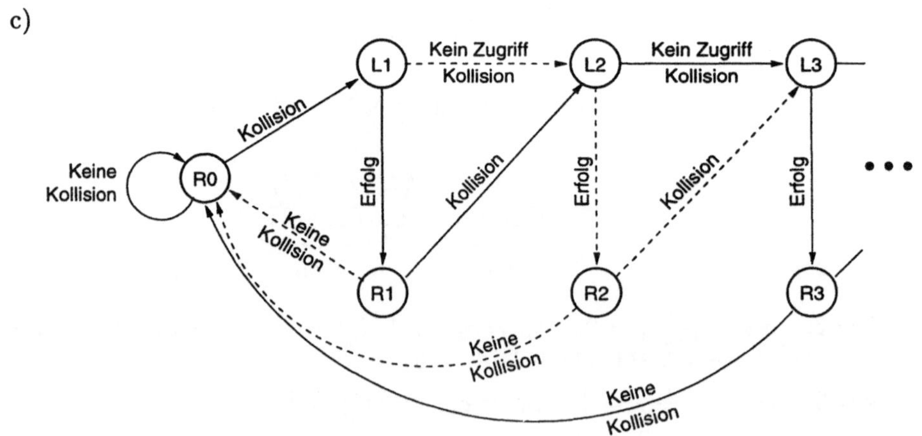

c)

Lösung der Aufgabe 4.5

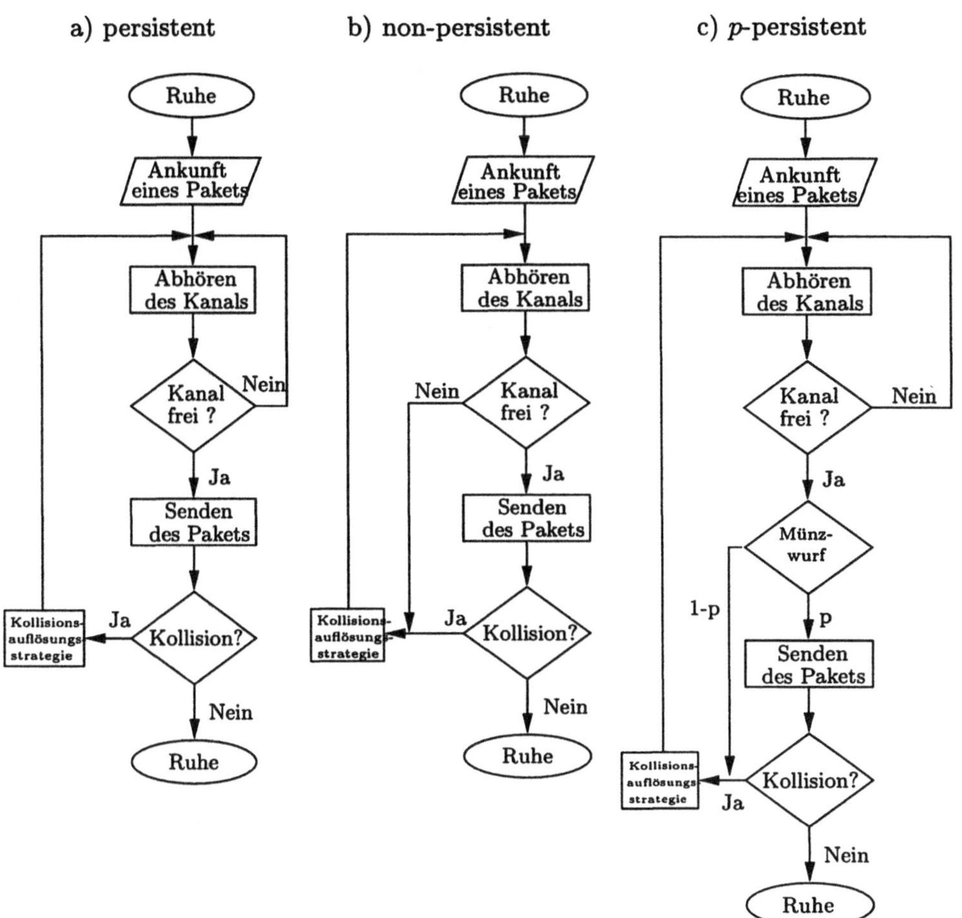

Lösung der Aufgabe 4.6

a) Gesamtankunftsrate:

$$M = 100 \text{ Rechner}; \quad T_E = 40 \, \text{ms}$$
$$\Rightarrow \lambda_{ges} = M \cdot \frac{1}{T_E} = 100 \cdot \frac{1}{40 \, \text{ms}} = 2500 \, \tfrac{1}{\text{s}} \, .$$

Bedienrate:

$$r_{\ddot{u}} = 20 \, \tfrac{\text{Mbit}}{\text{s}} \, ; \quad l = 500 \cdot 8 \, \text{bit} = 4000 \, \text{bit}$$
$$\Rightarrow T_A = \frac{l}{r_{\ddot{u}}} = 0{,}2 \, \text{ms} \, ; \quad \mu = \frac{1}{T_A} = 5000 \, \tfrac{1}{\text{s}}$$

Verkehrsangebot:

$$\varrho = \frac{\lambda_{ges}}{\mu} = \frac{2500\frac{1}{s}}{5000\frac{1}{s}} = 0,5$$

b) Aloha und Slotted Aloha kommen nicht infrage, da das Verkehrsangebot zu hoch ist. Möglich sind CSMA und CSMA/CD bei genügend kleinem α.

c) Dem Diagramm kann man entnehmen, daß der Betrieb eines CSMA/CD-Protokolls bei $\varrho = 0,5$ nur für $\alpha \leq 0,15$ möglich ist.

Mit τ: Signallaufzeit
T_A: mittlere Paketlänge
s: maximale Leitungslänge

gilt:

$$c = \frac{s}{\tau} \text{ und } \alpha = \frac{\tau}{T_A}$$
$$\Rightarrow \quad s = c \cdot \alpha \cdot T_A$$
$$\Rightarrow \quad s < 2 \cdot 10^8 \, \frac{m}{s} \cdot 0,2\,\text{ms} \cdot 0,15 = 6000\,\text{m}$$

d) Aus Diagramm folgt für $\varrho = 0,5$ und $\alpha = 0,12$

$$\mu T_V = 9,4$$
$$\Rightarrow T_V = 9,4 \cdot \frac{1}{\mu} = 9,4 \cdot T_A = 9,4 \cdot 0,2\,\text{ms} = 1,88\,\text{ms}$$

e) Eingabe- und Bedienrate halbieren sich:

$$\lambda' = \frac{1}{2}\lambda = 1250\,\frac{1}{s}$$
$$\mu' = \frac{r'_\ddot{u}}{l} = \frac{10\frac{\text{Mbit}}{s}}{4000} = 2,5 \cdot 10^3 \, \frac{1}{s}$$
$$\Rightarrow \varrho' = \frac{\lambda'}{\mu'} = 0,5$$

weiter gilt: $\alpha' = \dfrac{\tau}{T'_A} = \tau\mu' = \dfrac{\alpha}{2} = 0,06$

Aus Diagramm folgt für $\varrho' = 0,5$, $\alpha' = 0,06$

$$\mu' T'_V = 3,1$$
$$\Rightarrow T'_V = 3,1 \cdot \frac{1}{\mu'} = 1,24\,\text{ms}$$

Lösung der Aufgabe 5.1

Jede Übertragung eines einzelnen Bits stellt ein Zufallsexperiment dar. Das Experiment hat zwei mögliche Ergebnisse: fehlerfreie Übertragung oder Übertragungsfehler.

Die Wahrscheinlichkeit für einen Übertragungsfehler ist für alle Experimente gleich, und die Experimente sind untereinander unabhängig.

$\Rightarrow$ Stationärer, zeitdiskreter, binärer Zufallsprozeß; Binomialverteilung.

a) Wahrscheinlickeit, daß 2 Zeichen (=16 bit) fehlerfrei übertragen werden:

$$
\begin{aligned}
P(0|16) &= \binom{16}{0} p_b^0 (1-p_b)^{16} \\
&= 1 \cdot 1 \cdot (1-p_b)^{16} \\
&= 0{,}9998.
\end{aligned}
$$

b) Wahrscheinlichkeit, daß ein Block = 136 Zeichen = 1088 bit fehlerfrei übertragen werden:

$$
P(0|1088) = (1-p_b)^{1088} = 0{,}98649\ldots
$$

c) Ein Zeichen ist fehlerhaft, wenn mindestens 1 und höchstens 8 bit fehlerhaft sind.

Die Wahrscheinlichkeit P_Z für ein fehlerhaftes Zeichen berechnet sich zu

$$
\begin{aligned}
P_Z &= \sum_{i=1}^{8} \binom{8}{i} p_b^i (1-p_b)^{8-i} = \sum_{i=1}^{8} P(i|8) \\
&= 1 - P(0|8) = 1 - (1-p_b)^8 \\
&= 9{,}99956 \cdot 10^{-5} \approx 10^{-4}
\end{aligned}
$$

Die Wahrscheinlichkeit für genau ein fehlerhaftes Zeichen bei 136 übertragenen Zeichen lautet:

$$
\begin{aligned}
P(1|136) &= \binom{136}{1} \cdot P_Z^1 (1-P_Z)^{136-1} \\
&= 136 \cdot 10^{-4} \cdot (1-10^{-4})^{135} \\
&\approx 0{,}0134
\end{aligned}
$$

d) Gesucht ist die mittlere Anzahl von Wiederholungen pro Block, d. h. die mittlere Anzahl von Übertragungen pro Block - 1.
Mit der Wahrscheinlichkeit $p = 0{,}98649$ (siehe b)) für die fehlerfreie Übertragung eines Blocks erhält man

$$
\frac{1}{p} = \frac{1}{0{,}9865} = 1{,}01368
$$

für die mittlere Zahl von Übertragungen pro Block und damit $1{,}01368 - 1 = 0{,}01368$ für die mittlere Zahl von Wiederholungen pro Block.

Lösung der Aufgabe 5.2

Mit 3 bit können $2^3 = 8$ Rahmen numeriert werden. Angenommen, es werden 8 Rahmen #0 - #7 gesendet, und Quittung #0 wird erhalten:

Möglichkeit 1:   Alle Rahmen wurden fehlerfrei empfangen; weiter mit Rahmen #8 (=#0 wegen   mod 2^3)

Möglichkeit 2:   Rahmen #0 war fehlerhaft, d. h. alle Rahmen einschließlich #0 wiederholen.

$\Rightarrow$ Maximal 7 Rahmen übertragen, dann Quittung abwarten, um Eindeutigkeit zu gewährleisten.

Lösung der Aufgabe 5.3

γ gibt die Anzahl der Rahmen an, die im Mittel benötigt werden, um ein Paket zu übertragen.

Beispiel: $\theta = 1{,}02 \Rightarrow$ Um 100 Pakete zu übertragen, werden durchschnittlich 102 Rahmen benötigt.

Für die Effizienz θ, d. h. den Anteil der „sinnvoll" genutzten Rahmen bezogen auf die Gesamtzahl der Rahmen gilt:

$$\eta = \frac{1}{\theta} = \frac{100}{102} = 98\%$$

a) Ein übertragener Rahmen ist mit Wahrscheinlichkeit p fehlerhaft. In diesem Fall wurden der Rahmen selbst sowie die β folgenden Rahmen nutzlos übertragen.

$$\Rightarrow \theta = 1 + \underbrace{p(\beta + 1)}_{\text{1. Wiederholung}} + \underbrace{p^2(\beta + 1)}_{\text{2. Wiederholung}} + \dots$$

$$= -\beta + (\beta + 1) + p(\beta + 1) + p^2(\beta + 1) + \dots$$

$$= -\beta + (\beta + 1)\sum_{i=0}^{\infty} p^i = -\beta + \frac{\beta + 1}{1 - p}$$

$$= \frac{1 + p\beta}{1 - p}$$

b) Beim Selective Repeat wird nur der eine, fehlerhafte Rahmen, nicht aber die zwischenzeitlich gesendeten β Rahmen erneut übertragen.

$$\theta = 1 + p + p^2 + \dots = \sum_{i=0}^{\infty} p^i = \frac{1}{1 - p}$$

c) $\eta_{\text{Go-back-n}} = \frac{1-p}{1+p\beta} < \eta_{\text{Selective Repeat}} = 1 - p$

Lösung der Aufgabe 6.1 Konstruktion des Minimalbaumes:

Verbinde alle Knoten so miteinander, daß die *Gesamtlänge* der benötigten Kanten möglichst kurz ist.

Algorithmus:

Initialisierung: Ordne einen beliebigen Knoten der Menge $\mathcal{A}$, alle anderen der Menge $\mathcal{B}$ zu.
Setze $T = \{\}$; T ist die Menge der Kanten des Minimalbaumes.

Solange $\mathcal{B} \neq \{\}$: Suche die Kante mit kleinstem Gewicht, die einen Knoten aus $\mathcal{A}$ mit einem Knoten aus $\mathcal{B}$ verbindet.
Bringe diesen Knoten aus $\mathcal{B}$ nach $\mathcal{A}$ und die Kante in T.

Schritt	Knoten in $\mathcal{B}$		Knoten in $\mathcal{A}$ (neue)	Neu aufgenommene Kanten in T
Init	A,C,D,E,F,G (∞)			
1	A:	B→A: (7)		
	C:	B→C: (1) ← min	C	B → C
2	A:	B→A: (7)		
		C→A: (3) ← min	A	C → A
	E:	C→E: (4)		
	F:	C→F: (3) ← min	F	C → F
3	D:	A→D: (8)		
		F→D: (10)		
	E:	A→E: (2) ← min	E	A → E
		C→E: (4)		
		F→E: (4)		
	G:	F→G: (7)		
4	D:	A→D: (8)		
		E→D: (1) ← min	D	E → D
		F→D: (10)		
	G:	E→G: (2)		
		F→G: (7)		
5	G:	D→G: (2) ← min	G	D → G
		E→G: (2)		
		F→G: (7)		

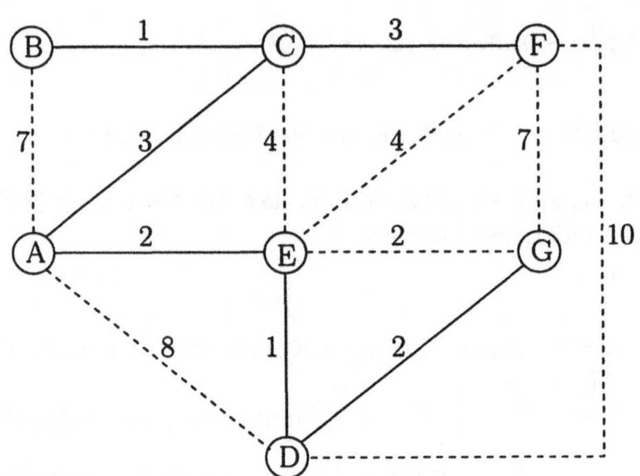

Lösung der Aufgabe 6.2

a) Der Dijkstra-Algorithmus ähnelt dem Algorithmus zur Bestimmung eines Minimalbaumes.
Unterschied: Es sollen nicht nur alle Knoten miteinander verbunden werden, sondern die Verbindung soll so erfolgen, daß die „Entfernungen" von Knoten B zu allen anderen möglichst kurz sind.

Initialisierung:	Ordne Knoten B in Menge $\mathcal{A}$, alle anderen in Menge $\mathcal{B}$ ein. Setze $T = \{\}$; T ist später die Menge der Kanten des Baumes. Setze die Entfernungen für alle Knoten in $\mathcal{B}$ auf ∞, für Knoten B in $\mathcal{A}$ auf 0.
Solange $\mathcal{B} \neq \{\}$:	Suche die Kante, die einen Knoten aus $\mathcal{B}$ mit einem Knoten aus $\mathcal{A}$ verbindet, so daß die Entfernung des Knotens aus $\mathcal{B}$ zu Knoten B möglichst klein ist. d. h.: Berechne für alle Knoten in $\mathcal{B}$ die Entfernung zu Knoten B als Summe des Gewichtes der Kante, die zu einem Knoten in $\mathcal{A}$ führt und dessen Entfernung zu Knoten B. Übertrage den gefundenen Knoten mit der neuen Entfernung aus $\mathcal{B}$ nach $\mathcal{A}$; nimm die entsprechende Kante in T auf.

Schritt	Knoten in $\mathcal{B}$		Knoten in $\mathcal{A}$	Neu aufgenommene Kanten in T
Init	A,C,D,E,F,G (∞)		B(0)	—
1	C:	B$\to$C: (1) $\leftarrow$ min	C(1)	B $\to$ C
	1:	B$\to$A: (7)		
2	A:	B$\to$A: (7)		
		C$\to$A: (1)+(3)=(4) $\leftarrow$ min	A(4)	C $\to$ A
	E:	C$\to$E: (1)+(4)=(5)		
	F:	C$\to$F: (1)+(3)=(4) $\leftarrow$ min	F(4)	C $\to$ F
3	D:	A$\to$D: (4)+(8)=(12)		
		F$\to$D: (4)+(10)=(14)		
	E:	A$\to$E: (4)+(2)=(6)		
		C$\to$E: (1)+(4)=(5) $\leftarrow$ min	E(5)	C $\to$ E
		F$\to$E: (4)+(4)=(8)		
	G:	F$\to$G: (4)+(7)=(11)		
4	D:	A$\to$D: (4)+(8)=(12)		
		F$\to$D: (4)+(10)=(14)		
	G:	E$\to$G: (5)+(2)=(7) $\leftarrow$ min	G(7)	E $\to$ G
		F$\to$G: (4)+(7)=(11)		
5	D:	A$\to$D: (4)+(8)=(12)		
		F$\to$D: (4)+(10)=(14)		
		G$\to$D: (7)+(2)=(9) $\leftarrow$ min	D	G $\to$ D

$\Rightarrow$ Wege von B nach A: B - C - A $\qquad$ (4)

$\qquad\qquad\qquad\quad$ C: B - C $\qquad\qquad\qquad$ (1)

$\qquad\qquad\qquad\quad$ D: B - C - E - G - D $\;$ (9)

$\qquad\qquad\qquad\quad$ E: B - C - E $\qquad\qquad$ (5)

$\qquad\qquad\qquad\quad$ F: B - C - F $\qquad\qquad$ (4)

$\qquad\qquad\qquad\quad$ G: B - C - E - G $\qquad$ (7)

b) **Bellman-Ford-Algorithmus**

Schritt h:	Vorgänger in Schritt h-2	In h-1 Schritten erreichbare Knoten	Nachbarn des Knotens aus Schritt h-1
1		B(0)	A: (7) C: (1) ✓
2	B	A(7)	D: (7)+(8)=(15) E: (7)+(2)=(9)
	B	C(1)	A: (1)+(3)=(4) ✓ E: (1)+(4)=(5) ✓ F: (1)+(3)=(4) ✓
3	C	A(4)	D: (4)+(8)=(12) E: (4)+(2)=(6) → uninteressant
	A	D(15)	A: (15)+(2)=(17) → uninteressant E: (15)+(1)=(16) → uninteressant
	C	E(5)	G: (5)+(2)=(7) ✓
	C	F(4)	D: (4)+(10)=(14) → uninteressant E: (4)+(4)=(8) → uninteressant G: (4)+(7)=(11) → uninteressant
4	A	D(12)	A: (12)+(2)=(14) → uninteressant E: (12)+(1)=(13) → uninteressant
	E	G(7)	D: (7)+(2)=(9) ✓
5	G	D(9)	A: (9)+(2)=(11) → uninteressant E: (9)+(1)=(10) → uninteressant

Hinweise: In obiger Tabelle wurde eine Zeile stets dann als „uninteressant" gekennzeichnet, wenn in einem vorherigen Schritt bereits ein kürzerer Weg zu demselben Knoten gefunden wurde. Die Zeilen, die den kürzesten Weg zu einem Knoten angeben, sind durch „✓" gekennzeichnet; man beachte, daß die Entscheidung, welches der kürzeste Weg ist, erst nach Aufbau der vollständigen Tabelle möglich ist.

Gemeinsamer Graph für a), b):

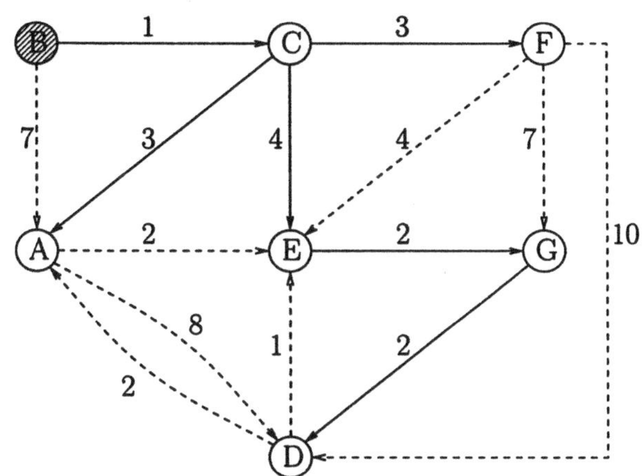

Lösung der Aufgabe 7.1

$\lambda = 0{,}05\,\mathrm{s}^{-1}$, $\mu = \frac{1}{T_A} = 0{,}1\,\mathrm{s}^{-1}$

a) Mittlere Wartezeit

$$W = \frac{1}{\mu} \cdot \frac{\varrho}{1 - \varrho} = \frac{\frac{\lambda}{\mu}}{\mu - \lambda} = \frac{\lambda}{\mu(\mu - \lambda)} = 10\,\mathrm{s}$$

b) Mittlere Warteschlangenlänge

$$N_q = \lambda W = 0{,}05\,\mathrm{s}^{-1} \cdot 10\,\mathrm{s} = 0{,}5$$

c) Mittlere Verweildauer im System

$$T = \frac{1}{\mu - \lambda} = \frac{1}{(0{,}1 - 0{,}05)\,\mathrm{s}^{-1}} = 20\,\mathrm{s}$$

d) Mittlere Anzahl von Anforderungen im System

$$N = \lambda T = \frac{\lambda}{\mu - \lambda} = \frac{0{,}05\,\mathrm{s}^{-1}}{(0{,}1 - 0{,}05)\,\mathrm{s}^{-1}} = 1$$

Lösung der Aufgabe 7.2

$$\lambda = 4\,\mathrm{s}^{-1} \; ; \; \overline{\alpha} = 5{,}4 \cdot 10^5 \, \frac{\mathrm{Op}}{\mathrm{Anf.}} \; ; \; n = 10 \text{ Standorte}$$

a)

A)

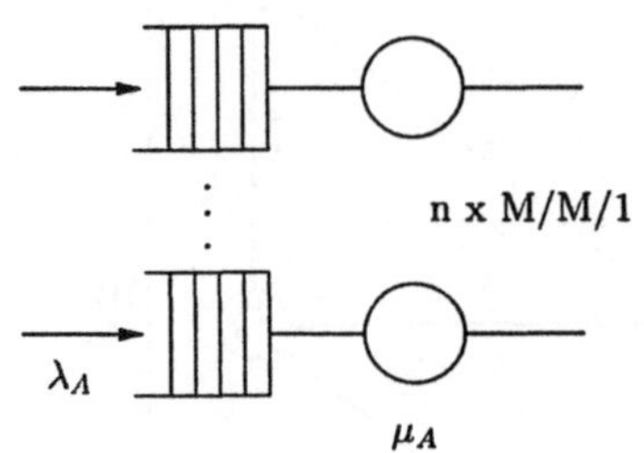

$$\lambda_A \;=\; \lambda = 4\,\text{s}^{-1} \text{ (pro Standort)}$$

$$\tau_A \;=\; \frac{\overline{\alpha}}{L_A} = 0{,}18\,\text{s}$$

$$\mu_A \;=\; \frac{1}{\tau_a} = 5{,}55\,\text{s}^{-1}$$

$$\varrho_A \;=\; \frac{\lambda_A}{\mu_A} = 0{,}72\,\text{Erlang}$$

B)

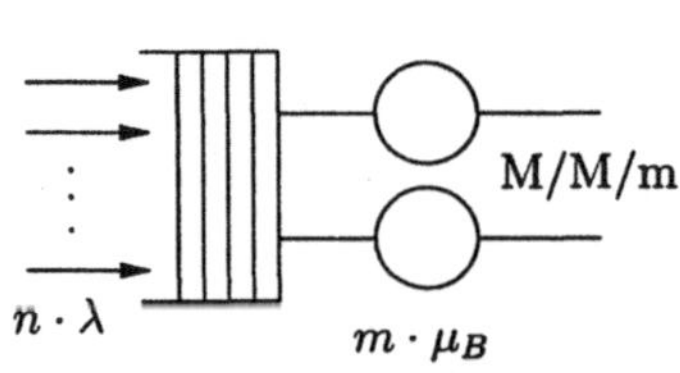

$$\lambda_B \;=\; n \cdot \lambda = 40\,\text{s}^{-1}$$

$$\mu_B \;=\; \mu_A = 5{,}55\,\text{s}^{-1}$$

$$\varrho_B \;=\; \frac{\lambda_b}{m \cdot \mu_b} \overset{!}{<} 1$$

$$\Rightarrow\; m \;\geq\; \frac{\lambda_B}{\mu_B} = 7{,}2$$

Es müssen mindestens 8 Workstations aufgestellt werden. Das Verkehrsangebot ist in diesem Fall

$$\varrho_B = \frac{40\,\text{s}^{-1}}{8 \cdot 5{,}55\,\text{s}^{-1}} = 0{,}9\,\text{Erlang}$$

C)

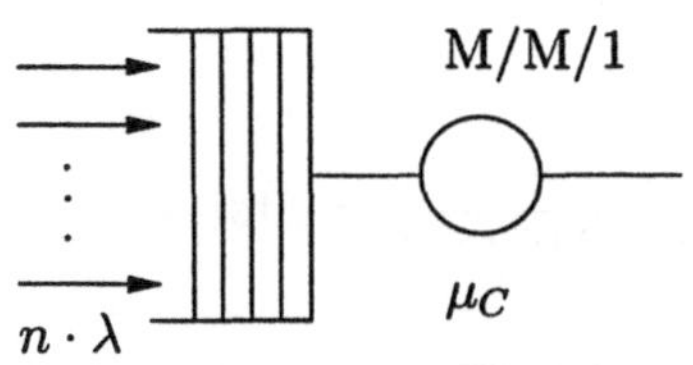

$$\lambda_C \;=\; n\lambda = 40\,\text{s}^{-1}$$

$$\mu_C \;=\; \frac{L_C}{\overline{\alpha}} = 44{,}4\,\text{s}^{-1}$$

$$\varrho_C \;=\; \frac{\lambda_C}{\mu_C} = 0{,}9\,\text{Erlang}$$

b)   A) M/M/1:

$$T_A = \frac{1}{\mu_A - \lambda_A} = \frac{1}{5{,}55 - 4}\,\text{s} = 0{,}645\,\text{s}$$

B) M/M/m mit $m = 8$:

$$p_0 = \frac{1}{\displaystyle\sum_{i=0}^{m-1} \frac{(m\varrho_B)^i}{i!} + \frac{m^m}{m!}\frac{\varrho_B^m}{1-\varrho_B}} = \frac{1}{762 + 1791} = 3{,}9 \cdot 10^{-4}$$

Wahrscheinlichkeit, daß Anforderung warten muß:

$$P_W \;=\; p_0\frac{(m\varrho_B)^m}{m!(1-\varrho)} = 0{,}702 \quad \text{(Erlang-C-Formel)}$$

$$T_B \;=\; \frac{N}{\lambda_B} = \frac{P_W}{\lambda_B}\frac{\varrho_B}{1-\varrho_B} + \frac{m\varrho_B}{\lambda_B} = 0{,}15795\,\text{s} + 0{,}18\,\text{s} = 0{,}34\,\text{s}$$

C) M/M/1:

$$T_C = \frac{1}{\mu_C - \lambda_C} = \frac{1}{44{,}4 - 40}\,\text{s} = 0{,}2225\,\text{s}$$

c) $w = 30$ Plätze;

A) M/M/1/w:

$$P_{V,A} = \varrho_A^w \frac{1-\varrho_A}{1-\varrho_A^{w+1}} = 1{,}47\cdot 10^{-5}$$

B) M/M/m/w:

$$p_0 \;=\; \cfrac{1}{\displaystyle\sum_{i=0}^{m-1}\frac{(m\varrho_B)^i}{i!} + \frac{(m\varrho_B)^m}{m!}\frac{1-\varrho^{w-m+1}}{1-\varrho}} = 4{,}17\cdot 10^{-4}$$

$$P_{V,B} \;=\; p_0\frac{m^m}{m!}\varrho_B^w = 7{,}35\cdot 10^{-3}$$

C) M/M/1/w:

$$P_{V,C} = \varrho_C^w \frac{1-\varrho_C}{1-\varrho_c^{w+1}} = 4{,}41\cdot 10^{-3}$$

Bemerkungen: A hat die zehnfache Anzahl von Warteplätzen wie B und C und daher eine deutlich geringere Verlustwahrscheinlichkeit.
C weist bei gleicher Anzahl von Warteplätzen wie B eine geringere Verlustwahrscheinlichkeit auf. Little's Theorem (7.2b) besagt, daß Warteschlangenlänge und Bearbeitungsdauer zueinander proportional sind. Auch wenn es nur für verlustlose Warteräume gilt, legt es doch nahe, daß durch die geringere Bearbeitungsdauer in C die Warteschlange im Mittel kürzer und dementsprechend auch seltener vollständig belegt ist.

Lösung der Aufgabe 7.3

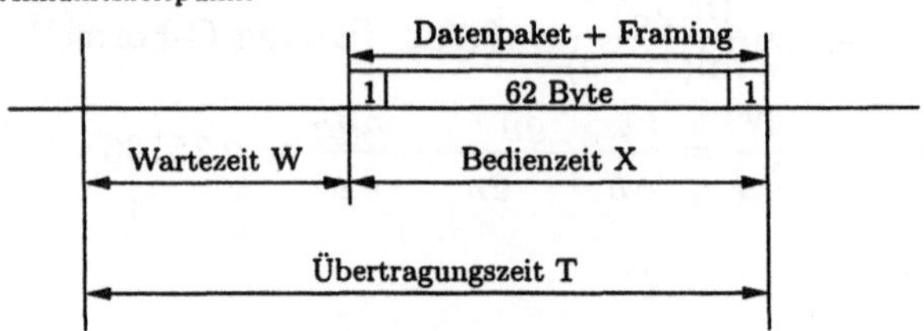

a) Ankunftsprozeß: Poissonverteilung, $\lambda = 100\,\mathrm{s}^{-1}$ $\Rightarrow$ M
   Bedienprozeß: konstant + Exp.-verteilt+konstant $\Rightarrow$ G
   Serveranzahl: 1
   $\Rightarrow$ Es liegt ein M/G/1 - Warteraum vor.

b)

$$\mu \;=\; \frac{64\,\mathrm{kbit/s}}{(1+62+1)\,\mathrm{byte}\cdot 8\,\frac{\mathrm{bit}}{\mathrm{byte}}} = 125\,\mathrm{s}^{-1}$$

$$\Rightarrow \varrho \;=\; \frac{\lambda}{\mu} = \frac{100\,\mathrm{s}^{-1}}{125\,\mathrm{s}^{-1}} = 0{,}8$$

c) Pollaczek-Khinchin-Formel:

$$W = \frac{\lambda \overline{X^2}}{2(1-\varrho)}$$

Übertragungszeit $T = W + X = \frac{\lambda\overline{X^2}}{2(1-\varrho)} + \frac{1}{\mu}$
Hinweis: $\overline{X^2} = \overline{X}^2 + \overline{\Delta X^2}$

Mittelwert $\overline{X} = \frac{1}{\mu} = 8\cdot 10^{-3}\,\mathrm{s}$
Varianz der Bediendauer entspricht Varianz der Datenpaketlänge;
Varianz der Exponentialverteilung ist das Quadrat des linearen Mittelwertes.

$$\Rightarrow \overline{\Delta X^2} \;=\; \left(\frac{62\cdot 8\,\mathrm{bit}}{64\,\frac{kbit}{s}}\right)^2 = 6{,}00625\cdot 10^{-5}\,\mathrm{s}^2$$

$$\Rightarrow \overline{X^2} \;=\; \overline{X}^2 + \overline{\Delta X^2}$$
$$= 6{,}4\cdot 10^{-5}\,\mathrm{s}^2 + 6{,}00625\cdot 10^{-5}\,\mathrm{s}^2$$
$$= 1{,}240625\cdot 10^{-4}\,\mathrm{s}^2$$

damit:

$$T = \frac{1}{\mu} + \frac{\lambda\overline{X^2}}{2(1-\varrho)} = \overline{X} + \frac{\overline{X^2}\cdot \varrho\cdot \mu}{2(1-\varrho)} = 0{,}039\,\mathrm{s}$$

d) Datenpakete konstanter Länge $\Rightarrow$ M/D/1

$$\Rightarrow \overline{\Delta X} = 0; \quad \overline{X^2} = \overline{X}^2 = \frac{1}{\mu^2}$$

$$\begin{aligned} T &= \frac{1}{\mu} + \frac{\lambda}{2(1-\varrho)} \cdot \frac{1}{\mu^2} = \frac{1}{\mu}\left(1 + \frac{\varrho}{2(1-\varrho)}\right) \\ &= 0{,}024\,\text{s} \end{aligned}$$

e) Gesamte Bediendauer exponentialverteilt $\Rightarrow$ M/M/1

$$\Rightarrow \overline{\Delta X^2} = \overline{X}^2 \text{ für Exponentialverteilung}; \quad \overline{X^2} = 2\overline{X}^2 = 2 \cdot \frac{1}{\mu^2}$$

$$\begin{aligned} T &= \frac{1}{\mu} + \frac{2\lambda\frac{1}{\mu^2}}{2(1-\varrho)} = \frac{1}{\mu}\left(1 + \frac{\varrho}{1-\varrho}\right) \\ &= 0{,}04\,\text{s} \end{aligned}$$

f)

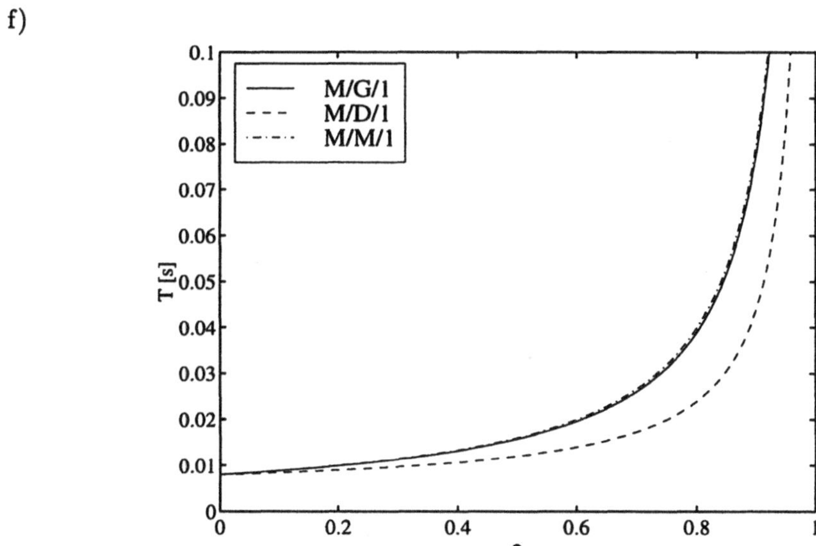

Lösung der Aufgabe 7.4

a) In beiden Klassen M/M/1-Warteraum

$$\text{Exponentialverteilung } \frac{\overline{\Delta X^2}}{\overline{X}^2} = 1 \Rightarrow \overline{X^2} = \overline{X}^2 + \overline{\Delta X^2} = 2\overline{X}^2$$

$\boxed{\text{r=1:}}$
$\qquad\qquad\qquad\qquad\qquad\qquad\qquad\qquad\qquad\qquad\boxed{\text{r=2:}}$

$$\lambda_1 = 8\,\text{h}^{-1}$$

$$\mu_1 = \frac{60\ \text{min/h}}{\frac{3}{8}\cdot 5\ \text{min} + \frac{5}{8}\cdot 1\ \text{min}} = 24\ \text{h}^{-1}$$

$$\varrho_1 = \frac{\lambda_1}{\mu_1} = \frac{1}{3}\ \text{Erlang}$$

$$\overline{X}_1 = \frac{1}{\mu_1} = 2{,}5\ \text{min}$$

$$\overline{X_1^2} = 2\overline{X}_1^{\,2} = 12{,}5\ \text{min}^2$$

$$\lambda_2 = 10\ \text{h}^{-1}$$

$$\mu_2 = 30\ \text{h}^{-1}$$

$$\varrho_2 = \frac{\lambda_2}{\mu_2} = \frac{1}{3}\ \text{Erlang}$$

$$\overline{X}_2 = \frac{1}{\mu_2} = 2\ \text{min}$$

$$\overline{X_2^2} = 2\overline{X}_2^{\,2} = 8\ \text{min}^2$$

b) Telefongespräche und Telefaxe verhalten sich so, als ob es überhaupt keine File-Transfers gäbe

$\Rightarrow$ M/M/1-Warteschlange

$$T_1 = \frac{1}{\mu_1 - \lambda_1} = 3{,}75\ \text{min}$$

$$T_2 = \frac{\frac{1}{\mu_2}(1 - \varrho_1 - \varrho_2) + \frac{1}{2}(\lambda_1 \overline{X_1^2} + \lambda_2 \overline{X_2^2})}{(1 - \varrho_1)(1 - \varrho_1 - \varrho_2)} = 9{,}75\ \text{min}$$

Lösung der Aufgabe 7.5

a) Es gilt $\varrho_i = \frac{\lambda_i}{\mu_i}$; $\frac{1}{\mu_i} = \frac{\overline{L}_i}{V}$

$$\varrho = \varrho_1 + \varrho_2 + \varrho_3 = \frac{1}{V}(\lambda_1 \overline{L}_1 + \lambda_2 \overline{L}_2 + \lambda_3 \overline{L}_3) \overset{!}{\le} 0{,}8$$

$$\Rightarrow V \ge \frac{36}{0{,}8}\,\frac{\text{MOp}}{\text{s}} = 45\,\frac{\text{MOp}}{\text{s}}$$

b) Mit $\mu_i = \frac{V}{L_i}$ und $\overline{X}_i = \frac{1}{\mu_i}$:

Klasse	$\lambda\ [s^{-1}]$	$\mu\ [s^{-1}]$	$\varrho\ [Erlang]$	$\overline{X}\ [s]$	$\overline{\Delta X^2}\ [s^2]$	$\overline{X^2}\ [s^2]$	$W\ [s]$	Rechner
1	2,4	15	0,16	$0{,}0\overline{6}$	0	$0{,}00\overline{4}$	0,1192	II
2	4,2	11,25	0,373	$0{,}0\overline{8}$	$3{,}16 \cdot 10^{-4}$	0,0395	0,255	I
3	6	22,5	0,267	$0{,}0\overline{4}$	0,002	0,004	1,072	III

$\overline{\Delta X^2}$: Klasse 1 (Rechner II): $L_1 =$ konstant

$\qquad\quad \Rightarrow \overline{\Delta X_1^2} = 0$; M/D/1

$\qquad$ Klasse 2 (Rechner I): L_2 hat unbekannte Verteilung

$$\Rightarrow \overline{\Delta X_2^2} = \frac{\overline{\Delta L_2^2}}{V^2} = 3{,}16 \cdot 10^{-4}\,\mathrm{s}^2;\ \mathrm{M/G/1}$$

Klasse 3(Rechner III): L_3 exponentialverteilt

$$\Rightarrow \overline{\Delta X_3^2} = \overline{X}_3^2 = 0{,}002\,\mathrm{s}^2;\ \mathrm{M/M/1}$$

$$\overline{X_i^2} = \overline{X}_i^2 + \overline{\Delta X_i^2}$$

c)

$$W_i = \frac{R}{\left(1 - \sum\limits_{j=1}^{i} \varrho_j\right)\left(1 - \sum\limits_{j=1}^{i-1} \varrho_j\right)}$$

$$R = \frac{1}{2}\sum_j \lambda_j \overline{X_j^2} = 0{,}1001$$

damit:

$$W_1 = \frac{0{,}1001}{1-\varrho_1} = 0{,}1192\,\mathrm{s} \qquad\qquad T_1 = \overline{X}_1 + W_1 = 0{,}1859\,\mathrm{s}$$

$$W_2 = \frac{0{,}1001}{(1-\varrho_1-\varrho_2)(1-\varrho_1)} = 0{,}255\,\mathrm{s} \qquad T_2 = \overline{X}_2 + W_2 = 0{,}3439\,\mathrm{s}$$

$$W_3 = \frac{0{,}1001}{(1-\varrho_1-\varrho_2-\varrho_3)(1-\varrho_1-\varrho_2)} = 1{,}072\,\mathrm{s} \qquad T_3 = \overline{X}_3 + W_3 = 1{,}116\,\mathrm{s}$$

Die Gesamtdurchlaufzeit T errechnet sich als mit der Eingabehäufigkeit gewichteter Mittelwert:

$$T = \frac{1}{\lambda_1 + \lambda_2 + \lambda_3}(\lambda_1 T_1 + \lambda_2 T_2 + \lambda_3 T_3) = 0{,}68\,\mathrm{s}$$

d) $\Rightarrow$ Die Klassen sollten so zugeordnet werden, daß $\overline{X}_1 < \overline{X}_2 < \overline{X}_3$ gilt, also in Reihenfolge aufsteigender Klassen gilt für die Rechner: III – II – I.

$\Rightarrow T = 0{,}465\,\mathrm{s}$

Lösung der Aufgabe 7.6

a) Verlassen der CPU:

1mal Verlassen des Systems	CPU $\rightarrow$ „Auftrag beendet": 1%
33mal zu Platte 1	$\Rightarrow$ CPU $\rightarrow$ Platte 1: 33%
66mal zu Platte 2	CPU $\rightarrow$ Platte 2: 66%

b)

$$\left.\begin{array}{l} \lambda_3 = \lambda + \lambda_1 + \lambda_2 \\ \lambda_1 = 33\% \cdot \lambda_3 \\ \lambda_2 = 66\% \cdot \lambda_3 \end{array}\right\} \quad \begin{array}{l} \lambda_3 = \frac{\lambda}{0{,}01} = 100\lambda = 30\,\mathrm{s}^{-1} \\ \lambda_1 = 9{,}9\,\mathrm{s}^{-1} \\ \lambda_2 = 19{,}8\,\mathrm{s}^{-1} \end{array}$$

$$\varrho_1 \;=\; \frac{\lambda_1}{\mu_1} = \frac{9,9}{20} = 0,495$$

$$\varrho_2 \;=\; \frac{\lambda_2}{\mu_2} = \frac{19,8}{25} = 0,792$$

$$\varrho_3 \;=\; \frac{\lambda_3}{\mu_3} = \frac{30}{200} = 0,15$$

c) Die Warteschlange von Platte 2 ist kritisch ($\varrho_2 > \varrho_1 > \varrho_3$). Damit das System nicht überlastet wird, muß gelten

$$\varrho_2 < 1 \quad \Leftrightarrow \quad \lambda_2 < \mu_2 = 25\,\mathrm{s}^{-1}$$

$$\Rightarrow \;\lambda = \frac{\lambda_3}{100} = \frac{0,01}{0,66}\lambda_2 < 0,379\,\mathrm{s}^{-1}$$

d) Die einzelnen Warteschlangen sind vom Typ M/M/1. Damit ist die mittlere Bearbeitungsdauer in den einzelnen Warteschlangen

$$T_i = \frac{1}{\mu_i - \lambda_i}\,.$$

$$T_1 = 99\,\mathrm{ms}\,;\quad T_2 = 192\,\mathrm{ms}\,;\quad T_3 = 5,88\,\mathrm{ms}$$

Die Bearbeitung eines Auftrags dauert durchschnittlich
$T_{ges} = 100\,T_3 + 33\,T_1 + 66\,T_2 = 16,5\,\mathrm{s}$

e) Mittlere Anzahl von Aufträgen im System: Little's Theorem

$$N_{ges} = \lambda T_{ges} = 4,96$$

f) Am stärksten belastet ist Platte 2, d. h. ihre Leistung sollte erhöht werden. Bei Verdopplung der Bedienrate, d. h. $\mu_2' = 50\,\mathrm{s}^{-1}$, erhält man

$$\varrho_2' = \frac{19,8}{50} = 0,396 \qquad T_2' = \frac{1}{50 - 19,8} = 33\,\mathrm{ms}$$

$$T_{ges}' = 6,03\,\mathrm{s} \qquad N_{ges}' = 1,81$$

Lösung der Aufgabe 7.7

a)

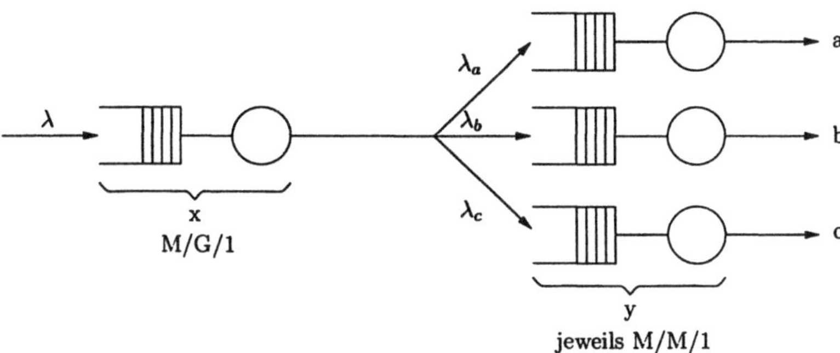

b)

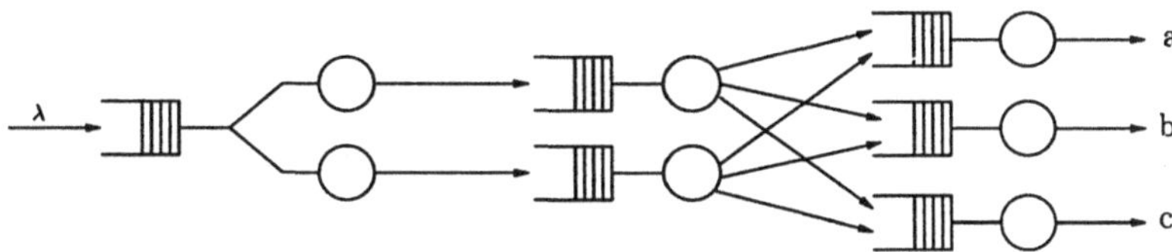

Lösung der Aufgabe A.1

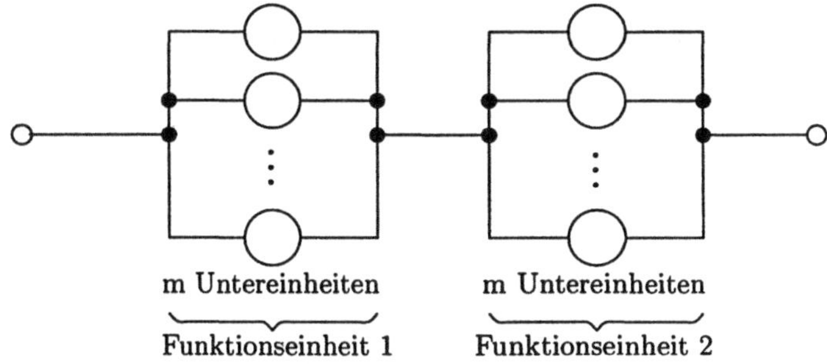

Bezeichnungen:

P_u: Ausfallwahrscheinlichkeit einer Untereinheit (für beide Funktionseinheiten identisch)

P_{F1}, P_{F2}:   Ausfallwahrscheinlichkeit der Funktionseinheiten 1 bzw. 2

Wahrscheinlichkeit, daß alle m Untereinheiten einer Funktionseinheit ausfallen:

$$P_{Fi} = P_{F1} = P_{F2} = P_u^m = 0{,}5^m$$

Gesamtausfallwahrscheinlichkeit

$$\begin{aligned}
P_{ges} &= 1 - (1 - P_{Fi})^2 \overset{!}{<} 10\% \\
1 - P_{Fi} &= \sqrt{1 - P_{ges}} \\
P_{Fi} = P_u^m &= 1 - \sqrt{1 - P_{ges}}
\end{aligned}$$

$$\begin{aligned}
\Rightarrow P_u^m &< 1 - \sqrt{1 - P_{ges}} \\
m &> \frac{\log(1 - \sqrt{1 - P_{ges}})}{\log P_u} = 4{,}28
\end{aligned}$$

$\Rightarrow$ Jede Funktionseinheit muß aus mindestens 5 Untereinheiten bestehen.

Lösung der Aufgabe A.2

a) Gesucht ist die Anzahl von Ereignissen in einer bestimmten Zeit.
$\Rightarrow$ Zählprozeß mit Poissonverteilung, da Prozeß stationär und zeitkontinuierlich

$$\begin{aligned}
\Rightarrow P(k|t_B) &= \frac{(\mu_1 t_B)^k}{k!}\, e^{-\mu_1 t_B} \\
E\{k(t_B)\} &= \overline{k}(t_B) = \mu_1 t_B = \frac{1}{100\,\mathrm{h}} \cdot 200\,\mathrm{h} = 2
\end{aligned}$$

b) Gesucht ist die Zeit für 2 „erfolgreiche" Ausfälle.
$\Rightarrow$ Frage nach der Zeitdauer bei gegebener Anzahl von Erfolgen.
$\Rightarrow$ Erlang-2-Verteilung.

$$p(\tau) = \mu_1 \frac{(\mu_1 \tau)^1}{1!}\, e^{-\mu_1 \tau} = \mu_1^2 \tau\, e^{-\mu_1 \tau}$$

Gesucht ist t_B so daß $\int\limits_0^{t_B} p(\tau)d\tau \geq 0{,}999$.

$$\begin{aligned}
\int\limits_0^{t_B} \mu_1^2 \tau\, e^{-\mu_1 \tau}\, d\tau &= (-\mu_1 \tau - 1)e^{-\mu_1 \tau}\Big|_0^{t_B} \\
&= (-\mu_1 t_B - 1)\, e^{-\mu_1 t_B} + 1 \overset{!}{>} 0{,}999
\end{aligned}$$

Transzendente Gleichung; numerische Lösung $t_B > 923{,}34\,\mathrm{h}$

c) „Frühestens" heißt „nicht schon vor t_B".

Gesucht ist also die Wahrscheinlichkeit, in den ersten 500 h keinen, einen oder zwei Ausfälle zu haben.

$$k = 0: \quad P(0) \;=\; \frac{(\mu_1 t_B)^0}{0!}\, \mathrm{e}^{-\mu_1 t_B} = \mathrm{e}^{-\mu_1 t_B} = 6{,}7 \cdot 10^{-3}$$

$$k = 1: \quad P(1) \;=\; \mu_1 t_B\, \mathrm{e}^{-\mu_1 t_B} + P(0) = 0{,}0404$$

$$k = 2: \quad P(2) \;=\; \left(\frac{1}{2}\mu_1^2 t_B^2 + \mu_1 t_B + 1\right) \mathrm{e}^{-\mu_1 t_B} = 0{,}1247$$

Lösung der Aufgabe A.3

a)

$$
\begin{array}{cccc}
 & 1: & 2: & 3: \\
1: & \boxed{1\text{-}0{,}1\text{=}0{,}9} & 0{,}1 & 0 \\
2: \quad P= & \boxed{1\text{-}0{,}4\text{=}0{,}6} & 0 & 0{,}4 \\
3: & 0{,}7 & \boxed{1\text{-}0{,}7\text{=}0{,}3} & 0
\end{array}
$$

b)

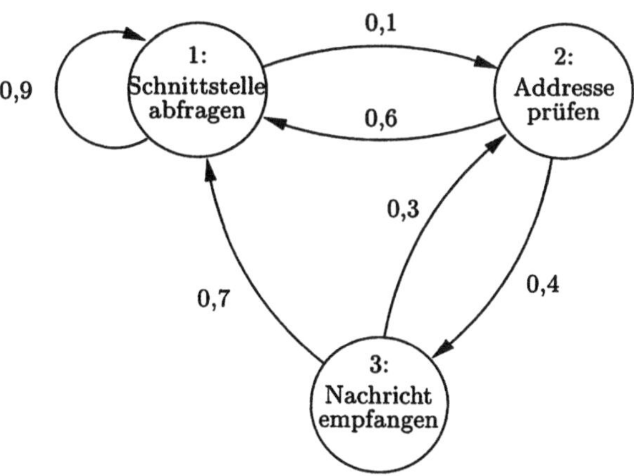

c)

$$
\begin{array}{rll}
P_1 = & 0{,}9\,P_1 + 0{,}6\,P_2 + 0{,}7\,P_3 & \text{I} \\
P_2 = & 0{,}1\,P_1 + \phantom{0{,}6\,P_2 +} 0{,}3\,P_3 & \text{II} \\
P_3 = & 0{,}4\,P_2 & \text{III} \\
\text{außerdem:} \quad & P_1 + P_2 + P_3 = 1 & \text{IV}
\end{array}
$$

$$\text{III in II:}\quad P_1 = 10 \cdot (1 - 0{,}3 \cdot 0{,}4)\, P_2 = 8{,}8 \cdot P_2 \quad \text{V}$$

$$\text{III u. V in IV:}\quad P_1 + \tfrac{1}{8{,}8} P_1 + \tfrac{1}{8{,}8} \cdot 0{,}4\, P_1 = 1$$

$$\Rightarrow\ P_1 = 0{,}8627$$

$\Rightarrow$ Das System befindet sich mit $P_1 = 0{,}8627$ im Grundzustand.

Teil II

Systembeispiele

8 X.25

Der Standard X.25 beschreibt die Zusammenarbeit zwischen Endgeräten und
Kommunikationsnetz bei der Paketübertragung. Er wurde 1976 von der CCITT
verabschiedet und ist daher nicht nur in seinen Formulierungen geprägt von den
Telefonnetzen der nationalen Postverwaltungen wie in Deutschland der Telekom:
Als Übertragungsgeschwindigkeit sind mehrere Stufen bis maximal 64 kbit/s vorgesehen. Dies entspricht den Vorstellungen von einem Weitverkehrsnetz zu Beginn
der siebziger Jahre. Für die Kommunikation zwischen Hochschulrechenzentren beispielsweise ist dies heutzutage längst nicht mehr ausreichend. Große Bedeutung
besitzt X.25 dagegen im Heimcomputerbereich, da X.25 mittels Modem über das
überall verfügbare Telefonnetz den Zugang zu Computernetzen, wie dem Internet
oder den Netzen diverser Service-Provider, ermöglicht.

X.25 beschreibt ausschließlich die Kommunikation zwischen einem Endgerät und
dem Zugangsknoten in ein paketvermitteltes Netz, an den das Endgerät angeschlossen ist. Erst im Rahmen späterer Überarbeitungen wurde der X.25-Standard
so modifiziert, daß auch eine direkte Kommunikation zwischen Endgeräten unterstützt wird. Die Abläufe innerhalb des Netzes sind genausowenig Gegenstand von
X.25 wie das Protokoll, nach dem die Gegenstelle mit diesem Netz kommuniziert.
Dies kann, muß aber nicht notwendigerweise auch X.25 sein. Es wird jedoch in
den folgenden Abschnitten stets davon ausgegangen, daß die Endgeräte auf beiden Seiten der Verbindung über X.25-Schnittstellen an das Netz angebunden sind,
da diese Einführung einen Überblick über X.25 und über das Zusammenwirken
der in Teil I beschriebenen Verfahren vermitteln, keineswegs aber den offiziellen
CCITT-Standard ersetzen will.

Bild 8.1 zeigt diese Situation und ordnet sie ins OSI-Modell ein. Im X.25-
Sprachgebrauch heißt das Endgerät üblicherweise Datenendeinrichtung DEE (*data
terminal equipment, DTE*) und der Zugangsknoten ins Netz Datenübertragungseinrichtung DÜE (*data circuit terminating equipment, DCE*).

Der X.25-Standard enthält alle drei unteren Schichten des OSI-Modells. Sein Kern
allerdings ist die Netzschicht, im Bild als X.25/3 gekennzeichnet. Die beiden anderen Schichten sind in X.25 im Grunde genommen nur als Verweise auf die Standards LAPB für die Sicherungsschicht und X.21 bzw. X.21bis für die physikalische
Schicht realisiert. Die drei Schichten des X.25-Standards werden in den folgenden
Abschnitten nacheinander beschrieben, beginnend mit der physikalischen Schicht.

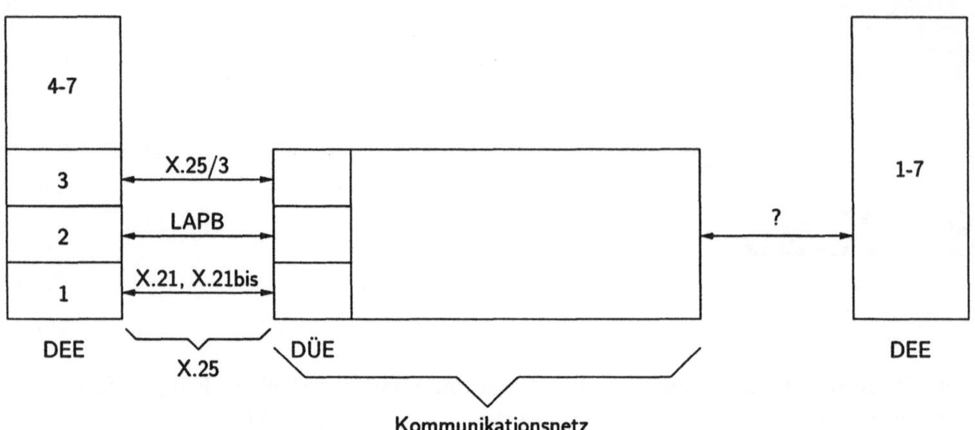

Bild 8.1: X.25 als Interface zwischen Kommunikationsnetz und Endgerät (DEE – Datenendeinrichtung, DÜE – Datenübertragungseinrichtung).

8.1   Physikalische Schicht

Der eigentliche Kern des X.25-Standards ist, wie oben gesagt, die Paketübertragung auf der Netzschicht zwischen einem Endgerät DEE und einem Netzzugangsknoten DÜE. Die internen Abläufe innerhalb des Netzes auf der Netzschicht sind in X.25 nicht enthalten. Auf der physikalischen Schicht lassen sich Netzzugang und Datenübertragung innerhalb des Netzes jedoch nicht immer derart strikt trennen. X.25 sieht daher folgende drei Netztopologien vor:

1. Zwischen DEE und DÜE erfolgt der Datenaustausch über eine fest geschaltete Verbindung mit digitaler Übertragung. Das Netz selbst arbeitet paketvermittelt, d. h. der Funktionsumfang seiner Knoten umfaßt alle drei unteren OSI-Schichten.

2. Die Datenübertragung zwischen DEE und DÜE erfolgt wie bei 1. digital, aber das Netz ist leitungsvermittelt. Bevor eine DEE Daten übertragen kann, muß sie das Netz veranlassen, eine Leitung zur DEE auf der Gegenseite zu schalten. Aus der Sicht der Netzschicht stellt dies eine direkte Ende-zu-Ende-Verbindung ohne (paketvermittelnde) Netzknoten dar.
Die Leitungsvermittlungseinrichtungen enthalten keine Funktionen der Schichten 2 und 3 des X.25-Standards. Allerdings müssen sie beim Verbindungsaufbau einen Weg durch das Netz suchen und übernehmen insofern durchaus Aufgaben, die der Schicht 3 des OSI-Modells zugeordnet sind. Während bei der ersten Netztopologie auf der physikalischen Schicht zwischen DEE und DÜE ausschließlich X.25-Pakete transportiert wurden, müssen darüberhinaus bei einem leitungsvermittelten Netz auch Steuerungsinformationen für den Verbindungsaufbau übertragen werden.

3. Als dritte Netztopologie erlaubt der X.25-Standard leitungsvermittelte, analoge Netze wie das Telefonnetz. Das Modem stellt dann die DÜE dar. Für diesen Fall gilt im Prinzip dasselbe wie für 2.

Für die beiden ersten Topologien sind elektrische und mechanische Eigenschaften der Schnittstelle sowie die Funktionsabläufe in der physikalischen Schicht durch den X.21-Standard spezifiziert. Für die analoge Übertragung bei der dritten Topologie sind Modems der CCITT-V.-Serie vorgesehen. Diese werden meist über eine V.24- oder, nach amerikanischer Bezeichnungsweise, RS-232-C-Schnittstelle mit der DEE verbunden. Dafür legt der X.21bis-Standard fest, wie die V.24-Schnittstelle als physikalische Schicht in einem X.25-Netz genutzt wird.

Da der Verbindungsaufbau einen wesentlichen Bestandteil des X.21-Standards ausmacht, wird in den folgenden Abschnitten die zweite Netztopologie, d. h. die digitale Übertragung in einem leitungsvermittelten Netz, beschrieben.

8.1.1 X.21: Schnittstellenleitungen und Übertragungsverfahren

Eine X.21-Schnittstelle besitzt 6 Signalleitungen und einen gemeinsamen Masse- oder Rückleiter. Bezeichnung und Signalrichtung der Leitungen sind in Bild 8.2 dargestellt.

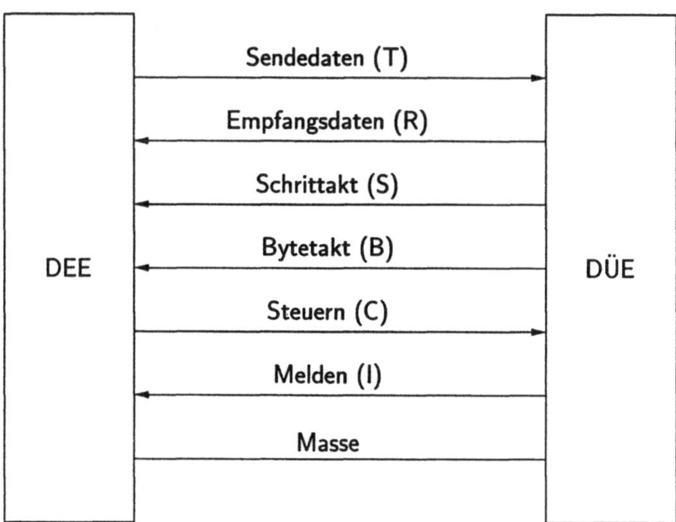

Bild 8.2: X.21-Schnittstellenleitungen.

Über die beiden Leitungen C (*control*) und I (*indication*) teilen sich DEE und DÜE gegenseitig mit, in welchem Zustand sie sich befinden. Sind beide Leitungen auf AUS, sind DEE und DÜE zusammen in einer Ruhephase, beide Leitungen auf EIN

kennzeichnen die Datenübertragungsphase. Während der Verbindungsaufbau- und
-abbauphasen können die Leitungen C und I auch andere Signalpegel aufweisen.

Von der Phase, in der sich DEE und DÜE gemeinsam befinden, hängt die Bedeutung der Leitungen T (*transmit*) und R (*receive*) ab. Über diese Leitungen wird
grundsätzlich synchron zu dem Schrittaktsignal auf Leitung S (*signal timing*) übertragen, das von der DÜE vorgegeben wird.

In der Ruhephase informieren sich DEE und DÜE gegenseitig über ihre Bereit-
schaft, eine Verbindung aufzubauen und Daten zu übertragen. Auf diese Weise
lassen sich verschiedene Ruhezustände unterscheiden. Ein Verbindungsaufbau ist
nur aus dem Ruhezustand C=I=AUS und T=R=1 möglich.

Für den Verbindungsaufbau in einem leitungsvermittelten Netz müssen Wählzei-
chen von der DEE zur DÜE und Meldungen über die Verbindung von der DÜE zur
DEE übertragen werden. Dafür werden Zeichen des CCITT-Alphabets IA5 (Inter-
nationales Alphabet Nr. 5), das dem ASCII-Code entspricht, verwendet. Zur Zei-
chensynchronisierung werden jeder Nachricht zwei Synchronisationszeichen SYN
vorangestellt. Zusätzlich kann die DÜE auf Leitung B einen Zeichentakt vorgeben,
an den sich die DEE ggf. anpassen muß; diese Leitung B ist allerdings optional.

In der Datenübertragungsphase stellen die Leitungen T und R transparente Binär-
kanäle dar. Es ist also keinerlei Codierung oder Zeichenalphabet vorgeschrieben,
lediglich der von der DÜE vorgegebene Bittakt auf Leitung S ist von DEE und
DÜE gleichermaßen zu beachten. Die Datenübertragungsphase endet, sobald die
DEE die Leitung C oder die DÜE die Leitung I auf AUS legt, um anzuzeigen, daß
sie nicht mehr übertragungsbereit ist. Man beachte, daß dies **keine** Maßnahme zur
Flußkontrolle ist, da danach immer ein Verbindungsabbau erfolgt. Möglichkeiten
zur Flußkontrolle sind in X.25 erst in den Protokollen der Sicherungs- und der
Netzschicht vorgesehen.

8.1.2   X.21: Verbindungsaufbau und -abbau

Die Abläufe beim Verbindungsaufbau und -abbau sind im Standard X.21 durch
die Zustandsdiagramme in den Bildern 8.3 und 8.4 festgelegt.

Beim Verbindungsaufbau ist zu unterscheiden zwischen dem Fall, daß eine DEE
selbst einen Verbindungsaufbau veranlaßt, und dem Fall, daß sie von einer anderen
DEE angerufen wird. Der Ausgangszustand ist für beide Fälle der Zustand 1 „Bereit" mit Steuerleitung C und Meldeleitung I auf AUS und beiden Datenleitungen
T und R auf 1.

Wenn eine DEE eine Verbindung aufbauen möchte, beginnt sie, auf ihrer Sende-
datenleitung T fortgesetzt 0 an die DÜE zu übertragen. Dadurch wechselt das Gesamtsystem aus DEE und DÜE in den Zustand 2 „Verbindungsanforderung". Dort
wartet die DEE darauf, daß die DÜE den Verbindungswunsch quittiert, indem
diese auf der Empfangsdatenleitung R wiederholt das IA5-Zeichen '+' sendet und
damit die DEE zur Wahl auffordert (Zustand 3). Der Wählvorgang (Zustand 4)
beginnt damit, daß die DEE die Steuerleitung C auf EIN legt und mindestens zwei

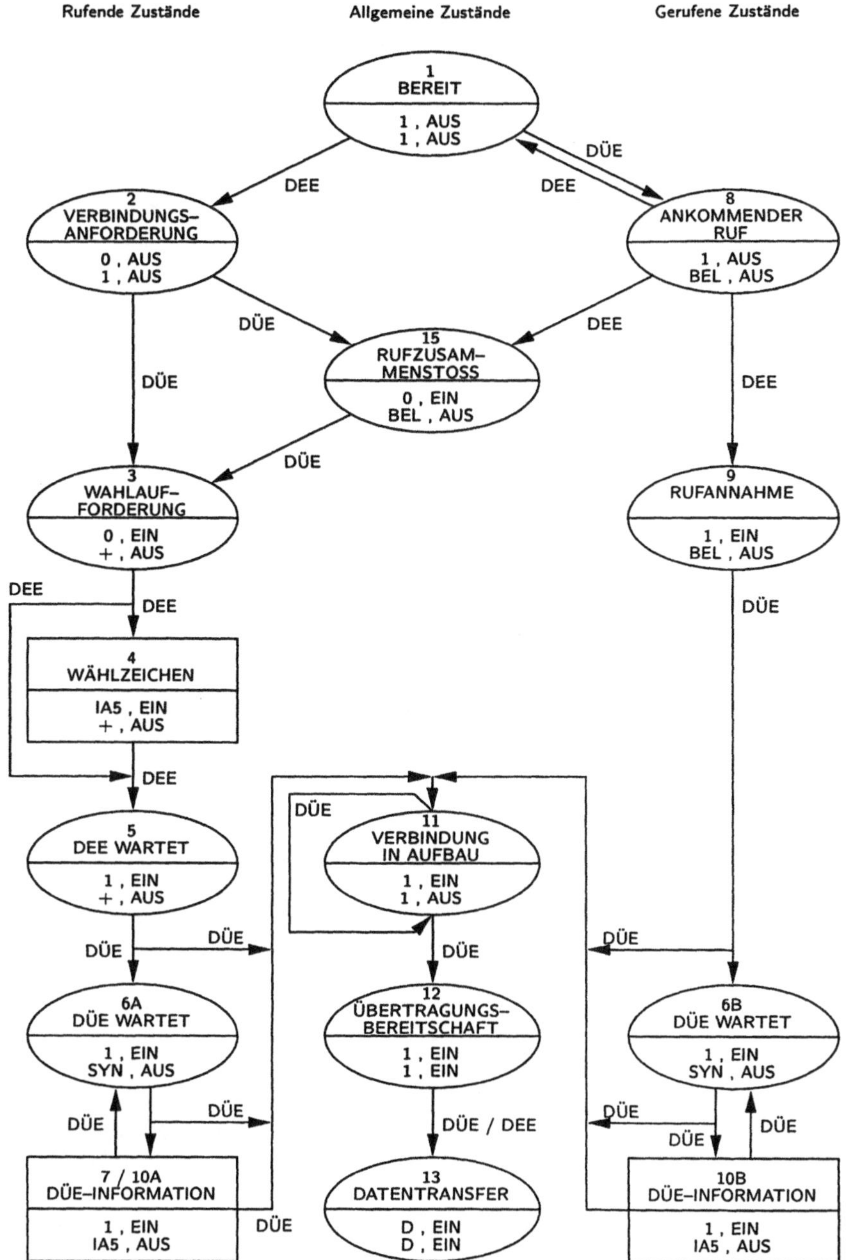

Bild 8.3: Zustandsdiagramm für den Verbindungsaufbau (Legende siehe Bild 8.5).

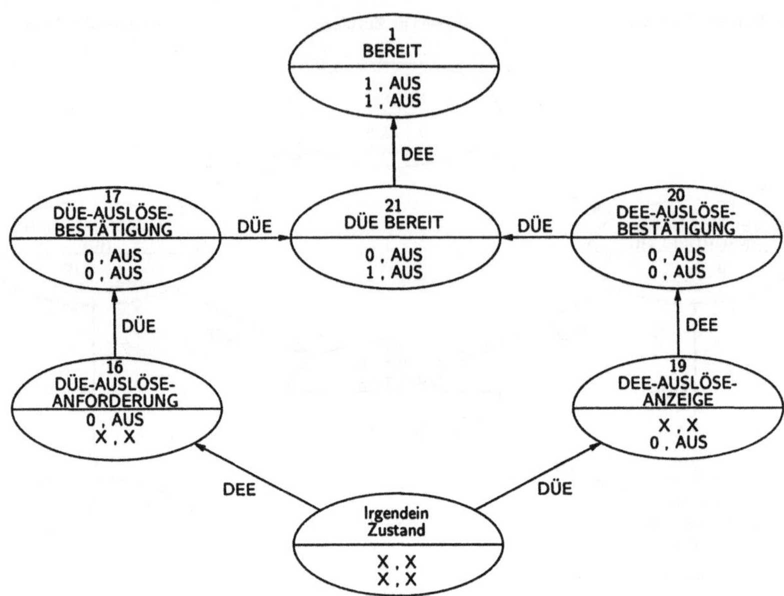

Bild 8.4: Zustandsdiagramm für den Verbindungsabbau.

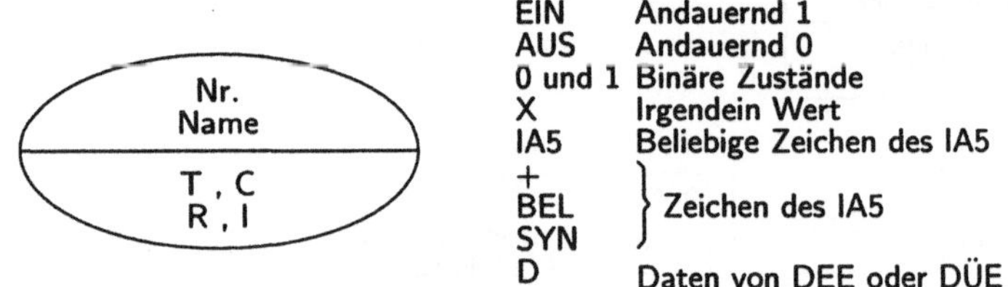

EIN	Andauernd 1
AUS	Andauernd 0
0 und 1	Binäre Zustände
X	Irgendein Wert
IA5	Beliebige Zeichen des IA5
+	
BEL	} Zeichen des IA5
SYN	
D	Daten von DEE oder DÜE

Bild 8.5: Legende zu den Zustandsdiagrammen, Bild 8.3, 8.6 und 8.4.

SYN-Zeichen auf Leitung T überträgt. Danach folgen der Adreßblock und/oder Blöcke zur Aktivierung, Änderung oder Löschung von Leistungsmerkmalen der Verbindung. Zu diesen Leistungsmerkmalen gehören der Aufbau von Punkt-zu-Mehrpunktverbindungen, Gebühreninformation und -übernahme, Verbindungsumleitung, Direktruf und das Einrichten von Kurzwahladressen. Zwischenräume zwischen den Blöcken füllt die DEE mit SYN-Zeichen auf; der Wählvorgang wird beendet mit dem '+'-Zeichen und dem Wechsel in Zustand 5. Ist vorher bereits mittels des Leistungsmerkmals „Direktruf" eine entsprechende Adresse eingestellt worden, kann die DEE den Wählvorgang und damit Zustand 4 überspringen. Sie wartet dann unter fortgesetztem Senden von 1 in den Zuständen 5, 6A, 7, 10A, 11 und 12 darauf, daß die DÜE die Verbindung herstellt. Sobald die DÜE erkannt hat, daß die DEE ihren Wählvorgang abgeschlossen hat und sie sich in Zustand 5 befinden, quittiert sie dies, indem sie auf Leitung R SYN-Zeichen überträgt und damit ihrerseits einen Übergang in den Wartezustand 6A veranlaßt. Dort wartet sie auf Meldungen des Netzes, ob eine Verbindung zustande kommen wird und wenn ja, auf weitere Informationen wie die Uhrzeit des Verbindungsaufbaus und zur Gebührenabrechnung. Diese Netzmeldungen und DÜE-Informationen werden in den Zuständen 7 bzw. 10A an die DEE weitergegeben. Anschließend warten DEE und DÜE in Zustand 11, bis die Verbindung im Netz geschaltet ist. Den Abschluß des Verbindungsaufbaus signalisiert die DÜE im Zustand 12 „Übertragungsbereitschaft" dadurch, daß sie die Leitung I auf EIN legt. Dann ist ein transparenter Übertragungskanal zwischen der rufenden und der gerufenen DEE hergestellt, und von beiden Seiten her kann die Datenübertragungsphase, Zustand 13, begonnen werden.

Der Ablauf bei der Annahme eines ankommenden Rufes gestaltet sich einfacher, da hierbei der Wählvorgang entfällt. Wenn im Zustand 1 ein Ruf ankommt, zeigt die DÜE dies der DEE dadurch an, daß sie auf der R-Leitung das BEL-Zeichen (*bell* – Klingel) sendet. Bei automatischer Anrufannahme muß die DEE innerhalb einer halben Sekunde, bei manueller Annahme innerhalb von 60 Sekunden, darauf reagieren und den Ruf annehmen; anderenfalls erfolgt die Rückkehr in den Zustand 1. Die Rufannahme teilt die DEE der DÜE über Leitung C=EIN mit, die DÜE quittiert dies dadurch, daß sie statt des bisherigen BEL-Zeichens das SYN-Zeichen zu senden beginnt. Beide befinden sich dann in Zustand 6B. Ab da sind die Abläufe bis zum Beginn der Datenübertragung dieselben wie oben für die rufende DEE beschrieben mit der Ausnahme, daß auf der gerufenen Seite die Netzmeldungen entfallen.

Es ist möglich, daß gerade in dem Moment ein Ruf ankommt, in dem die DEE ihrerseits einen Verbindungsaufbau veranlassen will. Man spricht dann von einem Rufzusammenstoß. Ihm ist im Diagramm, Bild 8.3, der Zustand 15 zugeordnet. In diesem Fall hat der eigene Verbindungsaufbau Vorrang vor der Beanwortung des fremden Rufs. Daher muß die DÜE den Rufzusammenstoß erkennen und durch Übergang in Zustand 3 „Wahlaufforderung" mit dem Aufbau der rufenden Verbindung fortfahren.

Der Verbindungsabbau heißt im CCITT-Sprachgebrauch „Auslösung" und bezeichnet die Rückkehr aus einem beliebigen Zustand in den Zustand 1 „Bereit". Dies erfolgt, wenn eine DEE in Zustand 4 nur Leistungsmerkmale ändern, aber keine Verbindung aufbauen will, sowie wenn keine Verbindung zur Gegenstelle zustande kommt und wenn die Datenübertragungsphase beendet wird.

Der Auslösevorgang beginnt damit, daß, je nachdem wer die Auslösung veranlaßt, DEE oder DÜE ihre Steuerleitung auf AUS legt und über ihre Datenleitung 0 sendet (Zustände 16 und 19). Der jeweils andere quittiert dies, indem er dasselbe tut (Zustände 17 und 20). Danach macht sich zunächst die DÜE bereit und zeigt dies durch die fortlaufende Übertragung von 1 auf der Datenleitung R an. Anschließend verhält sich die DEE ebenso, womit der „Bereit"-Zustand 1 erreicht ist.

8.1.3   X.21 bei fest geschalteten Leitungen

Im vorangegangenen Abschnitt wurde die in der Einleitung als zweites beschriebene Topologie eines digitalen, leitungsvermittelten Netzes vorausgesetzt. Wegen
der Leitungsvermittlung war vor Beginn der Datenübertragungsphase ein Verbindungsaufbau und danach ein Verbindungsabbau notwendig.

Bei der oben als erstes beschriebenen Topologie dagegen werden die Pakete auf
der Ebene der X.25-Netzschicht vermittelt. Dadurch wird auf der physikalischen
Schicht, d. h. X.21, keine durchgehende Ende-zu-Ende-Verbindung mehr benötigt.
Da es sich bei der Verbindung zwischen DEE und DÜE um eine fest geschaltete,
physikalische Leitung handelt, entfallen dafür Verbindungsaufbau und -abbau.

Die Zustandsdiagramme 8.3 und 8.4 vereinfachen sich zu dem in Bild 8.6 gezeigten.

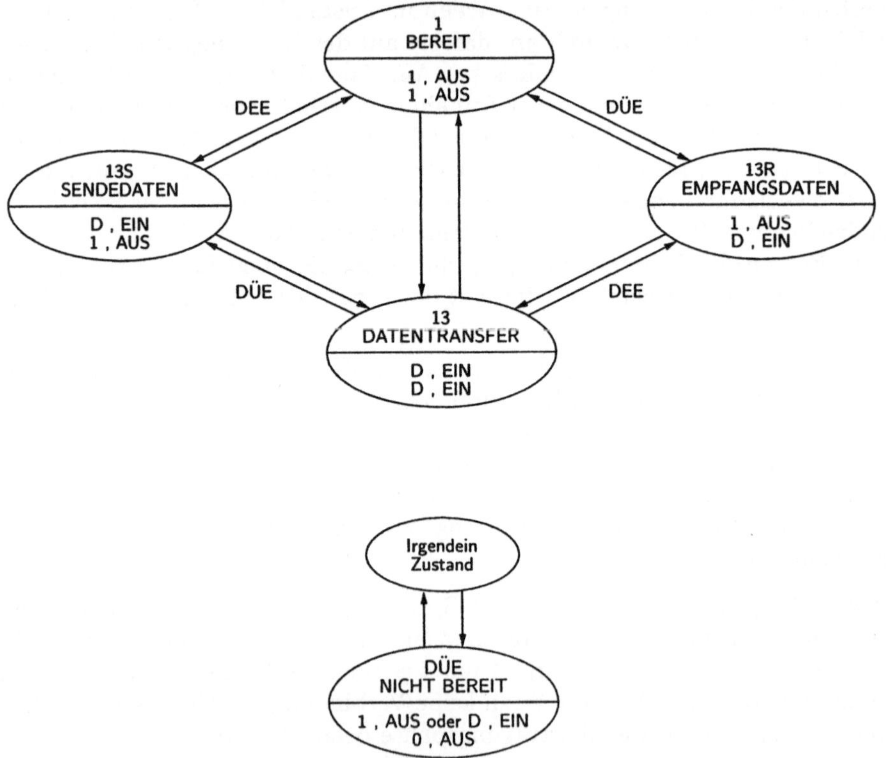

Bild 8.6: Zustandsdiagramm für X.21 bei fest geschalteten Leitungen.

Sofern DEE und DÜE gleichermaßen bereit sind, kann jede von beiden jederzeit
Daten zur jeweils anderen Einrichtung übertragen.

8.1.4   X.21bis und V.24

Die dritte der oben beschriebenen Netztopologien geht von einem leitungsvermittelten, analogen Netz wie dem Telefonnetz aus. Beim Vergleich mit dem leitungsvermittelten, digitalen X.21-Netz in Abschnitt 8.1.2 findet man sowohl Gemeinsamkeiten als auch Unterschiede.

Die Unterschiede sind folgende:

- Die DÜEen in einem analogen Netz auf X.21bis-Basis sind Modems, auf die der Netzbetreiber keinen Einfluß besitzt. Die Einflußgrenze zwischen Telefonkunde und Netzbetreiber verläuft hier zwischen der DÜE und der Telefonvermittlung, während sie bei den X.21-basierten Netzen zwischen DEE und DÜE verläuft. Bei X.21bis muß der Telefonkunde auch das Abnehmen bzw. Auflegen des Telefonhörers beeinflussen können, während dies bei X.21 nicht erforderlich ist.

- Im Modem muß eine analoge Signalverarbeitung erfolgen.

Gemeinsam haben X.21 und X.21bis,

- daß die Datenübertragung zwischen DEE und DÜE taktsynchron erfolgt,

- daß während der Datenübertragungsphase ein transparenter Kanal vorliegt, und

- daß vor der Datenübertragungsphase eine Verbindung aufgebaut und danach wieder abgebaut werden muß.

Wie bereits oben erwähnt, setzt X.21bis voraus, daß das Modem der CCITT-V.-Serie entspricht und über eine V.24-Schnittstelle an die DEE angeschlossen ist. X.21bis spezifiziert, welche Leitungen der V.24-Schnittstelle im Rahmen des X.25-Standards benutzt werden. Dies zeigt Bild 8.7.

Die Leitungen 103 und 104 entsprechen in ihrer Bedeutung den Leitungen T und R bei X.21, werden allerdings ausschließlich zur Übertragung von Daten in der Datenübertragungsphase und von Wählinformationen beim Verbindungsaufbau benutzt. Sende- und Empfangsschrittakt (114 und 115) werden von der DÜE mit dem gleichen Taktsignal versorgt und entsprechen Leitung S. Die Leitungen 108/2 und 107 haben ähnliche Funktion wie C und I bei X.21. Anders als bei X.21 wird ein ankommender Ruf bei X.21bis nicht durch Senden des IA5-Zeichens BEL auf Empfangsdatenleitung 104 ($\hat{=}$ R) signalisiert, sondern durch ein Signal auf Leitung 125.

Die Leitungen 105 und 106 haben keine Entsprechung zu Leitungen von X.21. Über Leitung 105 wird das Modem aufgefordert, quasi den Telefonhörer abzunehmen bzw. aufzulegen; Leitung 106 dient dazu, dies zu quittieren. Die Notwendigkeit dieser beiden Leitungen ist eine Folge davon, daß bei X.21bis das Modem bzw. die DÜE nicht vom Netzbetreiber, sondern vom Telefonkunden gesteuert und an das Telefonnetz angeschaltet wird.

Die analoge Signalverarbeitung umfaßt mehrere Aufgaben:

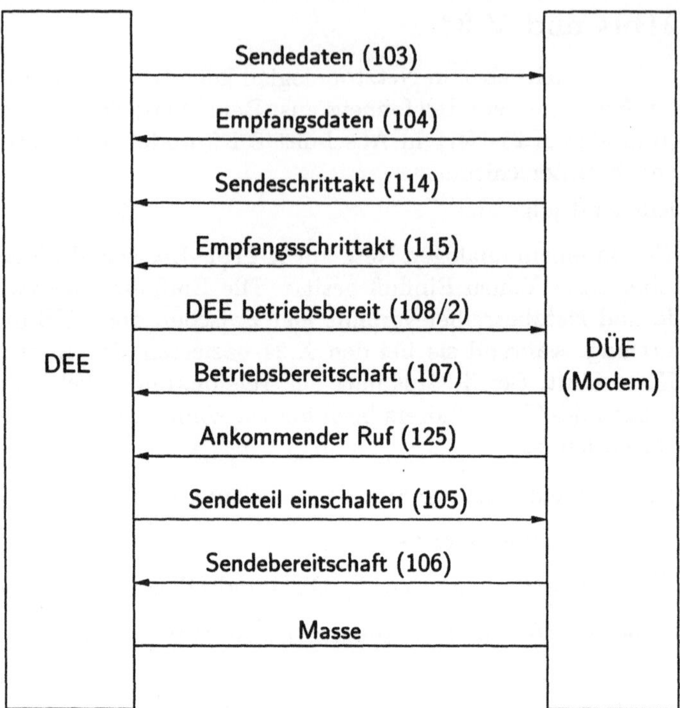

Bild 8.7: Schnittstellenleitungen nach X.21bis.

- Modulation und Demodulation.

- Echokompensation und Entzerrung:
  Im Telefonnetz sind für Hin- und Rückrichtung normalerweise zwei getrennte Leitungen vorgesehen (4-Drahtbetrieb), über große Entfernungen jedoch werden oft zwei Drähte eingespart und die Signale in beiden Richtungen über dieselbe Leitung übertragen. Dabei können Echos auftreten, die ab Leitungslängen von mehr als 2000 km sehr stören. Zur Unterdrückung dieser Echos arbeitet das Telefonnetz dann quasi im Halbduplexbetrieb. Damit das Modem vollduplex betrieben werden kann, muß es beim Verbindungsaufbau die telefonnetzinterne Echounterdrückung (durch einen Sinuston von 2100 Hz und 2,6 bis 4 Sekunden Dauer) ausschalten und statt dessen auftretende Echos selbst kompensieren.

- Rückgewinnung des Schrittaktes:
  Das Telefonnetz stellt, anders als ein Netz auf X.21-Basis, keine eigene Schrittaktleitung zur Verfügung. Damit ein Modem der DEE ein solches Signal auf Leitung 115 zur Verfügung stellen kann, muß es dieses Taktsignal aus dem über die Telefonleitung empfangenen Datensignal zurückgewinnen.

Der automatische Auf- und Abbau der Telefonverbindungen kann durch den Vorgang des „seriellen automatischen Wählens" erfolgen, der im CCITT-Standard V.25bis festgelegt ist. Die Abläufe des Verbindungsauf- und -abbaus sind in diesem Standard wie bei X.21 als Zustandsdiagramm spezifiziert und stimmen im wesentlichen damit überein. Unterschiede zwischen X.21bis bzw. V.25bis einerseits und X.21 bestehen insofern, als daß das analoge Telefonnetz nicht über die Leistungsmerkmale eines X.21-Netzes (wie Direktruf, Verbindungsumleitung, Kurzwahladressen etc.) verfügt und, abgesehen von Wahltönen, Frei- und Besetztzeichen, keine Netzmeldungen für die DEE zur Verfügung stellt.

8.2 Sicherungsschicht

Der X.25-Standard geht davon aus, daß zwischen einer DEE und einer DÜE eine direkte Punkt-zu-Punkt-Verbindung besteht. DEE und DÜE steht das sie verbindende Übertragungsmedium exklusiv zur Verfügung; eine Nutzung desselben Mediums durch mehrere DEEen findet nicht statt. Damit tritt die Problematik des Vielfachzugriffs nicht auf und eine MAC-Schicht 2a erübrigt sich. Die Aufgabe der OSI-Schicht 2 beschränkt sich ausschließlich darauf, eine zuverlässige Verbindung zwischen DEE und DÜE sicherzustellen.

Diese Aufgabe übernimmt im X.25-Standard das LAPB-(*link access procedure balanced*) Protokoll. LAPB ist eine vom CCITT standardisierte Modifikation des HDLC-Protokolls, das im Kapitel 5.4 beschrieben ist. Auf seine Funktionsweise soll daher hier nicht mehr näher eingegangen werden. Der Netzschicht von X.25 stellt LAPB eine zuverlässige Bitübertragung zur Verfügung. Bleiben Quittungen für übertragene Rahmen aus, schließt das LAPB-Protokoll auf eine Unterbrechung der Verbindung und meldet dies an die Netzschicht. Dies wird im Abschnitt 8.3.3 von Bedeutung sein, wenn die Fenstermechanismen von LAPB und von der X.25-Netzschicht einander gegenüber gestellt werden.

8.3 Netzschicht

Die beiden unteren OSI-Schichten stellen mit den Protokollen X.21 bzw. X.21bis und LAPB der Netzschicht eine zuverlässige Datenübertragung von Punkt zu Punkt zur Verfügung. Darauf aufbauend werden von der Netzschicht Pakete verbindungsorientiert über virtuelle Kanäle transportiert. Die von der Schicht 2 zur Verfügung gestellte Verbindung wird im asynchronen Multiplexbetrieb genutzt, d. h. es können mehrere virtuelle Kanäle von einer DEE zur gleichen DÜE und von dort zu verschiedenen Empfänger-DEEen führen. Zu den wesentlichen Aufgaben der Netzschicht gehören das Management der virtuellen Kanäle und die Flußkontrolle.

8.3.1 Paketformat

Die X.25-Netzschicht kennt die Daten- und Kontrollpakete wie in Bild 8.8 dargestellt.

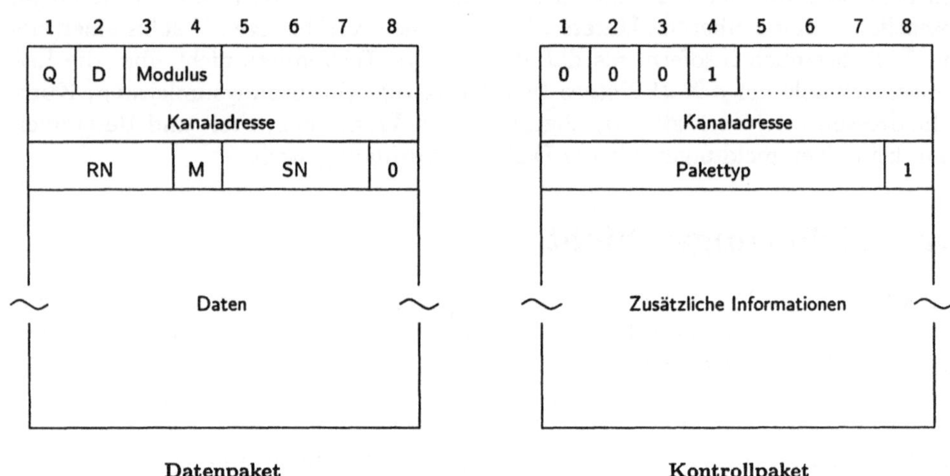

Bild 8.8: Format von Daten- und Kontrollpaket.

Beide besitzen eine 12 Bit lange Adresse für den virtuellen Kanal. Im Standard
sind diese 12 Bit nochmals aufgeteilt in 4 bzw. 8 Bit, was einer Aufteilung der
virtuellen Kanäle in $2^4 = 16$ Gruppen mit jeweils $2^8 = 256$ Kanälen entspricht. Für
die Funktionsweise hat dies jedoch keine Auswirkungen. Unterscheiden lassen sich
Daten- und Kontrollpakete am 8. Bit des dritten Bytes: Es ist 0 bei Datenpaketen
und 1 bei Kontrollpaketen.

Die Felder „SN" *(sequence number)* und „RN" *(request number)* im Header der
Datenpakete werden für ein Go-back-N-Protokoll (siehe Kapitel 5.3.2) benutzt.
Normalerweise bestehen diese Felder aus drei Bits, und die Sequenznummern werden daher modulo 8 gerechnet. Im Feld „Modulus" ist dann 01 eingetragen. Enthält dieses jedoch das Bitmuster 10, wird modulo 128 gerechnet. Dann werden
der Paketheader um ein viertes Byte verlängert und SN und RN um jeweils 4 Bit
ergänzt. Die Verlängerung der Sequenznummern ist sinnvoll bei Kanälen mit sehr
langen Signallaufzeiten, bspw. Satellitenkanälen. Durch das D-Bit *(delivery confir-
mation)* wird gekennzeichnet, von wem empfangene Pakete quittiert werden: D=0
bedeutet, daß die Quittung, d. h. RN, von der DÜE stammt, D=1 hingegen, daß
es sich um eine Ende-zu-Ende-Quittung handelt. Das Go-back-N-Protokoll wird
bei X.25 nicht primär zur Fehlerkorrektur verwendet, sondern dient vor allem zur
Flußkontrolle. Auf diesen Aspekt wird in Abschnitt 8.3.3 näher eingegangen.

Das M-Bit (more) erlaubt es der sendenden DEE, mehrere aufeinanderfolgende
Pakete als zusammengehörig zu kennzeichnen. Alle Pakete dieser Gruppe mit Ausnahme des letzten haben M=1 gesetzt. Diese Möglichkeit ist von Bedeutung bei

der Zusammenarbeit zwischen Netzen unterschiedlicher Standards.

Das Q-Bit ist optional und dient zur Unterscheidung zwischen Benutzerdaten und Steuerinformationen für einen sogenannten „Paket-Assembler-Disassembler (PAD)". Dieser soll hier nicht näher erklärt werden; siehe dazu [Bla87, Rus89].

Die maximale Anzahl von Datenbytes innerhalb eines Datenpaketes kann beim Verbindungsaufbau zwischen DEE und DÜE ausgehandelt werden und kann in mehreren Stufen zwischen 16 und 4096 Bytes liegen. Der übliche Wert ist 128 Bytes. Wird die ausgehandelte Maximallänge von einem Paket überschritten, veranlaßt die empfangende DEE ein Rücksetzen (reset) der virtuellen Verbindung. Wenn ein Paket weniger Datenbytes als maximal zulässig enthält, erkennt der Empfänger dies am Rahmenende des LAPB-Rahmens, in dem dieses Paket transportiert wird.

Bei den Kontrollpaketen gibt es verschiedene Typen, die durch die ersten 7 Bits des dritten Bytes unterschieden werden (siehe Tabelle 8.1).

Tabelle 8.1: Tabelle der Kontrollpakete in X.25.

	Name	Pakettyp
Verbindungs- management	Call Request (senderseitig)/ Incoming call (empfängerseitig)	0000 1011
	Call Accepted (senderseitig)/ Call Connected (empfängerseitig)	0000 1111
	Clear Request (senderseitig)/ Clear Indication (empfängerseitig)	0001 0011
	Clear Confirm	0001 0111
	Registration Request	1111 0011
	Registration Confirmation	1111 0111
	Reset Request (senderseitig)/ Reset Indication (empfängerseitig)	0001 1011
	Reset Confirmation	0001 1111
	Restart Request (senderseitig)/ Restart Indication (empfängerseitig)	1111 1011
	Restart Confirmation	1111 1111
	Diagnostic	1111 0001
Flußkontrolle	Receive Ready (RR)	xxx0 0001
	Receive Not Ready (RNR)	xxx0 0101
	Reject (optional)	xxx0 1001
Interrupt	Interrupt	0010 0011
	Interrupt Confirm	0010 0111

Das Interrupt-Paket unterliegt **nicht** der Flußkontrolle und erlaubt es einer DEE, wichtige Informationen zu übertragen, obwohl die reguläre Datenübertragung von der Flußkontrolle angehalten worden ist. Um die dadurch noch zusätzlich verursachte Belastung des Netzes oder der empfangenden DEE zu begrenzen, darf das Feld für Zusatzinformationen in einem Interrupt-Paket maximal 32 Bytes enthalten, und bis zum Eintreffen einer Bestätigung in Form eines Interrupt-Confirm-Paketes darf immer nur ein Interrupt-Paket abgeschickt werden.

8.3.2   Verbindungsmanagement

Die Paketübertragung über virtuelle Kanäle gehört zu den verbindungsorientierten Übertragungsverfahren und ist als solches mit einem gewissen Verwaltungsaufwand für die virtuellen Kanäle verbunden. Dieser umfaßt Auf- und Abbau einer Verbindung sowie deren Überwachung während der Datentransferphase und gegebenenfalls die Behebung von Störungen.

Der Verbindungsaufbau beruht auf dem Prinzip des Zwei-Wege-Handshakes. Die rufende DEE wählt für den aufzubauenden virtuellen Kanal zunächst eine Kennummer aus, die auf der Leitung zwischen DEE und DÜE bisher noch nicht vergeben ist. Anschließend sendet sie ein Call-Request-Paket wie in Bild 8.9 an die DÜE.

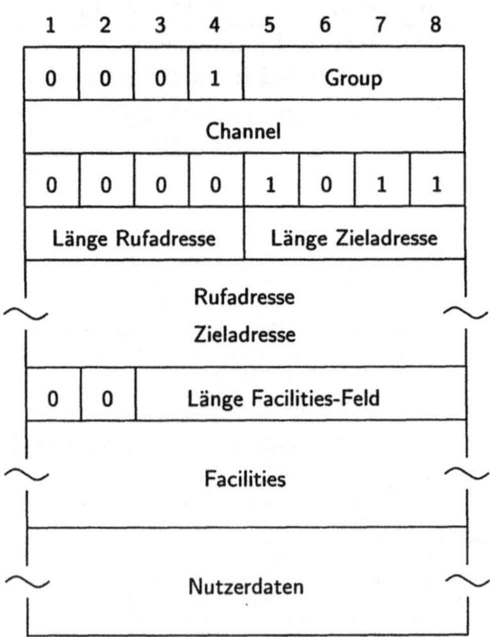

Bild 8.9: Aufbau des Call-Request-Pakets.

Neben der Kennummer des virtuellen Kanals sind in diesem Paket die Adressen

der rufenden und der gerufenen DEE eingetragen. Anhand dieser Adressen muß die
DÜE eine Route zur DÜE der gerufenen DEE bestimmen und das Call-Request-
Paket dorthin weiterbefördern. Die DÜE auf der gerufenen Seite gibt dann das
Paket als „Incoming Call" an die gerufene DEE weiter. Wie man aus Tabelle
8.1 entnehmen kann, unterscheiden sich Call-Request- und Incoming-Call-Paket
lediglich im Namen, aber nicht hinsichtlich des Pakettyp-Feldes. Diese Namensgebung entspricht der Kommunikation mittels Request- bzw. Indication-Primitiven
im OSI-Modell. Unterscheiden können sich Call-Request und Incoming-Call allerdings in der Kennummer des virtuellen Kanals: Um diese Kennummern nicht
im gesamten Netz aufeinander abstimmen zu müssen, verzichtet man darauf, einem virtuellen Kanal eine einzige, im gesamten Netz gültige Nummer zuzuordnen.
Statt dessen weist man dem virtuellen Kanal auf jedem Verbindungsabschnitt zwischen zwei Vermittlungseinrichtungen eine eigene Nummer zu. Bei der Beförderung der Pakete (nicht nur der Call-Request-, sondern auch der Daten- und übrigen Kontrollpakete), d. h. beim Übergang von einem Verbindungsabschnitt in den
nächsten, müssen die Vermittlungseinrichtungen die Kennummern entsprechend
austauschen.

Wenn die gerufene DEE bereit ist, die gewünschte Verbindung aufzubauen, antwortet sie mit einem Call-Accepted-Paket. Dafür wird dieselbe Kennummer benutzt
wie für das Incoming-Call-Paket. Die Verbindung ist zur Datenübertragung bereit, sobald das Call-Accepted-Paket, dann Call-Connected genannt, der rufenden
DEE zugestellt wird. Ist die gerufene DEE jedoch nicht gesprächsbereit, reagiert
sie mit einem Clear-Request-Paket auf die Verbindungsanforderung. Dies wird ihr
vom Netz, d. h. ihrer DÜE, mit einem Clear-Confirm-Paket quittiert. Das Netz
seinerseits befördert den Clear-Request zur rufenden DEE, bezeichnet diesen dann
als Clear-Indication und läßt sich dessen Empfang wiederum durch einen Clear-
Confirm bestätigen.

Ein Verbindungsaufbau kann auch daran scheitern, daß das Netz beispielsweise
wegen Überlastung keine weitere Verbindung mehr einrichten kann. Dies wird der
rufenden DEE durch eine Clear-Indication mitgeteilt, die wie oben durch einen
Clear-Confirm quittiert wird.

Neben dem üblichen Paketheader und den Adressen der rufenden bzw. der gerufenen DEE enthält ein Call-Request-Paket noch ein Feld variabler Länge mit der
Bezeichnung „Facilities". Dort kann eine rufende DEE die von ihr gewünschten Parameter für diverse Leistungsmerkmale der aufzubauenden Verbindung eintragen.
Beispiele möglicher Leistungsmerkmale sind:

- Beschränkung der Kommunikation einer DEE ausschließlich auf das Senden
  oder ausschließlich das Empfangen von Daten;

- Anrufumleitung;

- Gebührenübernahme durch gerufene DEE;

- Erweiterte Paketnumerierung (SN/RN) mit 7 statt 3 Bit;

- Verwendung des Selective-Repeat- statt des Go-back-N-Protokolls;

- Festlegung einer von der Voreinstellung abweichenden Fenstergröße;

- Festlegung einer von der Voreinstellung abweichenden Paketgröße.

Die beiden miteinander kommunizierenden DEEen können diese Leistungsmerkmale auch während der Datenübertragungsphase einer bestehenden Verbindung mit den Registration-Request- und Registration-Confirm-Paketen verändern.

Während der Datenübertragungsphase müssen sowohl die beiden DEEen als auch die beteiligten Netzknoten die Verbindung überwachen, um eventuelle Störungen und Fehlersituationen erkennen zu können. Denkbare Störungen wären beispielsweise Paketverluste oder Pakete, deren Länge den vereinbarten Wert überschreitet. Werden derartige Fehlersituationen bemerkt, können DEE oder Netzknoten einen „Reset" oder einen „Restart" auslösen. Ein Reset bezieht sich stets nur auf eine einzige Verbindung, während ein Restart alle Verbindungen einer DEE betrifft. Als Folge davon werden die Flußkontrolle der betroffenen Verbindungen reinitialisiert und in der Übertragung begriffene Pakete verworfen. Bild 8.10 zeigt die beiden Situationen, wenn eine DEE bzw. ein Netzknoten einen Reset auslöst.

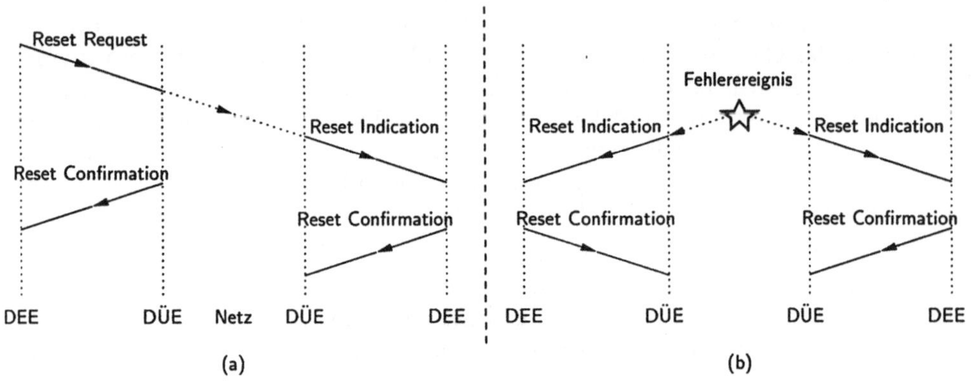

Bild 8.10: Reset durch DEE (a) bzw. Netzknoten (b).

Die Clear-Request- bzw. Clear-Indication-Pakete dienen nicht nur, wie oben im Zusammenhang mit dem Verbindungsaufbau beschrieben, zum Abweisen eines Verbindungswunsches, sondern auch zum Abbau einer Verbindung bzw. eines virtuellen Kanals. Normalerweise wird eine der miteinander kommunizierenden DEEen den Verbindungsabbau veranlassen, aber es besteht auch die Möglichkeit, daß ein Netzknoten dies tut. Die Abläufe entsprechen denen eines Reset, siehe Bild 8.10. Als Folge eines Clear-Request werden alle Pakete, die sich noch in der Übertragung über den abzubauenden virtuellen Kanal befinden, weggeworfen, und die Einträge für diesen virtuellen Kanal in den Routing-Tabellen der Netzknoten werden entfernt.

8.3.3 Flußkontrolle

Um die Rate von Paketen, die eine DEE ins Netz absendet, regulieren zu können, gibt es in X.25 einen Fenstermechanismus und eine An/Aus-Flußkontrolle auf Basis der Receive-Ready-(RR-) und Receive-not-Ready-(RNR-)-Pakete.

Für den Fenstermechanismus wird die Länge des Fensters während des Verbindungsaufbaus festgelegt und bleibt für die Dauer des Bestehens der Verbindung konstant. Der Standardwert dafür ist 8. Alle Datenpakete werden in aufsteigender Reihenfolge durchnumeriert, und die laufende Nummer eines Paketes modulo der Fensterlänge wird in das Sequence-Number-Feld des Paketheaders (siehe Bild 8.8) eingetragen. Sobald die empfangende DEE den Empfang aller Datenpakete bis einschließlich des i-ten Pakets bestätigt hat, darf die sendende DEE alle Pakete im Fenster von i bis i+Fensterlänge übertragen. Die Bestätigung kann die empfangende DEE zum einen auf dem Weg des „Piggybackings" übertragen, indem sie die Nummer $i + 1$ (modulo der Fensterlänge) in das RN-Feld von einem ihrer Datenpakete einträgt und dieses an die andere DEE schickt. Hat sie gerade ihrerseits keine Datenpakete zu übertragen, kann sie statt dessen die Nummer $i + 1$ in die ersten drei Bits vom Pakettyp-Feld eines RR-Pakets schreiben und dieses zurücksenden.

Beim Fenstermechanismus ist die Empfangsbestätigung an die Erlaubnis geknüpft, weitere Datenpakete zu senden. Um ein Paket zu quittieren, ohne dabei die Übertragung weiterer Pakete zu gestatten, gibt es das RNR-Paket. Wie beim RR-Paket trägt man in die drei ersten Bits des Pakettyp-Feldes die Nummer des zu quittierenden Datenpakets ein. Im Gegensatz zum RR-Paket darf eine DEE nach Empfang eines RNR-Pakets jedoch keine weiteren Datenpakete absenden, bis ihr dies von der Gegenstelle explizit durch ein RR-Paket wieder erlaubt wird. Dieser An/Aus-Mechanismus wirkt zwar schneller als der Fenstermechanismus, aber trotzdem auch nicht sofort: Während ein RNR-Paket unterwegs ist, kann eine sendende DEE noch Datenpakete abschicken, soweit ihr Sendefenster dies zuläßt. Auf diese Weise können auch unbestimmte Zeit nach dem Rücksenden eines RNR-Pakets noch Datenpakete bei der empfangenden DEE eintreffen.

Dieselbe Kombination von Fenster- und An/Aus-Mechanismus wie auf der Netzschicht findet man auch im LAPB-Protokoll auf der Sicherungsschicht von X.25. Jedoch weist Russel [Rus89] darauf hin, daß sich die Fenstermechanismen beider Schichten grundlegend unterscheiden: Anders als oben für die Netzschicht beschrieben dient der Fenstermechanismus in LAPB nicht zur Flußkontrolle, sondern zur Fehlerkorrektur.

Die Datenpakete der Netzschicht enthalten keine Prüfsumme. Daher können keine fehlerhaften Pakete erkannt werden, und der Fenstermechanismus kann ausschließlich zur Flußkontrolle, aber nicht zur Fehlerkorrektur benutzt werden. Auf der Sicherungsschicht hingegen muß mit Hilfe des Fenstermechanismus eine sichere Übertragung gewährleistet werden. Dies umfaßt die Erkennung von Übertragungsfehlern, Rahmenverlusten und Verbindungsunterbrechungen. Als Kriterium für einen Verbindungsabbruch dient die Tatsache, daß über einen längeren Zeitraum keine Quittung von der Gegenstelle empfangen wurde. Der Empfänger muß daher von Zeit zu Zeit eine Quittung absenden, um keinen Verbindungsabbruch vorzutäuschen. Als Folge davon wird der Sender neue Rahmen abschicken oder bereits gesendete wiederholen; der Fenstermechanismus von LAPB alleine reicht daher nicht aus, um den Datenstrom auf der Sicherungsschicht auf Null zu drosseln. Die eigentliche Flußkontrolle von LAPB geschieht daher mit dem An/Aus-Mechanismus mit den RR-/RNR-Rahmen.

Literaturempfehlungen:
Eine kurze Beschreibung von X.21 findet man im Anhang des Buchs von Black [Bla87]; eine Übersicht über damit verwandte Standards wie RS-232-C ist bei [Tan96] enthalten. Die Netzwerkschicht von X.25 wird von Russel [Rus89] ausführlich beschrieben und analysiert.

9 TCP/IP

Die Kurzbezeichnung TCP/IP wird häufig für eine ganze Protokollfamilie verwendet, deren wichtigste Bestandteile in der Tat das Transmission-Control-Protocol TCP und das Internet-Protocol IP darstellen. Diese Protokollfamilie ist die Basis des Netzes, das häufig als „Internet" bezeichnet wird.

Die Entwicklung dieser Protokollfamilie begann ungefähr ein Jahrzehnt vor der des OSI-Modells. TCP/IP wurde ausschließlich zur Vernetzung von Computern konzipiert und ist nicht, wie es Tanenbaum [Tan96] dem OSI-Modell vorwirft, von der Mentalität der Nachrichtentechnik bzw. Telekommunikationstechnik beeinflußt. Unterschiede zwischen TCP/IP und dem OSI-Modell sind damit zu erwarten.

Im folgenden werden beide Protokollfamilien einander gegenübergestellt, um die Unterschiede deutlich zu machen. Vorher werden die Entwicklung der TCP/IP-Familie und die damit verbundenen Zielsetzungen dargestellt, um die Struktur der Schichten bei TCP/IP zu erklären. Danach werden die Protokolle der Internet- und der Transportschicht ausführlich beschrieben.

9.1 Entwicklung und Zielsetzung von TCP/IP

Im Jahr 1969 beauftragte die Advanced Research Project Agency (ARPA) des US-amerikanischen Verteidigungsministeriums mehrere Universitäten und Forschungsinstitute mit der Entwicklung eines Weitverkehrsnetzes. Dieses „ARPANET" sollte Rechner miteinander verbinden, die über die gesamten USA verteilt waren. In dieses Netz sollten lokale Netze verschiedener Hersteller, mobile Paketfunknetze, Leitungsnetze für Langstreckenverbindungen sowie Satellitennetze integriert werden. Darüber hinaus wurde gefordert, daß dieses Netz beim Ausfall einzelner Komponenten nicht gänzlich zusammenbrechen darf, sondern automatisch die Funktionen der defekten Komponenten, soweit wie möglich, von anderen Komponenten übernommen werden. Dies bedeutet, daß beispielsweise Verbindungen, die durch den Ausfall einer Fernleitung unterbrochen werden, über andere Routen wieder aufgebaut werden, ohne daß Benutzer oder Netzverwalter dazu manuell eingreifen müssen.

Im Verlauf dieser Entwicklung entstanden die Protokolle der TCP/IP-Familie. Sie wurden 1983 Standard für die Netze des amerikanischen Verteidigungsministeriums.

Ebenfalls im Jahr 1983 wurde vom ARPANET das MILNET abgespaltet, welches ausschließlich der militärischen Forschung vorbehalten war, während das ARPANET auch Universitäten zugänglich war. Beide Netze wurden über Gateways miteinander verbunden. Später wurden weitere Netze auf TCP/IP-Basis aufgebaut und ebenfalls mit dem ARPANET verbunden. Solche Netze sind beispielsweise das Computer-Science-Network CSNET und das NSFNET der amerikanischen National Science Foundation NSF sowie das Satellitennetz SATNET. In Deutschland gibt es den Verein Deutsches Forschungsnetz e.V. (DFN), der das Wissenschaftsnetz WIN unterhält. Heute hat sich durch die Integration weiterer Netze ein weltumspannendes System entwickelt (ARPA Internet), das sowohl zivile und militärische staatliche Stellen als auch Firmen, Forschungszentren und Universitäten miteinander verbindet. Die genaue Kenntnis der Stärken und Schwächen von TCP und IP sowie deren Implementierung hat dazu geführt, daß diese nicht nur im ARPA Internet, sondern auch in vielen anderen kommerziellen Systemen Verwendung gefunden haben.

Durch die Forderung, daß der Ausfall einzelner Komponenten nicht die Funktion des Netzes als ganzem gefährden darf, besitzt das ARPA Internet keine zentrale Komponente. Genausowenig gibt es ein offizielles Standardisierungsgremium. Statt dessen veröffentlichen die an der Weiterentwicklung des Netzes beteiligten Stellen sog. „Request for Comments" (RFCs). Voraussetzung für die Veröffentlichung eines RFCs durch das Internet Activity Board (IAB) ist, daß dieser vorher als Prototyp implementiert worden ist. RFCs, die von der „Internet-Community" als irrelevant betrachtet werden, geraten einfach in Vergessenheit; dies dürfte auf die meisten der inzwischen über 2000 RFCs zutreffen.

9.2 Vergleich der TCP/IP-Protokollfamilie mit dem OSI-Modell

Es wurde oben bereits angesprochen, daß die TCP/IP-Protokollfamilie dem OSI-Modell um mehr als ein Jahrzehnt vorausging und deshalb Unterschiede zwischen beiden bestehen.

Man erkennt in Bild 9.1, daß die Protokolle der TCP/IP-Familie in vier statt in sieben Schichten wie beim OSI-Modell gegliedert werden. In dieser Einteilung spiegelt sich die Zielsetzung wider, nach der das ARPANET als „Netz zwischen (lat. *inter*) Netzen" unterschiedlichste lokale Netze miteinander verbinden soll. Die unterste TCP/IP-Schicht ist von der ARPA so gut wie nicht näher spezifiziert. Die wesentliche Anforderung an die Protokolle dieser Schicht besteht darin, daß sie die Datenübertragung zwischen zwei Rechnern in einem LAN oder über eine Punkt-zu-Punkt-Verbindung ermöglichen. Dadurch lassen sich an dieser Stelle eine Vielzahl verschiedener LAN-Protokolle einsetzen; häufig benutzt werden, wie in

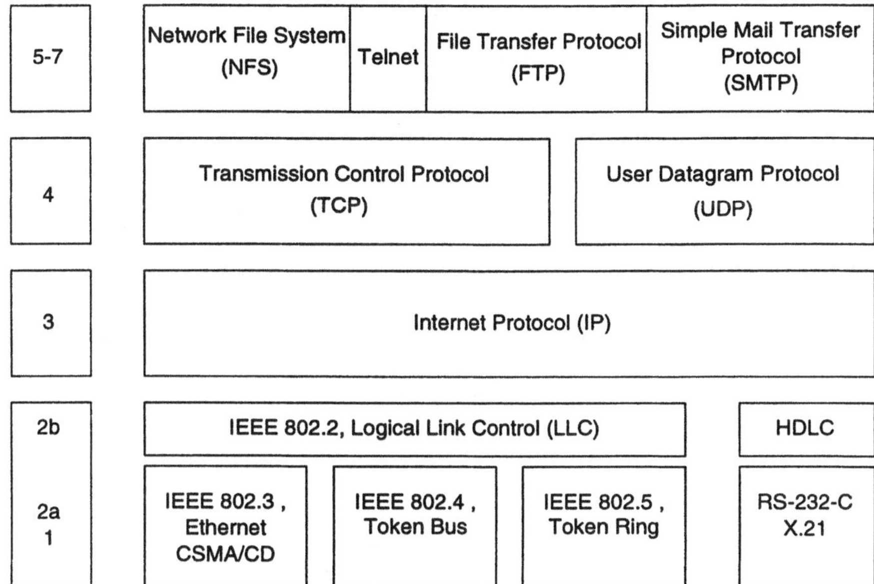

Bild 9.1: Aufbau des TCP/IP-Protokollstapels.

Bild 9.1 dargestellt, die von der Gruppe 802 des Institute of Electrical and Electronics Engineers (IEEE) standardisierten Protokolle. Wichtige Vertreter dieser Familie sind IEEE 802.3, das als Nachfolger des von der Firma Xerox entwickelten Ethernet ebenfalls auf dem CSMA/CD-Vielfachzugriffsprotokoll basiert, sowie die Token-Bus- und Token-Ring-Protokolle IEEE 802.4 und IEEE 802.5. Für diese drei Verfahren wurde eine Sicherungsschicht als IEEE 802.2 spezifiziert. Neben diesen IEEE 802.x-Protokollen können in der unteren Schicht von TCP/IP aber auch Protokolle für Punkt-zu-Punkt-Verbindungen, wie beispielsweise X.25, eingesetzt werden. Um die Übertragungsraten zwischen den LANs zu erhöhen, werden zunehmend auch ATM-Strecken (s. Kapitel 10) integriert.

Das Internetprotokoll dient dazu, die LANs der unteren Schicht durch Punkt-zu-Punkt-Verbindungen über Leitungen oder Satelliten miteinander zu verbinden. Somit integriert es LANs und Punkt-zu-Punkt-Verbindungen der unteren TCP/IP-Schicht in ein gemeinsames Netz und ermöglicht den Austausch von Datagrammen zwischen Rechnern in diesem Netz. Dadurch entspricht die Internetschicht weitgehend der Netzschicht des OSI-Modells.

Um möglichst viele verschiedene LAN-Protokolle in das ARPA Internet einbinden zu können, erwartet das Internetprotokoll von diesen keine zuverlässige Datenübertragung und stellt selbst ebenfalls nur eine unzuverlässige Datagrammübertragung zur Verfügung. Um einen zuverlässigen Datentransport von einem Endgerät zu einem anderen sicherzustellen, ist über dem Internetprotokoll das Transmission-Control-Protocol (TCP) angeordnet. Es stellt eine zuverlässige lo-

gische Ende-zu-Ende-Verbindung her. Daneben gibt es, um den Overhead von
Verbindungsauf- und -abbau zu vermeiden, für den verbindungslosen Datenaustausch das User-Datagram-Protocol (UDP). TCP und UDP bilden zusammen die
Host-to-Host-Layer, die in etwa der Transportschicht des OSI-Modells entspricht.
Die oberste Schicht des TCP/IP-Protokollstapels faßt die Schichten 5 – 7 des
OSI-Modells zusammen. Dadurch trat bei TCP/IP anders als beim OSI-Modell
nie das Problem auf, Sitzungs-, Darstellungs- und Anwendungsschicht in sinnvol-
ler Weise voneinander zu trennen. Die sog. „Upper Layer Protocols" von TCP/IP
unterstützen Anwendungen wie das Arbeiten an entfernten Rechnern über virtuelle Terminals mittels „telnet" und den Zugang zu Dateien auf anderen Rechnern
über das File-Transfer-Protocol (FTP). Weitere Anwendungen sind die elektronische Post (e-mail), die auf dem Simple-Mail-Transfer-Protocol (SMTP) basiert,
sowie das Anfang der neunziger Jahre vom CERN in Genf entwickelte Hypertext-
Transfer-Protocol (HTTP), auf welchem das Worldwide Web (WWW) beruht.

9.3 Internet-Protokoll (IP)

Wie oben dargestellt ist die Internetschicht für den Datenaustausch über die Grenzen der lokalen Netze hinweg zuständig und bedient sich dabei der Datenübertra-
gungsdienste dieser LANs sowie zusätzlicher Weitverkehrsverbindungen. Dadurch,
daß das Internetprotokoll verschiedenste Standards für LANs und Weitverkehrsverbindungen unterstützen soll, muß es sich bei den Anforderungen an diese Standards auf den „kleinsten gemeinsamen Nenner" beschränken: Verlangt wird lediglich die Übertragung von Datagrammen. Ob diese Übertragung in einem LAN
verbindungslos erfolgt oder dafür vorher eine Verbindung aufgebaut werden muß,
ist für das Internetprotokoll ebenso irrelevant wie die Fragen, ob diese Übertragung
zuverlässig oder unzuverlässig ist und welche Länge die übertragenen Datagramme
haben dürfen. Im Rahmen der Experimente mit dem ARPANET hat sich heraus-
gestellt, daß der Ansatz des Datagrammaustauschs zwischen den LANs nicht nur
sehr flexibel und einfach zu implementieren, sondern auch robuster und weniger
anfällig gegen Störungen ist als das Konzept der virtuellen Kanäle.

Die Verbindung der Subnetze untereinander erfolgt durch IP-Router. Diese werden
teilweise auch als Gateways bezeichnet; der Sprachgebrauch ist uneinheitlich. Diese
IP-Router stellen gewissermaßen Vermittlungsstellen dar. Sie tauschen untereinander Informationen aus, welche Verbindungen zwischen den LANs existieren und
wie diese momentan ausgelastet sind. Außerdem ist ihnen bekannt, welche Rechner
sich in den LANs befinden, denen sie selbst angehören. Dadurch können sie anhand
der in den Datagrammen enthaltenen Empfängeradresse entscheiden, ob sie das
Datagramm selbst direkt an seinen Empfänger (in einem ihrer LANs) zustellen
können bzw. andernfalls, an welchen IP-Router sie es weiterleiten müssen.

Durch dieses Grundkonzept sind *Adressierung*, *Routing* und *Fragmentierung* die
wesentlichen Aufgaben des Internetprotokolls. Auf sie wird in den nun folgenden
Abschnitten ausführlicher eingegangen.

9.3.1 Adressierung und Routing

Aufgabe des ARPANET war, wie oben bereits mehrfach erwähnt, LANs miteinander zu verbinden, die nach unterschiedlichen Standards funktionieren. Es war nicht zu erwarten, daß die Hersteller der LANs sich für diesen Zweck auf eine einheitliche Konvention für die Adressierung einigen würden. Darüber hinaus hätte die Vorgabe einer solchen Konvention die Entwicklung neuer LAN-Standards ganz wesentlich eingeschränkt und behindert.

Die Lösung dieses Problems bestand darin, für das Internetprotokoll selbst eine eigene Adressierungskonvention zu entwickeln.

Eine solche eigene Adressierungskonvention war auch aus einem anderen Grund erforderlich. Man stelle sich einmal vor, es sollten nur LANs nach dem Ethernet- bzw. IEEE 802.3-Standard miteinander verbunden werden. Ethernetadressen bestehen aus 46 Bit, und jedem Ethernetadapter wird bei seiner Herstellung eine eigene Ethernetadresse zugewiesen. Hierzu gibt es entsprechende Vereinbarungen aller Hersteller. Damit wäre eine weltweit eindeutige Adressierung sichergestellt. Es tritt aber ein Problem beim Routing auf: Ein Router müßte sich für jeden möglichen Empfänger eine individuelle Route merken. Selbst wenn eine solche Routing-Tabelle nicht alle $2^{46} = 7 \cdot 10^{13}$ möglichen, sondern nur einige Millionen Einträge enthalten würde, wäre sie äußerst unhandlich. Um hier Abhilfe zu schaffen, muß das Routing hierarchisch erfolgen, was wiederum eine geeignete Adressierung voraussetzt.

Die Grundidee des hierarchischen Routings ist folgende: Alle Rechner im Netz werden in Subnetze eingeordnet. Ein solches Subnetz kann beispielsweise ein LAN sein. Jedes Subnetz erhält dann eine eigene Netzadresse. Die Adresse eines Rechners besteht aus der Netzadresse des Subnetzes, dem er angehört, und zusätzlich einer Kennzeichnung zur Unterscheidung der Rechner innerhalb des Subnetzes. Als Datagrammadresse für die Internetschicht werden stets beide Teile, also die gesamte Rechneradresse, eingesetzt.

Jedes Subnetz besitzt einen eigenen Router. Alle Datagramme, die an Empfänger in einem bestimmten Subnetz gerichtet sind, werden zunächst an den Router dieses Subnetzes gesandt. Dafür genügt es den Routern, die diese Datagramme weiterleiten müssen, den ersten Teil von deren Adresse auszuwerten, der ja das Subnetz des Empfängers bezeichnet. Der Router des Empfängersubnetzes kennt alle darin befindlichen Rechner; er ist dadurch in der Lage, die Datagramme an den jeweiligen Empfänger zuzustellen. Bei Bedarf können die Subnetze in weitere Teilnetze untergliedert werden, um zusätzliche Hierarchiestufen für das Routing einzufügen.

Für das Internetprotokoll wurden die Adressen in vier Klassen eingeteilt:

- Eine kleine Klasse A von Subnetzen mit einer großen Anzahl von Rechnern,
- eine große Klasse C von Subnetzen mit wenigen Rechnern sowie
- eine mittlere Konfiguration als Klasse B.

- Die Adressen der Klasse D sind sog. Multicast-Adressen, d. h. sie dienen zur Verteilung von Nachrichten von einem Sender an mehrere Empfänger.

In den ersten drei Klassen besteht die Internetadresse, d. h. Netz- und Rechneradresse gemeinsam, aus 32 Bit. Ihr Aufbau ist in Bild 9.2 dargestellt.

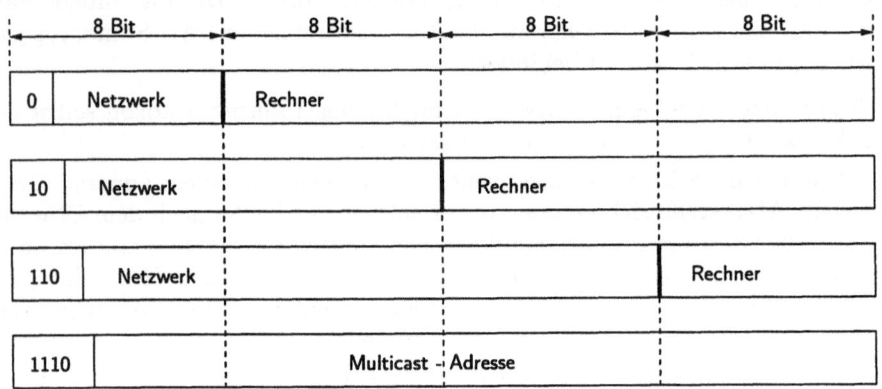

Bild 9.2: Aufbau der Internet-Adressen.

Üblicherweise werden die Internetadressen byteweise als Dezimalzahlen dargestellt und die Bytes voneinander durch Punkte getrennt. In dieser Schreibweise gehören alle Adressen, deren erste Nummer zwischen 0 und 127 liegt, zur Klasse A. Diese umfaßt dann $2^7 = 128$ Netze mit jeweils bis zu $2^{24} = 16{,}7$ Millionen Rechnern. Klasse B enthält alle Adressen mit den Anfangsnummern von 128 bis 191. Da hier das zweite Byte der Adresse ebenfalls zur Kennzeichnung des Subnetzes benutzt wird, gibt es bis zu 16384 Subnetze der Klasse B mit maximal je 65536 Rechnern. Klasse C umfaßt alle Adressen mit Anfangsnummern von 192 bis 223. Die Anfangsnummern 224 bis 239 werden für Multicast-Verbindungen benutzt. Die verbleibenden 15 Nummern von 240 bis 255 sind vorerst reserviert.

Ein Beispiel für eine solche Internetadresse ist 134.60.24.31: Aus der Anfangsnummer 134 folgt, daß es sich um eine Klasse-B-Adresse handelt. Damit ist 134.60 die Netzadresse; sie steht für das Subnetz der Universität Ulm. Die Nummern 24.31 kennzeichnen dann einen bestimmten Rechner in diesem Subnetz.

Die Internetadressen werden vom Network Information Center (NIC) in den USA vergeben; dieses sorgt dafür, daß die Adressen weltweit eindeutig sind.

Wie oben bereits beschrieben, erfolgt das Routing im ARPA Internet hierarchisch in zwei Stufen. Die untere Stufe bilden die Subnetze. Dies sind zumeist LANs, innerhalb von denen jeder Rechner mit jedem anderen Rechner quasi über eine Punkt-zu-Punkt-Verbindung kommuniziert. Dort ist ein Routing-Algorithmus überflüssig.

Die obere Hierarchiestufe bildet die Beförderung der Datagramme von Router zu Router. Dafür wird ein Shortest-Path-Verfahren benutzt. Anfangs war dies ein verteilter Bellman-Ford-Algorithmus. Dabei tauschten benachbarte Router ihre gesamten Routing-Tabellen alle 625 Millisekunden aus. Das Gewicht einer Verbindung wurde von der Anzahl von Paketen bestimmt, die auf eine Übertragung über die betreffende Verbindung warteten. Der ständige Austausch der Tabellen mit teilweise sprunghaften Veränderungen führte dazu, daß relativ häufig Pakete im Kreis gelenkt wurden anstatt zum Empfänger weiterbefördert zu werden. Außerdem wurde mit dem Anwachsen des ARPA Internets im Lauf der Zeit der Datenaufwand zum Austausch der Routing-Tabellen untragbar hoch.

Deshalb wurde im Jahr 1979 dieser erste Algorithmus ersetzt durch einen inkrementellen Dijkstra-Algorithmus. Bei diesem beobachtet jeder Router die Verzögerungszeiten entlang der von ihm wegführenden Verbindungen über 10 Sekunden; die Mittelwerte dieser Verzögerungszeiten gibt er mindestens alle 60 Sekunden einmal im gesamten Netz bekannt. Diese Mittelwerte werden dann als Gewichtung der jeweiligen Verbindung im Routing-Algorithmus eingesetzt. Durch diese Mittelwertbildung konnte die Häufigkeit von im Kreis gerouteten Paketen deutlich reduziert werden.

9.3.2 Fragmentierung

In den Netzen, die das ARPA Internet miteinander verbinden soll, werden unterschiedliche Rahmen- bzw. Paketlängen verwendet.

Bei Paketfunknetzen werden wegen der Störungen auf dem Funkkanal meist nur kleine Pakete übertragen; beim ALOHANET der Universität von Hawaii enthalten Pakete maximal 256 Bits. X.25 als Protokoll für leitungsgebundene Übertragungsstrecken verwendet Paketlängen bis 32768 Bits. Das Ethernet erlaubt Pakete von bis zu 12144 Bits Länge, das Token-Bus-Protokoll IEEE 802.4 von bis zu 65528 Bits.

Die Datenblöcke, die vom TCP oder vom UDP an das Internetprotokoll übergeben werden, können für die zur Verfügung stehenden Übertragungsstrecken zu lang sein. Das Internetprotokoll muß sie deshalb vor der Übertragung in passende Bruchstücke zerteilen. Da das Internetprotokoll selbst keinen zuverlässigen Übertragungsdienst zur Verfügung stellt, sondern sich auf die Ende-zu-Ende-Fehlerbehandlung durch TCP verläßt, werden die Bruchstücke nur mit einem Header für die Adressierung, aber keiner Prüfsumme für die Fehlererkennung versehen. Man erhält also Fragmente, keine Segmente.

Der Vorgang des Fragmentierens besteht im wesentlichen aus drei Schritten: Das empfangene, zu lange Datagramm wird zunächst „ausgepackt", d. h. sein Header wird entfernt. Anschließend wird der Datenteil in mehrere Fragmente unterteilt, und im letzten Schritt wird jedes Fragment durch Anfügen eines Header zu einem eigenen Datagramm ergänzt. Um im Empfänger die Fragmente wieder richtig zusammensetzen zu können, müssen deren Header entsprechende Angaben enthalten. Bild 9.3 zeigt den Aufbau eines Datagramms.

Von Bedeutung für die Fragmentierung sind die Felder „Fragment Offset" und „Identification" sowie die Flags „MF" und „DF".

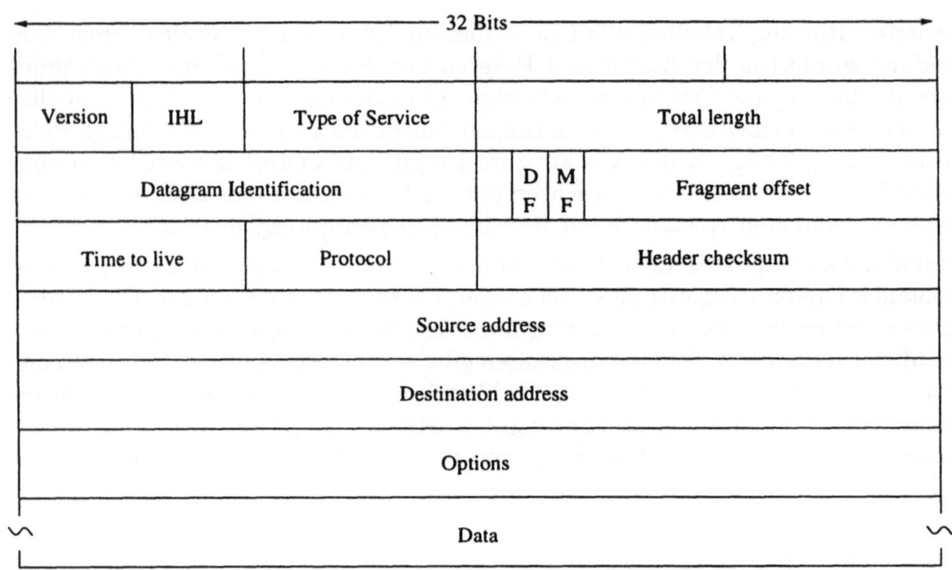

Bild 9.3: Aufbau der IP Datagramme.

Der „*Fragment Offset*" ist die Anfangsposition des Fragments im Datenteil des ursprünglichen, unfragmentierten Datagramms. Die Fragmentierung erfolgt so, daß die Länge aller Fragmente (ohne deren Header) mit Ausnahme des letzten Fragments stets ein Vielfaches von 8 Bytes ist. Daher wird der Fragment-Offset ebenfalls in Vielfachen von 8 Bytes angegeben. Mit dem „*Identification*"-Feld wird verhindert, daß Fragmente von unterschiedlichen Datagrammen zusammengesetzt werden. Dazu trägt der Absender für jedes Datagramm dessen laufende Nummer in dieses Feld ein, bevor er das Datagramm ins Netz abschickt. MF steht für „*More Fragments*"; im Header des letzten Fragments ist dieses Flag auf 0 gesetzt, in allen anderen auf 1. DF heißt „*Don't Fragment*". Es wird auf 1 gesetzt, wenn ein Datagramm an einen Empfänger gerichtet ist, der nach einer Fragmentierung in einem der Vermittlungsknoten nicht in der Lage wäre, dieses Datagramm wieder aus seinen Fragmenten zusammenzusetzen. Derartige Datagramme müssen vom Routing-Algorithmus um Subnetze mit zu kleinen Datagrammlängen herumgelenkt oder, falls dies nicht möglich ist, verworfen werden.

Die übrigen Felder des Datagramm-Headers haben folgende Bedeutungen:

„*Source-Address*" und „*Destination-Address*" sind die Adressen von Absender bzw. Empfänger wie oben beschrieben.

„*Total Length*" ist die Gesamtlänge des Datagramms mit Header und Daten. Sie wird in Bytes gerechnet und beträgt maximal 65536 Bytes.

IHL ist die Abkürzung von „*Internet Header Length*", d. h. die Länge des Datagramm-Headers in 32-Bit-Worten. Sie wird benötigt, da die Länge des

Options-Feldes variieren kann. Der Mindestwert von IHL ist bei leerem Options-Feld 5, wie man an Bild 9.3 nachvollziehen kann.

In das „*Options*"-Feld kann beim Source-Routing vom Absender die Wegbeschreibung durch das Netz eingetragen werden. Weiter kann es für Fehlermeldungen, Zeitstempel und andere Informationen genutzt werden.

Mit dem „*Type of Service*"-Feld kann der Absender die Subnetze darüber informieren, welche Dienstqualität er wünscht. Die Subnetze sind jedoch nicht verpflichtet, sich daran zu halten. Dienstqualität bezieht sich hier vor allem auf Zuverlässigkeit und Übertragungsgeschwindigkeit: Bei der Übertragung von Dateien sind zuverlässige, wenn auch langsamere Routen vorzuziehen, während bei Sprache eine schnelle Übertragung wichtiger ist als eine niedrige Fehlerrate.

Das „*Time to Live*"-Feld gibt die verleibende Lebensdauer eines Datagramms an; in jedem Knoten, den das Datagramm passiert, wird es dekrementiert, und wenn sein Wert bei 0 angekommen ist, wird das Datagramm aus dem Netz entfernt und weggeworfen. Damit soll verhindert werden, daß fehlgeleitete Datagramme endlos durch das Netz irren.

Die „*Header Checksum*" ist eine Prüfsumme, die ausschließlich über den Header gebildet wird. Übertragungsfehler in den Adressen von Absender bzw. Empfänger oder im Fragment Offset machen ein Datagramm völlig unbrauchbar und lassen sich (wenigstens größtenteils) durch diese Prüfsumme erkennen. Derartige Datagramme können dann sofort aus dem Netz entfernt werden, bevor sie möglicherweise weiteren Schaden anrichten können. Da sich das Time-to-Live-Feld in jedem Router ändert, muß dort auch die Prüfsumme stets neu berechnet werden.

„*Protocol*" gibt das Protokoll der Transportschicht an, für das ein Datagramm bestimmt ist. Dies können TCP oder UDP, aber auch andere Protokolle sein.

„*Version*" ist die Versionsnummer des Internetprotokolls, zu der ein Datagramm gehört. Dieses Feld ermöglicht einen Versionswechsel des Internetprotokolls, ohne dafür den Netzbetrieb unterbrechen zu müssen.

9.3.3 Protokolle zur Unterstützung des Internet-Protokolls

Das Internet-Protokoll ist für das Routen und Weitervermitteln der Datagramme und damit für die Hauptaufgabe der Netzschicht zuständig. Zu seiner Unterstützung braucht es aber noch das Internetwork-Control-Message-Protokoll sowie die Address- und Reverse-Address-Resolution-Protokolle. Zusätzlich gibt es noch den Domain-Name-Service, der vor allem dem Benutzer den Umgang mit den Internet-Adressen erleichtert.

Internetwork-Control-Message-Protokoll
Das Internetwork-Control-Message-Protocol (ICMP) dient zum Austausch von Nachrichten, die die Zusammenarbeit der Internetmodule untereinander betreffen.

Das ICMP wird üblicherweise zur Netzschicht mitgezählt, obwohl es auf der Datagrammübertragung durch das Internet-Protokoll aufbaut und insofern im Schichtenmodell über diesem anzuordnen ist.

Zu den Nachrichten des ICMP gehören die Anforderung eines Zeitstempels, um zu messen, wie lange Nachrichten auf bestimmten Verbindungen unterwegs sind. Diese Laufzeiten werden, wie oben gesagt, für das Routing verwendet. Genauso kann man einen Rechner auffordern, ein Echo zurückzusenden, um festzustellen, ob dieser Rechner in Betrieb ist. Die Nachricht „Source Quench" dient zur Flußkontrolle; es wird vom Netz erwartet, daß ein Rechner, der diese Nachricht erhält, seinen Datagrammfluß ins Netz reduziert. Andere Nachrichten betreffen den Fall, daß Schwierigkeiten beim Weiterleiten von Datagrammen auftreten, beispielsweise wenn der Zielrechner nicht erreichbar ist, ein Datagramm offensichtlich falsch weitergeleitet wurde oder ein Datagramm wegen des Ablaufens seines „Time-to-Live"-Zählers vernichtet wurde.

Address- und Reverse-Address-Resolution-Protokoll

Im Zusammenhang mit dem Routing wurde oben angesprochen, daß eine Ethernet-Adresse 46 Bit lang ist und vom Hersteller des Netzadapters eindeutig festgelegt wird. Dem Rechner, in den ein solcher Adapter eingebaut wird, kann aber nicht in derselben Weise vom Hersteller eine Internet-Adresse zugewiesen werden, denn dabei ist wegen des hierarchischen Netzaufbaus zu berücksichtigen, an welches Subnetz er angeschlossen wird. Daher läßt sich weder die Ethernet-Adresse aus der Internet-Adresse ableiten noch umgekehrt die Internet-Adresse aus der Ethernet-Adresse. Ein weiterer Grund dafür, daß dies unmöglich ist, besteht darin, daß die Internet-Adresse 32 Bit lang und damit kürzer als die Ethernet-Adresse ist.

Man betrachte nun die Situation, daß ein Router ein Datagramm erhalten hat und dies an einen Rechner in einem von ihm versorgten LAN zustellen will. Für den Transport innerhalb des LANs muß er die entsprechende LAN-Adresse, z. B. eine Ethernet-Adresse, verwenden; das Datagramm enthält in seinem Header aber nur die Internet-Adresse. Hier muß also eine Adreßkonvertierung erfolgen.

Für diese Adreßkonvertierung ist das Address-Resolution-Protocol (ARP) zuständig. Es schaut zunächst in vorkonfigurierten Konvertierungstabellen und in einem Cache-Speicher, ob es dort zu einer Internet-Adresse die passende LAN-Adresse findet. Wenn nicht, wird eine Broadcast-Nachricht ins LAN geschickt mit der Aufforderung, daß jemand, der die zur betreffenden Internet-Adresse gehörige LAN-Adresse kennt, diese zurückschickt. Dies wird in der Regel der betreffende Rechner selbst sein.

Der umgekehrte Vorgang erfolgt mit dem Reverse-Address-Resolution-Protocol (RARP): Auf Anfrage gibt ein entsprechend konfigurierter RARP-Server einem anfragenden Rechner zu dessen LAN-Adresse die entsprechende Internet-Adresse. Dies kann sinnvoll sein, wenn ein Rechner beim Booten zwar seine (im Adapter fest eingestellte) LAN-Adresse kennt, nicht aber seine Internet-Adresse.

Domain-Name-Service (DNS)

Die eigentlichen Internet-Adressen sind 32-Bit-Zahlen. Für einen menschlichen Benutzer sind derartige Adressen nur schwer zu behalten und daher unhandlich. Daher wurde als Alternative eine Domain-Notation eingeführt.

Diese Domains (dt. Bereiche) sind hierarchisch aufgebaut; die obersten Domains in den USA sind wie gemäß der folgenden Tabelle verschiedenen Organisationen zugeordnet:

edu:	Universitäten
com:	Firmen
gov:	Regierungsstellen
mil:	Militär
org:	sonstige Organisationen

Daneben bilden Staaten außerhalb der USA eigene, oberste Domains; Beispiele dafür sind

ca:	Kanada
de:	Deutschland
uk:	Großbritannien
fr:	Frankreich
ch:	Schweiz
no:	Norwegen
se:	Schweden
su:	Rußland
jp:	Japan
hk:	Hong Kong

Jede dieser Domains wird in Subdomains unterteilt, z. B. `uni-ulm.de` für die Subdomain der Universität Ulm. Diese können selbst wiederum unterteilt werden usw. Ein Beispiel für eine Rechneradresse ist `it.e-technik.uni-ulm.de`: Dies ist der Rechner „it" der Abteilung Informationstechnik in der Fakultät für Elektrotechnik der Universität Ulm in Deutschland.

Die Umwandlung der Adressen erfolgt auf Anfrage bei sog. „Domain-Name-Servern", die über entsprechend konfigurierte Tabellen verfügen. Derartige Name-Server sind in jeder Domain bzw. Subdomain verfügbar und ebenfalls hierarchisch organisiert.

Dieser Dienst ist nicht Bestandteil der Internetschicht, sondern der Anwendungsschicht zugeordnet.

9.4 Transmission-Control-Protocol (TCP)

Das Internet-Protokoll sorgt für den verbindungslosen, unzuverlässigen Transport von Datagrammen. Aus Sicht der Anwendungsprotokolle sind mit diesem Konzept einige Schwierigkeiten verbunden. Um diese Schwierigkeiten zu überwinden, befindet sich zwischen Internet- und Anwendungsschicht die Transportschicht mit dem Transmission-Control-Protocol.

Ein Vergleich zwischen Transportschicht und Sicherungsschicht zeigt eine gewisse Analogie bei beiden (siehe Tabelle 9.1).

Tabelle 9.1: Analogie von Transport- und Sicherungsschicht.

	Sicherungsschicht	Transportschicht
Verbindungsart:	Punkt-zu-Punkt	Ende-zu-Ende
Fehlerarten:	Bitfehler Auslassungen (durch Fehler bei der Taktsynchronisation) Einfügungen (durch Fehler bei der Taktsynchronisation)	Paketfehler Paketverluste (aufgrund von Überlastung oder Fehlrouting) Duplikate von Paketen (erneut abgesandt nach Timeout)

Diese Analogie zwischen beiden Schichten spiegelt sich in ähnlichen Protokollen wieder. Ein wesentlicher Unterschied zwischen beiden Schichten ist die deutlich größere Paketlaufzeit bei einer Ende-zu-Ende-Verbindung auf der Transportschicht. Daraus ergeben sich unterschiedliche Parameter für die Protokolle beider Schichten.

Neben dem Transport von Nachrichten der Anwendungsprotokolle ergeben sich aus den obigen Überlegungen folgende Aufgaben für die Transportschicht:

- Verbindungsmanagement,

- Adressierung und Multiplexbetrieb,

- Fehlerbehandlung und

- Flußkontrolle.

Das TCP nimmt von den Anwendungsprozessen Nachrichten beliebiger Länge entgegen und zerlegt sie in Segmente von maximal 64 kByte. Jedes dieser Segmente wird anschließend gemäß dem Internetprotokoll in ein Datagramm verpackt, das gegebenenfalls wiederum fragmentiert werden kann, siehe Bild 9.4.

Das folgende Bild 9.5 zeigt, wie die TPDUs von TCP aufgebaut sind. Auf die Bedeutung der diversen Felder im Header wird eingegangen, wenn im folgenden dargestellt wird, wie die oben genannten Aufgaben von TCP gelöst werden [1].

Adressierung und Multiplex

Es gehört zu den Aufgaben der Transportschicht, dafür zu sorgen, daß in einem Multitasking-fähigen Rechner mehrere Anwendungsprozesse unabhängig voneinander über das Netz mit anderen Rechnern kommunizieren können. Damit die

---

[1]Das Flag „URG" und der „Urgent Pointer" können für Interrupts genutzt werden; auf sie wird im folgenden nicht näher eingegangen.

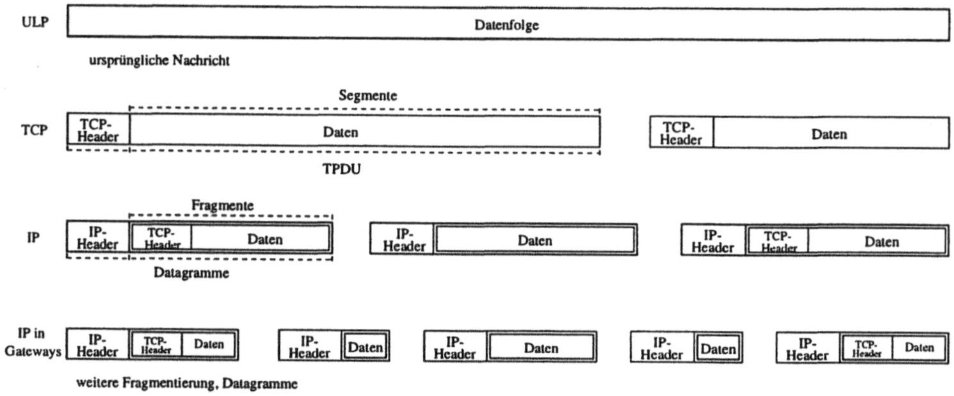

Bild 9.4: Segmentierung und Fragmentierung durch TCP bzw. IP.

TCP-Schicht die eintreffenden Segmente gezielt den Prozessen zuordnen kann, für die sie bestimmt sind, müssen die Prozesse Adressen erhalten. Diese Adressen bestehen aus 16 Bit und werden „Ports" genannt. Zusammen mit der Internet-Adresse des Rechners bilden die Ports eine weltweit eindeutige Kennzeichnung für einen bestimmten Anwendungsprozeß. Diese aus Internet-Adresse und Port zusammengesetzte Adresse wird im TCP/IP-Sprachgebrauch „Socket" genannt (siehe Bild 9.6).

Ein Prozeß, der ein Segment über das Netz zu einem anderen Prozeß senden möchte, trägt seine eigene Portadresse im Feld „Source Port", die des Empfängers als „Destination Port" im Header der TPDU ein. Wenn anschließend die Internetschicht diese TPDU wiederum in ein Datagramm verpackt, wird dieses mit den Internet-Adressen von Sender und Empfänger beschriftet. Ein Socket wird also nie als Ganzes, sondern immer nur getrennt in Form seiner zwei Bestandteile Internet-Adresse und Port verarbeitet. Insofern unterscheidet er sich von der Internet-Adresse, die ebenfalls aus Netz- und Rechnerkennzeichnung besteht, aber immer als Ganzes in einem Datagramm enthalten ist.

Nun stellt sich die Frage, woher ein Prozeß weiß, an welchen Port auf der Gegenseite er sich wenden muß, um einen bestimmten Dienst anzufordern. Bei TCP/IP geht man hier zwei unterschiedliche Wege:

Die Ports mit den Nummern 0 bis 255 sind sog. „Well Known Ports". Ihnen hat das US-amerikanische Verteidigungsministerium als Initiator des ARPANETs bestimmte Anwendungsprotokolle fest zugeordnet. Beispielsweise sind die Ports 20 und 21 für den Dateitransfer mit FTP, 23 für Telnet und 25 für SMTP (E-Mail) reserviert; über Port 53 läßt sich ein Domain-Name-Server ansprechen. Jeder Prozeß, der über einen derartigen Well-Known-Port kommuniziert, muß das entsprechende Protokoll befolgen.

Die Kommunikation über die übrigen Ports mit Nummern ab 256 aufwärts regelt das „ARPANET Initial Connection Protocol". Um zu vermeiden, daß alle

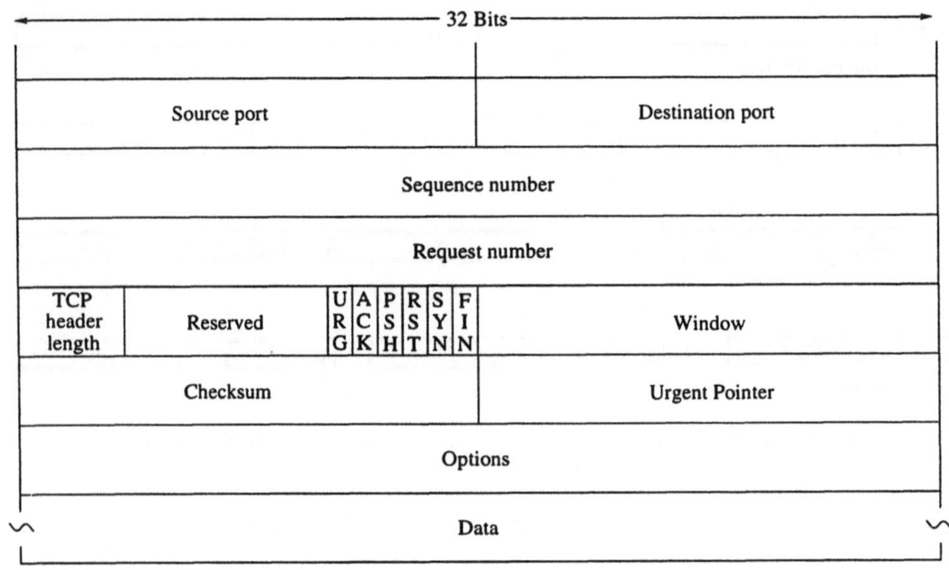

Bild 9.5: Aufbau eines TCP-Segmentes.

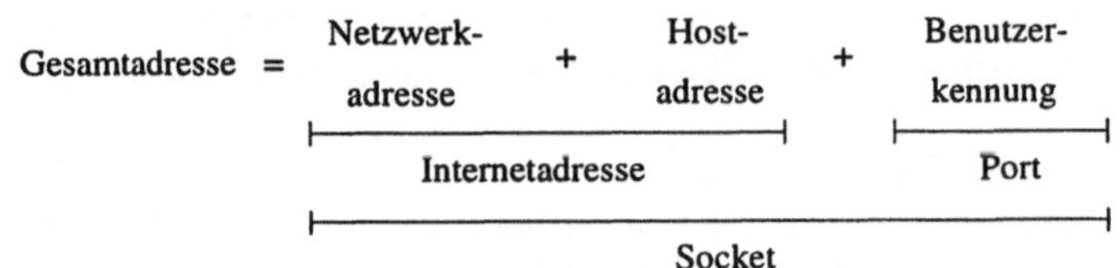

Bild 9.6: Aufbau der Gesamtadresse (Socket).

möglichen Prozesse einen eigenen Well-Known-Port zugewiesen bekommen und ständig auf Verbindungsanforderungen warten, aktiviert man auf einem Rechner, der anderen Rechnern Dienste anbietet, einen „Process Server" oder „Logger". Dieser Prozeß besitzt einen Well-Known-Port und überwacht ihn ständig. Auf ihm nimmt er Anforderungen für andere Dienste entgegen. Anschließend sucht er nach einem freien Port, aktiviert den gewünschten Dienstprozeß und weist ihn an, auf dem freien Port auf eine Verbindungsanforderung zu warten. Zum Abschluß teilt er dem anfragenden Prozeß ebenfalls die Portnummer mit und baut danach die Verbindung zu diesem wieder ab. Der anfragende Prozeß kann nun seinerseits eine neue Verbindung aufbauen, diesmal zu dem ihm mitgeteilten Port, an dem inzwischen der gewünschte Dienstprozeß auf ihn wartet. Über diese Verbindung kann dann der Dienst erbracht werden.

9.4.1 Fehlerbehandlung und Flußkontrolle

Die Datagrammübertragung durch das Internet ist ein unzuverlässiger Dienst. Während der Übertragung können durch Störungen auf dem physikalischen Kanal Bitfehler in den Datagrammen auftreten. Wird durch diese Bitfehler der Datagrammheader beschädigt, ohne daß dies durch die Prüfsumme bemerkt wird, kann das Datagramm u. U. an einen falschen Empfänger geschickt werden. Der falsche Empfänger muß dann den Fehler eines zusätzlich in seinen Datenstrom eingefügten Datagramms beheben, während dem richtigen Empfänger dieses Datagramm fehlt. Datagramme können ebenfalls verloren gehen, wenn das Netz überlastet ist und die „Lebenszeit" eines Datagramms im „Time to live"-Feld seines Headers abläuft, bevor es den Empfänger erreicht.

Um derartige Fehler auf der Internetschicht zu beheben, benutzt das TCP ein Selective-Repeat-ARQ-Protokoll. Der Absender einer TPDU trägt eine laufende Nummer in das „Sequence Number"-Feld in ihrem Header ein und bestätigt zugleich die bisher korrekt empfangenen Segmente der Gegenseite im Piggybacking-Verfahren durch Angabe einer „Request Number". Die Fehlererkennung erfolgt durch eine 16-Bit-Prüfsumme im „Checksum"-Feld des TPDU-Headers.

Es mag erstaunen, daß Sequence- und Request-Number nicht in Segmenten, sondern in Bytes gezählt werden: Die Sequence Number ist nicht die laufende Nummer des Segments, sondern die laufende Nummer des ersten Bytes des jeweiligen Segments. Dies führt jedoch zu keinerlei Problemen außer unnützem Overhead.

Bis hierher handelt es sich um ein völlig normales ARQ-Protokoll, wie es im Kapitel 5.3.3 beschrieben wurde. Es besitzt jedoch zwei Besonderheiten:

Die erste Besonderheit besteht darin, daß das erste Byte einer Sitzung nicht die Sequence-Number 0 erhält, sondern einen willkürlichen Startwert. Details und Gründe hierfür werden unten im Zusammenhang mit dem Verbindungsaufbau erläutert.

Die zweite Besonderheit ist, daß neben der Request-Number kein weiteres Feld im TPDU-Header enthalten ist, aus dem hervorgeht, welche Segmente bereits korrekt ermpfangen wurden und somit positiv quittiert werden und welche anderen Segmente fehlerhaft waren oder fehlten und deshalb erneut gesendet werden müssen. Statt dessen wird im TCP jedes Segment erneut gesendt, sofern nicht innerhalb einer gewissen Zeit eine positive Quittung in Form einer höheren Request-Number eintrifft.

Zur Flußkontrolle kann der Empfänger die Breite des Sendefensters auf der Gegenseite variieren. Dazu trägt er die gewünschte Breite im Feld „Window" des TPDU-Headers ein. Dieses Feld hat eine Länge von 16 Bit, da die Fensterbreite genauso wie Sequence- und Request-Number in Bytes gerechnet wird.

9.4.2   Verbindungsmanagement

Das Verbindungsmanagement setzt sich zusammen aus dem Aufbau, der Überwachung und dem Abbau der Verbindung.

Der Aufbau einer Ende-zu-Ende-Verbindung über ein Netz mit Datagrammvermittlung gestaltet sich schwieriger als der Verbindungsaufbau auf der Sicherungsschicht. Das Problem besteht darin, daß Datagramme beim Abbau einer alten Verbindung nicht automatisch aus dem Netz verschwinden, sondern noch längere Zeit in Warteschlangen der Vermittlungsknoten oder auf sonstigen Umwegen verbringen können, bis sie schlußendlich doch noch beim Empfänger eintreffen. Hat dieser keinerlei Verbindungen aufgebaut, wird er solche Datagramme einfach ignorieren. Hat er jedoch zwischenzeitlich eine neue Verbindung zum Absender des veralteten Datagramms aufgebaut, muß verhindert werden, daß er dieses veraltete Datagramm als zur neuen Verbindung gehörend betrachtet.

Um derartige Verwechslungen zu vermeiden, beginnt die Sequence Number für das erste Byte einer Sitzung nicht mit Null, sondern wird bei Beginn der Sitzung individuell festgelegt. Dieser Startwert heißt „Initial Sequence Number (ISN)" und wird dem Empfänger in der Connection-Request-TPDU mitgeteilt. Als Wert der ISN nimmt der Absender den Stand eines 32-Bit-Zählers, der alle $4\,\mu s$ inkrementiert wird. Dadurch läuft der Zähler schneller hoch als die Sequence-Number während der Datenübertragung. Wenn der Absender die bestehende Verbindung ab- und unmittelbar anschließend wieder eine neue Verbindung aufbaut, startet die neue Verbindung mit einer ISN, die größer ist als die letzte und daher größte Sequence-Number der alten Verbindung. Verspätet beim Empfänger eintreffende Datagramme der alten Verbindung tragen daher Sequence-Numbers, die unterhalb des Empfangsfensters der neuen Verbindung liegen, und werden folglich ignoriert.

Grundsätzlich könnten bei im Netz lange bestehenden Verbindungen und beliebig langer Überlebensdauer veralteter Datagramme Probleme auftreten, wenn der 32-Bit-Zähler einmal vollständig durchlaufen wurde. Die Wahrscheinlichkeit, daß derartige Probleme in der Realität auftreten, ist jedoch hinreichend gering, so daß dafür keine weiteren Vorkehrungen getroffen werden müssen.

Der Aufbau einer Duplexverbindung zwischen beiden Kommunikationspartnern erfolgt nach dem Prinzip eines 3-Wege-Handshakes, wie er in Bild 9.7 dargestellt ist.

Der Initiator der Verbindung ermittelt seine ISN und sendet dem gewünschten Kommunikationspartner eine Connection-Request-TPDU zu. Eine Connection-Request-TPDU kann der Empfänger einer solchen daran erkennen, daß das „SYN"-Flag (für „Synchronize") auf 1 und das „ACK"-Flag (für „Acknowledge") auf 0 gesetzt sind. ACK=0 bedeutet, daß die Request-Number ungültig ist und vom Empfänger ignoriert werden soll. Ist der Kommunikationspartner mit dem Verbindungsaufbau einverstanden, antwortet er mit einer Connection-Confirm-TPDU. Als deren Sequence-Number trägt er eine eigene ISN ein und setzt daher ebenfalls SYN=1. Außerdem quittiert er die empfangene Connection-Request-TPDU,

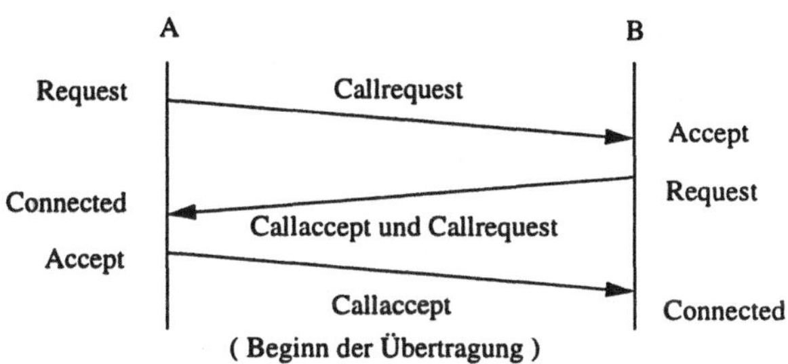

Bild 9.7: Verbindungsaufbau zwischen Rechnern A und B mittels 3-Wege-Handshakes.

indem er die darin empfangene ISN als Request-Number für seine TPDU benutzt und über ACK=1 anzeigt, daß diese Request-Number gültig ist. Hat der Initiator der Verbindung diese Connection-Confirm-TPDU empfangen, macht er den dritten und letzten Schritt bei diesem 3-Wege-Handshake, indem er mit der Datenübertragung beginnt und dabei seinerseits die Connection-Confirm-TPDU quittiert.

Der Abbau einer Verbindung gestaltet sich sehr viel einfacher als deren Aufbau. Hierzu genügt es, der Gegenseite den Abbau der Verbindung in Form einer Disconnect-Request-TPDU mitzuteilen. Dabei treten keinerlei Schwierigkeiten auf, wenn etwa beide Seiten gleichzeitig den Abbau der Verbindung veranlassen. Allerdings erfolgt in diesen beiden Fällen ein abrupter Abbruch (*abort*) der Verbindung, wobei noch unterwegs befindliche Daten verloren gehen können. Vorzuziehen ist normalerweise ein „Graceful Close"; beide Seiten warten, bis alle Daten in beide Richtungen angekommen sind und bauen dann mittels Disconnect-Requests die Verbindung ab. Daß alle Daten übertragen worden sind, zeigen sie sich gegenseitig dadurch an, daß sie in der letzten TPDU das „FIN"- (Finish-) Flag setzen.

Zur Überwachung einer bestehenden Verbindung sind in TCP keinerlei Mechanismen vorgesehen. Trotzdem läßt sich mit einem Trick feststellen, ob die Gegenseite nur seit längerem keine Daten mehr zu übertragen hatte oder ob die Verbindung abgebrochen ist: Man sendet eine leere TPDU mit unzulässiger Sequence-Number. Gemäß der TCP-Spezifikation muß der Empfänger dieser TPDU darauf antworten und die korrekte Sequence-Number mitteilen. Bleibt diese Antwort aus, kann man von einem Abbruch der Verbindung ausgehen. Wenn die Verbindung noch besteht, aber aus irgendwelchen Gründen, wie Rechnerabstürze o. ä., nicht klar ist, bei welcher Sequence-Number die Datenübertragung zwischenzeitlich angekommen ist, kann man die Gegenseite zum Rücksetzen der Verbindung auffordern, indem man ihr eine TPDU mit gesetztem „RST"- (Reset-) Flag zusendet.

9.5   User-Datagram-Protocol (UDP)

Um mit dem TCP eine Nachricht zu transportieren, muß eine Verbindung vorher auf- und nachher abgebaut werden. Dies verursacht bei kurzen Nachrichten einen erheblichen Overhead durch entsprechende Verwaltungstätigkeiten und führt zu Verzögerungen beim Transport der Nachricht.

Diese Nachteile sollen durch das User-Datagram-Protocol (UDP) vermieden werden. Es stellt einen verbindungslosen Nachrichtentransportdienst zur Verfügung.

Wie man in Bild 9.8 erkennt, werden lediglich die Portadressen von Sender und Empfänger sowie eine Längenangabe und optional eine Prüfsumme vor die Nachricht gehängt. Man beachte, daß gleichzeitig eine Portadresse von einem Anwendungsprozeß für eine TCP-Verbindung und von einem anderen Prozeß für UDP benutzt werden kann: Das „Protocol"-Feld im IP-Datagrammheader erlaubt es, die Datagramme jeweils dem richtigen Anwendungsprozeß zuzuordnen.

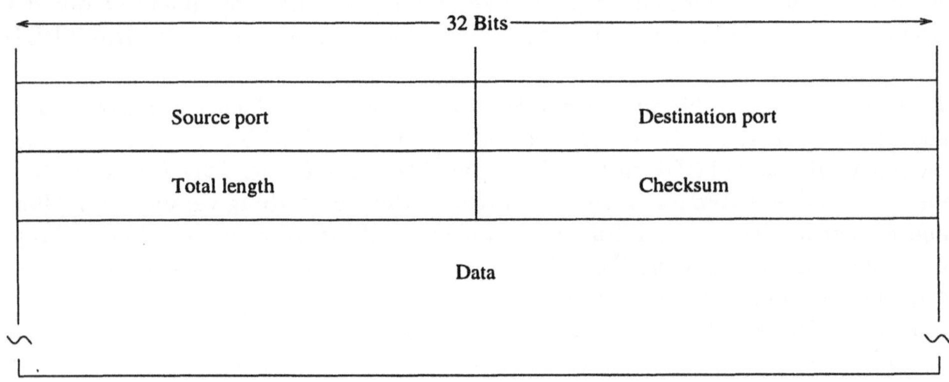

Bild 9.8: Aufbau der Datagramme des UDP.

Literaturempfehlungen:
Eine leicht verständliche Übersicht über TCP/IP gibt Davidson [Dav88]. Einblick in Konzeption und Zusammenhänge innerhalb des TCP/IP-Systems geben die Bücher von Russel [Rus89] und [Tan96]. Tanenbaum stellt auch neuere technische Entwicklungen wie IPv6 und Mobile IP vor und geht damit über den Rahmen des vorliegenden Buches hinaus.

10 B-ISDN und ATM

Seit der Erfindung des Telefons durch Johann Philip Reis 1861 und Alexander Graham Bell 1876 findet elektronische Kommunikation vor allem in drei Bereichen statt:

- Telekommunikation, d. h. Konversation zwischen zwei Teilnehmern über das Telefon,

- Rundfunk und Fernsehen als sog. Verteildienste und

- Datenkommunikation, vor allem zwischen Computern.

Historisch bedingt gibt es bislang noch für alle drei Bereiche getrennte Netze:

- Zur Telekommunikation steht, infolge des (inzwischen abgeschafften) Monopols der Telekom, hauptsächlich das Telefonnetz zur Verfügung. (Mobilfunknetze sollen an dieser Stelle einmal außer acht gelassen werden.)

- Für die Datenkommunikation gibt es mehrere Netze privater Anbieter, die dafür wiederum Leitungen der Telekom anmieten. Zu diesen Netzen gehört in Deutschland auch das Internet.

- Für die Verteildienste besitzen die Programmanbieter eigene Rundfunk- und Fernsehsender. Außerdem werden die Programme über Satelliten abgestrahlt und in Netze aus Koaxialkabeln oder Glasfasern eingespeist.

Folge dieser Aufteilung in mehrere getrennte Netze sind Nachteile sowohl für die Netzbetreiber wie auch für die Kommunikationsteilnehmer: Für einen Netzbetreiber wäre der Betrieb eines gemeinsamen Netzes für alle Dienste wesentlich wirtschaftlicher als der Betrieb mehrerer, getrennter Netze. Beim Teilnehmer würde durch die Netzintegration die Verkabelung in Wohnungen oder Büros vereinfacht.

Ein erster Ansatz zur Überwindung dieser Aufteilung in verschiedene Netze war das diensteintegrierende digitale Netz ISDN (*integrated services digital network*), das 1984 von der CCITT standardisiert wurde.

Das ISDN stellt dem Endteilnehmer zwei Kanäle zu je 64 kbit/s und einen zusätzlichen Signalisierungskanal mit 16 kbit/s zur Verfügung. Die Kanäle sind vollständig digital und leitungsvermittelt. Damit eignet sich das ISDN für Telekommunikationsdienste wie Telefon und Telefax sowie für die Datenkommunikation mit relativ niedrigen Datenraten über weite Entfernungen; es ist also kein Ersatz für lokale Netze wie beispielsweise das Ethernet mit 10 Mbit/s Übertragungsrate und bezieht auch die Verteilnetze für Rundfunk und Fernsehen noch nicht ein.

Der nächste Technologieschritt zielt auf die vollständige Integration von allen drei oben genannten Bereichen: Das Breitband-ISDN, kurz B-ISDN, basiert auf einer Verkabelung vor allem mit Glasfasern und bietet dadurch sehr hohe Übertragungsbandbreiten. Diese reichen auch für die Übertragung von Fernsehbildern mit der gewohnten oder sogar einer besseren Qualität (HDTV – High Definition TeleVision) aus. Die bekannten Telekommunikationsdienste wie Telefon und Telefax können im B-ISDN um neue Dienste wie das Bildtelefon ergänzt werden, und auch bei den Datendiensten ergeben sich durch die höheren Übertragungsraten neue Möglichkeiten.
Das Konzept eines universellen Netzes für alle Dienste ist sehr flexibel und schafft so Möglichkeiten, neue Dienste anzubieten. Daneben führt die Integration von vielen Benutzern und vieler Dienste zu einem Bündelgewinn bzw. Lastausgleich. Dadurch kann ein breitbandiges Universalnetz besser ausgelastet werden als mehrere schmalbandige Netze für die einzelnen Dienste.

Man erkennt, daß das B-ISDN geprägt ist von den technologischen Möglichkeiten einerseits, insbesondere der hohen Bandbreite bzw. Übertragungsrate auf Glasfasern, und der Integration vorhandener sowie einem wachsenden Angebot neuer Dienste andererseits. Abschnitt 10.1 wird daher zunächst die verschiedenen Dienste beschreiben und nach ihren Anforderungen klassifizieren. Abschnitt 10.2 wird Konzepte des Asynchronen Transfer-Modus (ATM), der Basis des B-ISDN, vorstellen und deren Hintergründe erläutern. Danach werden in Abschnitt 10.3 die einzelnen Protokollschichten im Zusammenhang mit ATM beschrieben. Da ATM, ähnlich wie X.25, vor allem als Weitverkehrsnetz gedacht ist, werden in 10.4 Aspekte des hierarchischen Routings und der Switching-Technologie diskutiert. Im letzten Abschnitt 10.5 werden mit DQDB und ATMR zwei lokale Netze vorgestellt, die für eine enge Anbindung an ATM-Netze konzipiert sind.

10.1   Dienste und ihre Anforderungen

Wie schon aus dem Namen hervorgeht, ist das B-ISDN gekennzeichnet durch hohe Übertragungsraten („broadband") und Dienstintegration („integrated services"). Wie der Asynchrone Transfer-Modus (ATM), die Basis des B-ISDN, funktioniert und warum er in seiner jetzigen Form standardisiert wurde, läßt sich nur verstehen, wenn man die Dienste, die über das B-ISDN angeboten werden sollen, und ihre spezifischen Anforderungen an das Netz kennt.

Für B-ISDN und ATM gibt es drei wesentliche Merkmale, in denen sich Dienste unterscheiden können:

1. Verbindungsorientierte oder verbindungslose Datenübertragung,
2. konstante oder variable Datenrate und
3. Echtzeitfähigkeit.

Anhand dieser Merkmale lassen sich Dienste in vier Klassen einteilen:

Klasse A:	Konstante Bitrate,	verbindungsorientiert,	echtzeitfähig
Klasse B:	Variable Bitrate,	verbindungsorientiert,	echtzeitfähig
Klasse C:	Variable Bitrate,	verbindungsorientiert,	nicht echtzeitfähig
Klasse D:	Variable Bitrate,	verbindungslos,	nicht echtzeitfähig

Die Merkmale der Klasse A entsprechen den Leistungsmerkmalen des heutigen Telefonnetztes: Dort ist beiden Kommunikationspartnern z. B. die Übertragung digitalisierter Sprache mit 64 kbit/s garantiert, und Echtzeitfähigkeit bedeutet in diesem Zusammenhang, daß die Übertragungsdauer vom Sender zum Empfänger für alle Datenbits gleich groß ist. Klasse A soll die Emulation des heutigen Telefonnetzes ermöglichen und dadurch die Migration vom Telefonnetz hin zum B-ISDN erleichtern.

Klasse B ist, ähnlich wie Klasse A, ebenfalls hauptsächlich für Telekommunikationsdienste mit Echtzeitanforderungen gedacht, allerdings bei Einsatz von Datenkompressionsverfahren mit variablen Datenraten. Derartige Datenkompressionsverfahren reichen von einer einfachen Reduzierung der Datenrate für eine Sprachübertragung während Sprachpausen bis hin zu wesentlich aufwendigeren Codierverfahren für Videotelefonie und Bewegtbildübertragung.

Die Klassen C und D dienen zur verbindungsorientierten bzw. verbindungslosen Datenübertragung. Dabei kommt es meistens nicht darauf an, daß alle Datenpakete für den Weg vom Sender zum Empfänger exakt dieselbe Zeit benötigen; es liegen somit keine Echtzeitanforderungen vor. Beispiele für die verbindungsorientierte Datenübertragung in Klasse C wären Telefax, die Emulation einer X.25-Verbindung oder das Arbeiten auf entfernten Rechnern mittels eines „Remote Login". Zu Klasse D gehören Dienste wie Datei- und E-Mail-Übertragung oder auch die Beschaffung von Informationen im „World Wide Web (WWW)".

Die Zuordnung von Diensten zu den oben beschriebenen Klassen erfolgte rein qualitativ. Für den Betrieb eines Netzes werden aber genauere, quantitative Angaben benötigt. Zum Beispiel gehört die Sprachübertragung mit verringerter Datenrate in den Sprachpausen genauso zu Klasse B wie die Videoübertragung mit variabler Datenrate. Trotzdem werden beide Dienste sich zumindest in den benötigten Datenraten erheblich unterscheiden. Um die Anforderungen eines Dienstes qualitativ charakterisieren zu können, wurden die folgenden Parameter definiert:

PCR: Die „Peak Cell Rate" beschreibt die maximale Datenrate, die für einen Dienst benötigt wird. Gemessen wird dabei in „Zellen" pro Sekunde. Der Begriff „Zellen" bezeichnet Pakete konstanter Länge; in Abschnitt 10.2 wird darauf näher eingegangen werden.

SCR: SCR steht für „Sustained Cell Rate" und entspricht der mittleren Datenrate eines Dienstes. Die Mittelwertbildung erfolgt über einen langen Zeitraum; gerechnet wird ebenfalls in Zellen pro Sekunde.

MCR: Die „Minimum Cell Rate" ist die Datenrate, die einem Sender jederzeit vom Netz zur Verfügung gestellt werden muß, um einen Dienst erbringen zu können.

CDVT: Die „Cell Delay Variation Tolerance" gibt an, um wieviel die Zeitabstände zwischen zwei aufeinanderfolgenden Zellen kürzer sein dürfen als 1/PCR bzw. 1/SCR.

Neben diesen Parametern, die sich auf die Anforderungen eines Dienstes an das Netz beziehen, gibt es auch andere, die die Übertragungseigenschaften des Netzes, quasi das Angebot an einen Dienst, wiederspiegeln:

CTD: Der Parameter „Cell Transfer Delay" beschreibt die mittlere und die maximale Übertragungszeit einer Zelle vom Sender bis zum Empfäger.

CDV: Die „Cell Delay Variation" gibt an, wie stark die Übertragungszeit von Zelle zu Zelle schwanken kann.

CLR: Die Zellverlustrate („Cell Loss Ratio") ist die Zahl aller der Zellen, die nicht oder zu spät beim Empfänger ankommen, bezogen auf die Zahl aller beförderten Zellen. Gründe für Zellverluste können sowohl zu lange Aufenthalte in den Warteschlangen von Vermittlungsknoten wie auch Übertragungsfehler sein.

CMR: Die „Cell Misinsertion Rate" ist der Anteil von Zellen, die infolge von Übertragungsfehlern an einen falschen Empfänger geschickt werden.

CER: „Cell Error Rate" ist die Rate von Zellen, die durch Übertragungsfehler für den Empfänger unbrauchbar geworden ist.

SECBR: Der Parameter „Severely-errored Cell Block Ratio" ist ein Maß für Bündelfehler auf den Übertragungsstrecken. Er gibt den Anteil der Blöcke an, in denen eine gewisse Zahl von Zellen fehlerhaft ist. Die Gesamtzahl von Zellen pro Block ist dabei als Konstante festgelegt.

Zusammenfassend kann man am Ende dieses Abschnittes feststellen, daß sich die Dienste, die in einem B-ISDN integriert werden sollen, qualitativ wie quantitativ erheblich unterscheiden. Wie ATM diese Unterschiede berücksichtigt, wird der folgende Abschnitt zeigen.

10.2 Grundkonzepte des ATM

In Kapitel 3.4 wurde angesprochen, in welcher Art und Weise sich verbindungsorientierte oder verbindungslose Datenübertragung einerseits mit Leitungs- oder
Paketvermittlung andererseits kombinieren lassen.
Dabei ergaben sich grundsätzlich die beiden Möglichkeiten einer festgeschalteten
Verbindung auf Basis eines synchronen Multiplexverfahrens (TDM, FDM, CDM)
und der Übertragung von Paketen im asynchronen Zeitmultiplex. Die Paketübertragung wiederum kann dann verbindungslos in Form von Datagrammen oder verbindungsorientiert über einen logischen Kanal erfolgen; das Source-Routing von
Paketen ist ein Zwischending zwischen verbindungsloser und verbindungsorientierter Datenübertragung.
Bei der Entscheidung, welches Verfahren sich für ATM am besten eignet, sind die
Auswirkungen der hohen Datenrate und die Anforderungen der im vorangegangenen Abschnitt beschriebenen Dienste zu beachten.

10.2.1 Übertragungsmodus

Wenn man die Anforderungen der in Abschnitt 10.1 beschriebenen Dienstklassen
mit den Eigenschaften synchroner und asynchroner Multiplexverfahren vergleicht,
gewinnt man auf den ersten Blick den Eindruck, daß sich diese Dienstklassen
überhaupt nicht in ein gemeinsames Kommunikationsnetz integrieren lassen:
Bei einer Paketübertragung im asynchronen Multiplex ist keine Synchronisation
zwischen Absender und Netz sowie zwischen Netz und Empfänger mehr möglich.
Die (Telekommunikations-) Dienste der Klassen A und B hingegen erfordern eine konstante Übertragungszeit vom Sender zum Empfänger, was wiederum einer
Ende-zu-Ende-Synchronisation gleichkommt.
Während auf diese Weise die Paketübertragung zur geforderten Echtzeitfähigkeit
im Widerspruch steht, erlaubt eine stehende Verbindung auf Basis des synchronen
Multiplex nur eine konstante Datenrate und widerspricht damit der Forderung der
Dienstklassen B, C und D nach variablen Datenraten. Natürlich ist man nicht ge-
zwungen, eine vom Netz bereitgestellte, konstante Datenrate dauernd vollständig
zu nutzen. Man könnte also beim Verbindungsaufbau mit dem Netz die Bereitstellung einer Datenrate vereinbaren, die dem erwarteten Spitzenbedarf entspricht,
und diese dann variabel nutzen. Ein solches Vorgehen führt allerdings zu einer sehr
ineffizienten Nutzung der Übertragungskapazität, wenn die maximale Datenrate
einer Verbindung weit über der mittleren Datenrate liegt. Dies ist ganz besonders bei der verbindungsorientierten Datenkommunikation der Fall, also z. B. bei
der Suche im „WWW" oder bei Remote-Logins auf anderen Rechnern; man erwartet, daß hierbei die maximale Datenrate das 50-fache der mittleren Datenrate
erreichen kann [HH91]. In den Bereichen der Telekommunikation und der Verteildienste gewinnt die Quellcodierung mit variablen Datenraten zunehmend an
Bedeutung. Grob vereinfacht kann man sich vorstellen, daß anstelle vollständiger
Fernsehbilder nur die Unterschiede zwischen aufeinanderfolgenden Bildern über-

tragen werden; bei rasanten Actionszenen sind dabei mehr Daten zu übertragen als während Szenen mit stehenden Bildern. Der Einsatz einer derartigen Quellcodierung ergibt natürlich nur dann Sinn, wenn das Kommunikationsnetz variable Datenraten unterstützt.

Allerdings sind die Anforderungen der vier Dienstklassen nicht so unvereinbar, wie es zunächst den Anschein hat. Bei einem Verhältnis der maximalen zur mittleren Datenrate von bis zu 50:1 kommt der Forderung, daß die Netzprotokolle variable Datenraten anbieten, hohe Bedeutung zu, um die verfügbare Übertragungskapazität effizient zu nutzen. Man hat sich daher, wie der Name „Asynchroner Transfer-Modus" bereits andeutet, bei ATM für die Paketübertragung entschieden. Der Sender kann dabei die Datenrate problemlos und in einem sehr weiten Bereich dadurch festlegen, in welchen Zeitabständen er Pakete nacheinander absendet. Diese Lösung bietet insgesamt gesehen eine sehr viel größere Flexibilität als die Variante einer fest geschalteten Leitung, was in der sich rapide wandelnden Kommunikationslandschaft einen grundsätzlichen Vorteil darstellt.

Mit der Paketübertragung ist keine Synchronisation zwischen Datenquelle und Netz mehr möglich. Dadurch werden die Übertragungszeiten vom Sender zum Empfänger variieren. Auch wenn der Sender die Pakete mit konstanten Zeitabständen losschickt, können diese mit wechselnden Zeitabständen beim Empfänger eintreffen.

Der Empfänger kann die unterschiedlichen Zeitabstände einander wieder angleichen, indem er die Pakete vor ihrer Weiterverarbeitung nochmals warten läßt: „Schnelle" Pakete müssen länger warten und „langsame" kürzer, so daß nachher für alle Pakete die Summe aus Übertragungs- und zusätzlicher Wartezeit gleich groß ist. Danach ist der Pakettakt von Sender und Empfänger, vom Zeitversatz abgesehen, gleich, und man hat eine Ende-zu-Ende-Synchronisation erreicht. Allerdings darf dieser Zeitversatz vor allem bei den interaktiven Telekommunikationsdiensten nicht zu groß werden. Als Richtwert sollte die Schleifenverzugszeit (für die Übertragung vom Sender zum Empfänger und wieder zurück) deutlich kleiner als 200 ms sein. Größere Schleifenverzugszeiten, wie sie vom Telefonieren via Satellit bekannt sind, werden von den Kommunikationsteilnehmern als ausgesprochen störend empfunden.

Um den Zeitversatz zwischen den Pakettakten von Sender und Empfänger insbesondere für die echtzeitfähigen Dienstklassen gering zu halten, hat man zwei Maßnahmen im ATM-Standard getroffen:

Die erste Maßnahme ist die Entscheidung für eine Paketübertragung mittels virtueller Kanäle. Damit wird die Forderung der Dienstklassen A, B und C nach einer verbindungsorientierten Datenübertragung erfüllt. Desweiteren stellen virtuelle Kanäle sicher, daß alle Pakete denselben Weg durch das Netz nehmen. Dabei dürften i.d.R. die Schwankungen der Übertragungszeit geringer sein als wenn jedes Paket individuell zum Empfänger geroutet wird. Zusätzlich hat dies den Vorteil, daß die Pakete sich unterwegs nicht überholen können und dadurch in der richtigen Reihenfolge beim Empfänger eintreffen. Würden sie in unterschiedlicher Reihenfolge eintreffen, müßte der Empfänger einen Pufferspeicher besitzen, in dem er die Pakete wieder in die richtige Reihenfolge sortieren kann, und angesichts der im ATM möglichen, hohen Datenraten wäre hierzu ein sehr großer Puffer erforderlich. Die zweite Maßnahme besteht in der Einführung einer höheren Priorität für Echtzeitdaten. Solche Pakete werden in den Warteschlangen der Vermittlungsknoten bevorzugt behandelt und gelangen so schneller zum Ziel.

Das Grundkonzept von ATM ist also die Übertragung von Paketen über virtuelle Kanäle. Wie diese Pakete aufgebaut sind, wird im folgenden Abschnitt diskutiert.

10.2.2 Aufbau der ATM-Zellen

Wenn, wie oben beschrieben, Daten paketweise übertragen werden sollen, ist als nächstes zu klären, wie diese Pakete aussehen sollen. Im ATM-Sprachgebrauch heißen die Pakete „Zellen" und haben eine konstante Länge von 53 Bytes, bzw. im ATM-Sprachgebrauch 53 „Oktetten". Hier sollen nun die Hintergründe für die Wahl einer konstanten und vergleichsweise kurzen Zellänge aufgezeigt werden.

Angesichts der hohen Datenraten von ATM ist es wichtig, daß sich die Protokolle effizient implementieren lassen. Dabei sind Zellen konstanter und daher von vornherein bekannter Länge leichter zu handhaben als Pakete wechselnder Größe. Dies betrifft z. B. die Warteschlangen in den Vermittlungsknoten: Bei Zellen konstanter Größe kann der Speicherplatz für eine gegebene Anzahl von Warteplätzen von Anfang an statisch zugewiesen werden. Dies wiederum erleichtert den Zugriff auf die Zellen.

ATM-Zellen bestehen aus einem Header von 5 Bytes und 48 Nutzbytes. Dadurch reduziert sich die Nutzdatenrate auf $\frac{48}{53} \approx 91\%$ der Bitrate auf dem Kanal. Ein Verlust von mehr als 9% der Kanalbitrate allein durch den Header ist zweifellos nicht erwünscht, wurde aber angesichts der hohen Übertragungskapazität von Glasfasern als durchaus erträglich angesehen. Für Datenkommunikation und Verteildienste wären größere Zellen vorzuziehen, weil damit bei gleicher Headerlänge eine wesentlich bessere Kanalausnutzung erreicht werden kann. Der Grund für die kurzen Zellen liegt allein bei den Telekommunikationsdiensten, besonders beim Telefon. In die Schleifenverzugszeit ($< 200\,\text{ms}$) gehen Verzögerungen beim Abtasten des Sprachsignals und durch die Quellcodierung genauso mit ein wie Signallaufzeiten und Wartezeiten in den Vermittlungsknoten.

Bereits beim Abtasten ohne Quellcodierung tritt eine Verzögerung auf: Bei 8000 Abtastwerten pro Sekunde und deren Quantisierung mit 8 bit pro Wert vergehen $48 \cdot \frac{1}{8000\,s^{-1}} = 6\,\text{ms}$, bis eine Zelle gefüllt ist und abgeschickt werden kann. Wenn das Sprachsignal quellcodiert wird, passen sogar wesentlich längere Sprachabschnitte in eine Zelle; zusätzlich ist noch die Verarbeitungszeit im Quellcodierer zu berücksichtigen.

Werden die Zellen über mehrere Vermittlungsknoten befördert, verringert sich mit kürzeren Zellen nicht nur die Dauer ihres Befüllens, sondern auch die ihres Transports. Dies folgt zum einen aus dem in Abschnitt 3.3.3 angesprochenen

Pipelining-Effekt und zum anderen aus der Warteraumtheorie, wie das folgende Beispiel zeigt:

Angenommen, es werden Nachrichten einer mittleren Länge M Bytes mit einer Rate λ' erzeugt, die in Zellen mit l Nutzbytes verpackt über eine Leitung mit der Kapazität C (in Bytes pro Sekunde) übertragen werden sollen. Dann ergibt sich für die Rate der zu übertragenden Zellen $\lambda = \lambda'\frac{M}{l}$, wobei hier das eigentlich notwendige Aufrunden von $\frac{M}{l}$ vernachlässigt werden soll. Bei der Berechnung der Bediendauer $\frac{1}{\mu} = \frac{l+5}{C}$ müssen die 5 Byte des Zellheaders berücksichtigt werden. Setzt man, wiederum vereinfachend, ein M/D/1-Warteschlangenmodell an, beträgt die mittlere Wartezeit der Zellen gemäß Gleichung (7.22)

$$W = \frac{\lambda}{2\mu(\mu - \lambda)}\,.$$

Mit dem Verhältnis $\rho = \frac{\lambda'M}{C}$ von angebotener Datenrate zu Übertragungskapazität ergibt sich daraus

$$W = \frac{1}{2}\,\frac{l+5}{C}\,\frac{\rho}{\frac{1}{1+5/l} - \rho}$$

Bei $\rho = 0,8$ findet man für die Wartezeit ein Minimum bei einer Zellänge von $l = 46$ Bytes. Bei kleineren ρ sind unter dem Aspekt der Übertragungsdauer noch kürzere Zellen günstiger.

Die gleiche Überlegung ist auch ein Argument für Zellen konstanter Länge: Wie in (7.23) aus der Pollaczek-Khinchin-Formel (7.21) für M/G/1-Warteschlangen hergeleitet wird, ist die Wartezeit bei determinierter Bediendauer, also für Zellen konstanter Länge, am kürzesten. Dadurch trägt die Entscheidung für Zellen konstanter Länge ebenfalls zu kurzen Schleifenverzugszeiten bei.

10.3   ATM-Protokollschichten

Bild 10.1 zeigt den Protokollaufbau im ATM.

Anders als vom OSI-Modell vorgesehen sind die Protokolle des ATM nicht nur in einer Richtung übereinander gestapelt, sondern müssen als dreidimensionaler Würfel dargestellt werden.

Im Mittelpunkt steht die ATM-Schicht, in der die Paketübertragung über virtuelle Kanäle organisiert und überwacht wird. Zu ihren Aufgaben gehören insbesondere Verkehrs- und Flußkontrolle. Die physikalische Schicht übernimmt die Anpassung der ATM-Zellen an die Eigenschaften des physikalischen Mediums, zumeist eine Glasfaser unter dem Protokoll SONET bzw. SDH. Die ATM-Adaptation-Layer (AAL) stellt Protokolle bereit, um den Datenstrom in Zellen zu verpacken. Dadurch, daß es mehrere verschiedene AAL-Typen gibt, können die Anforderungen der Dienste wie in Abschnitt 10.1 beschrieben berücksichtigt werden. Die Zusammenarbeit der unteren drei Schichten ist nochmals in Bild 10.2 dargestellt.

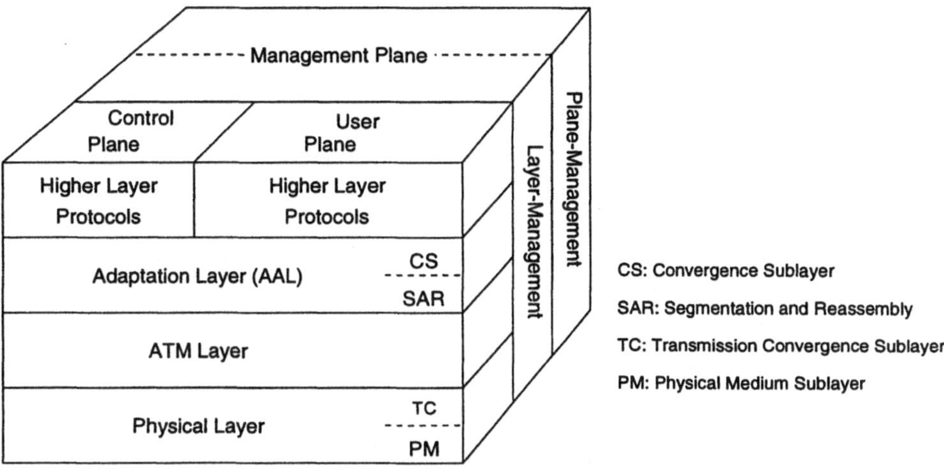

Bild 10.1: Protokollaufbau von ATM.

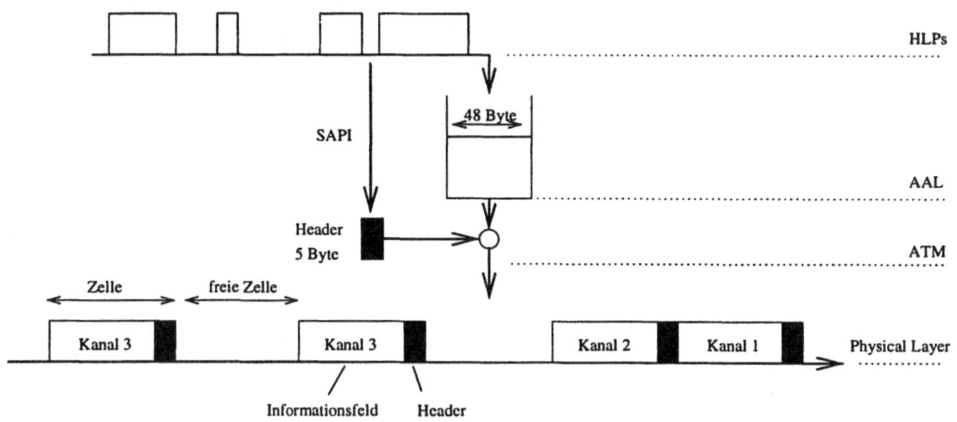

Bild 10.2: Schematische Darstellung der Datenübertragung und Zuordnung der Protokolle.

Die drei unteren Schichten dienen im wesentlichen zum Datentransport und sind daher für Benutzer- und Steuerungsdaten gleich. Bei den Protokollen der Anwenderschichten (*higher layer protocols, HLPs*) hingegen wird zwischen einer „User Plane" und einer „Control Plane" unterschieden. Die höheren Schichten der User Plane umfassen alle Protokolle, die für eine Ende-zu-Ende-Verbindung zweier Nutzer notwendig sind. Die Protokolle der Control-Plane stellen die Signalisierungsdienste zum Auf- und Abbau sowie zur Überwachung von Verbindungen zur Verfügung. Interne Verwaltungsaufgaben der einzelnen Schichten sind in der mittleren, senkrechten Ebene, dem „Layer Management", angeordnet. Die hinterste Ebene, das „Plane Management", dient dazu, die Tätigkeiten der einzelnen Schichten untereinander zu koordinieren. Im OSI-Modell fehlt diese Ebene; an ihrer Stelle werden auch Verwaltungsinformationen mit Dienstprimitiven weitergegeben. Dadurch wird die Kommunikation zwischen den Schichten sehr behindert und dementsprechend für ein Hochgeschwindigkeitsnetz zu langsam.

Eine wichtige Eigenschaft von ATM aus Sicht der Kommunikationsteilnehmer ist die transparente Datenübertragung. Das bedeutet, daß die Nutzerdaten vom Sender als abgeschlossene Dateneinheiten im Informationsfeld der Zelle verpackt werden. Die Zellen werden durch das Netz transportiert, ohne daß die ATM-Schicht-Entities der Vermittlungsknoten auf die Informationsfelder der Zellen zugreifen. Neben der Trennung von Teilnehmer und Netz in semantischer Hinsicht in Form einer transparenten Datenübertragung findet auch eine Trennung in zeitlicher Hinsicht statt: Datenquelle, Netz und Empfänger sind nicht zueinander synchronisiert. Die Quelle (bzw. deren HLPs) erzeugt die zu übertragende Information und legt diese in einer Warteschlange ab (s. Bild 10.2). Die Leerung der Warteschlange erfolgt durch die ATM-Schicht, sobald freie Zellen auf der Leitung erkannt werden. Vermittlungsknoten nehmen ebenfalls die eintreffenden Zellen entgegen und legen diese dann in einer Warteschlange ab. Da die Aufenthalte in den Warteschlangen natürlich nicht bei allen Zellen einer Verbindung exakt gleich lange dauern, sind deren Übertragungszeiten vom Sender zum Empfänger statistischen Schwankungen unterworfen. Dies wird als *Zell-Jitter* bezeichnet. Diesen Zell-Jitter auszugleichen gehört zu den Aufgaben der Anpassungsschicht.

10.3.1 ATM-Schicht

Aufbau der ATM-Zellen

ATM-Zellen bestehen aus einem 5 Byte langen Header und 48 Byte Nutzdaten. Der Aufbau des Headers ist für die Schnittstelle zwischen Benutzer und Netz (*user-network interface, UNI*) und für die Schnittstelle zwischen benachbarten Netzknoten (*network-network interface, NNI*) geringfügig unterschiedlich definiert, siehe Bild 10.3.

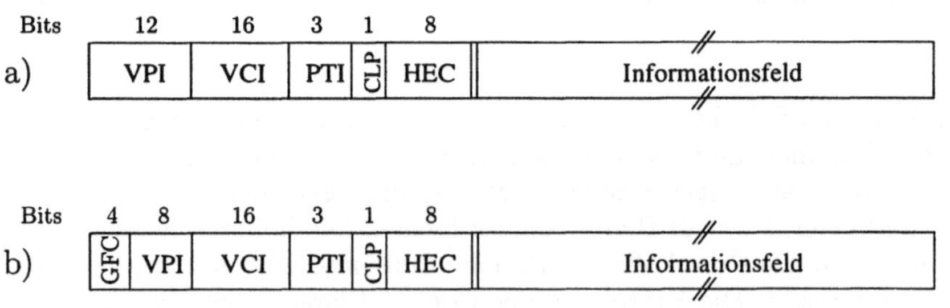

Bild 10.3: Aufbau der ATM-Zelle, a) NNI, b) UNI.

Das Feld „Generic Flow Control (GFC)" gibt es nur im UNI-Zellformat. Es dient dazu, die Rate zu regulieren, mit der Endgeräte Zellen zur Beförderung an das Netz übergeben. Ist der Wert des Feldes von Null verschieden, dürfen Zellen mit Daten niedriger Priorität vom Endgerät nicht losgeschickt werden. Damit soll verhindert werden, daß Konzentratoren, die mehrere Endgeräte an einen ATM-Netzknoten anbinden, überlastet werden.

„Virtual Path Identifier (VPI)" und „Virtual Channel Identifier (VCI)" bilden zusammen eine 24 Bit (UNI) bzw. 28 Bit (NNI) lange Kennung für den virtuellen Kanal. Die Unterteilung der VPI und VCI ermöglicht ein zweistufiges, hierarchisches Routing. Darauf wird in Abschnitt 10.4 näher eingegangen.

Der „Payload Type Identifier (PTI)" erlaubt es, zwischen Nutzdaten und Steuerungsinformationen zu unterscheiden. Es sind die Nutzlasttypen gemäß Tabelle 10.1 definiert.

Tabelle 10.1: Definierte Nutzlasttypen.

PTI	Bedeutung
000, 001	Benutzerdaten; unterwegs keine Netzüberlastung aufgetreten
010, 011	Benutzerdaten; Netzüberlastung unterwegs aufgetreten
100	„Operations & Maintenance"-Zelle für die Kommunikation zwischen benachbarten Netzknoten
101	„O & M"-Zelle für die Ende-zu-Ende-Kommunikation
110	Ressourcenmanagement-Zelle; erlaubt dem Netz, den von Diensten ohne Echzeitanforderungen generierten Verkehr zu beeinflussen
111	Reserviert.

Benutzerdatenzellen werden stets mit 000 oder 001 als PTI abgeschickt. Passieren solche Zellen unterwegs überlastete Zwischenknoten, dürfen diese den PTI auf 010 bzw. 011 abändern.

Das „Cell Loss Priority (CLP)"-Bit erlaubt die Unterscheidung zwischen wichtigen und weniger wichtigen Zellen, wenn in einem Vermittlungsknoten eine Warteschlange überzulaufen droht. In einem solchen Fall werden zuerst die Zellen mit gesetztem CLP-Bit weggeworfen.
Hohe Priorität haben alle Zellen einer Verbindung der Dienstklasse A mit konstanter Datenrate und Echzeitfähigkeit. Bei Diensten variabler Datenrate erhalten diejenigen Zellen hohe Priorität, die erforderlich sind, um eine gewisse Mindestgüte zu gewährleisten. Bei der Videoübertragung beispielsweise lassen sich die Daten in einen Teil aufteilen, der für eine grobe Auflösung und geringe Bildqualität ausreicht, und einen weiteren Teil, der zusammen mit dem ersten Teil eine feine Auflösung und hohe Bildqualität ergibt. Ordnet man den Zellen des ersten Anteils hohe Priorität zu, nimmt bei Warteschlangenüberläufen zunächst nur die Bildqualität ab, und ein völliges Aussetzen der Bildübertragung wird vermieden.

Das Feld „Header Error Control (HEC)" enthält eine Prüfsumme über die übrigen vier Bytes des Headers und soll verhindern, daß durch Störungen auf dem physikalischen Medium Zellen zum falschen Empfänger geschickt werden. Die Nutzdaten werden in diese Prüfsumme nicht einbezogen; die Fehlererkennung bzw. -korrektur in den Nutzdaten bleibt vollständig dem Anwender überlassen.

Flußkontrolle

In ATM-Netzen besteht, wie in allen anderen Kommunikationsnetzen auch, die Gefahr der Überlastung. Allerdings läßt sich diese Gefahr hierbei nicht so leicht beseitigen wie im Telefonnetz: Dort ertönt während des Verbindungsaufbaus das Besetztzeichen, sobald keine freien Leitungen mehr verfügbar sind. Eine Beeinträchtigung der bereits bestehenden Verbindungen wird so vermieden. Ein derart einfacher Mechanismus reicht bei ATM-Netzen nicht aus, nicht zuletzt deshalb, weil sich die von ATM unterstützten Dienste zu sehr unterscheiden. Es werden daher mehrere, an die jeweiligen Dienstklassen angepaßten Flußkontrollmechanismen eingesetzt.

Bei Dienstklasse A (konstante Bitrate, echzeitfähig) kann man so vorgehen wie oben für das Telefonnetz beschrieben. Bereits beim Verbindungsaufbau wird geprüft, ob ausreichende Ressourcen in Form von Übertragungskapazität oder Warteschlangenplätzen zur Verfügung stehen. Gegebenenfalls werden diese Ressourcen reserviert, andernfalls der Verbindungswunsch abgewiesen.

Derselbe Mechanismus ist auf die Dienstklasse B (variable Bitrate, echzeitfähig) nicht anwendbar: Eine Ressourcen-Reservierung in Höhe der maximalen Bitrate führt zu einer ineffizienten Netzauslastung; eine Reservierung von weniger Ressourcen kann alleine eine Netzüberlastung nicht verhindern. Auch bei Klasse B überprüft man während des Verbindungsaufbaus, ob genügende Ressourcen für die gewünschte Dienstgüte vorhanden sind. Als zweiter Flußkontrollmechanismus wird das CLP-Bit im Zellheader eingesetzt. Durch die Aufteilung des Zellstroms in einen wichtigen und einen weniger wichtigen Teil gibt der Sender dem Netz die Möglichkeit, bei Vorliegen einer Überlastung Zellen aus dem Netz zu entfernen und den dabei angerichteten Schaden möglichst klein zu halten.

Die Dienste der Klassen C und D sind nicht echtzeitfähig und erlauben dadurch einen Lastausgleich in zeitlicher Richtung. Das heißt, bei diesen Diensten stellt man fest, welche Zellrate momentan ohne Überlastung des Netzes möglich ist, und Daten, für die im Augenblick keine Übertragungskapazität verfügbar ist, müssen (und können) warten. Zur Bestimmung der verfügbaren Übertragungskapazität sendet die Quelle eine Resource-Management- (R-M-) Zelle mit dem Wert 110 im PTI-Feld des Headers ab und trägt in diese Zelle die von ihr gewünschte Zellrate ein. Beim Passieren der Vermittlungsknoten kann jeder Knoten diese Zellrate entsprechend seinen Möglichkeiten verringern, jedoch nicht erhöhen. Die Datensenke schickt diese R-M-Zelle genauso wieder zur Quelle zurück. Die bei Rückerhalt der Zelle eingetragene Zellrate ist die größte Rate, die jeder der zuständigen Vermittlungsknoten bewältigen kann.
Auch beim Aufbau von Verbindungen der Klassen C und D wird überprüft, ob die

für eine geforderte Dienstgüte benötigten Ressourcen verfügbar sind. Das CLP-Bit im Zellheader wird bei diesen Dienstklassen jedoch nicht zur Flußkontrolle genutzt; schließlich ist aus der Sicht eines sendenden Rechners jede Zelle einer E-Mail oder einer Datei gleichermaßen wichtig und unverzichtbar.

Verkehrskontrolle

Aus den obigen Überlegungen zur Flußkontrolle heraus wird deutlich, daß die Berücksichtigung der verfügbaren Netzressourcen während des Verbindungsaufbaus einen wichtigen Beitrag zur Verhinderung von Überlastungssituationen im Netz leistet. Dieser Mechanismus kann aber nur dann funktionieren, wenn die Datenquellen sich an die während des Verbindungsaufbaus getroffenen Vereinbarungen hinsichtlich der Datenraten und der Dienstgüte halten. Erfahrungsgemäß erfordert dies einen Überwachungsmechanismus, die Verkehrskontrolle (*Source Policing*). Überwacht werden sowohl die maximale (PCR) wie auch die mittlere Zellrate (SCR). Aus der maximalen Zellrate folgt, daß zwei aufeinander folgende Zellen mindestens den zeitlichen Abstand 1/PCR haben müssen. Die Kontrolle der mittleren Zellrate erfolgt durch Mittelwertbildung über ein genügend langes Zeitintervall. Verstöße gegen die getroffenen Vereinbarungen kann das Netz auf verschiedene Weise ahnden. Dies kann dadurch erfolgen, daß in regelwidrigen Zellen das CLP-Bit gesetzt wird, so daß diese Zellen bei einer Netzüberlastung zuerst weggeworfen werden. Genausogut kann das Netz aber auch grundsätzlich die Beförderung regelwidriger Zellen verweigern. In jedem Fall sitzt das Netz am sprichwörtlich längeren Hebel, und die Datenquelle sollte die getroffene Vereinbarungen im eigenen Interesse einhalten.

10.3.2 ATM-Adaption-Layer (AAL)

Die ATM-Anpassungsschicht (*ATM-Adaption-Layer, AAL*) soll, wie der Name schon sagt, die von den Protokollen der höheren Schichten bereitgestellten Nutzdaten für die Übertragung mit ATM vorbereiten. Dazu ist sie in zwei weitere Unterschichten gegliedert: die „Convergence Sublayer (CS)" und die „Segmentation And Reassembly Sublayer (SAR)".
In Anlehnung an die in Abschnitt 10.1 beschriebenen Dienstklassen wurden bisher fünf AAL-Typen spezifiziert, deren Aufgaben in Bild 10.4 zusammengestellt sind:

Die Segmentation-and-Reassembly-Sublayer unterteilt die ihr von der Convergence-Sublayer übergebenen Daten so, daß die Teile zusammen mit einem von ihr hinzugefügten Header und Trailer genau in die 48 Bytes Nutzlast einer ATM-Zelle passen. Auf der Empfängerseite erfolgt die „Reassemblierung", d. h. die Daten der Convergence-Sublayer werden wieder zusammengesetzt. Die im SAR-Header enthaltene Sequenznummer erlaubt das Erkennen verloren gegangener oder eingefügter Zellen, ein CRC-Check im Trailer die Erkennung von Übertragungsfehlern. Die Entscheidung, wie mit erkannten Fehlern umgegangen

AAL-Typ:	T1	T2	T3/4	T5
Convergence-Sublayer:	Kompensation des Zell-Jitters Wiederherstellung der Zeitsynchronisation	Erkennung von Nachrichtengrenzen im Datenstrom		
	Korrektur von Zellverlusten / Einfügungen Korrektur von Fehlern in der Nutzinformation			
SAR-Sublayer:	Auffüllen unvollständiger Zellen Segmentierung und Reassemblierung Multiplexing (nur T3/4)			

Bild 10.4: AAL-Typen und Aufgaben der AAL-Schicht.

wird, liegt dann beim sog. „Common Part" der Convergence-Sublayer. Dieser Teil wird von allen Diensten eines AAL-Typs gemeinsam genutzt, während der darüber liegende, „Service Specific Part" für jeden Dienst individuell gestaltet ist. AAL-Typ 1 ist gedacht für Dienste der Klasse A und unterstützt die Datenübertragung mit konstanter Bitrate unter Echtzeitbedingungen. Im dienstspezifischen Teil erfolgt daher die Wiederherstellung des Zeittaktes, also die Kompensation des Zell-Jitters.

Von seiner Funktionalität her ähnlich konzipiert wurde AAL-Typ 2, allerdings für variable Datenraten, d. h. für Dienste der Klasse B. Die Standardisierung dieses Typs wurde bisher jedoch nicht vollständig fertiggestellt.

AAL-Typ 3/4 ist das Ergebnis von zwei ursprünglich getrennt begonnenen Typen. Er besitzt die Besonderheit, daß die SAR-Schicht Multiplexbetrieb unterstützt, d. h. die Daten mehrerer Anwendungen können über einen einzigen virtuellen Kanal transportiert werden. Typ 3/4 ist für die Dienstklassen C und D gedacht. Der dienstspezifische Teil dieses Typs erlaubt sowohl die Übertragung in sich abgeschlossener Nachrichten unter Beachtung von deren Anfang und Ende als auch die Übertragung kontinuierlicher Datenströme. In beiden Fällen ist ein zuverlässiger Transport genauso realisierbar wie ein unzuverlässiger.

Für die gleichen Aufgaben ist AAL-Typ 5 gedacht, allerdings soll dieser Typ einfacher und effizienter sein als AAL-Typ 3/4. Die SAR-Sublayer dient hier ausschließlich zur Fragmentierung und empfängerseitig zum Zusammensetzen der Fragmente; es wird keine Rahmenbildung mit Header und Trailer vorgenommen wie in den anderen AAL-Typen. Zur Erkennung von Fehlern, verloren gegangener oder eingefügter Zellen dient ein CRC-Check in der Convergence-Sublayer, der mit 32 Bit wesentlich länger und leistungsfähiger ist als die CRC-Checks der übrigen AAL-Typen.

10.3.3 Physikalische Schicht

Die Physikalische Schicht soll die ATM-Zellen an das jeweilige Übertragungsmedium anpassen. Sie besteht aus der „Physical Medium (PM) Sublayer" und der „Transmission Convergence (TC) Sublayer".

Physical Medium Sublayer

Die PM-Sublayer umfaßt im wesentlichen die gesamte Signalverarbeitung. Dazu gehören Modulation und Demodulation sowie die Regeneration des Signals zum Ausgleichen der durch die Kanaldämpfung hervorgerufenen Verluste. Werden Glasfasern zur Übertragung benutzt, erfolgt in der PM-Sublayer die elektrooptische Umsetzung. Werden andere Übertragungsmedien verwendet, die im Gegensatz zu Glasfasern höhere Bitfehlerraten aufweisen, kann hier eine auf das Medium angepaßte Vorwärtsfehlerkorrektur (*forward error correction, FEC*) vorgenommen werden.

Transmission Convergence Sublayer

Die TC-Sublayer ist zuständig für die Fehlerkorrektur im Zellheader und beschäftigt sich mit den Zellgrenzen.

Zur Fehlerkorrektur im Zellheader dient das HEC-Feld. Sein Inhalt wird folgendermaßen berechnet: Man setzt das HEC-Feld zu Beginn auf Null und bestimmt den Rest, der bei der binären Division des gesamten Zellheaders durch das Generatorpolynom $x^8 + x^2 + x + 1$ übrigbleibt. Diesen Rest trägt man in das HEC-Feld ein, was im Binären der Subtraktion dieses Restes vom übrigen Zellheader entspricht. Danach ist der gesamte Zellheader ein Vielfaches des Generatorpolynoms. Zum Abschluß wird das Bitmuster „01010101" binär zum HEC-Feld dazuaddiert.
Dieser Code erlaubt die Korrektur von Einzelbitfehlern und die Erkennung sehr vieler Mehrbitfehler. Man weiß über die Fehlerstatistik von Glasfasern, daß neben den Einzelbitfehlern mit einer Rate von 10^{-8} oder darunter auch relativ lange Bündelfehler auftreten können. Um die Erkennung von Bündelfehlern zu verbessern, wird das Zustandsdiagramm in Bild 10.5 benutzt.

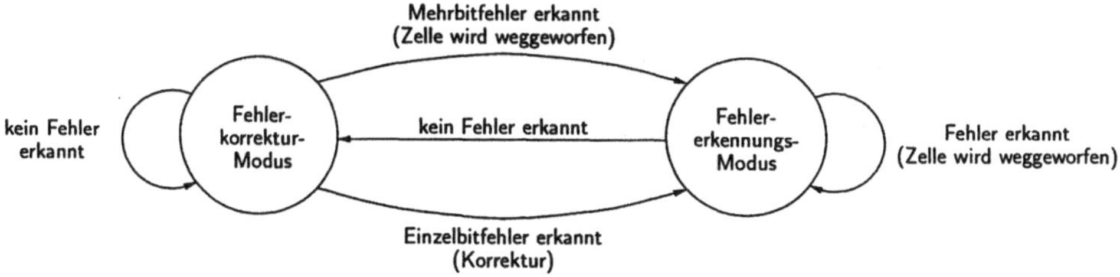

Bild 10.5: Zustandsdiagramm für die Fehlerbehandlung im Zellheader.

Im fehlerfreien Fall befindet sich der Empfänger im Korrekturmodus. Treten Einzelbitfehler auf, werden diese korrigiert; bei Bündelfehlern wird die Zelle verworfen. Danach erfolgt ein Wechsel in den Fehlererkennungsmodus, in dem alle als fehlerhaft erkannten Zellen verworfen werden. In diesem bleibt der Empfänger bis zum Empfang fehlerfeier Zellen.

Die zweite Aufgabe des TC-Sublayers ist der Umgang mit den Zellgrenzen.

Der Sender muß seine Zellen in ein vorgegebenes Rahmenraster einordnen, wenn das Übertragungsmedium wie bei der Synchronen Digitalen Hierarchie (SDH) in synchronem Zeitmultiplex betrieben wird. Ein derartiges synchrones Zeitmultiplex erfolgt dann zusätzlich zum asynchronen Multiplex des ATM und darf damit nicht verwechselt werden. Zu den Aufgaben des Senders gehört es auch, leere Zellen einzufügen, wenn gerade keine Datenzellen bereitstehen. Dadurch wird ein kontinuierlicher Zellstrom übertragen.

Der Empfänger steht dann vor dem Problem, in diesem Zellstrom die Grenzen der Zellen zu erkennen. In der englischsprachigen Literatur heißt dieser Vorgang „Cell Delineation". Es ist **nicht** vorgesehen, für diesen Zweck irgendwelche Bitmuster wie beispielsweise beim HDLC einzufügen. Vielmehr nutzt man die guten Übertragungseigenschaften der Glasfaser und sucht nach fehlerfreien Zellheadern.

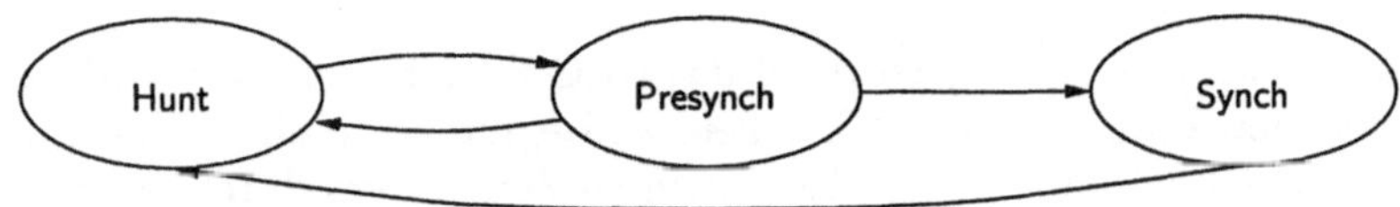

Bild 10.6: Zustandsdiagramm für die Erkennung der Zellgrenzen.

Die Grundidee besteht darin, daß sich der Empfänger aus dem Bitstrom 5 Byte = 40 Bit herausgreift und prüft, ob das letzte Byte eine gültige Prüfsumme darstellt. Wenn nicht, wird das Fenster der 40 Bit um eine Stelle verschoben und erneut geprüft. Sobald sich dabei eine gültige Prüfsumme ergibt, erfolgt ein Wechsel aus diesem „Hunt"-Zustand in den Zustand „Presynch". Dort springt der Empfänger in Abständen von 53 Byte weiter und prüft jedesmal, ob die dabei herausgegriffenen 40 Bit einen gültigen Zellheader darstellen. Wenn nicht, wechselt es zurück nach „Hunt". Nach δ (meist $\delta = 6$) erfolgreich gefundenen Zellheadern geht der Empfänger davon aus, daß die Zellgrenzen korrekt gefunden worden sind. Damit ist der Synchronismus hergestellt, was dem Zustand „Synch" entspricht. Treten in diesem Zustand mehr als α (meist $\alpha = 7$) fehlerhafte Zellheader hintereinander auf, ist die Synchronisation offensichtlich verloren gegangen und muß durch einen Wechsel in den „Hunt"-Zustand erneut hergestellt werden.

10.4   ATM als Weitverkehrsnetz

Da über das B-ISDN Telekommunikations- und Verteildienste angeboten werden sollen, muß ein solches Netz die Struktur eines Weitverkehrsnetzes haben. Dies spiegelt sich wider in einer hierarchischen Netzstruktur mit Vermittlungsstellen (*Switches*).

10.4.1   Hierarchischer Netzaufbau

Wie in Bild 10.3 zu erkennen ist, enthält der Zellheader am NNI insgesamt 28 Bit zur Kennzeichnung, zu welchem virtuellen Kanal eine Zelle gehört. Damit können gleichzeitig $2^{28} \approx 270 \cdot 10^6$ virtuelle Kanäle pro Glasfaser aufgebaut sein. Diese Zahl ist zwar beindruckend, bringt aber auch ein Problem mit sich: Für einen Vermittlungsknoten ist es äußerst umständlich, 270 Millionen virtuelle Kanäle pro ankommender Leitung zu verwalten. Die Unterteilung der 28 Bit in einen Virtual-Path-Identifier (VPI) mit 12 Bit und eien Virtual-Channel-Identifier mit 16 Bit hilft, den Aufwand in den Vermittlungsknoten zu reduzieren. Diese Aufteilung ist vergleichbar mit der Unterteilung von Telefonnummern in Vorwahl und Anschluß. Sie führt zu einer zweistufigen, hierarchischen Netzarchitektur aus Fernvermittlungs- und Ortsnetz.

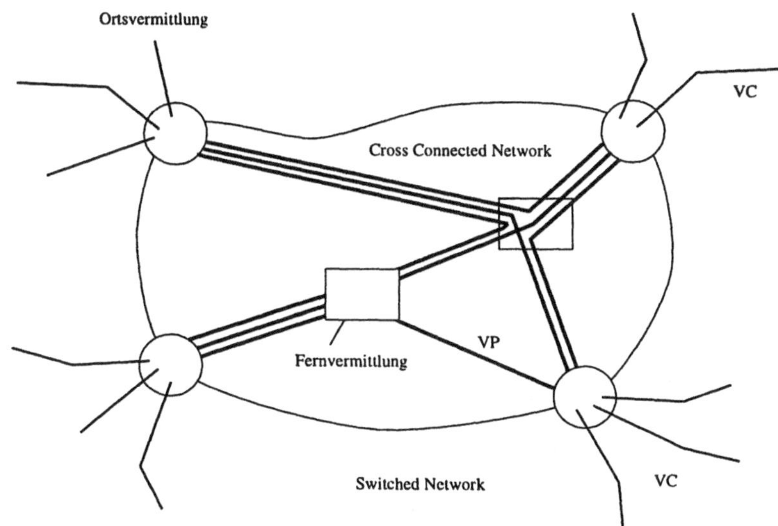

Bild 10.7: Hierarchische Netzarchitektur.

Das Fernvermittlungsnetz besteht aus virtuellen Pfaden und verbindet alle Ortsvermittlungen miteinander. Da ungenutzte virtuelle Pfade keine Übertragungskapazität belegen, können sie praktisch ständig aufgebaut sein. Sie sind gewissermaßen wie „Rohre", bei denen alles, was an einem Ende hineingestopft wird, am anderen Ende wieder herauskommt.

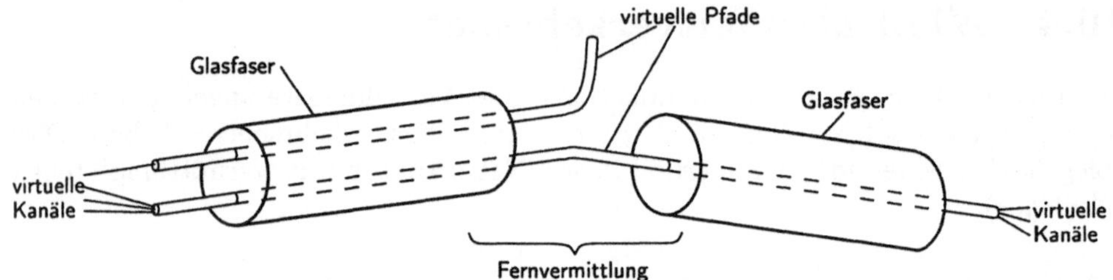

Bild 10.8: Glasfasern, virtuelle Pfade und virtuelle Kanäle.

In den Fernvermittlungen werden die virtuellen Pfade „als Ganzes" vermittelt, d. h.
alle virtuellen Kanäle innerhalb eines virtuellen Pfades werden in dieselbe Richtung weitervermittelt. Die Fernvermittlung braucht auf diese Weise nur den VPI
auszuwerten, und somit enthalten ihre Switching-Tabellen $2^{12} = 4096$ Einträge
pro Leitung statt wie oben 270 Millionen.
In den Ortsvermittlungen müssen sowohl VPI als auch VCI ausgewertet werden.
Allerdings dürfte i. d. R. das Verkehrsaufkommen in den Ortsvermittlungen deutlich kleiner sein als in den Fernvermittlungen, so daß nicht alle der 270 Millionen
möglichen virtuellen Kanäle belegt sind und vermittelt werden müssen. Dann sind
kleinere Switching-Tabellen ausreichend.

Zusammenfassend kann man feststellen, daß eine derartige hierarchische Netzarchitektur den Aufbau der Vermittlungseinrichtungen erheblich vereinfacht. Die
Abläufe in derartigen Vermittlungseinrichtungen und deren Aufbau stellt der nächste Abschnitt vor.

10.4.2 Aufbau von Vermittlungseinrichtungen

Aufbau des Vermittlungsvorganges

Das Vermitteln einer Zelle erfolgt in zwei Schritten:

- Im ersten Schritt werden VPI und VCI einer ankommenden Zelle gelesen.
  Damit schaut man in einer Switching-Tabelle nach, über welche Ausgangsleitung diese Zelle weitergeschickt werden muß. In der Tabelle sind ebenfalls
  neue Werte für den VPI und VCI enthalten, die nun in die Zelle eingetragen werden. Das bedeutet nicht, daß die Zelle nun einem anderen virtuellen
  Kanal zugeordnet wird, sondern vielmehr, daß ein virtueller Kanal auf der
  Eingangsseite einer Vermittlung eine andere Kennung besitzen kann als auf
  der Ausgangsseite. Sollte ein virtueller Kanal von Anfang bis Ende überall
  dieselbe Kennzeichnung besitzen, müßte beim Aufbau dieses Kanals nach
  einer Kennung gesucht werden, die in keiner der beteiligten Vermittlungsstellen bereits belegt ist. Durch die Transformation von VPI und VCI in
  jeder Vermittlungsstelle vermeidet man diese Suche.

- Der zweite Schritt beim Vermitteln einer Zelle besteht darin, die Zelle vom Eingang zu der im ersten Schritt bestimmten Ausgangsleitung zu befördern. Dies ist natürlich von der Hardware, dem eingebauten Switch, abhängig. Für diese werden nun einige Beispiele genannt.

Hardwareaufbau von Switches

Die Hardware von Switches besteht im wesentlichen aus Warteschlangen und den eigentlichen Switchelementen, sozusagen den „Schaltern". Bild 10.9 zeigt zunächst die drei grundsätzlichen Varianten von Eingangspuffern, Ausgangspuffern und der Anodnung von Puffern an jedem Kreuzungspunkt.

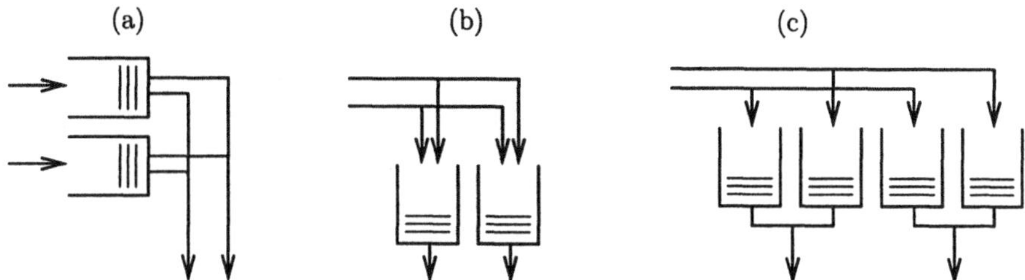

Bild 10.9: Eingangspuffer (a), Ausgangspuffer (b) und Puffer an jedem Kreuzungspunkt (c).

Grundsätzlich kann in allen drei Varianten eine Blockierungssituation auftreten, wenn gleichzeitig Zellen von mehreren Eingangsleitungen zu derselben Ausgangsleitung befördert werden sollen. In solchen Fällen muß der Switch auf irgend eine Weise entscheiden, welche Zelle befördert wird und welche Zellen warten müssen. Unter diesem Aspekt besitzt keine der drei Varianten einen klaren Vorteil gegenüber den anderen. Zumeist werden Eingangs- und Ausgangspuffer miteinander kombiniert. Die Kunst des Switch-Herstellers besteht dann darin, bei begrenzter IC-Fläche und dadurch gegebener Gesamtzahl von Warteplätzen diese so auf die Eingangs- und Ausgangspuffer aufzuteilen, daß Wartezeiten und Zellverluste durch Warteschlangenüberläufe möglichst gering werden.

Bei den Switchelementen, also den „Schaltern", unterscheidet man zunächst zwischen ein- und mehrstufigen Elementen. Einstufige Elemente wurden bereits in Kapitel 3.2.2 vorgestellt. Im Zusammenhang mit ATM-Netzen werden oft mehrstufige Elemente wie der *Banyan-Switch* genannt, der an dieser Stelle beschrieben werden soll.
Bild 10.10 zeigt ein-, zwei- und dreistufige Banyan-Switches. Man erkennt im dreistufigen Banyan-Switch einen rekursiven Aufbau: Um einen n-stufigen Banyan-Switch zu erhalten, kann man zwei $(n-1)$-stufige parallel und 2^{n-1} einstufige davor schalten.
Jedes Grundelement eines Banyan-Switches kann zwei Zellen an seinen beiden Eingängen entweder parallel oder über Kreuz zu seinen Ausgängen durchschalten.

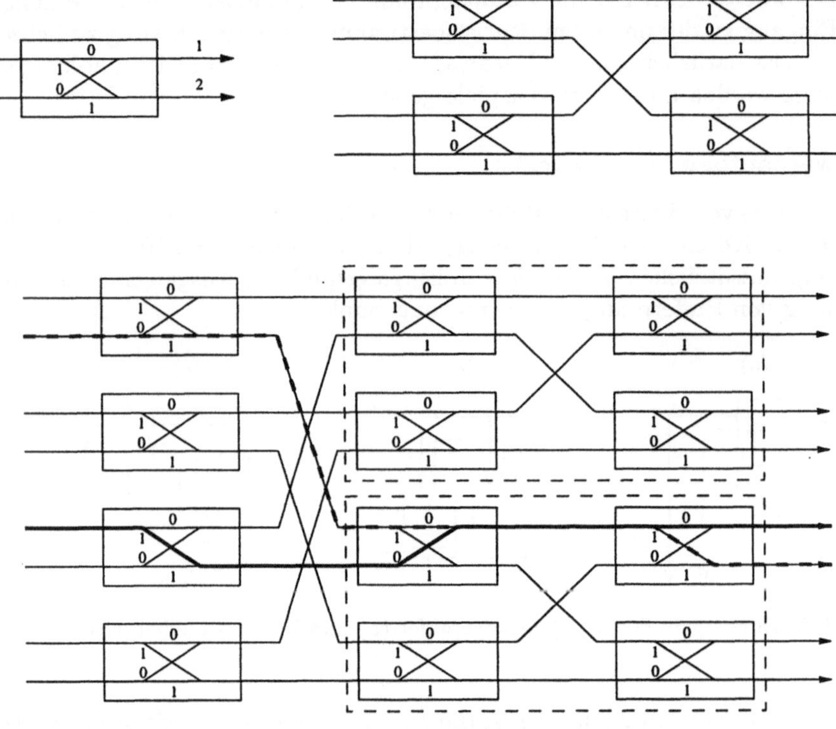

Bild 10.10: Ein-, zwei- und dreistufige Banyan-Switches.

Es können also nicht zwei Zellen gleichzeitig über den durchgezogenen und den gestrichelten Pfad in Bild 10.10 vermittelt werden.

Andererseits lassen sich leicht Situationen konstruieren, in denen zugleich von jeder Eingangsleitung eine Zelle durch das Banyan-Netzwerk transportiert werden kann, ohne daß sich irgendwo zwei Zellen behindern.

Vermieden werden derartige gegenseitige Behinderungen im Batcher-Banyan-Switch, wie in Bild 10.11 gezeigt.

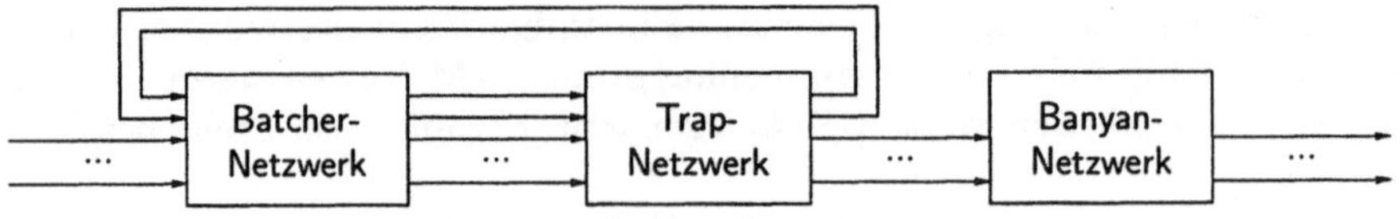

Bild 10.11: Batcher-Banyan-Switch.

Die Zellen am Eingang des Batcher-Netzwerkes werden darin zunächst nach den gewünschten Ausgangsleitungen sortiert. Das danach folgende Trap-Netzwerk sucht nach Zellen, die für dieselbe Ausgangsleitung bestimmt sind. In einem solchen Fall wird eine dieser Zellen weiterbefördert, während die anderen mit erhöhter Priorität nochmals auf den Eingang des Batcher-Netzwerkes zurückgekoppelt werden. Die vom Trap-Netzwerk durchgelassenen Zellen können, da sortiert und für unterschiedliche Ausgangsleitungen bestimmt, behinderungsfrei vom Banyan-Netzwerk zu den Ausgangsleitungen durchgeschaltet werden.

Steuerung der Switches

Wie oben angesprochen besteht der Vermittlungsvorgang aus der Suche in der Switching-Tabelle zur Bestimmung der richtigen Ausgangsleitung und dem Transport der Zelle durch den Switch. Dabei stellt sich die Frage, wie die Information, für welche Ausgangsleitung eine Zelle bestimmt ist, an die betroffenen Switch-Elemente weitergegeben wird.

Eine sehr elegante Lösung hierfür ist das sogenannte „Selfrouting". Nach erfolgter Suche in der Switching-Tabelle wird die Route durch den Switch als interner Header vor die Zelle (einschließlich ihres eigenen Headers) geschrieben. Bild 10.12 zeigt das Prinzip an einem dreistufigen Banyan-Switch.

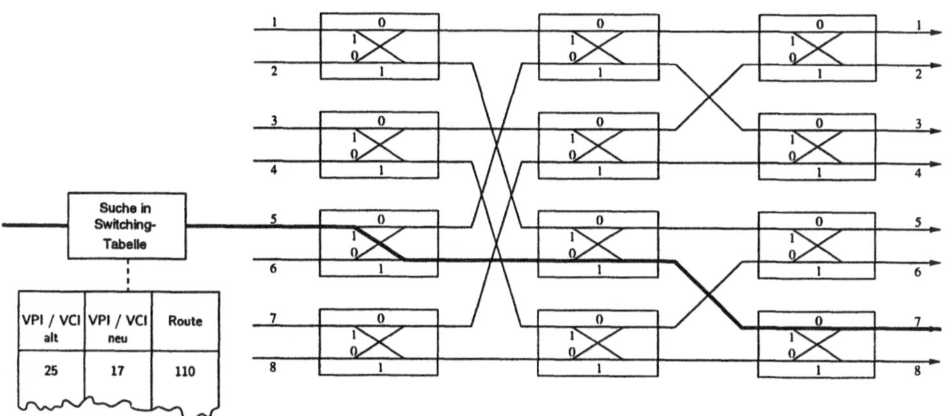

Bild 10.12: Selfrouting einer Zelle vom Eingang 5 zu Ausgang 7 durch einen dreistufigen Banyan-Switch.

Angenommen, auf Eingangsleitung 5 trifft eine Zelle des virtuellen Kanals 25 ein. Bei der Suche in der Switching-Tabelle findet man, daß dieser Kanal ausgangsseitig die Nummer 17 trägt. Die Wegbeschreibung durch den Switch wird als dreistellige Bitkombination 110 vor die Zelle gehängt, bevor sie in den Switch geschickt wird. Jedes Switch-Element, das die Zelle passiert, liest das vorderste Bit des internen Headers und entfernt es anschließend. Wird eine „1" gelesen, muß die Zelle zum unteren Ausgang des Elements, bei einer „0" zum oberen. Im Beispiel liest das erste Element links eine „1", das zweite Element in der mittleren Stufe ebenfalls eine „1" und das dritte rechts eine „0". Wenn der Ausgang des Banyan-Switchs erreicht ist, sind alle Bits des internen Headers entfernt. Man erkennt, daß die Zelle den eingezeichneten Pfad zu Ausgang 7 nimmt.

Die hier beschrieben Switches stellen nur einen kleinen Ausschnitt aus dem Bereich der Switching-Technologien dar. Dennoch erlauben sie einen Einblick in dieses Thema, denn andere Switching-Technologien verfolgen dieselben Zielsetzungen und unterliegen ähnlichen Randbedingungen.

10.5   ATM-basierte LANs

So wie im vorigen Abschnitt beschrieben liegt der ATM-Technologie eine Sterntopologie zugrunde: Alle Endgeräte schicken Zellen zu einem Switch, und dieser verteilt sie an andere Endgeräte oder gibt sie an einen anderen Switch weiter. Eine direkte Kommunikation von Endgerät zu Endgerät findet jedoch nicht statt. Darin liegt ein wesentlicher Unterschied zu lokalen Netzen: Dort ist direkte Kommunikation zwischen zwei Endgeräten vorherrschend, und Switches oder Router werden nur angesprochen, wenn mit einem Endgerät in einem anderen LAN kommuniziert werden soll. Insofern ist ATM für Weitverkehrsnetze und nicht für LANs gedacht. Um die Vorteile einer direkten Kommunikation im lokalen Bereich mit den Vorzügen von ATM für den Weitverkehr miteinander zu kombinieren, kann man in konventionelle LANs Router integrieren, die ihrerseits über ATM miteinander verbunden sind. Diese Lösung ist zwar naheliegend, besitzt aber einen gravierenden Nachteil: Die üblichen LAN-Standards, wie Ethernet (IEEE 802.3), Token-Bus (IEEE 802.4) oder Token-Ring (IEEE 802.5), unterscheiden sich erheblich von ATM; sie an ATM anzupassen erfordert daher ein aufwendiges Interworking. Als Folge davon läßt sich die hohe Datenrate von ATM nicht vollständig nutzen. Deswegen wurden Standards für LANs entwickelt, die besonders gut an ATM angepaßt sind. Im folgenden werden zwei Beispiele dafür vorgestellt.

10.5.1   Distributed Queue Dual Bus (IEEE 802.6)

Der „Distributed Queue Dual Bus (DQDB)" ist unter der Nummer IEEE 802.6 als Metropolitan-Area-Network (MAN) im Jahr 1991 standardisiert worden. Da Datenraten bis 155 Mbit/s vorgesehen sind, wird er oft auch als High-Speed-Local-Area-Network (HSLAN) eingeordnet.

Um das Interworking zwischen einem ATM-Weitverkehrsnetz und einem lokalen DQDB-Netz möglichst einfach zu gestalten, benutzt DQDB als Transporteinheiten Zellen mit einem Format, das sich kaum vom ATM-Zellformat unterscheidet. Es ist in Bild 10.13 dargestellt.

Wie ATM-Zellen enthalten die Zellen vom DQDB 48 Bytes Nutzdaten, und die Felder „Header Error Control (HEC)" und „Payload Type (PLT)" befinden sich an denselben Stellen wie in einer ATM-Zelle. Das PLT-Feld wurde gegenüber ATM

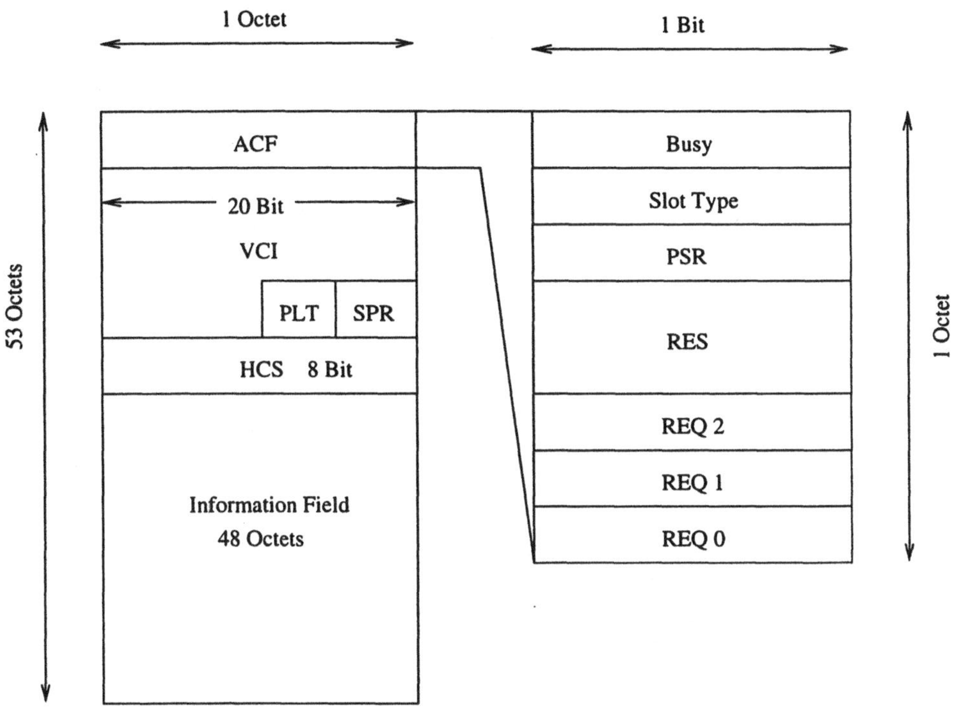

Bild 10.13: DQDB-Zellformat.

auf zwei Bit verkürzt, das dritte Bit bildet zusammen mit dem Cell-Loss-Priority-Bit von ATM im DQDB das zwei Bit lange Feld „Segment Priority (SPR)". Anders als beim ATM braucht man in einem lokalen Netz keine Unterscheidung zwischen virtuellen Pfaden und Kanälen, folglich entfällt auch die Trennung von VPI und VCI. Das erste Byte einer Zelle wird zum „Access Control Field (ACF)", das zweite und dritte Byte und die vier höherwertigen Bits des vierten Bytes bilden zusammen einen 20 Bits langen „Virtual Channel Identifier".

Die Netztopologie des DQDB besteht aus zwei unidirektionalen Bussen mit entgegengesetzten Übertragungsrichtungen. An diese sind die Terminals angeschlossen. Ein Zellgenerator am Beginn des Busses erzeugt leere Zellen und schreibt sie auf die Leitung. Leere Zellen lassen sich daran erkennen, daß bei ihnen das „Busy"-Bit im ACF nicht gesetzt ist. Diese Zellen werden „stromabwärts" zu einem Terminator übertragen. Sobald eine Station eine leere Zelle erkennt und keine Reservierungen vorliegen, darf sie diese Zellen mit Daten an stromabwärts gelegene Stationen füllen. In dieser Situation sind stromaufwärts gelegene Stationen natürlich im Vorteil, weil bei ihnen wesentlich mehr leere Zellen vorbeikommen.
Um selbst auch leere Zellen zu erhalten, können die stromabwärts gelegenen Stationen den stromaufwärts gelegenen Stationen Reservierungen auf dem anderen

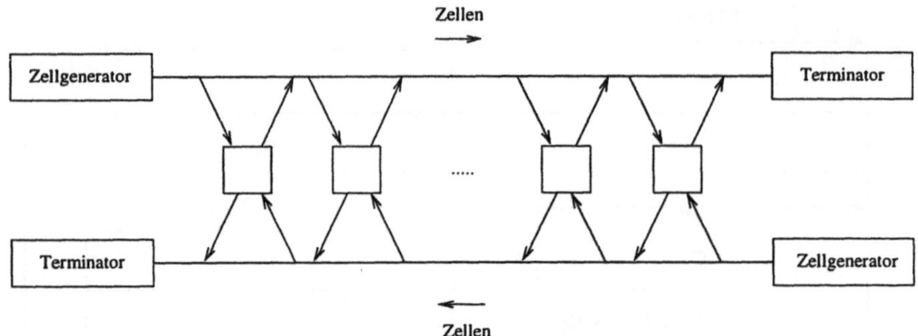

Bild 10.14: DQDB-Topologie.

Bus mit entgegengesetzter Übertragungsrichtung zusenden. Dazu warten sie, bis sie auf diesem Bus eine Zelle mit noch nicht gesetztem Request-Bit erhalten und setzen dieses.

Die Stationen zählen die vorbeikommenden Requests und sind verpflichtet, so viele leere Zellen passieren zu lassen wie Anfragen vorliegen. So muß beispielsweise ein Knoten, dem fünf Requests vorliegen, fünf leere Zellen passieren lassen, bevor er selbst eine leere Zelle beschreiben darf.

Trotz dieser Regelung ist das DQDB-Protokoll unfair, wie das folgende Beispiel zeigt: Auf einer 30 km langen Glasfaser mit einer Übertragungsrate von 155 Mbit/s sind ca. 50 Zellen gleichzeitig unterwegs. Angenommen ein stromaufwärts gelegener Knoten ist aktiv und belegt alle freien Zellen. Ein weiter unten gelegener Knoten möchte ebenfalls übertragen und sendet daher einen Request ab. Bis dieser den aktiven Knoten erreicht, kann dieser 50 weitere Zellen füllen. Sobald die Reservierung eintrifft, läßt er eine freie Zelle passieren und darf dann erneut 49 Zellen belegen, bis die leere Zelle den stromabwärts gelegenen Knoten erreicht. Erst danach darf dieser Knoten einen neuen Request absenden. Von 100 erzeugten Zellen entfallen damit 99 auf den ersten und nur 1 auf den zweiten Knoten.

Dieses offensichtlich unfaire Prinzip kann durch eine Gegenmaßnahme behoben werden. Diese besagt, daß jeder sendewillige Knoten einen Anteil f der freien Zellen ($0 < f < 1$) leer weitergeben muß. Unter dieser Regel geht das System nach einer gewissen Zeit in einen fairen Betriebszustand über; auf einen Beweis dafür wird an dieser Stelle jedoch verzichtet.

10.5.2 ATM-Ring (ATMR)

Ein weiteres LAN-Konzept auf ATM-Basis stellt der ATM-Ring dar. Dieser besteht aus zwei gegenläufigen unidirektionalen Glasfaserringen, die die Stationen miteinander verbinden. Jede Station benutzt stets den Ring mit dem kürzesten Weg zum Empfänger.

Auf den Ringen kreisen gefüllte und ungefüllte Zellen. Bild 10.16 zeigt, daß der

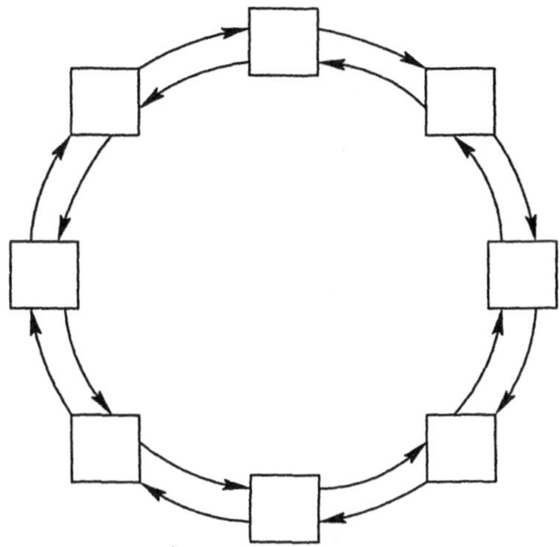

Bild 10.15: Topologie des ATM-Ringes.

Aufbau dieser Zellen ebenso wie beim DQDB fast identisch zu ATM-Zellen ist. Wie beim DQDB trägt das erste Byte der Zelle das „Access Control Field (ACF)", und das zweite, dritte und die erste Hälfte des vierten Bytes bilden wiederum den 20 Bit langen „Virtual Channel Identifier". Darüberhinaus gibt es keine Unterschiede zur ATM-Zelle.

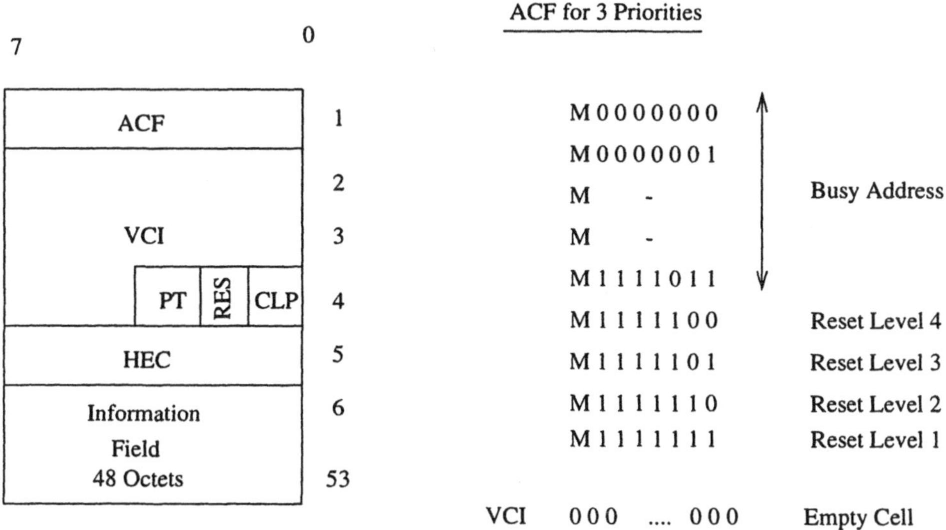

Bild 10.16: ATM-Ring Zellenformat.

Die freien Zellen sind durch ein nur mit '0' beschriebenes VCI-Feld gekennzeichnet.

Jede Station nimmt die Zellen vom Vorgänger entgegen. Zellen, die für sie selbst bestimmt sind, leert sie aus; leere Zellen kann sie mit eigenen Daten füllen, sofern vorhanden. Ansonsten gibt sie alle Zellen an ihren Nachfolger weiter.

Um zu verhindern, daß einzelne Stationen permanent alle freien Zellen belegen und anderen jede Möglichkeit zur Datenübertragung verwehren, wird allen Stationen zu Beginn ein „Markenvorrat" zugeteilt. Diese Marken stellen die Berechtigung dar, leere Zellen aufzufüllen. Für jede übertragene Zelle muß eine Station eine Marke abgeben. Ist ihr Markenguthaben erschöpft, darf sie keine weiteren Zellen mehr belegen, und andere Knoten können ihre Übertragung beginnen. Sobald die letzte Station ihre Marken verbraucht hat oder keine weiteren Sendewünsche anliegen, werden durch einen Reset alle Guthaben wieder aufgefüllt.

Der Reset wird von der letzten, noch sendenden Station ausgelöst, bevor sie mangels weiterer Marken oder mangels zu übertragender Daten die Übertragung einstellt. Dazu muß sie erkennen können, daß sie die letzte Station ist. Zu diesem Zweck dient das ACF-Feld. Jede Station, die noch Marken und zu übertragende Daten besitzt und dementsprechend senden möchte, trägt in allen bei ihr vorbeikommenden Zellen im ACF-Feld ihre Stationskennung ein. Erhält eine Station eine Zelle mit ihrer eigenen Kennung, will offenbar keine der anderen Stationen mehr senden. Sie ist damit die letzte verbliebene sendebereite Station und muß deshalb den Reset auslösen.

Literaturempfehlungen:

Einen sehr guten Überblick über ATM gibt der Artikel von Coudreuse [Cou92] von 1992. Das Buch von Clark [Cla96] behandelt ATM-Netzwerke auf einem recht praxisnahen Niveau und bietet damit eine leicht verständliche Einführung. Weiterführende Erklärungen und Details zu den Gründen für die getroffenen Standardisierungsvereinbarungen findet man bei Tanenbaum [Tan96]. Händel und Huber [HH91] orientieren sich weitgehend am ATM-Standard; die Angaben entsprechen allerdings inzwischen teilweise nicht mehr dem aktuellen Stand des Standardisierungsprozesses. Weitere Übersichtsbeiträge zu ATM im allgemeinen findet man im IEEE Communications Magazine, vol. 31, no. 2, Februar 1993 und speziell zu „Mobile and Wireless ATM" im IEEE Communications Magazine, vol. 35, no. 11, November 1997.

Literaturverzeichnis

[Abr70] N. Abramson: The ALOHA System — Another Alternative for Computer Communications. In *AFIPS Conf. Proc., Fall Joint Comp. Conf.*, vol. 37, pp. 281 – 285, 1970.

[Abr85] N. Abramson: Development of the ALOHANET. *IEEE Trans. on Inf. Theory*, vol. IT-31, no. 2, pp. 119–123, March 1985.

[Abr93] N. Abramson: *Multiple Access Communications*. IEEE Press, 1993.

[Bar91] H. W. Barz: *Kommunikation und Computernetze*. Hanser Verlag, München, 1991.

[Beu93] A. Beutelspacher: *Kryptologie*. Vieweg & Sons, Braunschweig, 1993.

[BF99] M. Bossert, T. Frey: *Signale und Systeme*. Teubner Verlag, Stuttgart, 1999.

[BG92] D. Bertsekas, R. Gallager: *Data Networks*. Prentice Hall, Englewood Cliffs, 1992.

[Bla87] U. D. Black: *Computer Networks: Protocols, Standards and Interfaces*. Prentice Hall, Englewood Cliffs, 1987.

[Bos98] M. Bossert: *Kanalcodierung*. Teubner Verlag, Stuttgart, second edn., 1998.

[BS96] I. N. Bronstein, K. A. Semendjajew: *Taschenbuch der Mathematik*. Teubner Verlag, 1996.

[Cap79] J. I. Capetanakis: Tree Algorithms for Packet Broadcast Channels. *IEEE Trans. on Inf. Theory*, vol. IT–25, no. 5, pp. 505–515, Sept. 1979.

[Che92] N. K. Cheung: The Infrastructure for Gigabit Computer Networks. *IEEE Comm. Magazine*, vol. 30, no. 4, April 1992.

[Cla91] M. P. Clark: *Networks and Telecommunications*. John Wiley & Sons / B. G. Teubner, 1991.

[Cla96] M. P. Clark: *ATM Networks*. John Wiley & Sons / B. G. Teubner, 1996.

[Cou92] J.-P. Coudreuse: General Principles of ATM. In *Intern. Symp. on Signals, Systems and Electronics*, pp. 363–373, Paris, Sept. 1992.

[CT91] T. M. Cover, J. A. Thomas: *Elements of Information Theory*. Wiley, New York, 1991.

[Dav88] J. Davidson: *An introduction to TCP/IP*. Springer Verlag, New York, 1988.

[DM73] W. Dörfler, J. Mühlbacher: *Graphentheorie für Informatiker*. Walter de Gruyter, Berlin, New York, 1973.

[DS93]   M. Drmota, U. Schmid: The Analysis of the Expected Successfull Operation Time of Slotted ALOHA. *IEEE Trans. on Inf. Theory*, vol. 39, no. 5, pp. 1567–1577, Sept. 1993.

[Ech90]   K. Echtle: *Fehlertoleranzverfahren.* Springer Verlag, 1990.

[Els91]   J. Elsing: *Das OSI-Schichtenmodell.* IWT Verlag, München, 1991.

[EV97]   J. Eberspächer, H.-J. Vögel: *GSM Global System for Mobile Communication.* Teubner Verlag, Stuttgart, 1997.

[Fal90]   G. I. Falin: Instability of Slotted ALOHA. *Problems of Information Transmission*, vol. 26, no. 1, pp. 63–67, Jan.–March 1990.

[Gal85]   R. G. Gallager: A Perspective on Multiaccess Channels. *IEEE Trans. on Inf. Theory*, vol. IT-31, no. 2, pp. 124–142, March 1985.

[Gal96]   R. G. Gallager: *Discrete stochastic processes.* Kluwer Academic Publishers Group, Dordrecht, The Netherlands, 1996.

[Geo96]   O. Georg: *Telekommunikationstechnik.* Springer Verlag, Berlin, Heidelberg, 1996.

[Ger91]   P. R. Gerke: *Digitale Kommunikationsnetze.* Springer Verlag, Berlin, 1991.

[GR80]   I. S. Gradsteyn, I. M. Ryzhik: *Table of Integrals, Series and Products.* Academic Press, Inc., 1980.

[Gri86]   J. M. Griffiths: *Local Telecommunications 2.* Peter Peregrinus Ltd., London, 1986.

[Har74]   F. Harary: *Graphentheorie.* R. Oldenbourg Verlag, München, 1974.

[Hen92]   J. Henshall: *OSI praxisnah erklärt.* Carl Hanser Verlag, München, 1992.

[HH91]   R. Händel, M. N. Huber: *Integrated Broadband Networks.* Addison Wesley, 1991.

[HL94]   E. Herter, W. Lörcher: *Nachrichtentechnik: Übertragung, Vermittlung und Verarbeitung.* Carl Hanser Verlag, München, Wien, 1994.

[HP94]   J. Hennekeuser, G. Peter: *Rechnerkommunikation für Anwender.* Springer Verlag, Berlin, Heidelberg, 1994.

[Kad91]   F. Kaderali: *Digitale Kommunikationstechnik I.* Vieweg, Braunschweig, 1991.

[Kam96]   K. D. Kammeyer: *Nachrichtenübertragung.* Teubner Verlag, Stuttgart, second edn., 1996.

[Kle75]   L. Kleinrock: *Queueing Systems, Vol. 1: Theory.* John Wiley & Sons, 1975.

[Kle76]   L. Kleinrock: *Queueing Systems, Vol. 2: Computer Applications.* John Wiley & Sons, 1976.

[Kle92]   L. Kleinrock: The Latency /Bandwidth Tradeoff in Gigabit Networks. *IEEE Comm. Magazine*, pp. 36–40, April 1992.

[KP]   F. Kaderali, W. Poguntke: Graphen, Algorithmen, Netze. Vorlesung der Fernuniversität Gesamthochschule Hagen.

[LC83]   S. Lin, D. J. Costello: *Error Control Coding: Fundamentals and Applications.* Prentice Hall, Englewood Cliffs, New Jersey, 1983.

[Lee89] W. C. Y. Lee: *Mobile Cellular Telecommunications Systems*. McGraw-Hill, New York, 1989.

[Lin82] S. Lin: A hybrid ARQ Scheme with Parity Retransmission for Error Control of Satellite Channels. *IEEE Trans. on Comm.*, vol. 30, no. 7, July 1982.

[Lin93] J.-P. Linnartz: *Narrowband Land–Mobile Radio Networks*. Artech House, 1993.

[Lük90] H. D. Lüke: *Signalübertragung*. Springer Verlag, 1990.

[Lük92] H. D. Lüke: *Korrelationssignale*. Springer Verlag, 1992.

[LW83] S. Lin, Y. Wang: A Modified Selective–Repeat Type–II Hybrid ARQ System and Its Performance Analysis. *IEEE Trans. on Comm.*, vol. 31, no. 5, May 1983.

[Mas84] J. L. Massey: *Multi–User Communications*, vol. No. 265, cism courses and lectures Collision Resolution Algorithms and Random–Access Communications, pp. 73–137. Springer Verlag, Wien, New York, 1984.

[Mei86] Meinke, Gundlach: *Taschenbuch der Hochfrequenztechnik, Band 3: Systeme*. Springer Verlag, fourth edn., 1986.

[MH85] J. Mosley, P. A. Humblet: A Class of Efficient Contention Resolution Algorithms for Multiple Access Channels. *IEEE Trans. on Comm.*, vol. COM-33, pp. 145–151, 1985.

[MP92] M. Mouly, M. B. Pautet: *The GSM System for Mobile Communications*. M. Mouly et Marie-B. Pautet, Palaiseau, France, 1992.

[MT81] V. A. Mikhailov, B. S. Tsybakov: Upper Bound for the Capacity of a Random Multiple Access System. *Problems of Information Transmission*, vol. 17, no. 1, pp. 90–95, Jan. 1981.

[New92] P. Newman: ATM Technology for Corporate Networks. *IEEE Comm. Magazine*, vol. 30, no. 4, April 1992.

[Pro95] J. G. Proakis: *Digital Communications*. McGraw–Hill, New York, third edn., 1995.

[Rap96] T. S. Rappaport: *Wireless Communications, Principles and Practice*. Prentice Hall, Englewood Cliffs, 1996.

[Rob75] L. G. Roberts: ALOHA Packet System with and without Slots and Capture. *Computer Communications Review*, vol. 5, no. 2, pp. 28–42, April 1975.

[Rob90] T. G. Robertazzi: *Computer Networks and Systems: Queueing Theory and Performance Evaluation*. Springer Verlag, New York, 1990.

[RS90] R. Rom, M. Sidi: *Multiple Access Protocols*. Springer Verlag, New York, 1990.

[RT83] W. A. Rosenkrantz, D. Towsley: On the Instability of the Slotted ALOHA Multiaccess Algorithm. *IEEE Trans. Automated Control*, vol. ac-28, no. 10, pp. 994–996, Oct. 1983.

[Rus89] D. Russel: *The Principles of Computer Networking*. Cambridge University Press, 1989.

[SB97] M. Steppler, M. Büter: Collision Resolution for TETRA Systems. In *ITG–Fachbericht 145*, pp. 559–566, 2. European Personal Mobile Communications Conference, VDE–Verlag, Sept. 30 – Oct. 2 1997.

[Sch87] M. Schwartz: *Telecommunications Networks*. Addison Wesley, 1987.

[Sha48] C. E. Shannon: A Mathematical Theory of Communication. *The Bell System Technical Journal*, vol. Vol. 27, pp. pp. 379–423, 623–656, July, October 1948.

[Tan96] A. S. Tanenbaum: *Computer Networks*. Prentice Hall, third edn., 1996.

[Tas86] S. Tasaka: *Performance Analysis of Multiple Access Protocols*. The MIT Press, Cambridge, Massachusetts, London, 1986.

[TM78] B. S. Tsybakov, V. A. Mikhailov: Free Synchronous Packet Access in a Broadcast Channel with Feedback. *Problems of Information Transmission*, vol. 14, no. 4, pp. 32–59, Oct.-Dec. 1978.

[TM80] B. S. Tsybakov, V. A. Mikhailov: Random Multiple Access of Packets: Part and Try Algorithm. *Problems of Information Transmission*, vol. 16, no. 4, pp. 65–79, Oct.-Dec. 1980.

[Tut90] W. H. W. Tuttlebee (ed.): *Cordless Telecommunications in Europe*. Springer Verlag, London, 1990.

[VHH98] P. Vary, U. Heute, W. Hess: *Digitale Sprachsignalverarbeitung*. B. G. Teubner, Stuttgart, 1998.

[VP83] N. D. Vvedenskaya, M. S. Pinsker: Non–optimality of the Part–and–Try Algorithm. In *Abstracts of the Int. Workshop of Conv. Codes, Multiuser Comm.*, pp. 141–148, Sochi, USSR, 1983.

[Wal87a] B. Walke: *Datenkommunikation I / Teil 1*. Hüthig, Heidelberg, 1987.

[Wal87b] B. Walke: *Datenkommunikation I / Teil 2*. Hüthig, Heidelberg, 1987.

[Wal98a] B. Walke: *Mobilfunknetze und ihre Protokolle, Band 1*. Teubner Verlag, Stuttgart, 1998.

[Wal98b] B. Walke: *Mobilfunknetze und ihre Protokolle, Band 2*. Teubner Verlag, Stuttgart, 1998.

[WB94] S. B. Wicker, M. J. Bartz: Type–II Hybrid–ARQ Protocols Using Punctured MDS Codes. *IEEE Trans. on Comm.*, vol. 42, no. 2/3/4, pp. 1431–1440, February/March/April 1994.

[Wic95] S. B. Wicker: *Error Control Systems for Digital Communication and Storage*. Prentice Hall, Upper Saddle River, New Jersey, 1995.

[Woo93] M. E. Woodward: *Communication and Computer Networks*. Pentech Press, London, 1993.

Sachverzeichnis